Die Feldspat-Quarz-Reaktionsgefüge der Granite und Gneise

Mineralogie und Petrographie
in Einzeldarstellungen
Herausgegeben von
F. K. Drescher-Kaden und O. H. Erdmannsdörffer
——————— Erster Band ———————

Die Feldspat-Quarz-Reaktionsgefüge der Granite und Gneise

und ihre genetische Bedeutung

Von

F. K. Drescher-Kaden

Mit 210 Textabbildungen

Berlin · Göttingen · Heidelberg
Springer-Verlag
1948

Friedrich Karl Drescher-Kaden
Münster i. Westf., 10. 5. 1894

ISBN-13:978-3-540-01336-5   e-ISBN-13:978-3-642-94556-4
DOI:10.1007/978-3-642-94556-4

US-W-1093. — Dezember 1948. — 1200 Exemplare

Dem Andenken meines Sohnes
Jürgen Drescher-Kaden

Zur Einführung.

Im mineralogischen Schrifttum fehlte bisher ein Publikationsorgan, welches kleinere, in sich abgeschlossene Sondergebiete der Forschung unter Wiedergabe reichlichen Beobachtungsmaterials und in größerer Ausführlichkeit darzustellen erlaubte, als es der in einer Zeitschrift zur Verfügung stehende Raum zuließ.

Der Titel der neuen Sammlung lautet: „*Mineralogie und Petrographie in Einzeldarstellungen*". Damit sind nicht Zusammenfassungen vorhandener Arbeiten eines Sondergebietes beabsichtigt; die Sammlung hat also in keiner Weise den Charakter eines Referatenorgans. Es sollen vielmehr monographische Darstellungen der Spezialuntersuchungen eines Forschers unter ausführlicher Wiedergabe der Beobachtungsbefunde der Öffentlichkeit zugänglich gemacht werden.

Der Rahmen für die aufzunehmenden Abhandlungen soll dabei im Gesamtbereich der Lehre von den Mineralien, Minerallagerstätten und Gesteinen so weit wie möglich gespannt sein.

Heidelberg und München im Juli 1948.

Die Herausgeber:

DRESCHER-KADEN

O. H. ERDMANNSDÖRFFER.

Vorwort.

Die Reaktionsgefüge granitischer Gesteine stellen eine besondere Strukturform dar, welche mit dem normalen Kornverband eines Granites keine Ähnlichkeit besitzt. Daher wurden derartige Gefügeformen schon frühzeitig mit
besonderen Namen belegt. Je geringer die Fortschritte in der Erkenntnis von
der Entstehungsweise solcher Strukturen waren, desto zahlreicher häuften
sich die neuen Bezeichnungsweisen, so daß für die Kennzeichnung generell
übereinstimmender Bildungen die Synonyma: granophyrisch, mikropegmatitisch,
symplektitisch, epitaxisch, schriftgranitisch z. T. zur Verfügung standen, denen
sich noch der Ausdruck myrmekitisch zur Bezeichnung einer besonderen
Verwachsungsart zugesellte. Alle derart gekennzeichneten Strukturen haben
abweichende Entstehung gegenüber dem Kornverband der *normalen* Kornarten und lassen erkennen, daß ganz besondere genetische Vorgänge bei ihrer
Entstehung wirksam waren.

Die vorliegenden Untersuchungen beabsichtigen in erster Linie *Beobachtungstatsachen* über den Verband und die strukturellen Verhältnisse der Reaktionsgefüge zwischen Quarz und Feldspat zu geben, während die symplektitischen Strukturen zwischen Quarz und anderen Silikaten oder zwischen zwei
Partnern der letzteren (s. S. 2) später an anderer Stelle dargestellt werden sollen.

Gerade aber weil es sich im wesentlichen um die Wiedergabe von Beobachtungstatsachen handelt, wurden die genetischen Deutungen erst in zweiter
Linie gebracht, wenn auch natürlicherweise nicht ganz auf die Auswertung
des Beobachteten in Form von Modellvorstellungen verzichtet werden kann.
Schließlich ist ja der Endzweck jeder Forschung die Deutung der Beobachtungstatsachen und ihre Einordnung in die bisher bekannte wissenschaftliche
Vorstellungswelt.

Trotz der gemachten Einschränkungen aber erlaubt das Studium der
Reaktionsgefüge wichtige Rückschlüsse auf die Genese granitischer Gesteine.
Ja, es hat den Anschein, als ob die sorgfältige Forschung an den Einzelkörnern
symplektitischer Gefüge für die Entstehungsgeschichte der Lithosphäre einmal
von größerer Bedeutung werden könnte, als man bisher glaubte.

Bei der Ausführung wurde angestrebt, die Darstellung so zu führen, daß
auch Fernerstehende in alle Einzelheiten der besprochenen Probleme eindringen
könnten. Aus diesem Grunde erschien es notwendig, einen möglichst eingehenden geschichtlichen Überblick über die Entwicklung der Ansichten von der
Myrmekit- und Schriftgranitgenese zu geben. Man wird es besonders im vorliegenden Fall nicht verurteilen, daß die historische Entwicklung eines Problems
in solcher Breite dargelegt wurde, wie es hier geschehen ist. Denn gerade die
Myrmekitforschung zeigt in ihren verschiedenen Phasen so charakteristische
Beziehungen zur jeweiligen Gesamtlage der petrogenetischen Wissenschaft und
gibt in ihren richtigen und falschen Ergebnissen — unter den letzteren häufig
ganz besonders — so wichtige Fingerzeige für die zukünftige Behandlung des
Problems überhaupt, daß auf die eingehende Darstellung der historischen Entwicklung bis zum heutigen Stande der Forschung nicht verzichtet werden konnte.

Da Mißverständnisse und Unklarheiten vielfach auf zu geringes Anschauungsmaterial, auf allzu subjektive Behauptungen der Autoren ohne genügenden sachlichen Rückhalt zurückgingen, wurde in der vorgelegten Arbeit der Hauptwert der ganzen Darstellung auf eine treue Wiedergabe des Beobachtungsmaterials gelegt und versucht, dieses letztere so umfangreich wie möglich zu gestalten. Es sollte erreicht werden, daß einmal der Gedankengang des Autors am Objekt klar ersichtlich wurde, zugleich aber dem Leser das Material zu eigener Meinungsbildung in ausreichender Weise zur Verfügung stände. Das war nur durch eine größere Anzahl von Abbildungen möglich. Dem Verleger gehört daher ganz besonderer Dank dafür, daß er trotz aller Schwierigkeiten weder Kosten noch Mühe gescheut hat, den Text mit einer reichlichen Zugabe von Abbildungen auszustatten.

In die Darstellung selbst wurde ein Teil einer im Jahre 1942 in der „Chemie der Erde", XIV, 157 erschienenen Abhandlung in neu bearbeitetem und ergänztem Zustande einschließlich der Abbildungen übernommen; einmal waren die dort gegebenen Beobachtungen für die Darstellung der Genese des Schriftgranits und ihre Diskutierung in einem neuen Rahmen unerläßlich; sodann hatten Kriegsereignisse einen guten Teil der damaligen Auflage der „Chemie der Erde" vernichtet, so daß eine nochmalige Vorlage dieser Beobachtungen gerechtfertigt erschien.

Das Material wurde durch eine fast 20jährige Sammlertätigkeit aus fast allen deutschen Mittelgebirgen, den Alpen, — besonders dem Bergell und dem Tessin —, dem Grönländischen Grundgebirge und den Vogesen zusammengetragen. Dazu kam noch Material zahlreicher russischer Vorkommen, für das ich besonders Herrn Professor Dr. A. MAUCHER zu danken habe.

Die Göttinger Akademie der Wissenschaften ermöglichte mehrere Reisen zur Materialbeschaffung, ebenso der Stifterverband der Notgemeinschaft der Deutschen Wissenschaft. Beiden Gesellschaften, vornehmlich dem geschäftsführenden Sekretär des Stifterverbandes, Herrn Professor Dr. FELLINGER, habe ich für alle mir zuteil gewordene Mithilfe herzlichst zu danken. Bei der technischen Durchführung der Arbeiten — insbesondere der Herstellung der sehr umfangreichen Präparatesammlung — erfreute ich mich der Unterstützung Herrn Direktor M. ESTERERs von der Firma Siemens u. Halske, Berlin. Den Kollegen Prof. BEDERKE, CORRENS, ERDMANNSDÖRFFER, HEGEMANN, LAVES, RÜGER und SCHREITER schulde ich Dank für die Überlassung von Präparaten und Gesteinsproben. — Die Ausarbeitung des Manuskripts erfolgte in den Jahren 1945/46 in Straubing. Infolge der Abgeschlossenheit von jeder Literatur — in Bayern war keine wissenschaftliche Bibliothek in dieser Zeit benutzbar — konnte ich im wesentlichen nur meine bis dahin gemachten Aufzeichnungen verwenden. Es ist daher wahrscheinlich, daß besonders in der Literatur der Kriegsjahre Lücken vorhanden sind. Das Manuskript lag druckfertig vor am 30. III. 1946.

München, September 1948.

F. K. DRESCHER-KADEN.

Inhaltsverzeichnis.

Einleitung.

Allgemeines.

Unter den Gesteinsgefügen nehmen die symplektitischen oder synantetischen Gefüge, die „Reaktionsgefüge" SANDERs, in genetischer Beziehung eine besondere Stellung ein. Sie sind bedeutungsvoll für die Erkenntnis der Gesteinsgeschichte, weil sie allein durch *statische* Reaktionen zwischen bestimmten Korntypen — überwiegend durch Lösungsvorgänge — zustande kommen, ohne daß dabei gleichzeitige Deformationen innerhalb ihres Gefügebereiches wirksam waren. Da die synantetischen Reaktionen jedoch häufig zeitlich den Verformungsperioden des Gesteins folgen, so kann man das Auftreten eines echten Reaktionsgefüges geradezu als charakteristische statische Phase in der Entwicklung und Ausgestaltung des Gesamtgefüges werten.

Zweifellos spielt bei der Durchbewegung und Umkristallisation eines Gefüges die Beteiligung von Lösungen eine entscheidende Rolle. Dasselbe ist der Fall bei der Bildung von Kristalloblasten. Diese wachsen in einem Gesteinsbereich, der häufig mehrere Scherflächenscharen umfaßt, also wesentlich im nichtaffin deformierten Bereich. Beide Vorgänge, *Gefügeumkristallisation* bestimmter Kornarten und *Kristalloblastese* unterscheiden sich zwar in der Art ihres Raumwachstums, — der Stoffumsatz erfaßt im ersten Fall eine endliche Zahl von Einzelkörnern, gegenüber dem einheitlichen Wachstum eines Einzelkristalls im zweiten Fall — nicht aber durch die generelle Bildungsweise. Der Kristalloblast sowohl wie die umkristallisierenden Kornarten werden in einem von Lösung erfüllten Bezirk gebildet, in welchem Abbau des Grundgewebes und Wiederaufbau der neuen Großkornart Hand in Hand gehen. Man kann daher die Kristalloblastese geradezu als Sonderfall der Gefügeumkristallisation ansehen. Solche Bereiche der Umkristallisation im statischen Zustand sind die Heimat der synantetischen Bildungen, denn auch sie verdanken ihre Entstehung der Wirksamkeit eindringender Lösungen, was aus einer Reihe sich ergänzender Beobachtungen (Lösungsabbau der Kornoberflächen, Tiefkorrosionen in Form von Schläuchen und Höhlungen, enger Zusammenhang mit neugebildeten Kristalloblasten usw.) mit Sicherheit hervorgeht.

Über diese Erkenntnis hinaus aber leistet uns die Aufklärung der Reaktionsgefüge noch etwas außerordentlich Wichtiges. Die synantetischen Gefügeformen sind nämlich nicht starr und unveränderlich; sie treten auch nicht immer in ein und derselben charakteristischen Formgebung auf. Sie zeigen vielmehr Übergänge zu den normalen Gefügeformen in einer Art und Weise, daß man aus der Kenntnis des Zustandekommens der Normalform Rückschlüsse auf die Entstehungsvorgänge des synantetischen Gefüges tun kann und umgekehrt. Derartige Beziehungen lassen sich besonders beim Schriftgefüge aufzeigen, das zur Aufklärung dieser wichtigen Erscheinungsform granitischer Strukturen vieles beigetragen hat. Damit aber sind die Reaktionsgefüge zur Deutung der Vorgänge

bei der Granitbildung gut zu verwenden. Die folgenden Ausführungen sollen
dazu dienen, die wichtigen Eigenschaften der synantetischen Gefüge, soweit
sie bisher bekannt geworden sind, zu beschreiben und kritisch auszuwerten, um
damit einen *festeren Standpunkt für eine zukünftige widerspruchsfreie Deutung
der Granitgenese zu erhalten.* Es wird sich dabei zeigen, daß die granitischen
„Schmelzflüsse" niemals Schmelzen im alten Sinne mit homogen gelöstem Stoffbestand gewesen sein können, sondern daß sie ultrametamorphe Bildungen mit
langen, mehrfach rückläufigen Reaktionsperioden sind, die erst nach ganz zu
Ende verlaufenen Umsetzungen äußerlich dem Bilde einer erstarrten Schmelze
entsprechen. Auf alle Fälle aber leisten eingehende Gefügeuntersuchungen
das Folgende: Sie geben uns eine auf *reinen Beobachtungen* beruhende Grundlage zur Klärung der Granitgenese, welche Diskussionen auf tatsachengerechter
Basis ermöglicht, ohne Gefahr zu laufen, in geologische Hypothesen weltweiten
Umfanges aufzusplittern!

Die folgenden Ausführungen betreffen nur die Reaktionsgefüge zwischen
Quarz und Feldspat, weil sie für granitgenetische Fragen ausschlaggebende Bedeutung besitzen. Einige andere Silikate wie Granat, Turmalin, Glimmer, werden
anhangsweise erwähnt. Ihre Formen sind gesteinsgenetisch von Wichtigkeit,
während die anderen bekannt gewordenen, als Symplektit beschriebenen Be-
rührungsgefüge zwischen Muskovit und Albit (MICHOT, 1937, *4*), Orthoklas und
Sodalith (LACROIX, 1907, *2*) oder Orthoklas und Zeolithen (BROUWER, 1910, *1*)
u. a. m., Plagioklas-Diopsid (ESKOLA, 1921, *1*) zwar ebenfalls prinzipielle Bedeutung besitzen, aber bei der Seltenheit ihres Vorkommens in ihren Einzelheiten
noch zu wenig aufgeklärt werden konnten.

Grenzbeziehungen und Alter der Kornarten.

Bei der Beurteilung der gefügebildenden Vorgänge unter reaktionsbegünstigter
Berührung zweier Kornarten spielen die Altersbeziehungen zwischen den reagierenden Phasen eine ausschlaggebende Rolle. Ist schon bei der Behandlung
einfacher Korngefüge die Feststellung der Kristallisationsabfolge nicht leicht
und öfterem Irrtum unterworfen, so ist besonders bei den Reaktionsgefügen,
deren Verhältnisse noch bedeutend verwickelter liegen, vorsichtige Kritik und
Berücksichtigung aller auch der unscheinbarsten Beobachtungen notwendig.

Bei den Gefügebeobachtungen dieser Untersuchung wurden folgende Grund-
sätze eingehalten:

Aus *einer Grenzkontur*, die zwei sich berührenden Gefügekörnern gemeinsam
ist, kann *allein* keine Beurteilung des relativen Alters gewonnen werden. Konvexe oder konkave Grenzflächen zwischen zwei Kornarten, die mitunter als
Bestimmungsmerkmal empfohlen werden, sind allein und ohne nähere Hilfsbeobachtungen wertlos (vgl. F. BECKE und R. VOGEL, S. 33).

Teilweise Umschließung der einen durch die andere Kornart (Zwickelfüllung,
Auskleidung intergranularer Bereiche usw.) erfordert weitere Hilfsbeobachtungen,
um den jüngeren Gefügegenossen und damit die Tatsache seines späteren intergranularen Kornwachstums sicherzustellen. Was in solchen Fällen für Intergranularfüllung zwischen älterem Gefüge gehalten wird, kann auch Skelettierung
älterer Großkörner durch jüngere Kornarten sein.

Allseitige Umschließung einer Kornart durch die andere, wobei die umschlossene Kornart stets deutlich kleiner ist als das Wirtkorn, muß im allgemeinen zur Grundlage aller Altersbestimmungen gemacht werden. Sie ist indessen ohne entscheidende Hilfsbeobachtungen allein ebenfalls nicht brauchbar, da auch mit dem Wirtkristall gleichaltrige Einschlußkornarten vorkommen oder durch spätere Gittereinwanderung in einem *Großkorn Kleinstkörner* erzeugt werden können (gefüllte Feldspäte usw.). Folgende Einzelheiten sind dabei besonders zu beachten:

1. Befindet sich die Schnittfläche des Dünnschliffs gerade im Übergangsbereich zwischen einem größeren, einsprenglingsartigen Kristall und kleineren Gefügekörnern (Grundmasse), so kann das Sichtbarwerden der letzteren durch die dünne Randpartie des Großkornes hindurch oder ihr Auftreten inmitten des Einsprenglings infolge von grundmasseerfüllten Einbuchtungen fälschlich als höheres Alter der Grundmasse angesprochen werden.

Zur Vermeidung von Fehlschlüssen sind von dem fraglichen Kristalloblasten Serienschliffe zu machen. Außerdem ergibt sich aus der Relation: Höhe der Doppelbrechung der Einschlußkörner zur Doppelbrechung ihres Wirtkristalls, ob diese allseitig eingebettet sind oder nicht. Schließlich deuten Unregelmäßigkeiten im Verlauf der Doppelbrechung des Kristalloblasten um vermeintliche Einschlüsse herum auf Nähe der (durchscheinenden) Grundmasse, während Einheitlichkeit und optisch gleichmäßiges Verhalten im Bau des Kristalloblasten bis zur Grenze des Gastkornes hin den Schluß auf echten älteren Einschluß wahrscheinlich macht.

2. Einschlußkornarten in Wirtkristallen müssen mindestens *eine* der folgenden Bedingungen erfüllen, wenn sie höheres Alter haben (K_1 in K_2-Gefüge). Sie müssen

a) gleiche Erscheinungsform (Habitus, Tracht, Chemismus) wie die entsprechenden Körner der Grundmasse besitzen, b) gleichen oder kontrollierbar verstellten Regelungsplan wie die Kornarten der Grundmasse zeigen, c) Veränderungen, besonders am Rande erkennen lassen, welche durch Vorgänge bei der Einschließung erzeugt wurden und die neben ihrer Formgebung vornehmlich durch Veränderung der Optik in den Randpartien (Auslöschungslage, Doppelbrechung) zu erkennen sind. Solche Veränderungen sind: 1. Randliche Korrosion, 2. Auslaugung der Randpartien (S. 53—57), 3. als korrosiv nachgewiesene Schläuche, Buchten und Höhlungen.

Als Sonderfälle sind die Vorkommen besonders verwendbar, bei denen die Großkornart des Wirtes oder die in ihm eingeschlossenen Kleinkörner selbst wiederum Einschlüsse von ältesten Kristalliten (Apatit, Zirkon, Rutil, Erz usw.) enthalten. Werden nun beim oder schon vor dem Einschließungsvorgang die Kleinkörner korrodiert, so werden ihre Früheinschlüsse frei und liegen unverbunden oder mit ihrem Mutterkristall nur noch lose zusammenhängend im Großkristall, der in diesem Fall als später entstandener Kristalloblast anzusehen ist.

Auch spätere Korrosionsschläuche können an ihrem Verhalten gegenüber derartigen Frühkristallisationen mit Sicherheit als nachträgliche Bildungen erkannt und ihr relatives Alter bestimmt werden.

Einschlußkornarten in Wirtkristallen, welche gleiches oder geringeres Alter mit ihrem Wirt haben, können *höheres* Alter vortäuschen.

So notwendig es ist, die Tatsache allseitiger Umschließung der einen durch die andere Kornart zu einer völlig einwandfreien Altersbestimmung auszunützen, so wenig muß die Feststellung allseitiger Umschließung in jedem Falle beweisend für höheres Alter der umschlossenen Kornart sein. Bevor man nämlich den letztgenannten Schluß zieht, muß man mit Sicherheit *gleichzeitige Entmischung, spätere Diffusion* in das Gitter sowie *nachträgliche Ausfüllung* früh angelegter, thermisch bedingter Spaltebenen (Beispiel: Murchisonit-Spaltebene beim Perthit) ausschließen können, welche alle drei zu Formen führen, die späteren Umschließungen primärer Kornarten oftmals bis in alle Einzelheiten gleichen.

Bei Entmischungsvorgängen kann man im allgemeinen eine entmischte Phase in *gleichalter* Umgebung unterscheiden. Das bei der Abkühlung entmischte Material ist in Abhängigkeit von den Löslichkeitsbedingungen in geringerer Menge vorhanden als der lösende Stoff.

Anders steht es bei Gitterdiffusionen, bei denen ebenfalls Kleinkristallite in einer Großkornform erzeugt werden und welche offenbar eine erheblich größere Verbreitung haben, als man bisher annahm. Durch die grundlegenden Untersuchungen der POHLschen Schule in Göttingen, durch die Arbeiten JANDERs, HEDVALLs u. a., durch eigene Versuche über Wanderungsvorgänge von Wasser in Steinsalz sowie Gold, Silber und anderen Metallen in Quarz bei 900° C ist es auch für metamorphe Gesteine wahrscheinlich geworden, daß in ihren Kristallgittern Stoffwanderungen möglich sind und häufig vorkommen. Damit ist gleichzeitig auch die Grundlage für Reaktionen im Gitter geschaffen, wenn reaktionsfähige Ionen aufeinander treffen. Auf diese Weise sind sehr wahrscheinlich die Serizit- und Muskovitbildungen in Feldspäten und ähnliche Verglimmerungsvorgänge zu erklären. Die gefüllten Feldspäte der Protogine möchte ich ebenfalls hierher stellen.

Auch bei nachträglicher Ausfüllung thermisch bedingter Spaltflächen können Irrtümer über die zeitliche Abfolge der Bildungsvorgänge entstehen. So ist die Perthitstruktur lange Zeit als echter Entmischungsvorgang angesehen worden, bei dem die beiden entstehenden Feldspatphasen durchaus gleichaltrig sein sollten. Zweifellos gehören beide, Kalifeldspat und Albitkomponente, zeitlich nahe zusammen. Es läßt sich aber zeigen, daß die Perthitlamellen auf Grund ihres Verhaltens gegen Primäreinschlüsse des Wirtkristalls, vor allem aber wegen der Tatsache ihrer Lage auf thermischen Spaltflächen „jünger" sein müssen als der Großkristall, in dem sie auftreten. Denn wenn es zur thermischen Betätigung von Spaltflächen kommt, liegt ja bereits das Kristallgitter in allen Einzelheiten fertig vor. Daher muß auch die Albitausfüllung solcher kristallographisch wohldeterminierten Flächen bereits den fertigen Kalifeldspat voraussetzen.

Ein stichhaltiger Beweis für die spätere Bildung einer Kornart liegt auch dann vor, wenn sie die Grenzlinie eines älteren Kristalls gegen den umgebenden Kristalloblasten zur Ausbreitung, gleichsam als Gußform, benutzt. Als Beispiel: Quarzkornarten im Kalifeldspat, welche die Grenze zwischen älterem Plagioklas oder Biotit ausfüllen und ihrem ± gewundenen Verlauf folgen. Von dieser Beweisform ist im folgenden mehrfach Gebrauch gemacht worden (Abb. 29 u. 49—51).

Reaktions- und Korrosionsgefüge, Symplektite und Graphophyre.

In die durch SANDER eingeführte, hier sehr abgekürzt wiedergegebene Einteilung in *aktive und passive* Gefüge sind die unter statischen Verhältnissen entstehenden Verdrängungsgefüge, in *einfache* und *zusammengesetzte* Verdrängungsgefüge (= Reaktionsgefüge) unterteilt, aufgenommen.

Allgemeine Einteilung der Gefüge.

A. *Einfache, primäre Gefüge* (Gefüge mit einaktig = gleichzeitig entstandener Korngemeinschaft).
    1. Aktive Gefügebildung (reine Wachstumsgefüge).
    2. Passive Gefügebildung
        a) im offenen Bereich (Sedimentations-, Absatz-, Anlagerungsgefüge),
        b) im geschlossenen Bereich (reine Erstarrungsgefüge in Schmelztektoniten usw.).

B. *Komplexe Gefüge* (Gefüge mit mehraktig = ungleichzeitig entstandener Korngemeinschaft). Der Ausdruck „komplex“ bezieht sich sowohl auf genetische Vorgänge wie auf die mineralogische Zusammensetzung.
    I. Statische Komplexgefüge (Gefügebildung zumeist ohne mechanische Regelungsvorgänge bei statischer Metamorphose, Typ Hornfelsbildung).
        a) Wachstumsgefüge. Kornvergrößerung der Kornarten durch Sammelkristallisation unter Erhaltung der Korngemeinschaft.
        b) Einfache Verdrängungsgefüge.
          1. Teilweiser Ersatz bestimmter Kornarten durch Kristalloblastese oder Rekristallisation mit Übernahme vorhandener Kornarten als Interngefüge unter
            a) Einregelung nach dem Gitterbau des Wirtes,
            b) Beibehaltung des alten Gefügeplanes,
            c) völliger Umordnung des alten Gefüges.
          2. Totalersatz aller Kornarten in bestimmten Teilbereichen (Kristalloblastese oder Rekristallisation) oder im gesamten Gesteinsbereich, wobei je nach Vorgeschichte
            a) die alte Gefügeregelung übernommen (Abbildungskristallisation) oder
            b) ein neuer Regelungsplan ausgearbeitet wird.
        c) Zusammengesetzte Verdrängungsgefüge = Reaktionsgefüge. Synonyme: Korrosionsgefüge[1], synantetische, symplektitische, graphophyrische, granophyrische, epitaxische Gefüge.
        Kennzeichnung. Gerichtete Durchdringung eines vorhandenen Kristallgitters durch eine jüngere Kornart unter $\pm$ vollständiger Einregelung des neuen Gitters in bestimmte, $\pm$ betonte, kristallographische Richtungen der vorhandenen Kornart.
        Entstehung. Durch Reaktionsvorgänge in der Intergranulare aus Lösungen, welche das vorhandene Korngefüge korrodieren und die metasomatische Bildung der neuen Kornart hervorrufen.
        Auftreten.
        1. In Verbindung mit mehreren spezifischen Großkornarten, z. B. Plagioklas-Mikroklin: Typ Myrmekit. „Zweikorn-Reaktionsgefüge“.
        2. In Verbindung mit einer spezifischen Kornart; „Einkorn-Reaktionsgefüge“.
          a) Korngefüge und korrodierende Lösung genetisch zusammengehörig: Typ Schriftgranit,
          b) Korngefüge und Lösung genetisch unabhängig: Beispiel granophyrische Quarz-Feldspat-Einschlüsse in sauren und basischen Gängen.

---

[1] Die Ausdrücke „Reaktions- oder Korrosionsgefüge“, im allgemeinen synonym, sind schärfer unterscheidend anzuwenden, je nachdem, ob der gefügeerzeugende Vorgang überwiegend durch chemische oder physikalische Wirkung erzielt wurde.

3. Bei Ausfüllung von Spaltflächen einer Großkornart;
   a) als Rekristallisationspflaster,
   b) als gewöhnliches Füllungsgefüge *ohne* Angriff auf benachbarte Großkornflächen,
   c) als Füllungsgefüge *mit* metasomatischer Teilwirkung.
4. Bei Anreicherung primären Kleinkorngefüges auf den Korngrenzen anläßlich blastischer Großkornbildung („Autokatharsis").

II. Kinetische Gefüge (= mechanisch geregelte Gefüge, Deformationsgefüge, entstanden unter den Bedingungen kinetischer Metamorphose.
   a) Gefüge, beschreibbar nach dem *Beanspruchungszustand*.
      1. Durchbewegte Parallelgefüge, s-Tektonite.
      2. Rotierte Gefüge, Achsengefüge, B-Tektonite (Gürtelgefüge mit einfachen oder gekreuzten Gürteln, Schiefgürteln usw.).
      3. Gekrümmte Gefüge.
   b) Gefüge, beschreibbar nach dem *Symmetriegrad*.
      1. Trikline,
      2. monokline,
      3. rhombische,
      4. wirtelige Gefüge.
      Vorhandene oder fehlende Übereinstimmung in den Symmetrieeigenschaften der Kornarten untereinander erfolgt durch die Bezeichnung „homotaktisch" und „heterotaktisch" (SANDER).
   c) Gefüge beschreibbar nach dem *Regelungsmechanismus*.
      Geregelt nach
      1. Kornform,
      2. Korninnenbau.
      Bezogen auf vorhandene oder fehlende Gemeinsamkeit bestimmter Hauptrichtungen:
      3. Homoachs,
      4. Heteroachs geregelt.

III. Gepreßtes Starrgefüge, Prägegefüge.
   a) Stabiles Prägegefüge,
   b) mobiles Prägegefüge (Übergang zum Deformationsgefüge).

Will man andeuten, daß in einem Gesteinsbereich zwei verschiedene Gefügearten auftreten, etwa in einem metamorphen Gneis ein Tektonitgefüge mit triklinem Schiefgürtel und ein Zweikorn-Reaktionsgefüge (= statisches Verdrängungsgefüge) — kenntlich an der starken Myrmekitisierung durch blastische Mikrokline — so kann man dies etwa durch die Bezeichnungsweise „multiples Komplexgefüge" zum Ausdruck bringen.

Nach der hier gegebenen Einteilung der Gefüge gehören die Reaktions- oder Korrosionsgefüge zu den *komplexen* Gefügen, weil zu ihrem Zustandekommen mehrere verschiedenartige genetische Akte notwendig waren, d. h. es wurde zuerst ein bestimmter Kornbestand des Gesteins geschaffen, der durch spätere — also nicht einaktig erfolgende — statische Umgestaltung seine heutige Form erhielt. Ein Reaktions- oder Korrosionsgefüge ist mithin eine Gefügeform, die sich an bestimmten Kornarten unter *statischen Verhältnissen* entwickelt, indem die zwischen vorhandenen Kornarten befindliche Intergranulare durch Auflösung und Wachstum verschoben und ihre Oberfläche stark vergrößert wird. Dabei werden nicht gleichartige Kristallkörner erzeugt, wie es bei Rekristallisation, Umkristallisation, Sammelkristallisation zum Teil der Fall ist, sondern ein neues eigenartiges Reaktionsprodukt entsteht als besondere Kornart in Verbindung mit einem oder mehreren der Ausgangskörner. Diesem Vorgang wird

B. SANDERs Bezeichnung „Reaktionsgefüge" besonders gut gerecht. Die bei einer solchen Reaktion entstandene Gesamt-Korngemeinschaft bildet hier das neue Gefüge. Rein beschreibend kann man nach der Zahl der beteiligten Kornarten *Einkorn-* und *Zweikorn*-Reaktionsgefüge unterscheiden, wobei jedoch die durch den Reaktionsvorgang gebildete Intergranularfüllung als Kornart nicht mitgezählt wird.

Reaktionen im festen Zustand.

PERRIN und ROUBAULT (1939, *2*) nahmen an, daß die Granitgefüge durch Reaktionen im festen Zustand entständen[1]. Dabei ergibt sich aber (ganz abgesehen von den zahlreichen Zeugnissen von Auflösungsvorgängen an den verschiedenen Kornarten, z. B. im Gegensatz zu „trocken" rekristallisierten Myloniten) sofort die Frage, wie denn das *primäre* Gefügesubstrat, in welchem diese späteren Reaktionen im festen Zustand vor sich gingen, beschaffen gewesen und auf welche Weise es entstanden sei. Mit anderen Worten: Durch welche Reaktionen wurde die primäre granitische Korngemeinschaft erzeugt, welche sich durch spätere Reaktionen im festen Zustand weiter veränderte? Mit der Zweiteilung: „1. Entstehung eines primären Korngefüges, 2. spätere gefügeumbildende Reaktionen im festen Zustand in ihm" schiebt man das Problem wieder ins Unerklärbare zurück, solange man nicht in der Lage ist, ein einheitliches genetisches Milieu — trotz zeitlich und energetisch voneinander abweichender Einzelreaktionen — wahrscheinlich zu machen.

Gelingt es nämlich, die beiden Vorgänge zusammenzufassen und in einem generell einheitlichen, wenn auch mehrphasigen Entstehungsablauf miteinander zu verbinden, so ergeben sich keine genetischen Widersprüche. Nur hat dann der Granit nichts mehr vor anderen metamorphen Gesteinen voraus (B. SANDER, 1934, *1*, F. K. DRESCHER-KADEN, 1936, *1*). Und was vor allem wichtig ist: Die Reaktionsgefüge zeigen ja nicht nur äußerlich in ihren Kornkonturen, in der Beschaffenheit der Grenzflächen mit ihrer abgerundeten Formgebung, überhaupt in der Ausbildung großer Oberflächen mit warzigem Grenzverlauf den Einfluß von *Lösungen*, die in einem bereits festen Gerüst vorhandener Kornarten wirksam waren. Auch die Veränderungen im chemischen Bestand des am Ort gebliebenen Materials wie der umgebenden Bereiche, der Natronisierung benachbarter Gesteine, der Kalisierung bei der Bildung von Großkorn-Kristalloblasten und ähnliche Vorgänge verlangen bei den großen Mengen des umgesetzten Materials die Annahme eines Transportmittels, welches die herausgelösten Stoffe in weiter entfernt liegende Gebiete verbringt.

---

[1] An einen übrigens recht naheliegenden Einwand, der geeignet ist, die ganze Theorie PERRIN-ROUBAULTS schlagend zu widerlegen, scheinen diese selbst nicht gedacht zu haben. Wie ist, besonders bei Mineralbildungen, welche zu ihrer Entstehung Zufuhr von Wärmeenergie benötigen, diese herangebracht worden, wenn keine Lösungen zur Verfügung stehen? Die verschwindend kleine Wärmeleitfähigkeit der Silikate (Gabbro $\lambda = 0{,}0061$ bei 36° C, Granit $\lambda = 0{,}0081$ bei 34° C, Schiefer $\lambda = 0{,}0054$ bei 95° C) schließt einen Wärmetransport über größere Entfernungen auf „trockenem" Wege aus. Dabei ist noch zu berücksichtigen, daß sehr häufig nur einzelne Mineralkomponenten in ganz bestimmten Teilbereichen eines Gefüges verändert werden oder wachsen. Wäre ein Wärmetransport, der eine allgemeine Temperaturerhöhung aller festen Komponenten zur Folge haben würde, die Veranlassung zu Reaktionen an bestimmten Mineralen, so ist nicht zu verstehen, daß eine solche Temperaturerhöhung an den anderen Gefügekomponenten völlig spurlos vorübergegangen sein sollte.

Es muß hier im Gegensatz zu PERRIN und ROUBAULT scharf betont werden:
Ein bestehendes Energiegefälle kann mit Hilfe einer Lösung als Transportmittel
schneller und gründlicher, vor allem aber weiträumiger, zu Neubildungen ausgenutzt werden, als wenn jegliches Übertragungsmittel fehlt. Denn wie wir
sahen, handelt es sich bei unseren Objekten *nicht allein* um die Bildung von
Reaktionsprodukten in einem bestimmten Bereich. Unser Problem ist vielmehr
sehr komplexer Natur, da es Antransport, Raumschaffung, eigentlichen Reaktionsvorgang und Abtransport des ausgetauschten Materials miteinander verbindet. Diese raumschaffenden Bewegungs- und Transportvorgänge zuwandern-
der Atomarten allein durch Energieausgleich im festen Zustand erklären zu
können, scheint mir bei der Weite der zu überwindenden Räume und der in
Bewegung gesetzten Atommengen keinesfalls möglich zu sein. Ich will nicht in
Abrede stellen, daß zwischen den Kornarten eines Granits Reaktionen im festen
Zustand möglich sind. Nur scheint mir der Wirkungsbereich derartiger Reaktionen sehr gering und von der Intergranularen ausgehend — was noch näher
zu erweisen ist, da diese mehr trennt als vermittelt! — *im allgemeinen nicht über
Einzelkörner hinauszugreifen.* Dagegen kann die Annahme eines *Lösungs-*
transportes durch die Kristallgitter hindurch auch für silikatische Kristalle heute
keine prinzipiellen Schwierigkeiten mehr bereiten. Aus allen diesen Gründen ist
man gezwungen, das Vorhandensein hydrothermaler Lösungen beim Zustandekommen der zum Teil sehr weitreichenden Reaktions- und Austauschvorgänge
anzunehmen. Daher wird bei allen folgenden Ausführungen *die intergranulare
Tätigkeit von Lösungen innerhalb eines bereits vorhandenen Korngefüges* als notwendige Bedingung für den Reaktionsverlauf vorausgesetzt.

Das Reaktionsgefüge ist also begrifflich genügend charakterisiert durch die
Bindung der Reaktion an ein *vorhandenes* Gefüge und eine sich *neu darin bildende*
Kornart, die unter Verschiebung der Intergranularen des bestehenden Korn-
verbandes erzeugt wird. Zum Ausgangspunkt der Reaktion dient der Raum
zwischen Korn und Intergranularwand. Es entsteht hierbei sogleich die Frage,
was denn als die eigentliche Veranlassung für Einleitung und Ablauf der Reaktion anzusehen sei[1]: Vorhandensein oder Zustand einer *Lösung*, Beschaffenheit
oder Raumlage der benachbarten *Kornart* (Notwendigkeit gegenseitiger Berührung?), oder schließlich Füllung, Wegsamkeit und allgemeiner Zustand der
Intergranulare. Welche dieser Möglichkeiten verwirklicht sein muß, ist wahrscheinlich fallweise verschieden und auch nur in wenigen Beispielen klar erkennbar.

Auf die Bedeutung orientierter Berührung der Kornarten beim Zustandekommen einer Reaktion wurde von B. SANDER (1930, *2*, S. 158) für die Myrmekite
hingewiesen, bei denen mit großer Wahrscheinlichkeit die Bildung der entstehenden neuen Kornart (der Quarzstengel), durch die Einwirkung eines zweiten
im Wachstum begriffenen Großkorns hervorgerufen wird. Andere Reaktionsgefüge sind nur Einkornsysteme in dem Sinne, daß zum Zustandekommen des
Reaktionsproduktes nur *eine* primäre Kornart nötig und vorhanden ist. Eines
aber ist für alle derartigen Gefüge gemeinsam: die Tätigkeit hydrothermaler
Lösungen auf den Intergranularen.

---

[1] Auf die Frage zusätzlicher Temperaturerhöhung soll zunächst nicht eingegangen werden.

Der Begriff der Reaktion, die durch derartige Lösungen hervorgerufen wird, sollte zweckmäßigerweise so weit wie möglich gefaßt werden. Nicht nur rein chemische Umsetzungen zwischen den Kornarten, sondern auch physikalische Oberflächenvorgänge, Korrosionswirkungen verschiedener Art zwischen festen Komponenten bei Anwesenheit eines Lösungsmittels, müssen hier als Reaktionen der einzelnen festen Phasen gegeneinander bezeichnet werden. Es ist auch nicht notwendige Voraussetzung, daß sich berührende Partner, zwischen denen die Reaktion abläuft, immer von der gleichen Art sein müssen. Es ist sehr wohl möglich, daß zwar die eine Kornart, welche das neue Reaktionsprodukt enthält, immer die gleiche bleibt, die andere Kornart aber wechselt, so daß im allgemeinsten Fall eines Korrosionsgefüges *eine* bestimmte Kornart gegen eine irgendwie aufgebaute Intergranularwand als Blastetrix steht, deren Zusammensetzung im wesentlichen gleichgültig ist und nur Abmessungen und Form der Grenzkapillare sowie Art und Stoffbestand der beteiligten Lösung eine Rolle spielen.

Es ist in Zukunft also notwendig, ganz allgemein die Beschaffenheit der Intergranularen und die von ihnen ausgehenden Wirkungen näher kennenzulernen. Die Schwierigkeiten hierbei dürfen keineswegs unterschätzt werden. Doch bietet sich auf dem Wege über die Reaktionsgefüge selbst vielleicht ein Weiterkommen, da durch die Reaktionsprodukte und deren — wenn es sich um feste Phasen handelt — Anordnung im Raum ja gerade auf die Intergranulare und ihre vektoriellen Eigenschaften geschlossen werden kann. Es besteht die Reihe abnehmender Vektorialität von der festen Gitterphase der Kornarten zum dazwischen liegenden Intergranularraum mit fester anisotroper oder isotroper, flüssiger oder gasförmiger Füllung.

Die Bestimmung der Vektoren der festen Kornarten eines Gefüges ist zur Zeit eine wichtige Arbeitsaufgabe der Petrographie. Eines der nächsten Ziele für die Gefügekunde wird somit die vektorielle Beschreibung der Intergranulare sein, beginnend mit der Kennzeichnung der Raumlage irgendwie gearteter Vorzeichnungen des beobachteten Intergranularbereiches oder wenigstens der allgemeinen Richtungsabhängigkeit der Lösungs- und Kristallisationsvorgänge von den Vektoren benachbarter in die Intergranularwand eingebauter Kornarten. Die Reaktions- und Korrosionsgefüge können hierbei als Grundlage dienen, wenn sie zur Festlegung von Wanderungsrichtungen der Lösungen oder des Einflusses der Vektorialität angrenzender Kornwände auf das Kristallisationsprodukt solcher Lösungen, oder schließlich zu Angaben über die Anisotropie von Intergranularen — durch Beobachtung auswählender Korrosion — verwendet werden können. Damit aber fallen den Reaktions- und Korrosionsgefügen wichtige Aufgaben bei der Deutung der Gesteinsgenese zu.

Bemerkungen zur Nomenklatur.

In den folgenden Ausführungen wird zur Kennzeichnung einsprenglingsartiger Kristalle, die sich ihrer Größe oder sonstigen Beschaffenheit, vor allem den Wachstumsverhältnissen nach, von den umgebenden Grundgewebskornarten abheben, durchwegs der Ausdruck „*Kristalloblast*" verwendet.

Dieser stellt neben „*Holoblast*" und „*Megablast*" die neutralste Bezeichnungs-art dar und ist daher am wenigsten mit Voraussetzungen belastet, die sich bei weiterem Fortschreiten der Forschung fast niemals im ursprünglichen Umfang aufrechterhalten lassen.

Diesen Ausdrücken am nächsten kommt der von ERDMANNSDÖRFFER geprägte Begriff „*Endoblast*", der lediglich betont, daß eine Kristallart in einem anderen Korngefüge wächst, ohne daß damit über Zustand, Altersstellung oder sonstiges Verhalten der Begleitkornarten irgend etwas ausgesagt oder vorausgesetzt wird. Die anderen Kornarten des Gefüges können also 1. ein abgeschlossenes, festes Grundgewebe aufbauen oder 2. selbst in Umbildung begriffen sein und als alters-verschiedene Komponenten auftreten. Der Ausdruck *Endoblast* enthält keinerlei zeitliche Beziehung zu anderen blastischen Erscheinungen eines Gefüges, sondern stellt lediglich das Kristallwachstum im Innern irgend einer gegebenen Korn-gemeinschaft fest.

Demgegenüber ist der Begriff „*Metablast*" rein sprachlich mehrdeutig. Nach der Absicht seines Schöpfers (SCHEUMANN, 1934) soll er das Wachstum eines Kristalloblasten zwischen den anderen Gefügekomponenten charakterisieren. ($\mu\varepsilon\tau\acute{\alpha}$ *in, zwischen*, $\beta\lambda\alpha\sigma\tau\acute{\alpha}\nu\varepsilon\iota\nu$ *wachsen, sprossen, keimen.*)

Die Präposition $\mu\varepsilon\tau\acute{\alpha}$ kann aber außer *in* oder *zwischen* auch noch *mit, gemäß, nach, hinterher* (in räumlicher und zeitlicher Folge) und schließlich die *Umwandlung* (s. $\mu\varepsilon\tau\alpha\mu o\varrho\varphi\acute{\eta}$) bedeuten. Sie ist in den verbreiteten Worten „Metamorphose" und „Metasomatose" mit diesem Sinn verbunden. Damit aber ist sie für wissenschaftliche Kunstausdrücke, in *neugeschaffenen* Verbindungen mit *anderer* Bedeutung ungeeignet. — Im vorliegenden Fall kann gemäß der Bedeutung von $\mu\varepsilon\tau\acute{\alpha}$ ein Metablast ein Gebilde sein, das 1. *im* oder *zwischen* dem Gefüge gewachsen ist, d. h. *später* als dieses; 2. *mit* dem Gefüge, d. h. *gleich-zeitig* mit ihm oder einer seiner Kornarten. 3. Kann der Ausdruck *Metablast* bedeuten: „Unter Umwandlung gewachsen", d. h. die neugebildete Kristall-art hat sich a) nach ihrer Entstehung wieder umgewandelt oder ist b) als Meta-blast aus dem Gefüge hervorgegangen, eine Deutung, die sprachlich gezwungen erscheint, da der griechische Ausdruck sich auf die Umwandlung des Meta-blasten, nicht des Gefüges bezieht[1]. Es ist daher zu erwarten, daß der Ausdruck Metablast beim Leser Mißverständnisse hervorruft, da ja schon das Wort „Blast" allein die Fälle 1—3 enthält. Die vorgesetzte Präposition $\mu\varepsilon\tau\acute{\alpha}$ aber läßt einen der Sonderfälle 1—4 erwarten. Welcher bleibt zumeist unklar, da nicht jedem Leser die Auslegung des Urhebers gegenwärtig ist.

Da man künftig die verschiedenen Bildungsarten eines Kristalloblasten streng auseinanderhalten sollte und für die allgemeine Bezeichnung blastischen Wachstums genügend umfassende Ausdrücke zur Verfügung stehen, habe ich die Bezeichnung *Metablast*, der rein sprachlich vier verschiedene Bedeutungen haben kann, vermieden.

---

[1] Im Griechischen ist das Wort $\mu\varepsilon\tau\alpha\beta\lambda\alpha\sigma\tau\acute{\alpha}\nu\varepsilon\iota\nu$ ein selbständiges Verbum und be-deutet im „Keim eine Umwandlung erfahren", „sich im Keim verändern". Bei einem fachwissenschaftlichen Ausdruck sollte aber der Wortsinn der Sprache, aus welcher der Begriff entlehnt wurde, berücksichtigt werden. Danach würde *Metablast* heißen: „einer, der sich im Keim verändert", d. h. nach abgeschlossenem Wachstum in seinem inneren Kern oder Keim umgewandelt hat, was aber hier gar nicht gemeint ist, da sich nicht der Metablast, sondern das Gefüge verändert!

A. Die Reaktionsgefüge der Feldspäte.

Myrmekit und Schriftgranit. Einkorn- und Zweikorn-Reaktionsgefüge.

Im folgenden sollen die Reaktionsgefüge zwischen Plagioklas-Quarz gegen Kalifeldspat einerseits und Kalifeldspat-Quarz gegen beliebige Intergranularwand andererseits behandelt werden. Es wird sich zeigen, daß die erstgenannte Verwachsungsart — der Myrmekit — zu dem im vorigen Abschnitt definierten Typ 1 gehört, während das Korngefüge Kalifeldspat-Quarz als Schriftgranit zum allgemeinen Fall mit nur einer reagierenden Kornart gegen beliebige

Intergranularwand (Typ 2, Einkorn-Reaktionsgefüge) gerechnet werden muß, bei welchem der Quarz die neu entstehende Kornart ist. Auch beim Myrmekit ist der Quarz das durch den Reaktionsvorgang entstehende Produkt. Es gibt folgende Möglichkeiten der Quarzgenese: 1. durch Ausfüllung von Korrosionsdefekten, also von Hohlräumen, 2. durch echte Metasomatose (atomaren Ersatz)[1],

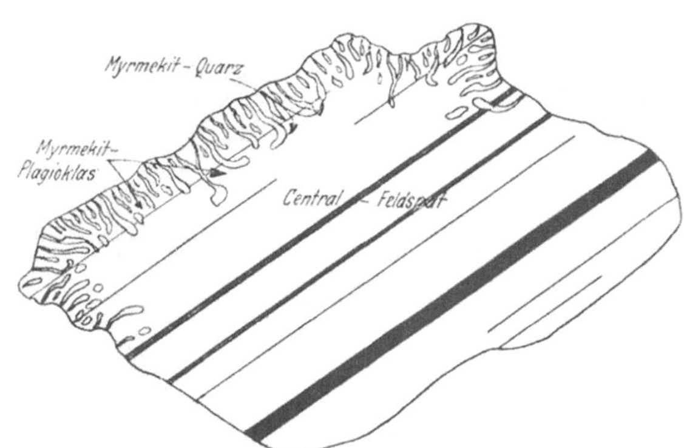

Abb. 1. Myrmekit, Schema und Bezeichnungen.

bewirkt durch Diffusionstransport durch das Gitter des Wirtes hindurch, 3. als Rückstandsbildung des durch korrosiven Angriff partiell abgetragenen Silikates.

B. Sander (1930, 2) charakterisiert den Myrmekit folgendermaßen: „Myrmekitische Verwachsungen erscheinen, gefügekundlich betrachtet, als ein Extremfall warziger Intergranulare an der nur atomar bewegten Grenzfläche zwischen festen Kristallen, mithin als ein Fall interkristalliner Suturenbildung, und wie diese wieder nur als ein Sonderfall der Grenzflächenbildung zwischen wachsenden Kristallen, wie sie z. B. die kristalloblastischen Gefüge bezeichnen." Hier werden von Sander also die Beziehungen zur blastischen Gefügebildung betont, ein Hinweis, der sich in der weiteren Erforschung der Reaktionsgefüge unbedingt fruchtbar ausgewirkt hat.

---

[1] Der Ausdruck „Metasomatose" sollte für echten, $\pm$ einaktig erfolgenden, atomaren Stoffaustausch vorbehalten bleiben, während die Bezeichnung „Verdrängung" allgemeinere Bedeutung hat und besonders dort anzuwenden ist, wo zwischen Wegführung des vorhandenen und Zuführung des ersetzenden Materials ein irgendwie merklicher Zeitunterschied festzustellen ist, also kein Stoffaustausch Atom für Atom stattfand, sondern Weglösung des vorhandenen Stoffes zur Bildung eines Hohlraumes führte, der dann unmittelbar anschließend oder zu einer späteren Zeit mit neuem Material ausgefüllt wurde.

Mit anderen Worten: Bei der echten Metasomatose ist der Stoffersatz vom Kristallgitter des vorhandenen und den aufbauenden Atomen des neugebildeten Kristalls — abgesehen von den *ptx*-Zuständen der Lösung — abhängig und verläuft einaktig. Bei der Verdrängung, bei welcher die Ausfüllung der Hohlräume unabhängig von deren Schaffung erfolgt, nicht.

Rein beschreibend wird man den Begriffsinhalt von Myrmekit und Schriftgranit sowie Schriftpegmatit folgendermaßen definieren. Myrmekit (Abb. 1, 2 und 3) setzt sich zusammen aus einem im wesentlichen der saureren Reihe angehörenden Plagioklas, welcher unregelmäßig und buchtig, konvex-warzig begrenzt ist und randlich dünne Quarzstengel, ± verästelt und gedreht, enthält. Diese Quarzstengel können auch als Tropfen oder größere, buchtige Körner und keulenartige Gebilde erscheinen (Abb. 16, 17).

Die meisten Autoren bezeichnen als Myrmekit nur die Zone der Quarzstengel im Plagioklas. Der quarzfreie, zentrale Raum des Plagioklases wird nicht Myrmekit genannt. Sinngemäß bezieht sich der Ausdruck Myrmekit-Quarz nur auf die Quarzkörner und -stengel der Verwachsungszone, der Ausdruck Myrmekit-Plagioklas auf den Plagioklas des verwachsenen Bereichs. Der Plagioklas des zentralen, quarzfreien Teiles wird dann am besten Zentralplagioklas genannt.

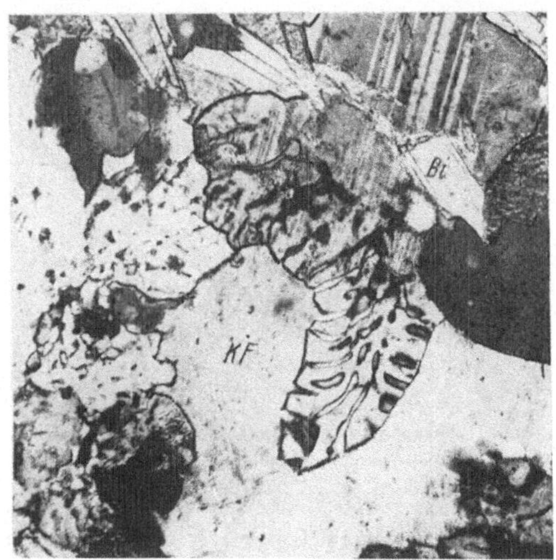

Abb. 2. Myrmekit-Plagioklas, warzenförmig in Kalifeldspat hineinragend, in Zusammenhang mit verzwillingtem Zentralfeldspat. Bergeller Granit, Fornogebiet. Vergr. 130mal.

Der Myrmekit-Plagioklas findet sich in den meisten Fällen in der Berührung mit einem ± großen Kalifeldspatkorn. Auf die Bezeichnungsweise hat dieses gemeinsame Auftreten beider Feldspatarten keinen Einfluß.

Beim Schriftpegmatit, Schriftgranit und Granophyr (Abb. 4 und 5) ist im wesentlichen Kalifeldspat — untergeordnet auch Plagioklas — der Träger der Quarzkornbildungen. In der Schriftgranit genannten Abart sind die Quarze durch Pseudoflächen zum Teil gut und eben begrenzt, auch bei den granophyrischen Formen, in *jedem* Fall schärfer als beim Myrmekit, welcher nur gerundete Quarzstengel enthält. Die Quarzkörner zeigen häufig übereinstimmende, vielfach wiederholte Formen, die in ihrer schönsten Entwicklung an orientalische Schriftzeichen erinnern. Die Quarzführung der Kalifeldspäte ist nicht an die Nähe einer bestimmten Kornart, die den Kalifeldspat berührt, gebunden; eine derartige Abhängigkeit besteht nicht. Ein weiterer scharfer Unterschied gegen den Myrmekit liegt u. a. in der Verteilung des Quarzes im Wirtkristall. Die gerundeten Quarzstengel des Myrmekit sind fast immer nur auf die Außenzonen der „Zentral"-Plagioklase beschränkt, während die Quarzkornverteilung in den Kalifeldspäten des Schriftgranits überhaupt keine zonare Anordnung erkennen läßt und meist den ganzen Wirtkristall — häufig mit einer auffallend konstanten Verteilungsdichte — erfüllt.

Dies ist die Kennzeichnung der in Rede stehenden Reaktionsgefüge, soweit sie zur Heraushebung gewisser Grundeigenschaften notwendig sind.

Die Entwicklung unserer Kenntnisse und die Betonung wichtiger Einzelprobleme (sowie deren Allgemeinbeziehbarkeit auf umfassendere Fragen der

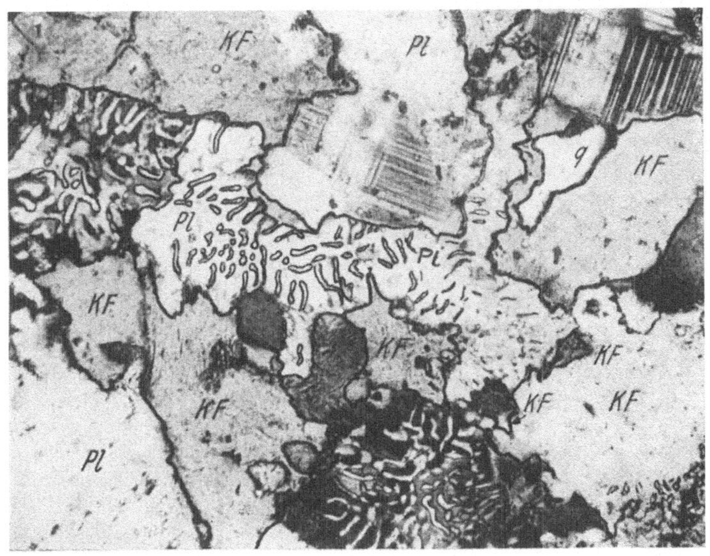

Abb. 3. Kalifeldspat als regellose Zwischenklemmungsmasse in einem myrmekitisierten Plagioklaskorngefüge. Bergeller Granit, Fornogebiet. Vergr. 130mal.

Petrogenese, z. B. der Entstehung und Umbildung granitischer Gesteine) wird zunächst an Hand der historischen Darstellung der Arbeitsergebnisse bis zum Jahre 1943 gebracht, wobei besondere Rücksicht auf die grundlegenden

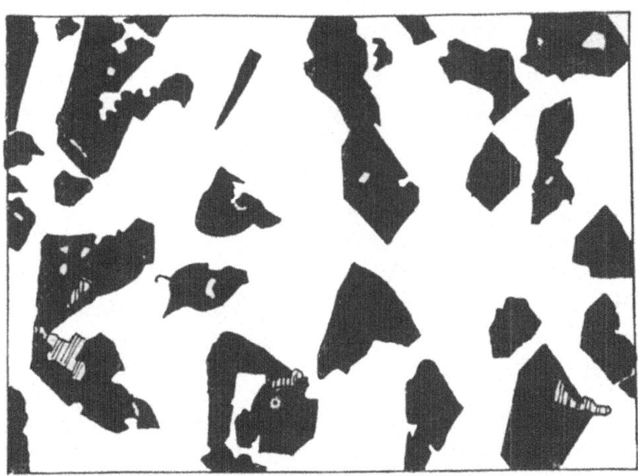

Abb. 4. Schriftgranit, Ilmenau. Vergr. 12mal.

Ausführungen SEDERHOLMs (On synantetic minerals and related phenomena, 1916, *2*), dessen historischer Anordnung ich teilweise folge, genommen werden soll. Anschließend wird eine Reihe neuer Beobachtungen über Reaktionsgefüge mitgeteilt, wie denn auch nach dem Hinweis P. NIGGLIs (1942, *1*) Fortschritte in der Erkenntnis der Granitisationsvorgänge nicht auf Grund hypothetischer Erwägungen, sondern nur an Hand eines einwandfreien und überzeugenden Beobachtungsmaterials zu gewinnen sind.

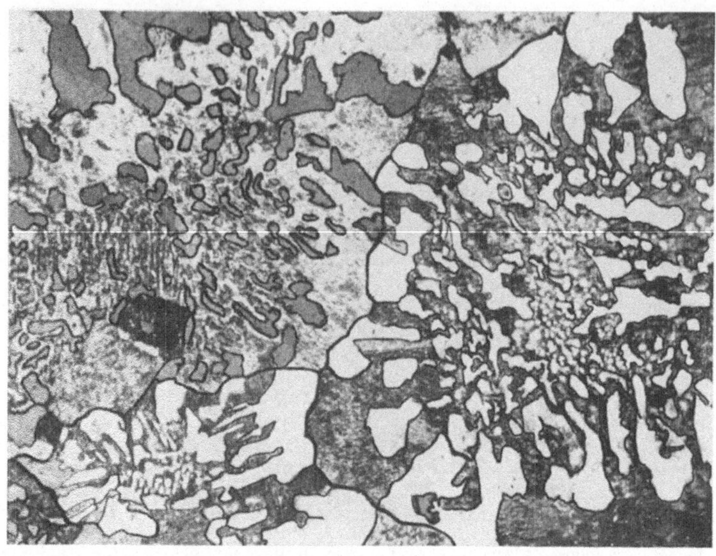

Abb. 5. Drei aneinanderstoßende Feldspat-Großkörner (Kalifeldspat-Perthit) enthalten Interngefüge von Quarzen, welche innerhalb jedes Feldspatkorns einheitlich, aber abweichend von den Quarzen des Nachbarkorns, orientiert sind. Granophyrstruktur, Granit Harzburg. Vergr. 48mal.

I. Der Myrmekit als Zweikorn-Reaktionsgefüge.

1. Das Myrmekitproblem in der Literatur.

Der erste, der die nachmals von SEDERHOLM Myrmekit genannte Verwachsungsart beobachtete und kurz beschrieb, war MICHEL-LÉVY. Er nannte den in den Rändern des Plagioklases sitzenden Quarz „quartz vermiculé", wurmartigen Quarz, was die Art der Verwachsung gut wiedergibt. Auch seine Anschauung über das gegenseitige Altersverhältnis und den Vorgang, welcher zu den charakteristischen Formen dieser Verwachsung führte, mutet durchaus modern an, wenn auch darüber bereits 70 Jahre vergangen sind. Er sagt in seiner ersten Arbeit (1874) über diesen Gegenstand: „Die Überreste des älteren Feldspates, welche im neugebildeten Orthoklas schwimmen, sind oft korrodiert und an ihren Rändern infiltriert."

Es muß hier besonders festgehalten werden, daß MICHEL-LÉVY den Orthoklas ausdrücklich als *neugebildet* und jünger als die von ihm eingeschlossenen Plagioklase bezeichnet. Der korrodierenden Wirksamkeit des Orthoklases scheint er eine wichtige Rolle zuzuschreiben, denn er fährt an anderer Stelle (1893) fort: „Der neugebildete Feldspat der Granite hat oft eine sehr bemerkenswerte Korrosionstätigkeit auf die Feldspatüberreste ausgeübt, welche er umschließt ... Diese letzteren sind am Ort gerundet worden, warzenförmig, und an ihrem Kontakt durchsetzt von kleinen, wurmartigen Infiltrationen, welche ihre randliche

Verbrämung bilden. Obgleich sie in ihrem Gesamteindruck an mikropegmatitische Formen erinnern, sind sie leicht von diesen zu unterscheiden, denn ihre Infiltrationen werden von unregelmäßig gewundenen Kanälchen gebildet. Die Substanz, welche diese Kanäle ausfüllt, ist nach einigen Hauptrichtungen des Kristalls orientiert; sie besteht aus Quarz *und man muß natürlich vermuten, daß sie in Beziehung zu der oft sauren Natur des Feldspates steht* [1]."

Schon in seiner zweiten Veröffentlichung, in welcher er über quartz vermiculé berichtet, in der zusammen mit F. Fouqué veröffentlichten Arbeit des Jahres 1879, unterscheidet Michel-Levy zwei verschiedene Quarzgenerationen in den von ihm beschriebenen Gesteinen (1890). Die Stelle lautet: „Der Quarz der zweiten Ausscheidung injiziert sehr häufig die älteren Minerale. Im Granit wie im Granulit werden die Feldspäte der ersten Ausscheidung oft durchsetzt von Quarzinjektionen, welche Hieroglyphenformen mit gerundeten Konturen oder wurmartigen Erscheinungsformen nachbilden. Diese Figuren erinnern im groben an Schriftpegmatite; aber man sieht unmittelbar, *daß ihr Quarz nicht gleichzeitig mit dem Mineral gebildet wurde, welches er korrodierte* [1]." Im Jahre 1893 schreibt Michel-Lévy in der bekannten Arbeit über den Granit von Flamanville: „Man findet Körner mit wurmartigen Bildungen in allen Graniten, aber in den Kontakträndern, auf einigen Zehntel Millimeter Dicke, vervielfachen sich diese und die neugebildeten Orthoklase erscheinen in ziemlich kleine, ganz mit wurmartigen Bildungen durchsetzte Körner wieder aufgelöst zu sein. Das ist eine Art gleichzeitiger Ausscheidung von Quarz und Feldspat und eine Strukturform saurer Gesteine." Damit nimmt Michel-Lévy einen gegen den erstgenannten verschieden alten Quarz an, der das gleiche Alter hat wie der Feldspat und offenbar mit letzterem zusammen kristallisiert. Hierbei schweben ihm schriftgranitische Formen vor, denn er fährt fort: „Wenn die Verwandtschaft mit dem Mikropegmatit deutlich ist, ist es nicht möglich, die beiden Strukturen zu unterscheiden und ich schlage für die erste Art den Namen structure vermiculée vor. Die Studie über den Granit von Flamanville zeigt deren tatsächliche Bedeutung und ihre Eigenschaften können in wenigen Worten wiedergegeben werden: Vereinigung von Feldspat (hauptsächlich Orthoklas) und Quarz in gekrümmten und unregelmäßigen Kanälen, die sich am Rande eines jeden Feldspatkornes entwickeln und im großen eine überwiegend radiale Anordnung zeigen."

Damit unterscheidet Michel-Lévy zwischen dem jüngeren Korrosionsquarz der structure vermiculée und dem Quarz der schriftgranitischen Formen; den ersteren hält er für jünger, als den zugehörigen Wirtfeldspat, während der letztere gleichzeitig mit diesem gebildet sein soll. Im einzelnen lassen sich die von Fouqué und Michel-Lévy angestellten Beobachtungen folgendermaßen zusammenfassen:

1. Die den wurmartigen Quarz enthaltenden Feldspäte sind älterer Entstehung als der Quarz; 2. sie liegen als Überbleibsel in neugebildeten Orthoklasen; 3. sie sind oft korrodiert und an den Rändern infiltriert. Zwei Arten von Quarz sind zu unterscheiden: wurmartiger und mikropegmatitischer Quarz. 4. Der wurmartige Quarz ist jünger als sein Feldspatwirt. Übergänge zu mikropegmatitischen Formen sind vorhanden. Der Quarz des Mikropegmatites ist

---

[1] Im Original nicht ausgezeichnet.

dagegen seinerseits *gleichalt* mit seinem Feldspatwirt. 5. Die Substanz des wurmartigen Quarzes folgt in ihrer Anordnung gewissen Hauptrichtungen des Kristalls und *steht in Beziehung zum* SiO_2-*Gehalt des Feldspates.* 6. Körner mit Wurmquarz-Bildungen kommen in allen Graniten vor.

Es wird sich zeigen, daß in diesen Angaben MICHEL-LÉVYs zum ersten Male besonders wichtige Beobachtungen dargestellt werden, *die, im Gegensatz zu den meisten späteren Autoren stehend, durch unsere neueren Untersuchungen wiederum durchaus bestätigt werden konnten.*

Auch F. BECKE, der nachmalig so ausgezeichnete und richtungsweisende Gedanken und Anregungen über das Problem des Myrmekits äußerte, veröffentlichte, erstmalig im Jahre 1892, Beobachtungen über Feldspat-Quarz-Verwachsungen an Gesteinen des Rieserferner Gebietes, die jedoch zu dieser Zeit über diejenigen MICHEL-LÉVYs nicht hinausgehen. Die gegenseitigen Beziehungen der reagierenden Kornarten sind noch nicht so klar herausgearbeitet, wie in seiner klassischen Arbeit des Jahres 1908 über den Myrmekit. Bedeutungsvoll ist nur die Beobachtung, daß die Myrmekitzapfen (von BECKE noch Mikropegmatitzapfen genannt) von benachbarten Plagioklaskristallen ausgehen, mit denen sie die optische Orientierung gemeinsam haben. (Wir würden heute sagen: einheitliche Plagioklaskornarten gehen randlich in myrmekitisierten Plagioklas über, unter Beibehaltung der ursprünglichen Orientierung.)

Aus der dazwischenliegenden Zeit sind noch Gedanken von R. D. IRVING erwähnenswert, der 1883 über die Quarz-Feldspat-Verwachsungen äußerte, daß die Quarzeinlagerungen öfters Spaltebenen folgen und im wesentlichen auf die Kristallränder beschränkt sind, während die Kerne frei bleiben. Daraus schließt er durchaus modern auf einen Verdrängungsprozeß, der von außen nach innen wirkt.

Eingehender beschäftigt sich K. FUTTERER im Jahre 1894 mit der Genese mikropegmatitischer Verwachsungen. Nach ihm sind diese Verwachsungen nicht nur auf den Mikroklinrand beschränkt, wo sie Zapfen bilden. Sie füllen auch das Innere von Rissen im Mikroklin aus. Bei breiteren Rissen sind die Körner der Mittelfüllung bedeutend weniger mikropegmatitisch verwachsen, als die in Berührung mit dem Mikroklin stehenden Partien. In der Mitte solcher Rißfüllung finden sich lamellierte Feldspäte; die randlichen Plagioklase mit den Quarzwürmern sind unverzwillingt. Hier wird also — und das ist das wichtigste an dieser Darstellung — zum ersten Male darauf hingewiesen, daß es offenbar zwei Arten von Myrmekitbildungen gibt, eine Beobachtung, welche bei den folgenden Arbeiten [außer bei TRONQUOY (1912, *4*) und SEDERHOLM (1916, *2*)] nicht wieder auftaucht und erst von O. H. ERDMANNSDÖRFFER (1941, *1*) in ihrer wahren Bedeutung erkannt und genau beschrieben wurde.

Da die Gesteine, in denen FUTTERER die mikropegmatitischen Verwachsungen beobachtet, stark mechanisch beansprucht waren, glaubte er, die mikropegmatitischen Bildungen auf mechanische Vorgänge, verbunden mit Lösungszirkulation auf den Rissen und Drucksuturen, zurückführen zu müssen. Da hierbei auch die Ausfüllung von, wie er dachte, leergebliebenen Streckungshöfen mit derartigen Bildungen in Betracht käme, müssen nach ihm die mikropegmatitischen Verwachsungen als durchaus *sekundäre* Bildungen — d. h. *nach* der völligen Verfestigung des Gesteins entstanden — aufgefaßt werden.

Wenn demnach GRABER betont (1897, *2*), FUTTERER schreibe dem Gebirgsdruck bei der Bildung der mikropegmatitischen Zapfen Bedeutung zu, so ist das nur insofern zutreffend, als der „Gebirgsdruck" — richtiger Bewegungsvorgang — nach der Annahme FUTTERERs Räume öffnet, in welchen sich sekundäre statische Reaktionen abspielen konnten.

Die erste *gründliche* Beschreibung der myrmekitischen Phänomene stammt von dem Forscher, dem wir neben F. BECKE die größte Förderung in der Kenntnis solcher Strukturen verdanken, J. J. SEDERHOLM. Von ihm wurden zuerst im Jahre 1897 wurmähnliche Quarzbildungen im Oligoklas beschrieben und mit dem quartz vermiculaire der französischen Petrographen in eine Linie gestellt. Die Namengebung SEDERHOLMs, Myrmekit (vom Griechischen μνϱμηχία, die Warze) erwies sich als so treffend, daß sie in der Folgezeit alle anderen Bezeichnungen verdrängte. (Granophyr, quartz vermiculaire und vermiculé, Mikropegmatit usw.)

In der ersten Beschreibung SEDERHOLMs findet sich bereits ein Teil der Eigenschaften des Myrmekit — bis auf die obligatorische Vergesellschaftung mit Kalifeldspat, bei F. BECKE — treffend wiedergegeben; anschließend werden Fragestellungen betreffs seiner Genese geäußert, die auch heute, nach fast 50 Jahren, ihre volle Bedeutung behalten haben. SEDERHOLM findet, daß die Quarzstengelverwachsungen schmale Fransen und Säume um die Feldspatkristalle bilden, wobei der vom quartz vermiculaire durchwachsene, *neugebildete* Feldspat mit dem Kristall, den er umsäumt, gleich orientiert ist. „Dann kann es oft scheinen, als ob der ganze Feldspat eine ursprüngliche Bildung wäre, in dessen durch Korrosion angegriffene Ränder ein sekundärer Quarz später eingedrungen wäre." Gegen diese Annahme, nach welcher man den Quarz als einen „quartz de corrosion" im Sinne der französischen Petrographen — nach unserer heutigen Ansicht durchaus zutreffend — auffassen könnte, macht SEDERHOLM aber geltend, daß sowohl der Quarz wie der Feldspat, den er durchwächst, auch in den äußeren „Fransen", gleichzeitig entstandene sekundäre Bildungen seien. Diese Fransen sollen nämlich oft gegen den von ihnen umsäumten Feldspat eine recht bestimmte Grenze zeigen und überhaupt niemals in genetischer Verbindung mit unzweifelhaft primären Gemengteilen vorkommen. Betreffs der Entstehungsgeschichte des Myrmekits fährt er fort: „In Anbetracht des vollkristallinischen Charakters dieser Neubildungen glaubte ich früher annehmen zu müssen, daß alle diese Erscheinungen . . . vor der vollständigen Kristallisation des Magmas entstanden wären. Nachdem ich den Gang der Metamorphose kennengelernt habe, kann ich nicht mehr daran zweifeln, daß bei dieser auch Neubildungen entstanden sind, welche denselben Charakter wie die primären Mineralien der Tiefengesteine besitzen. *Ein Teil dieser Veränderungen ist aber erweislich erst nach der vollständigen Verfestigung des Gesteins eingetreten* und dasselbe dürfte auch von der Myrmekitbildung gelten."

Da Myrmekit auch in den durch Kontaktmetamorphose umgewandelten Einschlüssen der Rapakiwigranite vorkommt, aber dort fehlt, wo die Rapakiwigesteine echte Eruptivstruktur besitzen, schließt SEDERHOLM in dieser ersten Arbeit über den Myrmekit, daß dieser nur metamorph, und zwar bei solchen Prozessen gebildet wird, welche der Kontaktmetamorphose nahestehen, also bei erhöhter Temperatur und verstärktem Zutritt von Lösungsmitteln.

Diese erste Deutung der Genese des Myrmekits trifft bereits schon sehr weitgehend das richtige. Der Myrmekit kommt jedoch auch in echten Graniten viel häufiger vor, als SEDERHOLM damals am Beispiel der Rapakiwigesteine annahm (vgl. MICHEL-LÉVY), eine Beobachtung, die für die Granitgenese große Bedeutung hat.

Der angeblich sekundäre Charakter des Myrmekits wurde besonders von C. W. HALL (1899, *1*) hervorgehoben. (Auf die häufig unterschiedliche Verwendung des Ausdrucks sekundär sei schon hier hingewiesen.) Er sieht die sekundäre Natur in der Verteilung des Quarzes innerhalb der alten Gesteinsgemengteile, besonders der Feldspäte, in welche er längs gedrehter, wurmartiger Kanäle eindringt. Ähnliche Vorstellungen äußert C. A. MC MAHON (1900), der besonders den Korrosionsvorgang, wie er schon von MICHEL-LÉVY angenommen wurde, betont. „Wenn der Lösungsprozeß einsetzt und der gelöste Quarz sich in die Kristalle einzufressen beginnt, geben die Feldspäte fast gleichzeitig an einigen gesonderten Schwächestellen nach, und die einwandernden Kieselsäuremolekeln werden in der Richtung einwirken, welche sie längs Lösungs- und Spaltflächen im Innern des Kristalls einschlugen. Das Ergebnis ist, daß wenn der Lösungsprozeß in seinem Anfangsstadium zum Stillstand kommt, der Korrosionsquarz die graphischen Formen annimmt, wie wir sie gewöhnlich im Granophyr sehen."

W. B. BERGT (1902, *3*), von dem SEDERHOLM sagte, daß er einer der ersten sei, welcher die Frage der Myrmekitgenese diskutierte, hält den Myrmekit in keiner Weise für sekundär. Sein Auftreten sei den übrigen Gemengteilen gleichartig und gleichwertig. Er müsse als eine dem Mikropegmatit entsprechende ursprüngliche Verwachsungsform angesehen werden, dies im Gegensatz zu SEDERHOLM, welcher den Myrmekit für nachträglich entstanden und somit in der Bildung verschieden von Mikropegmatit, Poikilit u. ä. ansehe.

Es zeigt sich auch hier wieder, wie verschieden die Ausdrücke „nachträglich", „sekundär", „neugebildet", „metamorph" usw. angewendet werden, so daß sich bis in die letzte Zeit hinein hier erhebliche Mißverständnisse erhalten haben.

Bisher überwiegen noch genetische Spekulationen, die auf einem recht bescheidenen, wenn auch wiederholt beschriebenen Anschauungsmaterial fußen. Optische Messungen irgendwelcher Art oder genauere Altersbestimmungen, überhaupt Abgrenzungen der einzelnen Kornarten in ihren gegenseitigen Beziehungen fehlen noch. Manchen Autoren scheint es auch entgangen zu sein, daß das Zustandekommen der Myrmekitstruktur zugleich an Kalifeldspat *und* Plagioklas gebunden ist.

Immerhin findet sich in einer Darstellung des Myrmekits bei A. OSANN (1902, *1*), die sonst nicht viel Neues bringt, der Hinweis, daß die Quarze im Plagioklas häufig optisch ähnlich orientiert seien. Das gleiche betont auch F. WEBER (1904, *1*), der aber noch die wichtige Beobachtung hinzufügt, daß bei Anwesenheit von eingeschlossenen Kalksilikaten Epidot und Zoisit der Plagioklaswirt immer Albit, beim Fehlen dieser Minerale aber Oligoklas sei. Das ist im Hinblick auf mögliche Entmischungen kalkreicher Phasen im Plagioklasgitter (Protogine!), überhaupt für die Vorstellung von Stoffwanderungen und Diffusionen im Gitter von erheblicher Wichtigkeit.

Weiterhin bedeutungsvolle und auswertbare Beobachtungen finden sich bei W. PETRASCHEK in seiner 1904 erschienenen Arbeit über die Gesteine der

Brixener Masse und ihrer Randbildungen (1904, *2*). PETRASCHEK betont die Zusammengehörigkeit der Bildungen, die als Granophyr, Mikropegmatit, quartz vermiculé oder Myrmekit beschrieben worden sind. (BECKEs Mikropegmatit des Tonalit der Rieserferner ist identisch mit Myrmekit.) Diese Bildungen treten in strenger Abhängigkeit vom Kalifeldspat auf. Wird ein den Kalifeldspat begrenzender Myrmekitzapfen durch den Schliff abgeschnitten, so scheint er frei als Korn in seinem Wirtkristall zu liegen.

Diese Darstellung zeigt, daß von PETRASCHEK offenbar häufiger selbständige Myrmekit-Plagioklase im Kalifeldspat angetroffen wurden, die er aber durch die angegebenen Besonderheiten des Präparates erklärt. Das als zweifelsfrei gesichert angenommene höhere Alter des Kalifeldspates wäre, im Falle daß dieser echte Myrmekit-Plagioklas-*Einschlüsse* enthält, nicht mehr zutreffend. Es ist aber, wie später ausgeführt wird, in vielen Fällen unbestreitbar, daß echte Myrmekit-Plagioklase in korrodierten Bruchstücken im *jüngeren* Kalifeldspat liegen. PETRASCHEK schreibt auch selbst, daß kleine Myrmekitkörner, für welche die unmittelbare Verwachsung mit Plagioklas nicht wahrscheinlich sei, isoliert auftreten. Solche kleine, meist länglich geformte Körner liegen nach ihm an der Grenze von zwei Kalifeldspäten und man könnte sich vorstellen, „daß Lösungen, die zwischen die Kalifeldspatkörner eingedrungen sind, diese Myrmekitkörnchen abgesetzt haben."

Die zwischen den Orthoklasen liegenden Körner sind im wesentlichen einheitlich. Bei den randlichen, im Kalifeldspat eingesenkten Myrmekiten stellte PETRASCHEK fest, daß sich ihre chemische Zusammensetzung nach dem Rande zu ändert, in der Weise, daß der Kalkgehalt gegen die Grenzen des Kornes zu deutlich absinkt. Der Kern entspricht z. B. einem Oligoklas-Andesin, während die äußere Zone aus Oligoklas besteht.

Zur Myrmekitbildung ist ferner die unmittelbare Nachbarschaft bestimmter Kornarten entscheidend; niemals entsteht Myrmekit an der Grenze zwischen Plagioklas und Quarz (obwohl der Myrmekit ja selbst Quarz enthält) sondern immer dort, wo Plagioklas mit Kalifeldspat in Berührung kommt. Man erhält damit den Eindruck, als sei der Myrmekit das Produkt einer Reaktion dieser beiden Minerale gegeneinander; denn wo ein anderer Plagioklas, ein Quarz oder Biotit angrenzt, schneidet der Myrmekitsaum ab. Ausnahmen von der Regel „Myrmekit zwischen Plagioklas und Kalifeldspat" machen nach PETRASCHEK saure Plagioklase, welche in sog. basischen Einlagerungen mit Kalifeldspat in Berührung standen. Hier *fehlen die Myrmekitsäume oft völlig* (vgl. hierzu G. KALB, S. 31), sie treten aber viel besser ausgebildet auf, wenn der Kalifeldspat ein Mikroperthit ist. Daraus schließt PETRASCHEK, daß Beziehungen zwischen dem Myrmekit und den Perthitspindeln bestehen. Welcher Art diese sein könnten, wird später besprochen werden.

Mit den bisherigen genetischen Anschauungen, die den Kalifeldspat als älter, die Myrmekit-Plagioklase als jüngere parasitäre Bildung ansehen, sind die bisher erwähnten Einzelbeobachtungen nicht zu einem einheitlichen entwicklungsgeschichtlichen Bilde zusammenzufassen. So ist die sehr interessante und wichtige erstmalige Beobachtung PETRASCHEKs, daß die Zwillingslamellen des Plagioklases in die Myrmekitzone hinein fortsetzen, dort aber, da die Außenzone viel saurer ist, oft entgegengesetzte Auslöschung haben, wohl mit keiner der bisher geäußerten genetischen Deutungen befriedigend zu erklären. MICHEL-LÉVY nahm den Plagioklas für älter als Kalifeldspat, seine Formbegrenzung durch Korrosion erzeugt an. Die überwiegende Zahl der Forscher aber sah und sieht auch heute noch die Plagioklasbildung für späteres Kornwachstum an, wobei der Kalifeldspat angefressen wurde; wenn überhaupt, so könnte man also höchstens bei diesem von Korrosionsformen sprechen. Die Quarzstengel als quarzerfüllte Korrosionsschläuche aufzufassen, ist, wie PETRASCHEK meint, nicht angängig, „weil die Einfügung der quarzführenden Zone in die Zonenstruktur der Plagioklase und der Umstand, daß dem Myrmekit ganz bestimmte, nämlich saure Plagioklase eigentümlich sind, sich damit nicht in Einklang bringen lassen". Er fährt fort: „auch ist die Wirkung der Korrosion, wie z. B. die Quarze von Porphyren zeigen, eine ganz andere. Sie führt nicht zur Herausbildung so feiner, annähernd parallel gestellter oder, was in den Zapfen der Fall ist, divergierender Kanäle, wie sie häufig im Myrmekit zu beobachten sind." Auf die mutmaßliche Beziehung zwischen den Korrosionsquarzen gewisser Lamprophyre und dem Myrmekit soll später in einem eigenen Kapitel näher eingegangen werden.

Der die Quarzstengel führende Myrmekit ist nach PETRASCHEK anscheinend durch nachträgliche Ausscheidung nach dem Kalifeldspat entstanden, aber offenbar nicht in derselben Weise, wie etwa die anderen Zonen bei basischen Plagioklasen, denn — und diese Beobachtung erscheint wichtig — *der randliche Myrmekit-Plagioklas basischer Typen ist viel saurer, als es der langsamen Abnahme normalen Zonenbaues* — nachprüfbar an den übrigen Zonen — *entspricht*. Wollte man zur Erklärung der Quarzstengel vermuten, der Kalifeldspat besäße die Fähigkeit, neben Plagioklassubstanz auch noch Quarz zu lösen und beide bei fallender Temperatur wieder auszuscheiden, so müßte sich Myrmekit aus Kalifeldspat gerade gegen Quarz hin bilden. Das ist aber nirgends zu bemerken. —

Eine chemische, von Ausscheidungen von SiO_2 begleitete Wechselwirkung zwischen Orthoklas und den kalkreichen Plagioklasen ist nach PETRASCHEK nicht denkbar, wenn auch das mikroskopische Bild zur Annahme einer solchen verleitet. Hierin scheint er sich, soweit ich sehen kann, im Gegensatz zu BECKE zu befinden.

Weitere eingehende Beobachtungen über die Entstehungsweise des Myrmekits sowie eine Literaturübersicht veröffentlichte M. REINHARDT (1906, *1*). Er hält es für ausgeschlossen, die Myrmekitbildung ähnlich wie die perthitischen Verwachsungen erklären zu können, da Quarz und Feldspat keine Mischkristalle miteinander erzeugen. Die myrmekitischen Bildungen reichern sich besonders in den Kontaktzonen des Eruptivgesteins mit dem Schiefermantel an; daher könnten sie nicht durch bloße gleichzeitige Auskristallisation entstanden sein. Diese hätte das eutektische Gemisch Quarz-Kalifeldspat, also die konstante Zusammensetzung des Pegmatites, ergeben. Beide Strukturen, die der myrmekitischen und der schriftgranitischen Verwachsungen, sind nach REINHARDT ähnlich, aber nicht identisch und müssen auseinandergehalten werden. Die Pegmatite sind das Produkt rein magmatischer Erstarrung des eutektischen Gemisches Quarz und Kalifeldspat. Die myrmekitischen Verwachsungen haben sich zwar ebenfalls durch gleichzeitige Kristallisation der beiden Komponenten am Ende der Verfestigungsperiode gebildet, aber besonders begünstigt durch entweichende Gase und Dämpfe, also durch pneumatolytische Vorgänge. Die

Myrmekite lassen sich als genetisch verwandt mit den Feldspaten mit Siebstruktur und den feinkörnigen Quarz‑Kalifeldspat‑Aggregaten auffassen. Solche Gebilde sind das letzte Verfestigungsprodukt des auskristallisierenden Magmas; die entweichenden Gase und Dämpfe erzeugen in ihren „Abzugskanälen" pegmatitische Strukturen, wie im Schiefermantel die exogenen Kontakthöfe.

Während REINHARDT — wie übrigens zu dieser Zeit fast alle auf diesem Gebiet tätigen Forscher — mit J. H. L. VOGT die konstante Zusammensetzung des Schriftpegmatites annimmt, kommt A. BYGDEN schon 1904/06 zu der Ansicht, daß das Quarz-Feldspat-Verhältnis im Schriftgranit wechselt, eine Meinung, welche heute, fast 40 Jahre später, von zahlreichen Forschern[1] wieder erneut ausgesprochen und mit gründlichen Beobachtungen und Messungen belegt wurde.

Auftreten und Verbreitung von Myrmekit in den granitischen Gesteinen wird in jener Zeit ebenfalls kritisch verfolgt. So stellt P. J. HOLMQUIST (1906, *3*) fest, daß in den Rapakiwigraniten Myrmekit beinahe völlig fehle. Die mikropegmatitischen Verwachsungen und myrmekitischen Aggregate sind Eigenschaften der granitischen Gesteine metamorpher Gebiete. In unmetamorphen Graniten — also in echten plutonischen Massen — fehlen sie anscheinend. Auch diese, zweifellos wichtige und auffällige Beobachtung könnte mit dem Gasreichtum der primären granitischen Gesteine des metamorphen Deckgebirges zusammenhängen.

Über die Abhängigkeit der Myrmekitbildung von bestimmten Strukturrichtungen des Gesteins berichtet BACKLUND (1907, *1*). Nach ihm zeigen Schliffe, die das Gestein senkrecht zur Parallelstruktur trafen, keine Spur von Myrmekit, während Schliffe aus der Ebene der Schicht-Schieferungsfläche massenhaft Myrmekit enthalten. BACKLUND erklärt diese Beobachtung damit, daß der — nach BECKE nur in bestimmten Richtungen myrmekitbildende — Plagioklas geregelt sei. Eine weitere Möglichkeit scheint mir in der größeren Wegsamkeit der Schicht-Schieferungsfläche für Lösungen zu liegen. Wir hätten damit unter Umständen ein Beispiel für die Vektorialität des Intergranularnetzes.

Weitere erstmalige Beobachtungen BACKLUNDs betreffen eine mehrfache, zonenartige Wachstumsform des Myrmekits, der in mehreren Generationen folgend, immer feinere Quarzstengel bildet. Dabei wird der Plagioklas der einzelnen Myrmekitzonen zunehmend saurer. Diese mehrfache, an die Plagioklaszonen gebundene, Myrmekitbildung wird bei der späteren einheitlichen Darstellung der Myrmekitgenese Bedeutung erlangen.

Im Jahre 1908 faßte F. BECKE die bisher vorliegenden Beobachtungen zusammen und folgerte daraus die Eigenschaften des Myrmekit (vgl. SEDERHOLM, 1916, *2*):

„1. Der Myrmekit besteht aus halbrunden oder kegelförmigen oder krustenartigen Partien von Plagioklas mit wechselndem, aber meist niedrigem Anorthitgehalt, welche von gekrümmten, bisweilen verästelten Quarzstengeln durchwachsen sind. Die Quarzstengel sind in der Regel partienweise Teile desselben Individuums.

---

[1] Von neueren Autoren, welche diesen Standpunkt einnehmen, nenne ich: E. MÄKINEN, P. ESKOLA, T. KROKSTRÖM, H. G. BACKLUND, E. E. WAHLSTROM, O. H. ERDMANNSDÖRFFER und F. K. DRESCHER-KADEN.

2. Myrmekit findet sich ausschließlich im Zusammenhang mit Kalifeldspat (Mikroklin), und zwar am häufigsten in die Rinde der Mikroklinkörner eingesenkt, dort, wo diese an Plagioklas grenzen, nicht aber an der Grenze gegen den Quarz. Bisweilen umsäumt er auch im Mikroklin eingeschlossene Plagioklase und siedelt sich auch auf Klüften und Sprüngen des Kalifeldspates an.

3. Es besteht kein konstantes Verhältnis zwischen der Größe des Kalifeldspates und der an seinem Rande auftretenden Myrmekitzone. Der Myrmekit kann den Kalifeldspat auch völlig verdrängen.

4. Der Plagioklas der Myrmekitkörner hat keine gesetzmäßige Orientierung zum Kalifeldspat, in den er eingesenkt ist, aber er erweist sich häufig als orientierte Fortwachsung benachbarter Plagioklase. Die Myrmekitpartien setzen sich selten an die P-Flächen des Plagioklases, häufig dagegen an die Vertikalkanten, an die x-y- und o-Flächen. Nur wenn Myrmekit als Fortwachsung an orientierten Plagioklaseinschlüssen des Mikroklins auftritt, ist er natürlich so wie diese parallel zum Wirt orientiert.

5. Der Myrmekitfeldspat grenzt sich gegen den Kalifeldspat stets durch konvexe Flächen ab, und die Quarzstengel sind divergent-strahlig und ungefähr normal zu dieser Oberfläche gestellt; die gabelig verästelten Quarzstengel richten den offenen Winkel der Gabel immer der Oberfläche zu. Hierdurch entsteht der Eindruck, als würde der Myrmekit stets einwärts in den Kalifeldspat hineinwachsen.

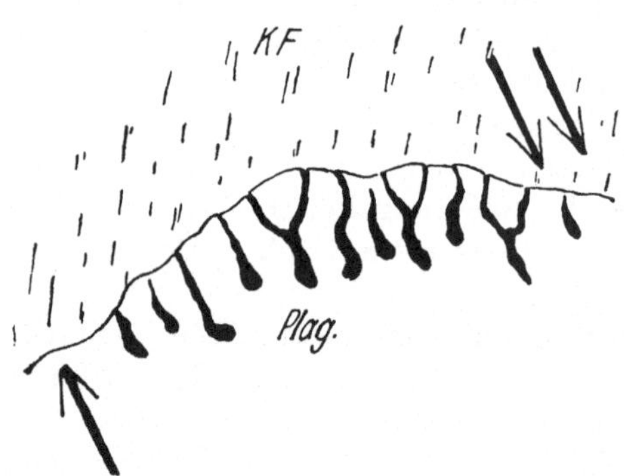

Abb. 6. Bei gegabelten Quarzstengeln weist die Gabelöffnung immer nach dem Plagioklasrand, nie nach dem Innern des Kristalles.

Ein solches Verhalten der Quarzschläuche ist einfacher durch Korrosion zu erklären als auf andere Weise (Abb. 6). BECKE stellt sich den Vorgang so vor, daß der *gesamte* Myrmekit-Plagioklas parasitär in den Kalifeldspat hineinwuchert (Richtung des Pfeils), wobei sich die Quarzstengel als Begleiterscheinung dieses Vorganges bilden. Besser begründbar scheint mir jedoch die Ansicht, daß sich nur die Quarzstengel auf dem Wege der Korrosion in den Plagioklas hineingefressen haben, und zwar in umgekehrter Richtung (Doppelpfeil). Gerade die Beobachtung der Gabelbildung, der Vereinigung der Quarzschläuche, läßt sich viel leichter mit Korrosionskanälen erklären als Entmischungsbildungen einer *gegen den Kalifeldpat* wachsenden parasitären Reaktionsfront. Zwei auf gekrümmter Oberfläche der Korngrenze senkrecht stehende Lösungskanäle müssen sich bei weiterem Vordringen treffen. Das Umgekehrte, die Teilung eines einheitlichen Korrosionskanals entgegen seiner „Wachstums"-Richtung erscheint dagegen so gut wie unmöglich.

6. Die Zusammensetzung des Plagioklasgrundes im Myrmekit schwankt, wie es scheint, mit der Beschaffenheit des Gesteins, in dem er auftritt. Durch Vergleichung der Lichtbrechung mit der der Quarzstengel läßt sich die Bestimmung leicht vornehmen. Je basischer das Gestein im ganzen, je anorthitreichere Plagioklase es enthält, desto anorthitreicher ist auch der Plagioklasgrund des Myrmekits[1].

---

[1] Ein besserer Hinweis darauf, daß es die jeweiligen älteren Grundgewebsplagioklase sind, welche der Myrmekit „befällt", ist schwer zu geben!

7. Die Quarzmenge im Myrmekit unterliegt Schwankungen, die mit dem Anorthitgehalt des Plagioklasgrundes in Beziehung stehen.

Die Art des Auftretens des Myrmekits, die augenfällige Bindung an Mikroklin, seine Entwicklung dort, wo Plagioklas an Kalifeldspat grenzt, das Fehlen an den Quarz-Mikroklin-Grenzen, die parallele Orientierung des Plagioklasgrundes zu benachbarten Gesteinsplagioklasen, die Struktur, welche die gleichzeitige Bildung von Plagioklas und Quarz beweist und ein Wachstum des Gebildes vom Rand des Kalifeldspatkornes einwärts vermuten läßt, alle diese Momente drängen dazu, für den Myrmekit eine sekundäre Entstehung anzunehmen. Damit soll gesagt sein:

Die Verdrängung des Kalifeldspates durch den Myrmekit muß zu einer Zeit stattgefunden haben, als der Kalifeldspat schon vorhanden war, also nach seiner Kristallisation, sonst wäre das Vordringen des Myrmekits längs Sprüngen im Mikroklin nicht zu verstehen.

Mit der eigentlichen Kataklase hat Myrmekit, wie ich glaube (und wie auch SEDERHOLM andeutet), nichts zu tun. Denn gegenüber der kataklastischen Zertrümmerung verhält er sich passiv. Wenn sich in den alpinen Zentralgneisen um Mikroklinaugen Gleitflasern von Muskovit entwickeln, so bilden sie sich außerhalb der Myrmekitsäume, schneiden aber die Wurzeln der Myrmekitzapfen durch und diese bleiben im Feldspatauge stecken."

Besonders wichtig ist nach der Ansicht BECKEs die Beziehung zwischen Quarzmenge und Anorthitgehalt des Feldspatgrundes. Er fährt fort: „Dieses Abhängigkeitsverhältnis in Verbindung mit den übrigen Eigenschaften und dem Auftreten des Myrmekits legt die Auffassung nahe, daß sich Myrmekit aus Kalifeldspat unter Ersatz des K durch die äquivalente Menge Na, beziehungsweise Ca bilde. Diese Hypothese gestattet die Quarzmenge im Myrmekit mit dem Anorthitgehalt des Plagioklasgrundes in eine quantitative Beziehung zu setzen, die durch die Beobachtung geprüft werden kann."

„Bei dem eben erwähnten Ersatz von K durch Ca und Na wird eine erhebliche Menge an K frei. BECKE fragt, ob hierin nicht die Quelle zu suchen sei ‚für eine ganze Reihe von Bildungen, die den Petrographen manche Schwierigkeiten bereiten, aber durch Aufweisung einer solchen Kaliquelle viel von ihrer Befremdlichkeit verlieren ?'"

Er denkt dabei an die mannigfaltigen Glimmerbildungen in den Tiefengesteinen, an die häufige Biotitisierung der Hornblenden, die Entstehung von Muskovit, der bald für primär bald für sekundär angesehen wird; schließlich an die Abgabe von K im Kontakthof der Tiefengesteine, die durch die starke Glimmerbildung in den Kontaktgesteinen erwiesen wird.

Der Kernpunkt in den Anschauungen BECKEs ist die Altersstellung des Kalifeldspates, der in jedem Fall für älter gilt als der dazugehörige Myrmekit. Der Gegensatz zu der Auffassung MICHEL-LÉVYs wurde schon betont. Es wird sich zeigen, *daß gerade hier das Hauptproblem der Myrmekitbildung liegt.*

In Ausgestaltung der chemischen Vorstellungen BECKEs versuchte A. SCHWANTKE (1909) die Myrmekitbildung durch die Beimischung von Ca im Kalifeldspat als Anorthitsilikat $CaAl_2Si_2O_8$ zu erklären, welches mit den entsprechenden K- und Na-Silikaten in isomorpher Mischung vorkommen soll.

Eine Erhöhung dieses Silikates im Orthoklas hat eine Verringerung des SiO_2-Gehaltes zur Folge; außerdem aber nimmt SCHWANTKE eine höhere Silifizierungsstufe (z. B. $CaAl_2Si_6O_{16}$) an, um die SiO_2-Ausscheidung bei der Entmischung deuten zu können. Im allgemeinen ist SCHWANTKE im Einklang mit der Theorie von J. H. L. VOGT, welcher glaubt, daß der Mikroperthit durch eine „Entmischung" der Na und Ca enthaltenden Feldspatsilikate im festen Zustand gebildet wurde. Handelt es sich bei letzterem wirklich um eine echte Entmischung, so könnte dasselbe natürlich auch für den Kalifeldspat des Myrmekits angenommen werden; nur ist der Ca-Gehalt der Perthitlamellen sehr gering. Es ist die Frage, ob die Lösungsfähigkeit des Or-Molekels für die Anorthitkomponente — in der Form des erwähnten Silikats $CaAl_2Si_6O_{16}$, bei dessen Entmischung Plagioklas und SiO_2 frei wird — so erheblich ist, daß daraus die oftmals recht beträchtlichen Plagioklasmengen im Kalifeldspat sowie die SiO_2-Mengen in den Plagioklasen (nicht etwa im Orthoklas, wo sie bei Entmischung zwischen Or und Anorthitmolekel und Überwiegen von Or eigentlich entstehen sollten!) erklärt werden können.

Diese an sich sehr geistreiche Hypothese SCHWANTKEs ist später wenig angewandt worden. Sie ist allerdings mit manchen Beobachtungen, so denjenigen unregelmäßig begrenzten Formen der im Mikroklin eingeschlossenen Plagioklase, welche keine Ähnlichkeit mit Entmischungskörpern haben, nicht in Einklang zu bringen. BECKE äußerte (1913, 3) mit Bezug auf die SCHWANTKEsche Theorie, man könne den Myrmekit nicht als eine Ausscheidung von Substanzen auffassen, die im Kalifeldspat nach Art einer festen Lösung vorhanden waren.

So widerspricht auch TSCHIRWINSKY (1911, 1) der Theorie von SCHWANTKE — übrigens ebenso wie der Theorie von BECKE. Er ist der Ansicht, daß der Kalk im Orthoklas als Anorthitsilikat vorkommt, nicht in dem hypothetischen Silikat SCHWANTKEs. Der relative Gehalt an Feldspat und Quarz des Myrmekits stimmt, so betont TSCHIRWINSKY, gut mit der gewöhnlichen Schriftstruktur dieser Minerale überein; solche Strukturen wurden aber damals in Übereinstimmung mit den Ansichten VOGTs als eutektische Bildungen angesehen.

Die Feststellung, daß der Myrmekit die gleichen Eigenschaften hat, wie die mikropegmatitische Verwachsung von Quarz und Feldspat, findet sich bei A. GAVELIN (1910, 2). Im Gegensatz hierzu betont W. N. LUCZIZKY (1911, 3) das Vorkommen von Myrmekit in plutonischen Gesteinen wie auch in kristallinen Schiefern nichtplutonischer Entstehung beweise, daß myrmekitische und mikropegmatitische Strukturen — weil diese typisch magmatische Bildungen seien — nichts miteinander zu tun hätten. Nach seiner Ansicht ist der Myrmekit sekundärer Entstehung und zumeist eng verbunden mit dem Zerfall und der Auflösung der primären isomorphen Verbindung des Kali-Natron-Kalkfeldspates. Das Altersverhältnis zwischen Plagioklas und Kalifeldspat wird von LUCZIZKY in der üblichen Form mit dem höheren Alter des Kalifeldspates angegeben, trotzdem er selbst im Mikroklin eingeschlossenen idiomorphen Plagioklas erwähnt, der von einer schmalen Myrmekitzone mit dünnen wurmähnlichen Quarzstengeln umgeben ist! Dagegen finden wir bei O. H. ERDMANNSDÖRFFER bereits im gleichen Jahre (1911, 4) die Beobachtung, daß die im Kalifeldspat eingeschlossenen, bisweilen korrodierten Plagioklasleisten der grauen Schlieren des Brockengranits älter sind, als die aus Quarz, Kalifeldspat und Plagioklas zusammengesetzte Matrix, die den Anteil der Schliere an Granit darstellt und gleichzeitig mit diesem zusammen erstarrt ist. *Hier also weist* ERDMANNSDÖRFFER *als erster Autor nach* MICHEL-LÉVY *wieder auf das jüngere Alter des Kalifeldspates hin.* Es wird sich zeigen, daß gerade derartigen Beobachtungen des relativen Bildungsalters ein bedeutender Wert bei der Beurteilung der Genese zukommt.

Eine wichtige Beobachtung über myrmekitartige Reaktionsgefüge stammt von P. GEIJER (1912, *1*). Er beobachtete in einigen nordschwedischen Syeniten Verwachsungen, die in Form und Auftreten ganz dem Myrmekit SEDERHOLMS und BECKES glichen, anstelle der Quarzstengel im Plagioklas aber solche aus *Kalifeldspat* zeigten. Es ist sehr charakteristisch, daß GEIJER den normalen Myrmekit mit Quarzstengeln in den *quarzsyenitischen* Gliedern antraf, während in den plagioklasreichen *syenitischen* Gesteinstypen die Stengel überwiegend mit Kalifeldspat angefüllt sind. Das ist ein erneuter Beweis dafür, daß Myrmekit-Quarz besonders in SiO_2-reichen Gesteinen vorkommt. Ausdrücklich weist GEIJER darauf hin, daß auch größere Stofftransporte stattgefunden haben müssen, da gelegentlich Myrmekitwarzen inmitten der perthitischen Kalifeldspäte, wie auch an der Grenze zwischen Perthit und Quarz beobachtet wurden. GEIJER ist also der Ansicht, daß die Plagioklase, d. h. die „Myrmekitwarzen", im Innern der Kalifeldspäte durch Diffusion ihren Platz gefunden haben und gibt damit den Plagioklasen des normalen Myrmekits ein *jüngeres* Bildungsalter gegenüber dem Kalifeldspat.

Der „Myrmekit-Perthit" GEIJERS[1] tritt in ganz ähnlicher Weise auf, wie der gewöhnliche Myrmekit. Der Zentral- oder Wirtfeldspat ist aber hier nicht Orthoklas, sondern Kalknatronfeldspat. Die randlich in den Zentralfeldspat eingreifenden Myrmekit-Antiperthit-Warzen, sowie die in seinem Inneren befindlichen, mit Kalifeldspatschläuchen erfüllten Plagioklase haben etwa die gleiche Form, wie die Warzen des gewöhnlichen Myrmekits. Sie werden aber in gleicher Weise im Innern des Zentralfeldspates angetroffen wie diejenigen des gewöhnlichen Myrmekits und müßten also ebenfalls auf dem Wege des Stofftransports durch das Gitter des Wirtes hindurch an ihren heutigen Platz gekommen sein.

Die kalifeldspaterfüllten Stengel der neubeobachteten Verwachsung unterscheiden sich von den quarzerfüllten Schläuchen des Myrmekits nur in ihrer etwas gröberen Ausbildung. Sie haben keine bestimmte Lage zum Gitter des Wirtes. Ebensowenig konnte GEIJER eine Orientierung des Myrmekit-Plagioklases zum Gitter des Zentralfeldspates feststellen. Der Plagioklas des Myrmekit-Antiperthits hat die gleiche Zusammensetzung wie derjenige des gewöhnlichen Myrmekits. Wichtig ist, daß in einigen Fällen die Mikroklinsubstanz der Schläuche zierliche Albitspindeln enthält.

Zusammengefaßt ist die Entstehungsweise von Myrmekit und Myrmekit-Antiperthit nach GEIJER die folgende. Die Zentralfeldspäte (für ersteren Kalifeldspat mit Perthitschnüren, für letzteren Durchdringungen von Plagioklas mit Orthoklasspindeln = Antiperthit) waren vor der Myrmekit- bzw. Myrmekit-Antiperthitbildung bereits vorhanden. Nach ihrer Ausscheidung änderten sich die Stabilitätsbedingungen für die drei Feldspatarten. Im Falle des Myrmekit fand eine Reaktion zwischen (dem älteren) K-Na-Feldspat (Perthit) und der anorthitreicheren Plagioklassubstanz der Grundmasse statt. Im Falle des Myrmekit-Antiperthit traten an die Stelle des perthitischen Kalifeldspates die (ebenfalls älteren) Durchdringungen von Plagioklas und Orthoklas, mit denen nun die gleiche Plagioklassubstanz der Grundmasse reagierte und Myrmekit-Antiperthit erzeugte. Der größte Unterschied zwischen Myrmekit und Myrmekit-Antiperthit liegt aber nach GEIJER darin, daß bei ersterem das Kali völlig entfernt ist, während es bei der Myrmekit-Antiperthitbildung in das neuentstehende Reaktionsprodukt eingebaut wurde, so daß dieses in seiner stofflichen Zusammensetzung nicht wesentlich von derjenigen Substanz abweicht, die früher seinen Raum einnahm, in Übereinstimmung mit der Auffassung, daß eine Materialzufuhr

---

[1] SEDERHOLM schlägt (1916, *2*) vor, diese von GEIJER aufgefundene Verwachsungsart in Analogie zur normalen Plagioklas-Orthoklas-Verwachsung Myrmekit-*Anti*perthit zu nennen und den Ausdruck Myrmekit-Perthit für die Verwachsung von Mikroklin und wurmförmigem Plagioklas zu reservieren, ein Vorschlag, der sehr zu begrüßen ist.

nicht stattgefunden habe. Es wird sich später zeigen, daß auch bei anderen Vorkommen die Zufuhr neuer Substanz bei Vorgängen der Umkristallisation und Blastese häufig als sehr gering — bis auf die Alkalien! — angenommen werden muß.

Ähnliche Verwachsungen, wie sie Geijer für Plagioklas und Kalifeldspat beobachtete, wurden auch von Brouwer (1910, *1*) und Lacroix (1907, *1*) beschrieben. Brouwer fand Verwachsungen von Orthoklas und Zeolithen, Lacroix von Orthoklas und Sodalith [vgl. auch J. Shand (1906, *4*), der aus einem Borolanit von Nordschottland ebenfalls Orthoklas-Zeolith-Verwachsungen erwähnt]. Die näheren Bildungsbedingungen derartiger Verwachsungen, die noch nicht erschöpfend untersucht wurden, sind noch unbekannt.

Die Objekte Geijers waren im wesentlichen plutonische Gesteine (die nordschwedischen Syenite), in denen er Myrmekit auffand. Im gleichen Jahr (1912) veröffentlichte E. Gutzwiller ausgedehnte Beobachtungen über Myrmekit aus den Injektionsgneisen des Kantons Tessin. Sie zeigen mit völliger Gewißheit, daß der Myrmekit in gleicher Weise im Granit wie in kristallinen Schiefern auftritt. Auch gegenüber dem Mikropegmatit besteht kein Gegensatz; die zum Teil parallel verlaufenden, zum Teil knieförmig gebogenen Quarzstengel ergeben häufig eine schriftgranitische Zeichnung, die dem Mikropegmatit gleicht. Zwischen beiden Ausbildungen gibt es Übergänge derart, daß in fraglosen Mikropegmatiten (also mit scharfbegrenzten, winkligen Quarzbildungen in den Feldspäten) auch gerundete, wurmartige Quarzstengel auftreten können. Im Gegensatz zu Becke und fast aller anderen Beobachter beschreibt Gutzwiller Myrmekit-Plagioklas frei und ohne jede Berührung mit Orthoklas. Die Beobachtung, daß die Quarzstengel gruppenweise einheitlich auslöschen — was nur wenige Forscher gesehen zu haben scheinen (als erster Osann, 1902) — deutet Gutzwiller als eutektische Struktur.

Die aplitisch-pegmatitischen Lagen der Injektionsgneise sind durch im wesentlichen xenomorphe Entwicklung ihrer Gemengteile bei reichlicher Führung von Mikroklin, Myrmekiten und Mikropegmatiten gekennzeichnet. Die letztgenannten beiden Bildungen zeigen Übergänge. Damit besteht nach Gutzwiller eine Brücke zwischen Erstarrungsstrukturen und solchen, welche durch die Einwirkung von Gasen im Gefüge entstanden sind.

Diese Vorstellung der pneumatolytischen Wirkung auf bereits vorhandene Mineralgemenge und ihre gefügebildende Wirkung beherrscht die genetischen Ansichten Gutzwillers durchaus. Er ist der Ansicht, daß zunächst die femischen Gemengteile, Biotit und Hornblende, durch die pneumatolytischen Injektionen erfaßt wurden und durch magmatische Korrosion ihre fetzenartigen, zum Teil wie zerfressene Laubblätter anmutenden Formen erhielten.

In gleicher Weise soll auch die Myrmekitbildung auf Durchgasung zurückgeführt werden, welche „pneumatomorphe" und „phagomorphe" Formen[1] erzeugt haben. Doch auch gewöhnliche magmatische Korrosion nimmt Gutzwiller an. Bei der Beschreibung einer angefressenen, teilweise eingeschmolzenen und umgewandelten Hornblende führt Gutzwiller diese Formen ausdrücklich auf magmatische Korrosion zurück.

---

[1] Ich möchte hierfür lieber das Wort „pneumatophag" vorschlagen, *vorausgesetzt*, daß man einmal mit wirklicher Sicherheit Korrosionswirkung von Gasen nachweisen kann.

Betreffs der Gesamtgenese der Injektionsgneise des Tessin, welche granitisches und sedimentäres Material enthalten, sagt GUTZWILLER: „Aus der Vermischung dieser beiden Gesteinskörper in wechselnden Proportionen sind die Injektionsgneise entsprungen, welche bei *schwacher*[1] Injektion sich zu erkennen geben: durch die Zerfetzung der dunklen Gemengteile, den vielgestaltigen, stark verzahnten, oft streifenförmigen Quarz in Verbindung mit einzelnen Myrmekiten, neben einer vorherrschend kristalloblastischen Struktur des Gesteins. *Bei Steigerung der Injektion* war neben der Zerfetzung der femischen Komponenten eine Zunahme dieses besonders gestalteten Quarzes, eine Anreicherung der Myrmekite und das Erscheinen des Mikroklins zu konstatieren. Bei *allerstärkster*[1] Injektion gelangte schließlich die salische Quote mit ihrem aplitischen bis pegmatitischen Gefüge zur Vorherrschaft, während der sedimentäre Anteil mit den kristalloblastischen Ausbildungsformen bis auf spärliche Relikte verschwand und die dunklen Gemengteile immer mehr in den Hintergrund traten."

Man vergleiche die hier gegebenen genetischen Vorstellungen mit den Ausführungen GEIJERs, der *ohne* Stoffzufuhr auszukommen meinte. In den Injektionslagen GUTZWILLERs aber hätten wir, wenn sie den Tatsachen entspricht, die wohl größte Materialzufuhr vor uns — falls wir wirklich der mikrogranitischen Struktur der Quarz-Feldspat-Lagen ein derartiges Gewicht für die stofflich-genetische Entscheidung belassen wollen. Nehmen wir aber die als Injektionslagen angesprochenen dünnbankigen Bereiche im Gegensatz zu GUTZWILLER als primäre Unterschiede in der Stoffverteilung eines schichtigen Gesteins und führen die strukturellen Abweichungen auf den wechselnden Mineralbestand des primären Zustandes bei im übrigen gleicher Einspannung und Deformation des Gesamtgesteins zurück, so erhalten wir eine Einheitlichkeit im genetischen Ablauf, welche gerade durch die Ähnlichkeit zwischen myrmekitischen und mikropegmatitis h-granophyrischen Strukturen stark unterstrichen wird. —

Hatte GUTZWILLER besonderen Wert auf genetische Deutungen des Myrmekits se'bst gelegt, so findet sich in der Untersuchung von N. BESBORODKO (1912, *3*) ein wichtiger Hinweis auf charakteristische Eigenschaften der mit dem Myrmekit zusammenhängenden Bildungen. BESBORODKO hatte beobachtet, daß sich randliche Veränderungen der Plagioklase nicht nur als Wachstum von Quarzstengeln zeigen, sondern unter bestimmten Umständen der ganze Rand des Plagioklases gleichmäßig in seiner chemischen Zusammensetzung geändert wird. Die Änderung des Chemismus — immer in Richtung erhöhten Albitgehaltes — findet aber nur dort statt, wo Plagioklas an Mikroklin angrenzt. Wo er Quarz berührt, finden sich weder Quarzstengel noch der veränderte Rand. BESBORODKO glaubt den Mikroklin für den sichtbaren Erreger beider Erscheinungen ansehen zu sollen. In welcher Weise, wird allerdings nicht gesagt, auch über gegenseitige Altersbeziehungen erfahren wir nichts, obschon der Mikroklin eigentlich nur dann für Veränderungen am Plagioklas in Frage kommen kann, wenn er jünger ist als die von ihm beeinflußten Kalknatronfeldspäte.

Ähnliche Beobachtungen wie bei BESBORODKO, aber vertieft und stärker mit genetischen Vorstellungen verbunden, finden sich in den Arbeiten R. TRONQUOYs aus dem Jahre 1912. Trotz der vielen, zum Teil neu beobachteten Einzelheiten und der gründlichen Durcharbeitung des ganzen Problems werden noch

---

[1] Im Original nicht ausgezeichnet.

manche nicht zusammengehörige Erscheinungen miteinander vereinigt. Doch ergeben diese besonders sorgfältigen Untersuchungen einen guten Überblick über die wesentlichsten Probleme beim Ablauf der Myrmekitbildung. TRONQUOY ist neben FUTTERER und vielleicht PETRASCHEK einer der wenigen Autoren, welcher zwei Arten von Myrmekitvorkommen, wenn auch noch ohne klar erkannte Altersstellung, unterscheidet. Die erste Art betrifft Myrmekit, der in Form einer unregelmäßigen Kruste erscheint. Sie umgibt den Plagioklas da, wo er mit Mikroklin in Berührung steht. Die Orientierung dieser Kruste, welche immer saurer ist als die äußerste der ursprünglichen Zonen des Plagioklases, ist dann dieselbe wie diejenige des Hauptplagioklases. Infolge des verschiedenen Gehaltes an An-Molekel stimmen die Auslöschungen nicht überein, aber die Spaltflächen fallen zusammen.

Die zweite Art bildet im Mikroklin gerundete Zapfen, die ihn zuweilen tief durchdringen und vereinzelt oder zu mehreren vereinigt vorkommen. Von diesen lassen sich wieder zwei Typen unterscheiden. Der erste zeigt völlige Übereinstimmung in der Orientierung von Zapfensubstanz und benachbartem Plagioklas; man kann sogar die geradlinige Fortsetzung der Zwillingslamellen vom Hauptplagioklas in die Zapfen hinein beobachten. Beim zweiten Typ ist die Orientierung des Myrmekits durchaus beliebig und in den einzelnen benachbarten Zapfen verschieden. Die Quarzstengel kommen nicht nur im Plagioklas, *sondern gelegentlich auch in geringer Menge frei im Mikroklin vor*, eine wichtige Beobachtung, die erst in letzter Zeit genetisch ausgewertet werden konnte [vgl. O. H. ERDMANNSDÖRFFER (1941, *1*) und F. K. DRESCHER-KADEN (1940, *3*) und (1942, *2*)].

Über den Entstehungsort des Myrmekits sagt TRONQUOY: ,,Der Myrmekit entwickelt sich leicht an der Berührungsstelle zweier Mikroklinkristalle, besonders dort, wo irgendwelche kleinen Kristalle von beliebiger Orientierung schlecht miteinander verbunden, für Imprägnationen eine leichte Passage lassend, den Mikroklin berühren. Mehrere Zapfen verschiedener Orientierung werden dann gemeinsamen Ursprung haben können. Die Myrmekitbildung ist also ein in der Tiefe vor sich gehender, sekundärer Vorgang und ohne Zweifel *ein Spezialfall der Albitisierung*[1].`` Hervorgerufen werden solche Bildungen nach TRONQUOY durch gasförmige Emanationen oder alkalische Lösungen im bereits verfestigten Gestein.

Aus den mitgeteilten Beobachtungen scheint hervorzugehen, daß die Myrmekitanteile später gebildet sind als die Hauptpartien der Plagioklase. Sie sind nach TRONQUOY aber auch später entstanden als der Mikroklin, in welchem sie sich entwickelt haben, *selbst später als die völlige Verfestigung des Granits*[1]. Ihre Entstehung ist die Folge einer sekundären Gesteinsumbildung, deren Gründe ebenso wie das relative Alter der magmatischen Verfestigung bislang noch unbekannt sind.

Gegen die Ansicht TRONQUOYs, daß der Myrmekit im wesentlichen durch Pneumatolyse aus dem plutonischen Magma entstanden sei, wendet sich N. SWITALSKI (1913, *2*), da sie zu künstlich sei und nicht das Eindringen der Myrmekitsubstanz in die idiomorphen Plagioklaskristalle erkläre, auch nicht die konstante Zusammensetzung (?) und die Ähnlichkeit mit dem Eutektikum Quarz-

---

[1] Im Original nicht ausgezeichnet.

Plagioklas. Er fragt weiter, weshalb man den Myrmekit in sauren und nicht in basischen Gesteinen antreffe, obgleich die basischen Plagioklase leichter zerlegbar seien, als der Albit. Wolle man das durch die Annahme erklären, daß der Austausch sich gerade in einem Plagioklas zugetragen habe, der mit einem Orthoklas in Verbindung war, welcher nur in sauren Gesteinen vorkommt, wie sei es dann zu verstehen, daß der Plagioklaskristall resorbiert wurde und an der Myrmekitbildung teilnahm? — Man hat den Eindruck, daß hier Ursache und Wirkung vertauscht worden sind. Es ist aber immerhin wichtig, daß SWITALSKI, wie er auch schon früher erwähnt, Myrmekite beobachtet hat, die sich mit ihrer konkaven Seite gegen die Plagioklase wenden, wodurch sie wie resorbiert aussehen. Aus dieser Tatsache der beobachteten Resorption zieht er jedoch keinerlei genetische Schlüsse.

Er betont vielmehr, daß die wiedergegebenen Tatsachen am besten mit VOGTs Hypothese von den Erstarrungsvorgängen des Magmas erklärt werden könnten. Man müsse schließen, daß der Myrmekit tatsächlich ein zusammengesetztes Eutektikum Quarz-Plagioklas darstelle. Diese Zusammensetzung habe das Magma gerade zu der fraglichen Zeit erreicht. Sie könne bei sauren Gesteinen früher zustande kommen, als das Tripeleutektikum Quarz-Plagioklas-Orthoklas.

Im Jahre 1913 ließ F. BECKE seiner 1908 gegebenen Studie über den Myrmekit in seiner bekannten Arbeit „Über Mineralbestand und Struktur der kristallinen Schiefer" eine Ergänzung folgen. Er sagte: „Die Myrmekitbildung scheint älter zu sein als die Bildung von Muskovit und Epidot aus Plagioklas; denn man trifft bisweilen Gesteine, in denen die Myrmekitkörner ähnlich wie die Gesteinsplagioklase mit Schüppchen von Kaliglimmer und kleinen Epidotnadeln durchsetzt sind."

Wie verschieden man argumentieren kann und wie sehr man seine Folgerungen von verschiedenen Seiten aus sichern muß, läßt sich gerade an diesem Beispiel zeigen. Denn zu dem von BECKE gezogenen Schluß, daß die Myrmekitbildung *älter* sei als die Muskovit-Epidot-Umformung aus Plagioklas, weil sowohl in den Gesteinsplagioklasen, wie auch in den Myrmekitplagioklasen die gleichen Umwandlungsprodukte vorhanden sind, ist man keineswegs gezwungen.

Man kann nämlich auch folgendermaßen schließen: Wenn beide Plagioklasarten — normaler Plagioklas und Myrmekitplagioklas, die ja ineinander übergehen — mit den gleichen Umwandlungsprodukten gefüllt sind, so sind die letzteren sehr gewiß zu irgendeiner Zeit in einer gemeinsamen Entwicklungsphase entstanden. Daß beide Plagioklasarten ursprünglich zusammengehörten, geht ja aus den Zwillingslamellen hervor, die häufig den Zentralplagioklas bis zu seinem Myrmekitrand gleichmäßig durchsetzen! Die Unterschiede in der randlichen Ausbildung der myrmekitisierten Plagioklase sind dann durch besondere Ereignisse später erworben, während die *nicht* myrmekitisierten Plagioklase der gleichen Korngemeinschaft aus Gründen intergranularer Zirkulationsstörungen u. dgl. oder weil die randliche Umwandlung in der zur Verfügung stehenden Zeit nicht weiter ins Innere getragen werden konnte, geschont wurden. Welches Altersverhältnis zwischen Myrmekitbildung und Muskovit-Zoisit-Entstehung herrscht, ist ohne neue Beobachtungen überhaupt nicht eindeutig zu entscheiden (s. Protogin-Feldspäte S. 231 ff).

BECKE fährt in seiner Aufzählung der Myrmekiteigenschaften folgendermaßen fort: „Wenn in einem Gestein, dessen Kalifeldspate mit Myrmekit umsäumt sind, sich um die Feldspate Gleitflasern von Muskovit entwickeln, so schneiden diese an den, der Schieferung parallelen Flächen der Feldspatkörner den Muskovit von seiner Unterlage ab. Die Myrmekitkörner bleiben im Feldspatauge sitzen. In den Streckungshöfen können sich die Myrmekitkörner wohl von dem zugehörigen Feldspatauge abtrennen und sich zu mehreren anhäufen."

„Gesteine mit ganz reinen Erstarrungsstrukturen scheint er zu meiden, wie schon SEDERHOLM für die Rapakiwigesteine hervorhebt. Ich kann angeben, daß ich ihn in Schliffen des Granits von PREDAZZO vergeblich gesucht habe. Auch in Schliffen des Granits vom Brocken habe ich ihn nicht finden können. Die Myrmekitbildung ist wohl auf Tiefengesteine und kristalline Schiefer beschränkt."

„In vulkanischen Gesteinen dürfte sie kaum vorkommen. In Kontaktgesteinen ist Myrmekit dann zu erwarten, wenn sie Kalifeldspat führen."

„Mit dem eigentlichen Mikropegmatit, dessen Natur als Eutektikum von Feldspat und Quarz zuerst von TEALL auf Grund des Auftretens und der Beschaffenheit befürwortet, in neuerer Zeit von VOGT mit guten Gründen gestützt wird, hat der Myrmekit vieles gemeinsam. Es kann wohl aus der Beschaffenheit dieser Gebilde mit Recht gefolgert werden, daß Plagioklas und Quarz sich gleichzeitig gebildet haben. Ein Unterschied liegt darin, daß im Mikropegmatit die Quarzstengel häufig geradlinige Umrisse zeigen, im Myrmekit dagegen gebogene, runde Formen die Regel sind." „Mikropegmatit füllt Lücken im Gesteinsgewebe zwischen älteren Gemengteilen, die vom magmatischen Eutektikum eingenommen waren, hat daher keine selbständigen Grenzen; Myrmekit frißt sich in bereits vorhandene Kalifeldspate ein und ist gegen diese durch konvexe, bisweilen etwas gekerbte oder gezähnelte scharfe Grenzen geschieden."

„Wenn man aus diesen Tatsachen einen Schluß ziehen dürfte, so ist es der, daß sich die Myrmekitbildung in einer Phase der Gesteinsbildung zu vollziehen scheint, die sich unmittelbar an die Erstarrung anschließt, also zu einer Zeit, wenn die Temperatur noch der Erstarrungstemperatur nahesteht und noch Lösungsmittel im Gestein vorhanden sind."

Betreffs der zur Myrmekitbildung nötigen Stoffe meint BECKE, daß man nicht sagen könne, woher Na und Ca stammten, die dem Kalifeldspat zugeführt werden müssen, um Myrmekit zu erhalten. Er denkt an eine Lösung, welche die Bestandteile der Plagioklase enthält.

Eine, besonders für die heutige Beurteilung des Myrmekitproblems wichtige Beobachtung stammt von G. KALB (1914, *1*). Er findet, daß die Zusammenstellung der BECKEschen Beobachtungen auch für den Bornholmer Granit Geltung habe, mit der Ausnahme, daß sich niemals Myrmekit oder ein saurer Albitsaum gegen *parallel*, d. h. gegen krustenartig den Plagioklas umwachsenden Kalifeldspat findet. Diese Verhältnisse sind am deutlichsten beim Knudsbackegranit festzustellen, dessen Plagioklase fast durchwegs von Kalifeldspatmänteln umwachsen werden. „Wird in diesem Gestein der Plagioklas an einer kleinen, krustenfreien Stelle von einem *anders gelagerten* Kalifeldspat begrenzt, so zeigt er hier myrmekitische Ausbildung oder nur einen Albitsaum." Es ergibt sich also, daß zwei verschiedene Arten von Kalifeldspat vorkommen, von denen nur der eine Typ Myrmekit hervorruft, nämlich der jüngere, neugebildete

Gefügeorthoklas. Der als Kruste oder Rand den Plagioklas orientiert umwachsende Kalifeldspat dagegen tritt nicht myrmekiterzeugend auf; dies tun nur später gebildete, unorientiert angelagerte Feldspatkörner. Das sind sehr wichtige Beobachtungen, die möglicherweise durch Feststellungen, die A. MAUCHER (1943, 2) am Kalifeldspat mit Plagioklaseinlagerungen machte, in Zusammenhang gebracht werden können. Nur Plagioklase, welche die gleiche Orientierung wie der Wirtkristall haben, bleiben hier erhalten und werden eingebaut. Anders liegende Plagioklaskörner werden aufgezehrt oder bis zur Unkenntlichkeit korrodiert.

KALB betont, daß sich auch im Kalifeldspat vereinzelt Quarzeinlagerungen finden, die sehr an Myrmekit erinnern. Es sind das offenbar mikropegmatitische Verwachsungen, welche durch weniger scharfkantige Quarzumrisse eine gewisse Ähnlichkeit mit den gerundeten Quarzstengeln des Myrmekits erhalten haben.

KALB fand in allen Granitarten und Schlierenbildungen Bornholms, welche Quarz enthielten, Myrmekit. Dieser fehlt jedoch nach ihm in der großen basischen Schliere des Haslegranits. Der Plagioklas dieser Schliere zeigt gegen nicht parallel angelagerten Kalifeldspat nur reinen Albitsaum.

Diese letztere Betrachtung ist deswegen von besonderer Bedeutung, weil sich hier die prinzipiell wichtige Frage aufdrängt, *ob der Albitsaum der Plagioklase eine mit der Korrosion der äußeren Zone Hand in Hand gehende Auslaugung (Entkalkung?) ist.* Das Auftreten von Quarzstengeln könnte demgemäß als höhere Stufe korrosiver Einwirkung gedeutet werden, wobei die weitere Frage entsteht, ob der Stengelquarz als Rückstandsbildung oder durch Zuführung aus SiO_2-reicher Umgebung entstanden angesehen werden muß (s. S. 88).

Die Auffassung BECKEs und anderer Autoren, welche die myrmekitische Plagioklas-Quarz-Verwachsung oft als Beweis für nachträgliche metamorphe Vorgänge ansahen, wurde nicht von allen Forschern geteilt. ESKOLA stellte 1914 die folgenden Punkte zur Diskussion:

1. BECKE erwähnt als wichtiges Charakteristikum die Abgrenzung des Myrmekits gegen Kalifeldspat durch konvexe Flächen. Das ist nicht überall der Fall. ESKOLA fand vielmehr im Mikroklingranit von Südwestfinnland, also in einem Gestein, welches mit nachträglicher metamorpher Umwandlung nicht das geringste zu tun hat, ein Plagioklas-Quarz-Mosaik, welches alle charakteristischen Merkmale des Myrmekits aufwies, aber mit geradliniger Grenze gegen Mikroklin abstieß (Idiomorphie des Myrmekit-Feldspates). Neben dieser Myrmekitform kommt ein gewöhnlicher Typ mit gerundeten Konturen vor, der offenbar jünger ist. Er wird gelegentlich von einer klaren Albitzone begrenzt, die keine Quarzeinlagerungen enthält.

2. BECKE erklärt, daß der Myrmekit Gesteine mit ganz reinen Erstarrungsstrukturen meide. ESKOLA hat jedoch echten Myrmekit in verschiedenen Rapakiwigraniten gefunden, so in einem Vorkommen von Kavantsaari sowie von Luumäki aus dem Wiborg-Distrikt.

3. BECKE sagt: „Nicht zu verkennen sind die Beziehungen des Myrmekits zur Kristallisationsschieferung. Mit dieser ist er durchaus verträglich, nur ist hervorzuheben, daß er auch in Gesteinen auftritt, die von Schieferung überhaupt frei sind." Demgegenüber betont ESKOLA, daß granitische Gesteine mit echter granoblastischer Struktur *ohne* Myrmekit vorkommen. Er hält beginnenden Metamorphismus *nicht* für geeignet, Myrmekit zu bilden.

Im Jahre 1916 faßte J. J. SEDERHOLM die bisher erschienenen Arbeiten über den Myrmekit zusammen (1916, *2*) und gab auf Grund umfassender eigener Untersuchungen einen eingehenden Bericht über den Stand des Myrmekitproblems, dessen historischem Teil in der Darstellung der Entwicklung des Myrmekitproblems ich im vorstehenden Kapitel zum Teil gefolgt bin. In dieser Arbeit ging SEDERHOLM — hinsichtlich seiner eigenen Forschungen — zunächst auf die Frage ein, ob sich in Graniten, welche — wie Rapakiwivorkommen — völlig frei von metamorphen Anzeichen sind, Myrmekit findet oder nicht. Die Untersuchungen erweisen in Übereinstimmung mit den Befunden von LUCZIZKY und ESKOLA, daß Myrmekit auch in den typischen Rapakiwigraniten des Wiborggebietes vorkommt. Außerdem aber zeigen diese Rapakiwiarten einen sehr charakteristischen Biotit-Symplektit, der vor allem Plagioklas verdrängt und anscheinend jünger als Myrmekit ist.

Es treten demnach in den Rapakiwigraniten zwei verschiedene, nicht gleich alte, *Reaktionsgefüge* auf: Myrmekit und Biotit-Symplektit[1].

Daß auch der Quarz die anderen Kornarten korrodiert, den Oligoklas und den Myrmekit, der zum Teil im Quarz schwimmend vorkommt, wird von SEDERHOLM besonders hervorgehoben, der außerdem findet, daß dieser Quarz teilweise die gleiche optische Orientierung hat, wie der Quarz des benachbarten Myrmekits. Was SEDERHOLM aus der übereinstimmenden Orientierung — die zum Teil auch zufällig sein kann — schließt, ist nicht deutlich zu ersehen. Er betont jedoch die Wichtigkeit dieser Beobachtung, da sie zeige, daß der Myrmekit in diesem Falle vor dem Ende der Gesteinsverfestigung gebildet wurde. Jedenfalls kann man nach ihm den Myrmekit nicht als Merkmal magmatischer oder kristalloblastischer Entstehung werten. Er kommt in beiden Gesteinstypen in gleicher Weise vor. Durch die Nähe basischer Gesteinsbruchstücke scheint jedoch die Myrmekitbildung im Granit befördert zu werden. SEDERHOLM schreibt: ,,Es kann nicht bloßer Zufall sein, daß die fraglichen, schwer deutbaren Erscheinungen viel allgemeiner verbreitet in *den* Granitanteilen sind, welche in der Nachbarschaft basischer Gesteinsbruchstücke liegen ... Wenn die Bildung synantetischer Minerale, wie es mir jenseits allen Zweifels scheint, nicht bloß durch einen Materialtausch zwischen den benachbarten Mineralen verursacht wird, sondern auch durch von außen in Lösung hinzugebrachtes Material, dann muß eine Verschiedenheit in der mineralogischen Zusammensetzung der benachbarten Gesteine von großem Einfluß gewesen sein. Gesteine, reich an Plagioklas, haben Lösungen geliefert, welche reich an den Aufbaustoffen dieses Minerals waren; sie haben zurückgewirkt auf die Minerale der benachbarten granitischen Gesteine und lösten einige von ihnen auf.''

Daraus geht hervor, daß SEDERHOLM die Myrmekitbildung für jünger als die Kalifeldspat-Kristallisation hält und aus Lösungen, welche Plagioklasmaterial führen, ableitet. Die anfangs bei MICHEL-LÉVY angetroffene Auffassung, daß der *Kalifeldspat* die jüngere Bildung ist, *wurde bei den späteren Autoren bis etwa* 1940 *gar nicht erwogen und fehlt auch bei* SEDERHOLM.

SEDERHOLM beschreibt in seiner umfassenden Myrmekit-Arbeit weitere Beobachtungen über die Myrmekitformen verschiedener Granite Fenno-Scandias,

---

[1] Ein drittes, jüngeres Symplektitgefüge stellt die granophyrische Quarz-Feldspat-Verwachsu ng dar.

Biotit-Quarz-Symplektite, Myrmekite aus mechanisch beanspruchten Gesteinen, sowie Myrmekit-Perthite und Myrmekit-Antiperthite.

In den Schlußabschnitten formuliert er die folgenden 5 Fragen als für die Eigenschaften und die Entstehung des Myrmekits bedeutsam.

1. Greift Myrmekit immer Mikroklin oder Orthoklas an ?

SEDERHOLM bejaht dies mit der erdrückenden Mehrzahl der bisherigen Beobachter und meint, wo dies nicht der Fall sei, hätte der Myrmekit sehr wahrscheinlich den Orthoklas bis auf den letzten Rest verdrängt. Er schließt weiter: wenn also Myrmekit immer Orthoklas verdrängt habe, dann sei er eine kristalloblastische Bildung und könne nicht als primär im strengsten Sinne angesehen werden. Die Bildung konvexer Grenzen gegen Kalifeldspat zeige, daß er seine Front gegen das Mineral gewandt habe, in welchem er gewachsen sei[1]. Damit also schließt SEDERHOLM aus der Begrenzungsform des Myrmekits auf die Richtung seines Wachstums.

(Welche Wachstumsrichtung aber bei allseitig im Kalifeldspat eingeschlossenen Plagioklasen mit *allseitigem* Myrmekitrand anzunehmen ist, bleibt dabei offen!)

2. Besitzt er immer einen Kern von Plagioklas ?

Nach SEDERHOLM ist das für die meisten Fälle zu bejahen. Dort wo kein Plagioklas mehr sichtbar ist — und das kann nur dort sein, wo sich Quarzstengel ohne jede Plagioklassubstanz im Mikroklin finden — habe wahrscheinlich nur ein sehr kleiner Ausgangskristall vorgelegen, oder man müsse nach BECKE annehmen, daß der Dünnschliff gerade die alleräußersten Myrmekitpartien von dem darunter oder darüberliegenden Plagioklas abgetrennt habe.

Die Lösung dieser Frage ist nicht befriedigend. Auch bei keinem andern Autor finden sich hierüber eindeutige und entscheidende Angaben.

SEDERHOLM gibt weiter an, daß die Bildung von Myrmekitquarz sich nirgends weit in den Kern hinein erstrecke, da der Durchmesser der Krusten fast niemals 1 mm überschreite. Daraus sei zu ersehen, daß es sich wirklich um eine synantetische Struktur handelt, die sich an der Berührungsstelle zweier Kristalle entwickelte.

Außer dem normalen, „fransenähnliche" Plagioklasränder bildenden Myrmekit, erwähnt SEDERHOLM eine zweite Art, welche sich in Graniten mit Mörtelstruktur finde. Sie ist charakterisiert durch kleine myrmekitartige Körner mit radialgestellten Quarzen, welche meist am Rande großer Mikrokline liegen oder *Risse und Spalten in letzteren ausfüllen.*

3. Von woher kam das Myrmekitmaterial ?

Die nun folgenden Worte SEDERHOLMs scheinen mir für die Beurteilung seiner Auffassung des Myrmekitproblems so wichtig, daß ich sie hier im Wortlaut wiedergebe. Er sagt: „Der Myrmekit ist nicht wie andere synantetische Mineralien einfach als Reaktionsrand durch Materialwechsel zwischen zwei benachbarten Mineralen entstanden. Der Kern des Plagioklases wurde im allgemeinen nicht angegriffen, aber er wuchs nach außen durch Anlagerung von Material und

---

[1] Vgl. dagegen R. VOGEL (1923, *1*) welcher aus der Erfahrung des Metallographen ausführt, daß Kornvergrößerung bei Metallen stets zugunsten der konkav begrenzten (also die andern umfassenden) Kornarten vor sich geht! — Siehe auch Einleitung S.2 und 3

das war oft, in kleinen Mengen, im Augenblick des Beginns der Myrmekit-Kristallisation der Fall. Es ist nicht möglich, anzunehmen, daß sein Material ganz vom Kalifeldspat herstammt." ... „Er (der Myrmekit), kommt oft in solch großer Menge vor, daß der Kalifeldspat oder der in ihm in mikroperthitischer Verwachsung eingeschlossene Plagioklas nicht so große Gehalte an Natron und Kalk enthalten haben kann. Material muß von außen zugeführt und andere Stoffe, besonders Kali, fortgeführt worden sein."

Die BECKEsche Ansicht, daß Al_2O_3 und SiO_2 vom Kalifeldspat herstamme, Na und Ca zugeführt und für K eingetreten sei, wobei ein SiO_2-Überschuß entstünde, sei gewiß sehr geistreich und anregend. Doch seien die wirklichen Verhältnisse wahrscheinlich komplizierter. Er, SEDERHOLM, habe selbst manche Fälle beobachtet, wo bestimmte Teile von Myrmekitsäumen viel mehr Quarz enthalten, als benachbarte Partien, *in denen der Feldspat bestimmt die gleiche Zusammensetzung hatte*[1]!

Besonders der erste Teil dieses Abschnittes der SEDERHOLMschen Darlegung erscheint wichtig. Er sieht den Myrmekit nicht nur als einen einfachen Reaktionsrand oder als Abbauprodukt an. Der Myrmekit ist vielmehr eine randliche *Wachstumsform* an der Grenze eines Plagioklases und eines Kalifeldspates, die unter entsprechender Zufuhr in den letzteren hinein vorgetrieben wurde.

4. Sind Quarz und Feldspat zusammen auskristallisiert?

Die allgemeine Ansicht der Forscher bejaht z. Z. diese Frage in Analogie zum primären Mikropegmatit. Einige Autoren haben den Myrmekit vereinfachend als Plagioklas-Mikropegmatit eutektischer oder anchieutektischer Kristallisation angenommen.

Ganz verschieden von dieser Auffassung war, wie S. 15 dargestellt, diejenige von MICHEL-LÉVY und der französischen Petrographen, welche den Quarz des Myrmekits als „quartz de corrosion", also für später zugeführt, ansahen.

SEDERHOLM bezeichnet diese letztere Ansicht als zweifellos irrig. Er begründet diese Auffassung nicht mit dem relativen Altersverhältnis von Plagioklas und Kalifeldspat, sondern glaubt die Plagioklasformen in der Hauptsache durch Skelett-Kristallisation erklären zu müssen, wobei der Quarz die Zwischenräume ausfüllte. Er gibt jedoch zu, daß in einigen Fällen die Endkristallisation des Quarzes so viel später als diejenige des Feldspates stattfand, daß der Quarz die Form des letzteren durch Korrosion verändert habe.

SEDERHOLM betont: „Eine solche Korrosion wird noch wahrscheinlicher, wenn wir (z. B. beim Rapakiwi) die analogen Verwachsungen von Biotit, Quarz und Fluorit in Betracht ziehen, in welchen die letztgenannten Minerale ohne Zweifel den Biotit korrodiert haben." – Korrosionsvorgänge werden also auch von SEDERHOLM angenommen, aber nicht für die Bildung der charakteristischen Quarzstengel im Myrmekit.

5. Ist der Myrmekit primär oder sekundär entstanden?

SEDERHOLM weist hier auf die nachdrückliche Betonung mancher Autoren hin, daß Myrmekit nicht im strengen Wortsinn primär sei, da er zwischen den Grenzen anderer Minerale kristallisiert und deren Substanz verdrängt.

Er bezeichnet es dagegen als eine andere Frage, ob der Myrmekit ein Produkt plutonischer Tätigkeit sei, verbunden mit der Verfestigung des Magmas, in dem

---

[1] Im Original nicht ausgezeichnet.

er auftritt, oder eine spätere Bildung. SEDERHOLM unterscheidet also anscheinend bewußt zwischen dem Ausdruck „primär" im allgemeinen Sinn und „plutonisch" gebildet. Jedenfalls schienen alle Beobachtungen zweifelsfrei zu beweisen, daß gewisse Rapakiwigranite und auch noch ältere präkambrische Gesteine vor der Endverfestigung aller, das fragliche Magma zusammensetzenden Minerale, in ihren wesentlichen Zügen bereits abgeschlossen waren.

Wenn aber, so betont SEDERHOLM weiter, ein großer Teil des Myrmekits als Produkt plutonischer Aktivität zu gelten hat, ist damit noch nicht gesagt, daß nicht andere Myrmekitvorkommen auf einen späteren Metamorphismus zurückgehen. Es ist vielmehr wahrscheinlich, daß am Ende einer plutonischen Entwicklung mit dem Auftreten von Restlösungen im Gefüge gleiche Bedingungen herrschen, wie zu Anfang einer metamorphen Mobilisation.

Daß die enge Verbindung des Myrmekits mit späterem Biotit-Quarz-Symplektit auf Beteiligung pneumatolytischer Vorgänge deutet, ist nach SEDERHOLM ebenso wahrscheinlich, wie man es andererseits nicht verallgemeinern sollte. Sagt er doch selbst am Ende seiner genetischen Darlegungen: *„Ich brauche nicht den ganzen Prozeß der Pneumatolyse anzuführen, in der Überlegung, daß die Stoffe zweifellos auch in wäßriger Lösung gut transportiert werden."* —

Seit dieser umfassenden Arbeit SEDERHOLMs sind die Ansichten über die Entstehungsweise des Myrmekits etwa 20 Jahre lang im wesentlichen unverändert geblieben. Ein unleugbarer Fortschritt war der Versuch CHRISTAS (1927, *1*), die Regelung der Myrmekit-Quarz-Achsen gegen den Kalifeldspat zu bestimmen. CHRISTA, der sich im wesentlichen der Deutung BECKEs anschloß, fand, daß die Quarzachsen des untersuchten Zillertaler Vorkommens ⊥ (001) des Kalifeldspates stehen, trotz verschiedener Lage der Myrmekit-Plagioklase im Kalifeldspat. Aus diesem Grunde glaubte CHRISTA, daß das primäre Kalifeldspatgitter richtend auf die sich bildenden Quarze eingewirkt habe.

Von weiteren Untersuchungen über den Myrmekit sind vor allem diejenigen O. H. ERDMANNSDÖRFFERs (1941, *1*) zu nennen. Er und etwa gleichzeitig mit ihm F. K. DRESCHER-KADEN faßten den Myrmekit als metasomatisches Produkt und die Quarzstengel als durch Korrosion entstanden auf, indem sie auf die jüngere Bildung des Kalifeldspates hinwiesen (1940, *3* und 1942, *2*).

U-Tisch-Messungen der Quarzstengel hatten die wechselnde Besetzung eines Kleinkreises um die *c*-Achse [Kante (110)/(010) als Zentrum der Projektion] ergeben, der mit etwa 55° erheblich größer war als der entsprechende Kleinkreis beim Schriftgranit (s. Abschnitt III, 1a, S. 111). ERDMANNSDÖRFFER betont unter Heranziehung ausgezeichneter Beispiele das häufig jüngste Alter des Kalifeldspates, der sich zum Teil in ausgesprochenen Filmbildungen zwischen die älteren Gemengteile eindrängt. Ähnliche Beobachtungen aus älterer Zeit über das jüngere Alter des Kalifeldspates in Graniten stammen von E. W. BENECKE und E. COHEN (1881, *1*) sowie von G. H. WILLIAMS (1883, *1*). Neuerdings hat B. SANDER auf das jüngere Alter der Kalifeldspatbildungen hingewiesen (1934, *1*). Auch E. TATGE (1939, *3*) erwähnt aus dem im übrigen als rein magmatisch angesehenen Granit von Rocheville Korrosion des Plagioklases durch Mikroklin. D. HOENES (1940, *1*) bringt auf S. 218/19, Abb. 24 und 25 sehr schöne Abbildungen für Verdrängungswirkung des jüngeren Kalifeldspates am Plagioklas des Wehratalsyenits, Schwarzwald. Die Erscheinungsform dieses jüngeren Kalifeldspates in

Odenwälder Graniten und Mischgesteinen wird von O. H. ERDMANNSDÖRFFER folgendermaßen beschrieben (1941, *2*, S. 10—11): „Mikroklin, . . . überwiegend mit Gitterstreifung, erscheint 1. in Lücken und auf Fugen zwischen Plagioklas- und anderen Körnern, wobei alle Übergänge von feinsten „kapillaren Filmen" bis zu größeren Adern, Trümern und Flecken vorhanden sind (Abb. 7). Nur selten wird er von Myrmekitwarzen verdrängt. 2. In größeren, willkürlich verteilten xenomorphen Flecken und Feldern, die zahlreiche kleine, idiomorphe oder schwach gerundete Plagioklase (von der Zusammensetzung der Grund-masse-Plagioklase) und — idiomorphe Hornblenden und Biotite poïkilitisch eingestreut enthalten. 3. In myrme-kitähnlichen wurmförmigen Stengeln in großen Plagioklasen als „Antiper-thitmyrmekit" (SEDERHOLM) . . . 4. Als homoachse Ummantelung von Plagio-klas, dessen Flächen in (010) glatt und ohne Korrosion überlagert werden, während die anderen Flächenlagen oft deutlich durch Korrosion angegriffen sind. In einem Fall hat er einen großen Plagioklas teils mit, teils ohne Korro-sion derart umwachsen, daß er zu ihm in Karlsbader Stellung liegt. 5. Als Ummantelung von Rotquarzkörnern." (Vgl. hierzu auch ERDMANNSDÖRFFER, 1937, *5*, S. 10, 46, 68.)

Damit wird in völlig überzeugender Weise das jüngere Alter dieses Mikro-klins dargelegt. — ERDMANNSDÖRFFER weist weiter auf die häufige Durch-brechung der ROSENBUSCHschen Regel in der Ausscheidungsfolge, überhaupt auf das Überwiegen metasomatischer

Abb. 7. Mikroklinfilme (grau), korrodierend ein-dringend zwischen Plagioklas, Biotit, Hornblende. Mischgestein, Heltersbach, Odenwald. Vergr. 22,5mal. Nach ERDMANNSDÖRFFER (1941, 3), S. 11, Abb. 5.

Strukturen hin. Er glaubt an die Möglichkeit einer einigermaßen sicheren Grundlage für die genetische Auswertung von Strukturbeobachtungen, wenn man einerseits die Strukturbeziehungen von in situ granitisierten Gesteinen, von Migmatiten und ähnlichen Produkten aufsucht, andererseits Vergleiche zu metamorphen Gesteinsarten im gewöhnlichen Sinne des Wortes — z. B. bei gewissen Gneisen — zieht. ERDMANNSDÖRFFER betont vor allem die überwie-gende Häufigkeit *sekundärer Kalifeldspatbildung und ihrer metasomatischen Wir-kungen auf die vorhandenen Gefügekörner.*

Die von ihm gebrachten trefflichen Beispiele für Verdrängungsstrukturen und blastische Bildungen zeigen vollends die Übereinstimmung von gefügebildenden Korrosionen und Blastese, die in Graniten und metamorphen Gesteinen völlig gleichartig auftreten. Gerade seine Beobachtungen beweisen, daß generelle Unterschiede zwischen beiden Gesteinstypen nicht festzustellen sind in Über-einstimmung mit meiner (1936, *1*) allgemein ausgesprochenen Ansicht, daß der

Granit — und zwar, wie es sich heute immer klarer abzeichnet, *jeder* Granit — *ein Produkt ultrametamorpher Vorgänge ist.*

Die Gleichartigkeit der Gefügebildung in magmatischen und metamorphen Gesteinen zeigt eine weitere Untersuchung ERDMANNSDÖRFFERs über Myrmekit- und Albitkornbildung (1941, *1*). Außerdem werden in dieser Arbeit wichtige neue, genetisch bedeutsame Einzelheiten über die Eigenschaften des Myrmekits veröffentlicht. So läßt die Beobachtung der aus dem Myrmekit-Plagioklas heraus in den Kalifeldspat hineinragenden Quarzstengel erkennen, daß der letztere jünger als der Myrmekit-Plagioklas sein muß, den er bis zur Skelettierung der eingelagerten Quarzstengel korrodierte. Betreffs des Bildungsalters des Myrmekits unterscheidet ERDMANNSDÖRFFER einen älteren, prämikroklinen Myrmekit und eine jüngere Bildung, die sich zum Teil als warziges Fortwachsen in Kalifeldspat hinein darstellt, zum Teil als Albitkornbildung jüngere Fugen erfüllt.

Genetisch kommt ERDMANNSDÖRFFER zu dem Schluß, daß sich der Myrmekit zeitlich an die Mikropegmatitbildung anschließt und mit zunehmendem Absatz von Albit bis hinein in die Hydrothermalphase reicht, oft auf Kosten der Gesteinsplagioklase, die auch häufig stärker verglimmert sind als die Kalifeldspäte.

Es handelt sich, wie ERDMANNSDÖRFFER betont, bei derartigen Erscheinungen nicht um magmatische Kristallisationsfolgen, sondern um Korrosions- oder Verdrängungsbildungen. „Solche Gebilde sind aber keineswegs auf Injektions- und andere Mischgesteine beschränkt; auch in vielen „normalen" Graniten ist die Schlußphase der Kristallisation weit mehr durch metasomatische Verdrängungsformen und -folgen gekennzeichnet, als durch einen Verfestigungsvorgang, wie er durch die Löslichkeitsverhältnisse in einer sich abkühlenden magmatischen Restlösung bedingt ist." —

Überblicken wir die Entwicklung der Kenntnisse über den Myrmekit, dargestellt in den Arbeiten der genannten Autoren, so erhalten wir bis etwa 1930 das Bild außerordentlich konservativer und zäh festgehaltener Meinungen, die nur sehr langsam durch neue Arbeitsergebnisse modifiziert werden. Die lange Jahre herrschende Ansicht von der ausschließlich postmikroklinen Entstehung des Myrmekit-Plagioklases — sowie die damit zusammenhängende Vorstellung von der Zuführung der Plagioklasbestandteile CaO und Na_2O unter Fortführung von K_2O und Freiwerden von SiO_2 aus dem Kalifeldspat — erschwerte eine Weiterentwicklung unserer Kenntnisse erheblich, so daß auch in der Deutung der genetischen Vorgänge längere Zeit kein Fortschritt erzielt wurde.

Faßt man jedoch die neueren Beobachtungen, etwa seit dem Ende der 20er Jahre zusammen, so ergeben sich über die bloße Darstellung der Quarz-Feldspat-Verwachsung des Myrmekits hinaus bereits Ausblicke auf Gesetzmäßigkeiten von sehr allgemeiner Bedeutung im gefügebildenden Geschehen einer granitischen Verfestigungsperiode.

Es beginnt sich hierbei die Erkenntnis herauszuschälen, daß die hydrothermalen Vorgänge einer Granitverfestigung in verschiedenen Formen erscheinen und in den wesentlichsten Zügen in jedem granitischen Gestein vorkommen. Die Betonung des Zusammenhanges solcher Vorgänge in Graniten mit metamorphen Bildungen zum Zweck einer genetischen Vereinheitlichung in der Welt der salischen Gesteinstypen erfolgte weiterhin durch ESKOLA (1939, *4*), ERDMANNSDÖRFFER und DRESCHER-KADEN (1942, *2*).

Durch die Wiedergabe der folgenden Beobachtungen soll zunächst gezeigt werden, wie die Bildung von typischen Reaktionsgefügen im einzelnen vor sich geht. Sie sollen aber auch beweisen, daß diese Gefüge nur eine Einzelform eines viel umfassenderen Großvorganges während der Verfestigung oder metasomatischen Umbildung darstellen, welcher das Schicksal eines jeden granitischen Gesteins[1] entscheidend beeinflußt.

2. Vorkommen der myrmekitischen Verwachsungsformen.

Die in den vorigen Kapiteln geschilderten Untersuchungen und Deutungen der Myrmekiteigenschaften werden im folgenden durch eine Reihe neuer Beobachtungen ergänzt, und die sich dabei ergebenden Fragen gegeneinander abgewogen.

Längere Zeit herrschte keine Klarheit darüber, ob der Myrmekit auf rein „magmatische“ Gesteine beschränkt sei, oder auch im Metamorphikum vorkomme. Anfänglich wurde er vielfach für „primär“ und „plutonisch“ gehalten und seine Anwesenheit in kristallinen Schiefern bezweifelt. Heute wissen wir mit Bestimmtheit, daß der Myrmekit in Graniten, Gneisen, den sauren Rahmengesteinen der Massive, kurz in allen salischen Gesteinstypen vorkommen kann, und zwar nicht nur in den Hauptgesteinen, sondern auch in den Gängen höherer Azidität, den Apliten und Pegmatiten.

Der Myrmekit ist dabei an saure Plagioklase, hauptsächlich Oligoklas-Andesin, gebunden, dort, wo diese an Kalifeldspat angrenzen (oder Kalifeldspat blastisch im Grundgewebe zu wachsen *beginnt*). Je basischer also die Gesteine werden, desto seltener findet sich Myrmekit (z. B. nicht in echten Gabbros und äquivalenten Gangbildungen!). Unabhängig davon aber können symplektitische Verwachsungen, die *nicht* mit echtem Myrmekit gleichzusetzen sind, auch in basischen Gesteinen auftreten. Wie weit die Menge des Kalifeldspates in einem Gestein ausschlaggebend für die Myrmekitbildung ist, kann einstweilen nicht sicher angegeben werden. Jedenfalls können Gesteine mit bescheidener Kalifeldspatführung beachtliche Myrmekitisierung ihrer Plagioklase zeigen und umgekehrt. Es wurde aber noch niemals Myrmekit in kalifeldspat*freien* Gesteinen mit Sicherheit nachgewiesen.

Von prinzipieller Bedeutung ist das Vorkommen myrmekitischer Plagioklase in granitischen Gängen. Man darf daraus schließen, daß die gleichen Lösungen mit ähnlichem Stoffgehalt wie bei der Massivbildung einmal bei dieser selbst, sodann in den metamorphen Rahmengesteinen, der sauren „Ganggefolgschaft“ und allgemein in regionalmetamorphen kristallinen Schiefern wirksam waren.

Beim Vorkommen des Myrmekits ist noch folgendes zu bedenken. Myrmekit und Schriftgranit schließen sich nicht gerade aus; sie kommen aber selten zusammen vor, trotzdem die Heimat beider Reaktionsgefüge die granitischen Gesteine und ihre Ganggefolgschaft sind. Das spezifische Reaktionsgefüge des Kalk-Natron-Feldspates ist der Myrmekit, dasjenige der Kalifeldspäte der Schriftgranit. Wenn auch bisher kein zureichender Grund bekannt ist, weshalb

---

[1] Die Bezeichnungsweise „granitisches Gestein“ umfaßt Granite, granitische Gangbildungen, sowie jede Art metamorpher Abkömmlinge saurer Gesteinstypen des Grundgebirges und seiner metamorphen Rahmengesteine.

Kalifeldspäte in Plagioklasgesteinen meistens nur geringe oder keine Granophyrbildung zeigen, dagegen häufig die Orthoklase in Gesteinen der Kalireihe, so ist diese Tatsache dennoch nicht zu bezweifeln und von unleugbarer Bedeutung für die Klärung der Granitgenese.

3. Myrmekit, Typ I. (Prämikrokliner Myrmekit; Großkornmyrmekit.)
a) Auftreten im Gefüge.

Randbildung an Plagioklasgefügekörnern in der Nähe sprossender KalifeldspatKristalloblasten oder als Einschlüsse in ihnen. — Beziehung zum umgebenden Gefüge. — Altersverhältnis zum Kalifeldspat.

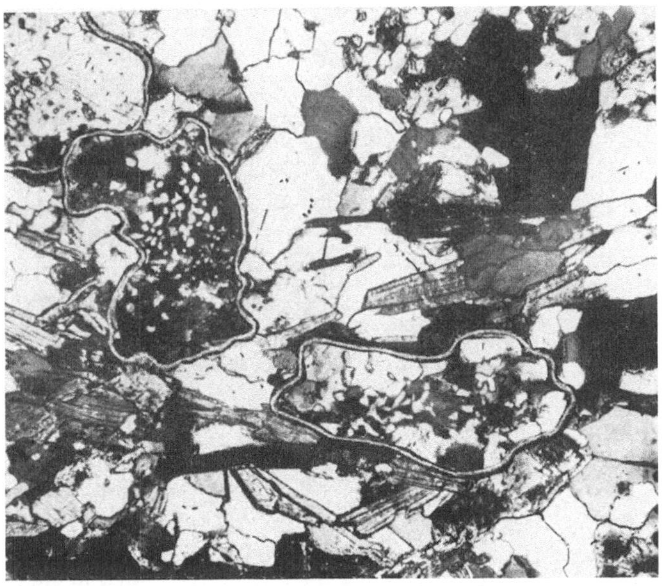

Abb. 8. Beginnende Myrmekitisierung von Grundgewebsplagioklasen durch dünnen Kalifeldspatfilm oder die dem eigentlichen Kalifeldspatwachstum vorausgehenden Lösungen. Eigentliche Kalifeldspat-Kristalloblasten sind hier noch nicht sichtbar. Kepernikgneis Dreistein. Sammlung BEDERKE. Altvatergebiet. Vergr. 68,5mal. (Die myrmekitisierten Partien sind durch Umrandung hervorgehoben.)

Die meisten Autoren seit PETRASCHEK und BECKE betonten die obligatorische Bindung des Myrmekits an Kalifeldspat. BECKE war der Ansicht, daß ein solcher Zusammenhang überall vorhanden gewesen sei. Wo er fehle, sei die Verbindung infolge verschiedener Höhenlage der Körner im Schliff verlorengegangen. Zweifellos findet man fast $^9/_{10}$ aller Myrmekitvorkommen granitischer Gesteine in Verbindung mit zumeist recht großen Kalifeldspatkörnern. Es gibt jedoch auch „myrmekitisierte" Plagioklase im Grundgewebe granoblastischer Gesteine, die keinen Kalifeldspat in ihrer Umgebung zeigen oder höchstens eine ganz geringfügige Intergranularfüllung in Form eines dünnen, sehr unregelmäßig gestalteten Kalifeldspatfilms in ihrem engeren Bereich erkennen lassen. Angesichts solcher Vorkommen hat man den Eindruck einer beginnenden Umwandlung an den Plagioklasen, des Sprossens einer neuen Kornart im Gefüge, nicht umgekehrt eines Abbaues schon vorhandener Kornarten (Abb. 8). Zur Entscheidung müssen besser gekennzeichnete Übergänge zu gröberen und gut sichtbaren Kornformen verwendet werden. So findet man im ähnlichen Gesteinsbereich der Abb. 9 Plagioklase in Berührung mit größeren Kalifeldspatanteilen, die schließlich zu selbständigen Kalifeldspat-Kristalloblasten auswachsen und in ihrem Innern die Komponenten des Grundgewebes, zum Teil noch in primärem Verband, enthalten. Die alte Gefügeregelung ist jedoch im allgemeinen aufgelockert oder ganz verschwunden. Manche Kristalloblasten des gleichen Vorkommens sind im Innern fast völlig frei von Grundgewebsresten; gegen den Rand zu werden diese wieder häufiger (Abbildung 10). Es kann jedenfalls nicht der geringste Zweifel darüber bestehen, daß solche Kalifeldspäte echte Kristalloblasten und jünger als das von ihnen umschlossene Grundgewebe sind. Diese Kalifeldspäte enthalten dieselben nunmehr myrmekitisierten Plagioklase, wie wir sie schon ohne Kalifeldspatumhüllung im Grundgewebe als echte, primäre Grundgewebskomponenten kennen. Sie haben auch die gleiche chemische Zusammensetzung, wie die frei im Grundgewebe liegenden Kalk-Natron-Feldspäte (Abb. 9, 10). Mit anderen Worten, die myrmekitisierten Pla-

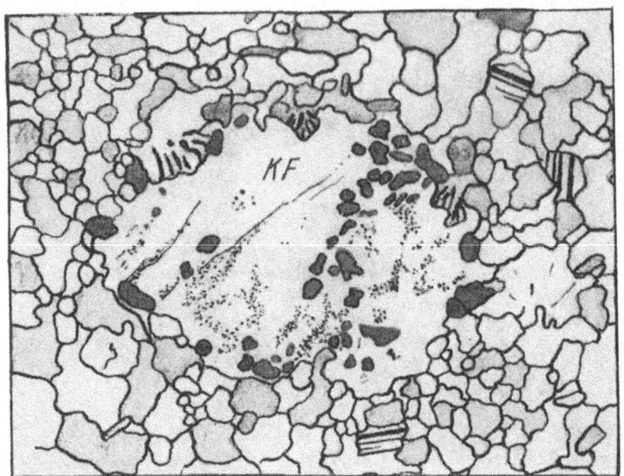

Abb. 9. Kalifeldspat-Kristalloblast wächst in einem Grundgewebe von Plagioklas und gerundeten Quarzen. Reste des Grundgewebes, randlich abgerundet und korrodiert, liegen im Innern des Kristalloblasten oder sind zu Trübungszonen zergangen. Einige Grundgewebsplagioklase werden in Berührung mit den Kristalloblasten myrmekitisiert. Kepernikgneis, Gr. Ullersdorf. Sammlung BEDERKE. Vergr. 42mal.

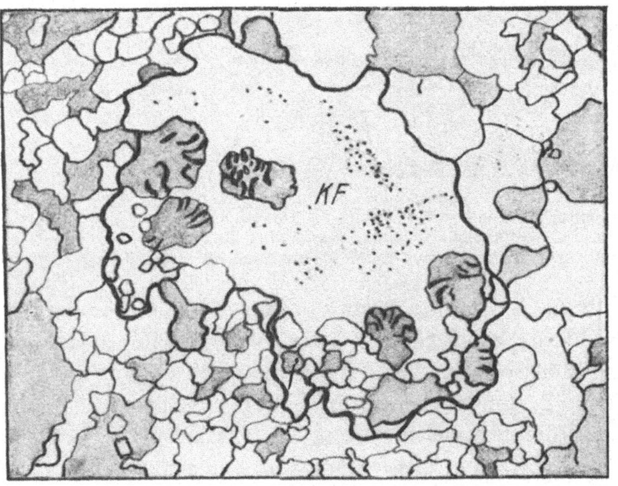

Abb. 10. Kalifeldspat-Kristalloblast mit aufgenommenen myrmekitisierten Plagioklasen, die dem ehemaligen Grundgewebe entstammen. Kepernikgneis. Rauschende Teß, oberhalb Winkelsdorf. Sammlung BEDERKE. Vergr. 68mal.

gioklase sind älter als die Kalifeldspäte, in denen sie liegen. Diese sind als echte Kristalloblasten jünger. Die Myrmekitisierung beginnt in diesen Gefügen frühzeitig, nämlich noch vor Erscheinen kenntlicher Kalifeldspat-Kornformen, aber an Stellen, wo anschließend das eigentliche Kristalloblastenwachstum stattfindet.

Es ist also durchaus möglich und durch die eben mitgeteilte Beobachtung (Abb. 8) nachgewiesen, daß myrmekitische Plagioklase ohne Verbindung mit erkennbarer Kalifeldspatsubstanz auftreten können. Welche Beziehungen zwischen den ersten, Myrmekitisierung hervorrufenden Lösungen und der sich eng

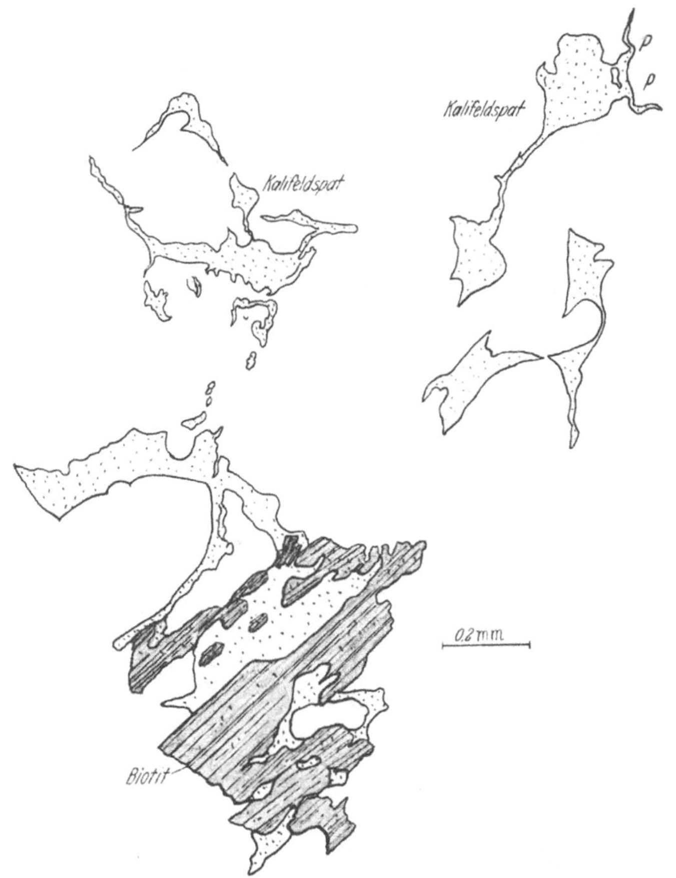

Abb. 11. Kalifeldspat (punktiert) wandert granophag in ein komplexes Grundgewebe ein. — Aus der Art seiner Anordnung ergibt sich, daß er auf den Grenzflächen älterer Gefügekomponenten eingedrungen ist. Die dünn n, amöboiden Fortsätze des Kalifeldspates zeigen in ihrem gebrochenen Verlauf (*P*), daß es sich hier nicht um Korrosionsformen ehemals intakter Kalifeldspat-Großkörner handelt, sonde rn um Ausfüllung und granophage Erweiterung von Intergranularen zwischen anderen Kornarten nach Maßgabe der Wegsamkeit. — Der Biotit ist älter als der Kalifeldspat, da der letztere einzelne freiliegende Biotitreste enthält und Biotitspaltflächen als Korrosionsbahn benützt ·hat. — Die Formen des Kalifeldsp ates sind nicht als Verdrängungsreste zu deuten. Ergänzt man nämlich die zahlreichen, das Grundgeweb e wie ein Schleier durchziehenden Kalifeldspatreste zu intakten Körnern, so würde das Gestein ursprünglich fast allein aus Kalifeldspat bestanden haben. — Epidot-Biotitgneis, Riveo-Visletto, (Maggiatal) Tessin, Sammlung GUTZWILLER.

daran anschließenden Kalifeldspatblastese bestehen, ist einstweilen noch eine offene Frage. Man kann aber schon jetzt mit Sicherheit sagen, daß die myrmekitischen Vorgänge eine enge Beziehung zur Blastese haben und daß eine nähere Aufklärung *blastischer*, besonders der dem eigentlichen Kristalloblastenwachstum unmittelbar voraufgehenden Vorgänge — in ihrem Verhältnis zur Granitisierung — auch der Genese der Reaktionsgefüge das Fremdartige nimmt.

Das jüngere Alter des Kalifeldspates läßt sich ferner aus seinen eigenen Grenz-formen ersehen. In manchen metamorphen Gesteinen bildet er unter Verzicht auf jede Idiomorphie Intergranularfüllungen von bizarren Formen, die nur geringe Korrosionswirkung an den begrenzenden Kornarten erkennen lassen. Sie zeigen deutlich, daß das den Kalifeldspatfilm enthaltende primäre Korn-gefüge bereits vorhanden war und dieser gewissermaßen nur den „Abguß" der Intergranulare darstellt (Abb. 11). Das Anschmiegen an die Korngrenzen und der zum Teil eckige, gebrochene Verlauf der Kalifeldspatfüllung (bei P) zeigt dies deutlich. Eine gewisse Korrosionswirkung läßt sich an den verdickten Stellen der Kalifeldspatfilme sowie an den korrodierten und eingeschlossenen Biotit-partien erkennen, deren Spaltbarkeitsfläche zum Teil als Korrosionsbahn

Abb. 12. Kalifeldspat dringt längs Korngrenzen zwischen die Komponenten des Grundgewebes ein unter starker Korrosions- und Ablaugewirkung sowie partieller Myrmekitisierung (M). Bergeller Granit, Fornogebiet. Vergr. 130mal.

diente. — Wie eindringender Kalifeldspat die Korngrenzen und Spaltflächen eines Plagioklaskornes unter partieller Myrmekitisierung korrodiert und ver-ändert, zeigt in überzeugender Weise Abb. 12. Daß hiernach Kalifeldspat *jünger* ist als Plagioklas, dürfte unbestreitbar sein[1].

In welcher Weise wachsende Kristalloblasten ein vorgefundenes Gefüge ver-ändern, soll an dem Beispiel der sächsischen Cordieritgneise gezeigt werden. Das

---

[1] Es ist jedoch nicht in allen Fällen leicht, das Alter des Kalifeldspates sicher zu bestim-men. Seine oft ganz unregelmäßige, xenomorphe Begrenzung, die oft dünnen, häutigen Formen, die Längserstreckung in Richtung der Schieferungsebene deuten zunächst wider-spruchsfrei auf spätere Zuführung hin.

Man findet aber auch Kornformen, die nicht nur bei flüchtiger Betrachtung den Schluß auf *höheres* Alter des Kalifeldspates gegenüber dem Plagioklas zu rechtfertigen scheinen. In manchen Vorkommen kristalliner Schiefer (Muretto-Serie, Forno-Gebiet, Tessiner Gneise aus dem Maggiatal, von Osogna und Bellinzona usw.) enthalten die Plagioklase kleine, zer-rissene Kalifeldspatfetzen, welche allseitig im Plagioklaswirt eingeschlossen, zuerst den Ein-druck von Resten aufgefressener oder korrodierter Kalifeldspäte machen. (Die Unregel-mäßigkeit der Konturen unterscheidet sie von echten Antiperthiten.) — Wenn auch prinzipiell die Möglichkeit nicht auszuschließen ist, daß in einem in Ausgestaltung begriffenen Gefüge das

vorkristalloblastische Gefüge besteht in dem beschriebenen Bereich aus einem Quarz-Feldspat-Biotit-Sillimanit enthaltenden und zum Teil rekristallisierten Grundgewebe (Abb. 13, 14). Der in diesem Gefüge wachsende Kalifeldspat drängt das Grundgewebe, soweit dieses nicht verbraucht und aufgelöst wird (vgl. S. 222), nach außen. Nur die nadeligen Sillimanite können anscheinend nicht leicht ausgestoßen und an den Rand des wachsenden Kristalloblasten transportiert werden; sie sind daher noch in größerer Anzahl im Innern des Kalifeldspates enthalten. Während der Kristalloblastese fanden noch parakristalline Bewegungen mit Wirkung auf die räumliche Anordnung der Grundgewebskomponenten statt, gefolgt von statischer Ausgestaltung des Gefüges. Der jetzige

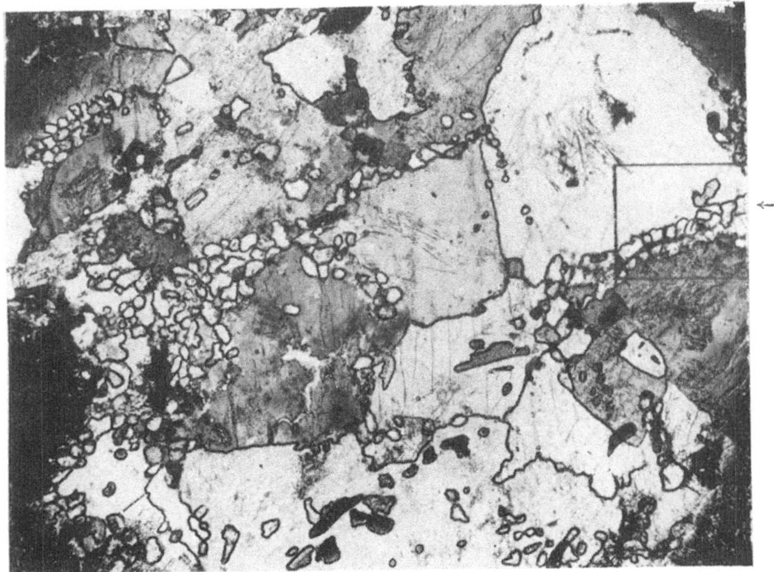

Abb. 13. Kristalloblastenwachstum in feinkörnigem Quarz-Biotit-Plagioklas-Sillimanit-Grundgewebe, welches zum Teil eingebaut, zum Teil auf Korngrenzen angereichert wird. — Der Pfeil zeigt auf das in Abb. 23 stärker vergrößerte Gebiet. Beachte in beiden Abbildungen die Lage des Sillimanit-„Zopfes". Cordieritgneis Rochsburg. Vergr. 23mal.

Zustand des Grundgewebes zwischen den Kalifeldspat-Kristalloblasten wurde also von der parakristallinen Deformation und dem blastischen Wachstum des Kalifeldspates diktiert, welches die erstere überdauerte. Weitere Hinweise auf

vorhandene Gleichgewicht Kalifeldspat: Plagioklas zugunsten des letzteren durch Eindringen CaO-haltiger Lösungen wieder gestört und ein Teil der Geschichte des Gesteins wiederholt wird, so scheinen mir doch in diesem Fall die folgenden Beobachtungen dagegenzusprechen.

1. Die Kalifeldspatfetzen liegen häufig den Plagioklaskörnern nur auf, werden also nicht ringsum eingeschlossen;

2. sie erfüllen mitunter durch Spaltrisse begrenzte Hohlräume in den Plagioklasen.

Aus beiden Beobachtungen ergibt sich, daß der Kalifeldspat *nicht* als älterer Rest anzusehen ist; der Einschlußcharakter des Kalifeldspat-Interngefüges ist vielmehr durch die Schnittlage vorgetäuscht. Das häufige Vorkommen dünner Kalifeldspathäute auf Plagioklaskorngrenzen, das Auftreten späterer, wohlbegrenzter Kalifeldspat-Kristalloblasten, welche zum Teil sichtbar mit den xenomorphen Kalifeldspatbildungen des Grundgewebes zusammenhängen, macht es so gut wie sicher, daß in den vorliegenden Beispielen die gesamte Kalifeldspatisierung des Gefüges erst nach der Plagioklasbildung eingesetzt hat.

die Verwendung der Sillimanite zur Altersbestimmung folgen am Schluß dieses Abschnitts (S. 48).

Der Myrmekit tritt also einmal als Randbildung an Plagioklasgefügekörnern auf in der Nähe sprossender Kalifeldspat-Kristalloblasten. Er findet sich bei weiterem Wachstum der Kristalloblasten in diese selbst eingelagert, und zwar randlich angereichert oder auch in der Mitte (Abb. 9, 10). Es handelt sich bei diesem Myrmekittyp, der wegen des höheren Alters seines Plagioklases als ,,prämikrokliner" Myrmekit zu bezeichnen ist, um echte Einschlüsse myrmekitisierter Alt-Kornarten. Das geht aus der Übereinstimmung der eingeschlossenen Plagioklase mit denjenigen des Grundgewebes in chemischer und habitueller Beziehung

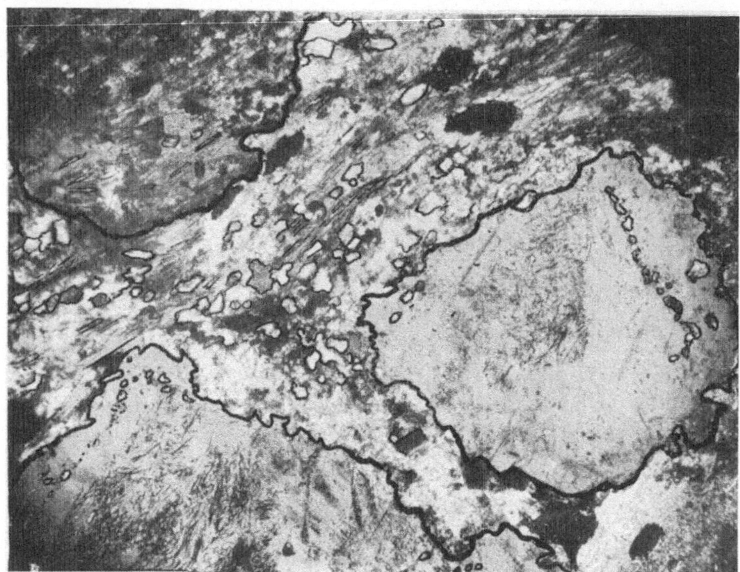

Abb. 14. Wachsende Kristalloblasten im Grundgewebe, das in breiten Streifen zwischen den kristalloblastischen Großkörnern erhalten geblieben ist. Cordieritgneis, Rochsburg. Vergr. 23mal.

zur Evidenz hervor. *Dieser Myrmekittyp ist bei weitem der häufigste.* Da der wachsende Kalifeldspat fast immer die fremden Kornarten an den Rand drängt, bzw. bei seinem sprossenden Wachstum im Grundgewebe diese dort beläßt, soweit er sich nicht als Film zwischen die Grundgewebskomponenten hineinschiebt, finden sich die meisten Myrmekit-Plagioklase in den äußeren Zonen des Kalifeldspates. *Das hat wohl zu der Meinung der meisten Autoren Anlaß gegeben, jeder Myrmekit-Plagioklas bilde sich nachträglich in der Außenhaut von Kalifeldspäten unter Zuführung von* Na *und* Ca. Die mit konvexen Formen und gelegentlich als Zapfen gegen den Kalifeldspat gerichteten Großkornplagioklase — fast niemals als Korrosionserscheinungen gedeutet — sind in den von mir untersuchten Fällen nirgends mit Sicherheit jüngerer Entstehung gewesen, sondern hatten die Zusammensetzung der normalen Gefügeplagioklase. Abb. 2 zeigte Plagioklase mit typischer Zapfenform. Trotzdem sind sie, wie aus der allseitigen Umwachsung durch Kalifeldspat hervorgeht, bestimmt älter als dieser. Der Großkornmyrmekit[1] in der Rinde von Kalifeldspäten sollte daher

---

[1] Im Gegensatz zum Kleinkornmyrmekit (S. 80), der jünger ist.

— solange nicht ganz neue Beobachtungen eine andere Deutung erfordern —
in allen Fällen für *älter* als der umschließende Kalifeldspat angesehen werden.

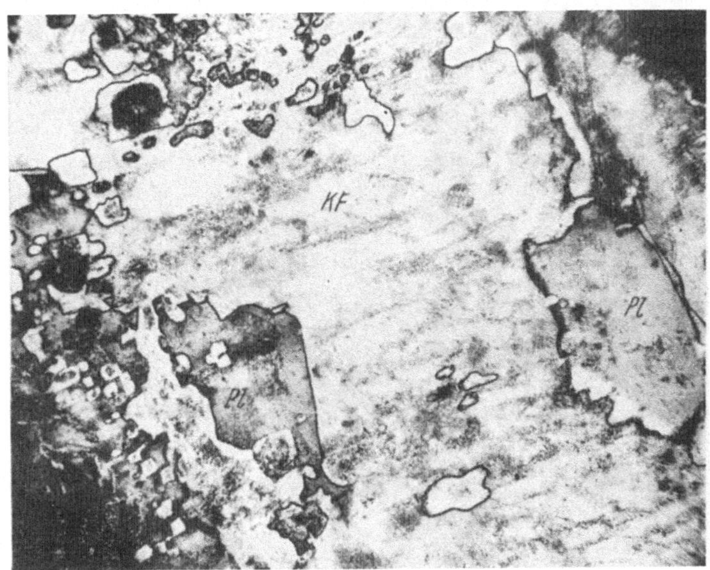

Abb. 15. Kalifeldspat mit Plagioklaseinschlüssen, welche randliche Auslaugungserscheinungen — ohne Myrmekitquarzbildung — zeigen. Rapakiwi, Muhutlahti. Vergr. 42mal.

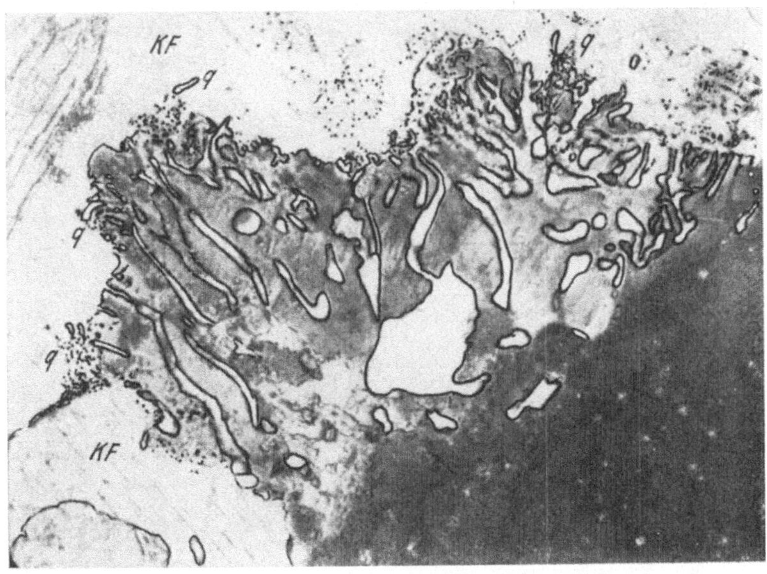

Abb. 16. Myrmekitisierter Plagioklas mit in Auflösung begriffenen Randpartien (Quarzbruchstücke, Plagioklasreste in Form von Trübungen usw.) im Kalifeldspat. Forno-Granit. Vergr. 129mal.

Zur Entscheidung in dieser Frage möge noch eingehender auf die Altersbeziehungen hingewiesen werden. Weitere raumgeometrische, das Alter festlegende Beobachtungen sind aus den Verhältnissen der Randzone zu gewinnen, und zwar zunächst aus der Grenzkontur des Plagioklases gegen Kalifeldspat.

Es wurde schon in der Einleitung betont, daß aus dem konvexen oder konkaven Verlauf einer Grenzfläche *allein* nicht auf das relative Alter geschlossen

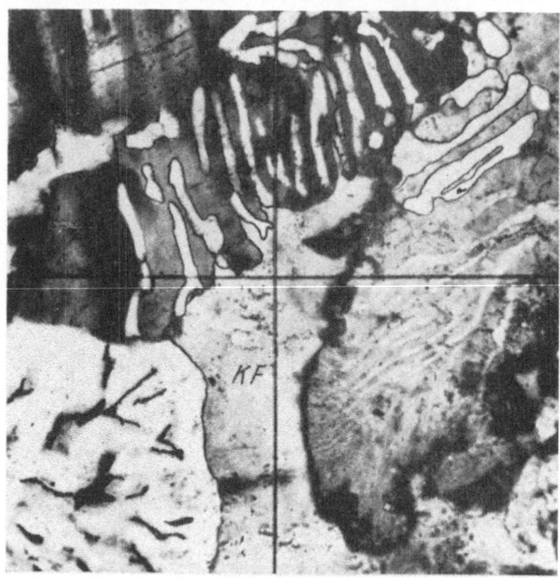

werden kann[1]. Die Betrachtung der Myrmekit-Plagioklas-Grenze zeigt im wesentlichen konvexen Verlauf gegen den umschließenden Wirtkristall. Die solcherart gekrümmten Flächen sind aber nicht glatt und gleichmäßig ausgebildet, sondern schwach aufgerauht, genarbt und zum Teil sogar zerklüftet oder buchtig zerfressen. Grenzfälle zeigen Auflösungszonen mit im Kalifeldspat verschwimmendem Detritus und stückweiser Zerteilung des Plagioklases, im ganzen das Bild echter Korrosion (Abb. 15 bis 20). Diese Beobachtung in Verbindung mit dem konvexen Grenzverlauf aber schien mir das Gegenteil der bisherigen

Abb. 17. Kalifeldspat dringt zungenartig in myrmekitisiertes Plagioklaskorngefüge ein und löst einzelne Quarzstengel der korrodierten Plagioklase (oberes Korn, in Dunkelstellung) heraus. — Die Quarzstengel der einzelnen Plagioklaskörner wechseln in Ausbildung und Dimensionen beträchtlich. Bergeller Granit, Fornogebiet. Vergr. 110mal.

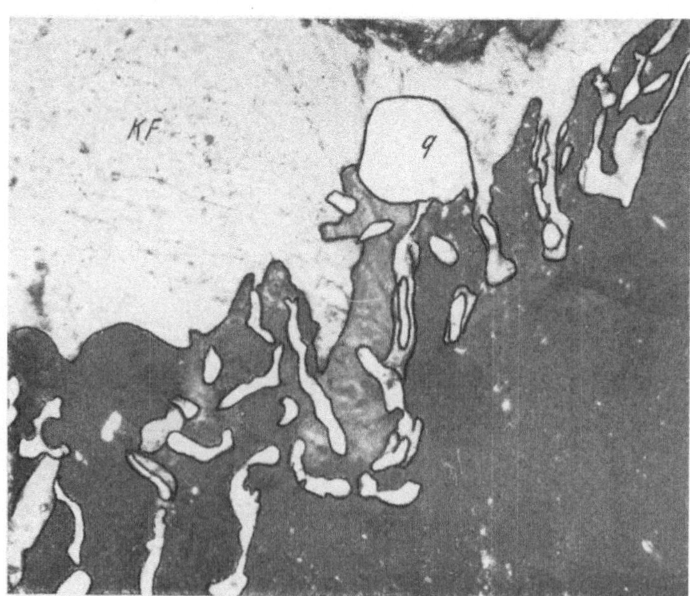

Abb. 18. Kalifeldspat dringt in die Quarzschläuche eines korrodierten Plagioklases ein. Gebänderter Biotitgneis von Bellinzona. Sammlung GUTZWILLER. Vergr. 129mal.

[1] Vgl. R. VOGEL, 1923, *1* u. S. 2.

Deutungen (vor allem BECKEs) zu beweisen und für die bei R.VOGEL (l. c.) gemachten Hinweise zu sprechen, nach denen wachsende Großkörner die bereits vorhandenenKornarten mit — vom Großkorn aus gesehen — konkaven Formen umfassen.

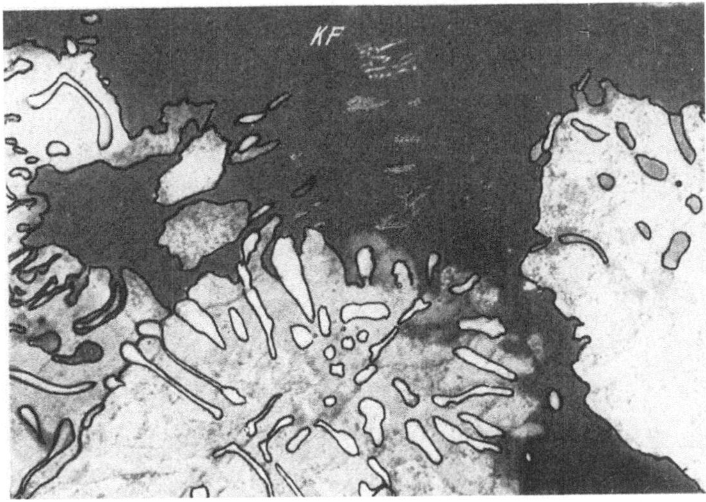

Abb. 19. Korrodierte Oberflächenskulptur mehrerer Plagioklaskörner mit Quarzresten, in Kalifeldspat eingebettet. Einige Quarzstengel liegen völlig frei im Kalifeldspat. Granit Rattenberg, Bayerischer Wald. Vergr. 196mal.

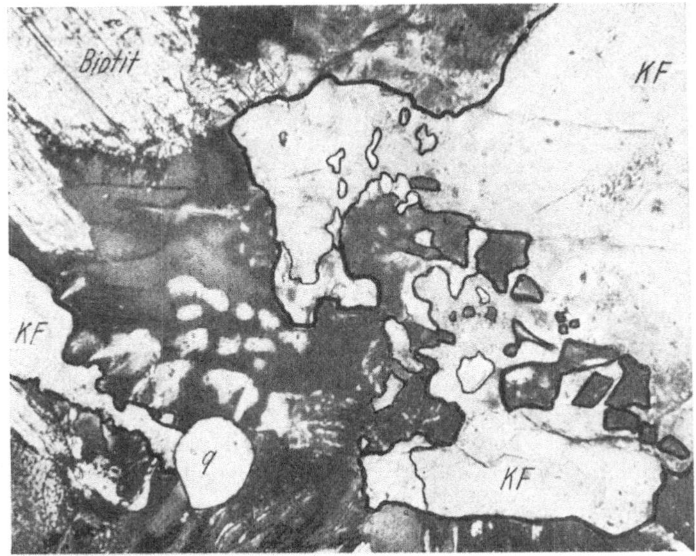

Abb. 20. Kalifeldspat mit Resten eines aufgelösten, myrmekitisierten Plagioklases, die einschließlich der Quarzstengel im Kalifeldspat-Kristalloblasten „zergehen". Forno-Granit, Bergell. Vergr. 230 mal.

Auch das Verhalten der Quarzstengel ist im gleichen Sinne sehr charakteristisch. Während die außenliegende Begrenzung des Quarzstengels zumeist mit dem Rande des Plagioklases abschneidet oder meniskusartig nach außen oder innen gekrümmt ist, auch knopfförmig hervorragt oder dünner werdend nach dem

Rande hin fast auszukeilen scheint, finden sich Stellen (1942, *2*), wo die Quarzstengel ein Stück weit nach außen in den Kalifeldspat hinein fortsetzen (Abb. 16, 17, 18). Noch kennzeichnender sind Bruchstücke von Quarzstengeln, die zerstreut vor der Grenze des Plagioklases im Kalifeldspat liegend, den ehemaligen Zusammenhang mit den im Plagioklas noch darinsteckenden „Wurzeln" erkennen lassen (Abb. 18, 19), oder Stellen, an denen ganze Myrmekit-Plagioklas-Bruchstücke einschließlich ihrer Quarzstengel im Kalifeldspat „zergehen" (Abb. 20).

Derartige Beobachtungen beweisen mit genügender Gewißheit und Überzeugungskraft, daß der im Kalifeldspat eingebettete myrmekitisierte Plagioklas *älter* als der umgebende Kalifeldspat ist und daß mithin wenigstens für diese Vorkommen von Myrmekit in Verbindung mit Großkornplagioklasen das jüngere Alter des Kalifeldspates mit Bestimmtheit angenommen werden kann. Sie zeigen aber auch, daß die Quarzstengel bei der Einbettung des Plagioklases im Kalifeldspat schon vorhanden waren und zusammen mit der Randzone des Plagioklases der Korrosion anheimfielen.

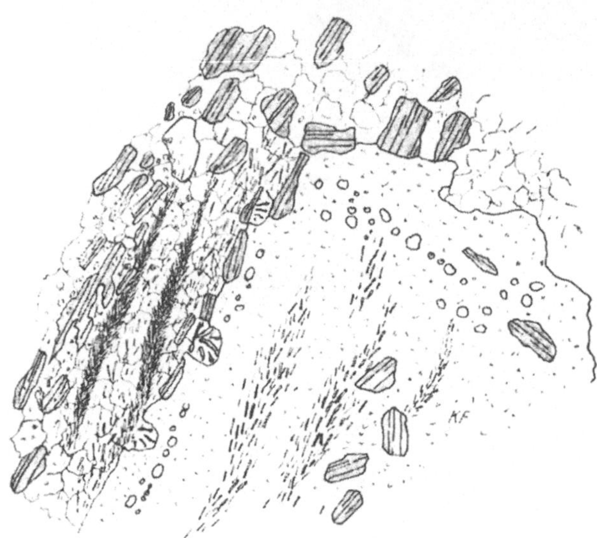

Abb. 21.   Biotit-Quarz-Plagioklas-Gneis mit Sillimanit-„Zöpfen" wird von jüngerem Kalifeldspat-Kristalloblast durchwachsen. Die Grundgewebsplagioklase werden zum Teil myrmekitisiert, die Quarze stark korrodiert („Insekteneier"), der Sillimanit in Zöpfen und diffusen Anreicherungszonen übernommen, welche in ihrem Verlauf noch die ehemalige Verteilung im Grundgewebe zeigen. Cordieritgneis, Rochsburg.   Vergr. 65mal.

Das Altersverhältnis Myrmekit-Plagioklas zu Kalifeldspat wurde bisher aus den gegenseitigen räumlichen Bezie'ungen dieser beiden Kristallarten zu bestimmen versucht. Dieses ist nicht immer mit der erforderlichen Eindeutigkeit möglich, wie aus den mitgeteilten Beobachtungen früherer Jahre hervorging. Es gelingt dann am leichtesten, wenn eine dritte Kornart vorhanden ist, deren Beziehung zum Plagioklas man kennt und die auf Grund besonderer Verhältnisse auch für die Altersbeziehung zum Kalifeldspat eindeutige Schlußfolgerungen zuläßt. Als eine solche Kornart wurden die Quarzstengel selbst benutzt, soweit sie außerhalb der zugehörigen Plagioklase lagen. Eine weitere hier verwendbare Kornart wurde im Sillimanit gefunden. Das dazugehörige Gestein war der Cordieritgneis von Rochsburg (Abb. 13, 14, 21, 22), der als Grundgewebe ein Plagioklas-Quarz-Pflaster zeigte, das von langgestreckten Zügen eines braunen, zerfressenen Glimmers durchsetzt wird (= *s* des Gesteins). Parallel mit ihnen verlaufen im Quarz-Plagioklas-Pflaster die Anre'cherungszonen der Sillimanitnadeln, die aus diffusen Haufen einer größeren Kornart und aus eng gepackten, in *s* liegenden, also parallel mit den Glimmern angeordneten „Zöpfen" einer kleineren Kornart bestehen. Die Sillimanite liegen jeweils *in* den Quarzen und

Plagioklasen des Grundgewebes eingeschlossen. In einer solchen Umgebung kristallisierten Kalifeldspat-Kristalloblasten unter Aufzehrung der vorhandenen Kornarten und unter oft weitgehender Myrmekitisierung der Plagioklase in einer häufig nesterweisen Anreicherung quarzstengeldurchsetzter Komplexe. Die nicht aufgezehrten Grundgewebskomponenten liegen zum Teil stark korrodiert im Innern der Kristalloblasten, zum größeren Teil aber werden sie am Rande der Wirtkörner angereichert (Abb. 22) — oder sie sind erhaltene Reste des primären Gefüges, das ohne Desorientierung von den wachsenden Kristalloblasten verschont wurde — und täuschen, wenn die Besetzung der Grenzzone sehr dicht ist,

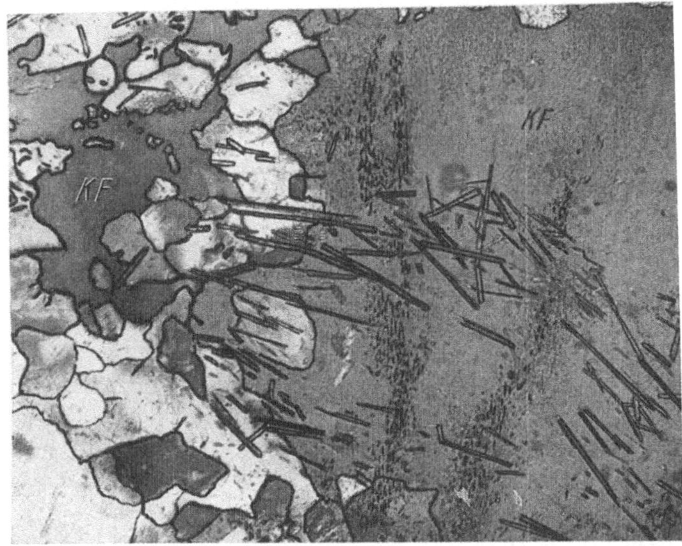

Abb. 22. Kalifeldspat dringt in Plagioklas-Quarz-Grundgewebe ein und nimmt aus diesem große Mengen von Sillimanitnadeln auf. — Das Grundgewebe ist randlich diffus von Kalifeldspatsubstanz durchtränkt. — Schwache Myrmekitisierung des Grundgewebsplagioklases. Cordieritgneis Rochsburg, Sammlung GAEBERT. Vergr. 129mal.

deren spätere Ausfüllung mit einem myrmekitisierten Albitkorngefüge vor (s. S. 80ff. und S. 85).

Daß eine Deutung als sekundäres Albitkorngefüge hier keinesfalls in Frage kommt, ergibt sich eindeutig aus dem Verhalten des Sillimanits. Da sein prämikroklines Alter feststeht, ist das Auftreten der Sillimanithaufen in den Kalifeldspäten nur durch Übernahme aus dem primären Gefügeverband möglich unter Aufzehrung der Kornarten, welche die Sillimanite bisher umschlossen. Da diese aber auch in den ± myrmekitisierten Plagioklasen im Innern der Kalifeldspat-Kristalloblasten reichlich zu finden sind (Abb. 22), müssen die Plagioklase selbst, geradeso wie auch der Sillimanit, vom wachsenden Kristalloblasten übernommen worden sein — *können also nicht jünger sein als dieser.* Damit stimmt gut überein, daß die chemische Zusammensetzung der Grundgewebsplagioklase die gleiche ist wie diejenige der myrmekitisierten Plagioklaseinschlüsse der Kalifeldspäte. Eine Deutung als sekundäres Albitkorngefüge im Sinne einer späteren Zuführung längs Grenzflächen ist damit also ausgeschlossen. Die Abb. 23 kann wegen des aus dem Grundgewebe stammenden, noch im primären Verband mit den Plagioklasen stehenden Sillimanit„zopfes" im Inneren des albitischen Kleinkorngefüges nicht in dieser Weise erklärt werden. Plagioklase nebst Zopf sind vielmehr vom wachsenden Kristalloblasten an seine Grenzzone geschoben worden. Auf welche Art die metasomatische Veränderung des Gefüges im allgemeinen erfolgte, zeigt Abb. 22; der wachsende Kristalloblast baut das vorgefundene Grundgewebe ab und verleibt sich die übriggebliebenen Reste ein. (Über die Möglichkeit „selbstreinigender" Vorgänge, also Wirkungen, die zu einem Hinausdrängen nicht benetzbarer Komponenten an die Korngrenzen und zu einer Selbstreinigung, „Autokatharsis", führen, vgl. S. 85.)

Abb. 23. Grundgewebsrest (myrmekitisierte Plagioklase und Quarz) auf der Grenze zweier Kalifeldspäte mit erhaltenem Sillimanit„zopf" (s. hierzu das Übersichtsbild Abb. 13). Der untere Kalifeldspat-Kristalloblast hat reichlich Sillimanit aus den abgebauten Plagioklasen aufgenommen. — Eine Deutung der Plagioklase als auf Grenzflächen später zugeführtes Albitkorngefüge (vgl. Abb. 64 und S. 81) ist wegen des Auftretens des primären Sillimanits im Innern der Plagioklase nicht mehr möglich. Anreicherungsgefüge, Cordieritgneis Rochsburg. Vergr. 129mal.

Das Vorkommen der Sillimanitnadeln im Innern der in den Kalifeldspäten eingeschlossenen Grundgewebsplagioklase läßt sich also mit Sicherheit zur Bestimmung des jüngeren Alters der Kalifeldspat-Kristalloblasten ausnutzen und festigt damit die aus den gegenseitigen räumlichen Beziehungen zwischen Plagioklas, Quarzstengel und Kalifeldspat bisher gewonnenen Vorstellungen.

b) Die Eigenschaften des Myrmekit-Plagioklases.

Größe, Chemismus, Regelung der Plagioklase im Kalifeldspat, Formbegrenzung, Korrosionsmerkmale, Veränderungen der Randzone, Auslaugung, Quarzstengelbildung, Auslöschungsumkehr, Homogenisierung der Zwillingslamellen.

Es muß also nach den gemachten Beobachtungen am Großkornplagioklas des Myrmekits Typ I das jüngere Alter des umschließenden Kalifeldspates als sicher angenommen werden. Dieses Altersverhältnis hat für die Deutung der Eigenschaften des Myrmekits die entscheidendsten Folgen. Wenn nämlich der im Kalifeldspat liegende myrmekitisierte Plagioklas keine spätere Neubildung ist, sondern eine aus dem Grundgewebe stammende, später veränderte Kornart darstellt, so muß diese Herkunft sich an dem einzelnen myrmekitisierten Einschlußplagioklas in jedem Falle nachweisen lassen.

Zunächst ist zu erwarten, daß die myrmekitisierten Plagioklase niemals wesentlich größer sind, als die Plagioklase des Grundgewebes (oder die in diesem gewachsenen Plagioklas-Kristalloblasten), von denen sie herstammen. Sie dürfen auch in ihrer kristallographischen Ausbildung keine Abweichung zeigen und müssen besonders in den auftretenden Zwillingsgesetzen und im Chemismus mit den Grundgewebsfeldspäten übereinstimmen. Diese Forderungen sind bei allen untersuchten Plagioklasen auch durchaus erfüllt. Ebenso war in allen

Abb. 24. Mikroklin-Kristalloblast mit Einschlüssen des Grundgewebes. Fürstenstein, Bayerischer Wald
Vergr. 25mal.

Fällen die gleiche chemische Zusammensetzung festzustellen, bis auf die Randpartien der im Kalifeldspat eingeschlossenen Plagioklase, die — soweit sich zonenhafte Auslaugungserscheinungen an den Rändern finden — immer saurer waren als der Normalplagioklas des Grundgewebes.

Die im Kalifeldspat eingeschlossenen Plagioklase sind mitunter geregelt. In den bisher untersuchten Graniten, Gneisen und metamorphen Gesteinen war die Regelung im allgemeinen sehr schwach. In Mikroklinholoblasten von Fürstenstein, welche zahlreiche Grundgewebskomponenten aufgenommen haben, war eine aufgelockerte Restregel des ursprünglichen Grundgewebes noch erkennbar (1927, 2, Abb. 24). In den meisten anderen Fällen aber bleibt die Gefügeregelung des Grundgewebes nicht mehr erhalten. Der Kalifeldspat versucht die Plagioklase auf eigenen kristallographischen Flächen einzubauen, was ihm bei Graniten und Gneisen nach den bisherigen Erfahrungen nur unvollkommen gelingt (Abb. 25, 1927, 2). Ein ausgezeichnetes, scharf geregeltes Beispiel dieser Art beschrieb A. Maucher (1943, 2) aus einem Syenitporphyr von Keban-Maden, Türkei (Abb. 26). Hier liegen die Plagioklase mit (010) auf einer der durch den Zonenbau des Sanidins betonten Kristallflächen unter Bevorzugung

4*

von (010) des Wirtes. Es ist augenscheinlich, daß sich aus Art und Strenge der Einregelung genetische Schlüsse — wenigstens für die Kalifeldspäte — ziehen lassen.

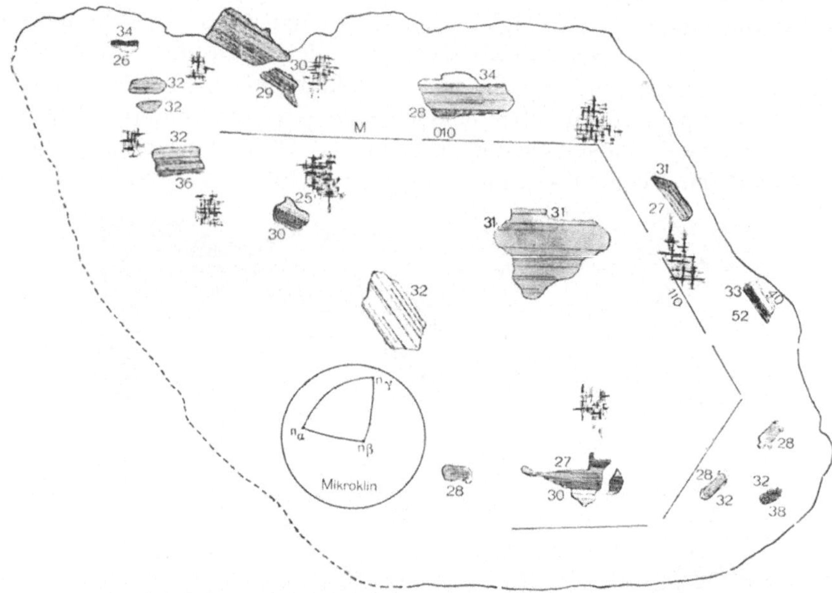

Abb. 25. Mikroklin mit Plagioklaseinschlüssen, welche mit der (010)-Ebene in die jeweils benachbarte Kristallfläche des Wirtes (010, 110 usw.) eingeregelt sind. Die Zahlen bedeuten den Anorthitgehalt der Plagioklase. Bergeller Granit, Fornogebiet.

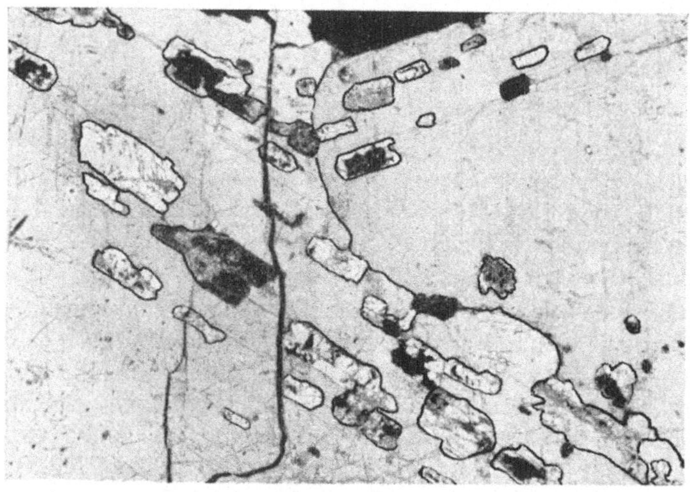

Abb. 26. Sanidinzwilling n. d. Karlsbader Gesetz, aus Syenitporphyr von Keban-Maden, Türkei. In beiden Individuen ist die Spaltbarkeit parallel (001) zu erkennen, nach der die Plagioklaseinschlüsse eingeregelt sind. Liegen die Plagioklase an der Zwillingsgrenze, so folgt diese den Plagioklasflächen. Ragt ein eingeregelter Plagioklas in das andere Sanidinindividuum hinein, so wird das überragende Ende von dem Sanidin angefressen oder aufgezehrt. Nach A. MAUCHER. Vergr. 25mal.

Die eingeschlossenen Plagioklase sind nun niemals von primären Flächen begrenzt, sondern immer mehr oder weniger korrodiert. Die Korrosions- und Umbildungsvorgänge der Randzonen können in fünf verschiedenen Formen

auftreten: 1. Einfache korrosive Abtragung, ohne weitere Veränderung der Randschichten, 2. Korrosion mit Auslaugung der Randschichten, kenntlich an der
optisch abweichenden Orientierung der Randzone, 3. Quarzstengelbildung in der
Randzone, 4. Auslöschungsumkehr
der Zwillingslamellen im Gebiet der
Randzone, 5. Homogenisierung der
Zwillingslamellen innerhalb der randlichen Auslaugung.

Diese fünf verschiedenen Grade
der Beeinflussung durch den wachsenden Kalifeldspat *oder* durch die
ihm vorausgehenden Lösungen sind
aber nicht immer gleichzeitig verwirklicht. Häufig ist nur Fall 1
zu beobachten; Quarzstengelbildung
kann (Abb. 12, 15) ebenfalls völlig

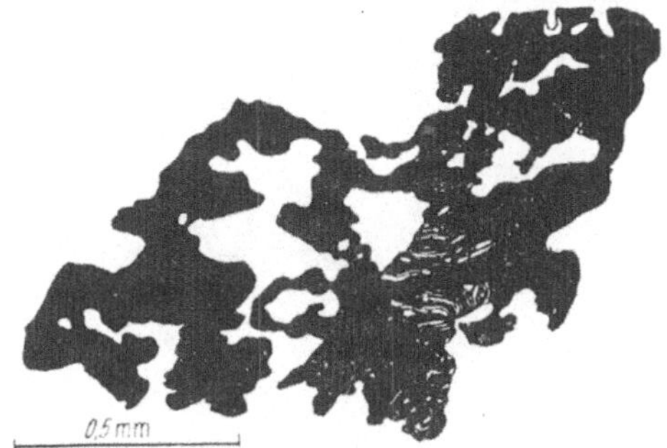

Abb. 27. Beispiel eines hochgradig korrodierten, zum
Teil myrmekitisierten, Plagioklaskornes aus Mikroklin.
Bergeller Granit, Fornogebiet.

fehlen oder nur vereinzelt vorkommen. Wenn sie vorhanden ist, so muß sie
keineswegs an allen Kristallgrenzen gleichzeitig auftreten. Einfache, randliche
Korrosion zeigen die Abb. 12 und 27. Auslaugungsränder mit optisch abweichender Orientie-
rung der ausgelaugten
Schichten und zum Teil
bizarren „Fraßformen"
sind aus einem Rapa-
kiwivorkommen Abb. 28
zu ersehen. Hier ist es
nicht zu einer Sten-
gelbildung gekommen.
Der später eindringende
Quarz wirkt stark kor-
rodierend. Er enthält
ehemals in Kalifeldspat
eingewachsenen Biotit
— der hier keine jünge-
ren Wachstumsformen
zeigt — und Fluorit. In
Abb. 29 ruft der ein-
dringende Quarz nicht
nur Auslaugungswir-
kung und Quarzstengel-
bildung an den Plagio-
klasen[1] hervor, sondern

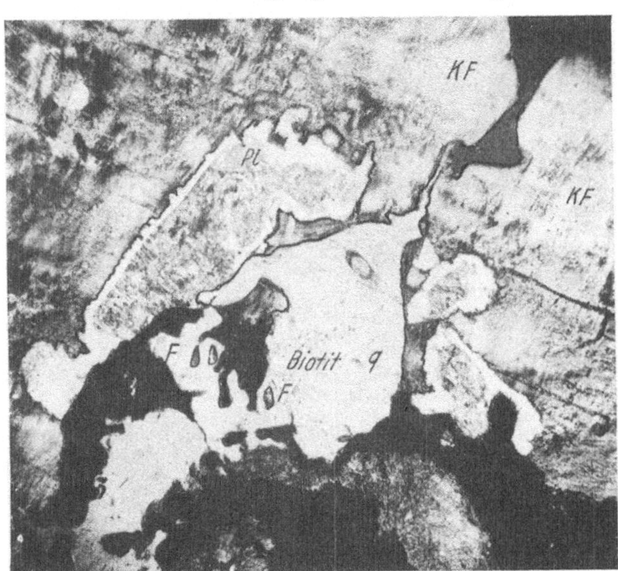

Abb. 28. Kalifeldspat enthält stark korrodierte Plagioklase mit deutlicher Randauslaugung sowie zerfressene Biotite (schwarz, Bildmitte,
links und unten) mit Fluorit. Sekundärer Quarz (q) korrodiert seinerseits. Abbau des Plagioklases bis in den unangegriffenen Kern hinein
und des Biotites unter Herauslösung des Fluorits (*F*). Rapakiwi
Muhutlahti. Vergr. 42mal.

auch kräftige Fraßspuren an den Biotiten. Der Biotit wird auch von Plagioklas
verdrängt, der gegen ihn erwartungsgemäß keinerlei Auslaugungsrandzonen

---

[1] Korrosionsquarzbildungen in Plagioklas von geradezu klassischer Schönheit in Form
dünner gebogener Stengel von tentakelähnlichem Aussehen bildet Per H. Lundegårdh
(1943, *3*, S. 358) ab.

erkennen läßt. Deutlich ist bei diesem Vorkommen aus dem Fornogranit (Bergell) zu sehen, daß wir es mit zwei verschiedenen Quarzgenerationen zu tun haben. Außer dem Quarz der Myrmekitstengel nämlich tritt eine spätere Form auf, welche Korngrenzen oder Spaltfugen des Kalifeldspates benutzt. Ob der mit *R* bezeichnete Quarzstengel, welcher Plagioklas und Biotit durchsetzt, ebenfalls zum späteren Quarztyp gehört, bleibt dahingestellt.

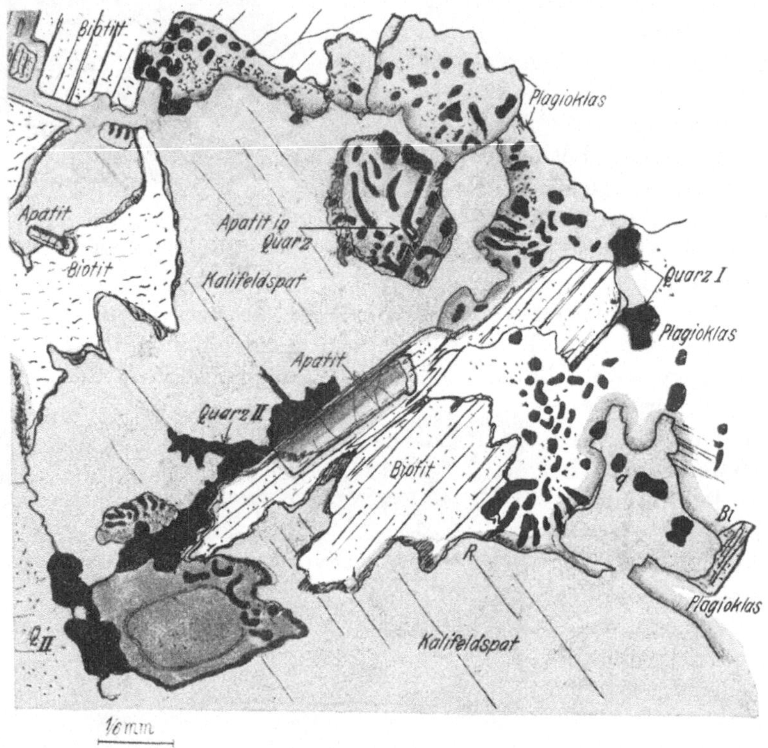

Abb. 29. Kalifeldspat dringt korrodierend in ein Biotit-Plagioklas-Korngefüge ein. Die Biotite werden blattförmig zerfressen, eingelagerte Apatite zum Teil übernommen, die Plagioklase randlich ausgelaugt (Reaktionsränder!) unter Bildung einer flecken- und stengelförmigen Quarzgeneration I, die zum Teil randlich, zum Teil im Innern der Plagioklase auftritt. Ein gebogener, wurmförmiger Quarz durchsetzt bei Punkt *R* Plagioklas und angrenzenden Biotit. — Eine Quarzgeneration II benutzt Spaltflächen und Korngrenzen (Bildmitte). Bergeller Granit, Fornogebiet.

Im allgemeinen ist zwischen der „Auslaugung" der Randzonen der Plagioklase und den Quarzstengeln keine direkte Beziehung zu beobachten. Es gibt zahlreiche Fälle, bei denen zwar viele Quarzstengel vorhanden sind, eine Auslaugungszone jedoch fehlt. In manchen Fällen mag sie vorhanden gewesen, aber abgetragen worden sein. Ob dieses immer zutrifft, kann vorderhand nicht mit Sicherheit entschieden werden.

Ein sehr charakteristisches Beispiel stammt aus einem elsässischen Vorkommen (Granit von Mönkalb, Abb 30). Hier wird ein ringsum von Kalifeldspat umschlossener, stark korrodierter Plagioklas von einer breiten Auslaugungszone umgeben. In dieser Zone entwickelt sich ein sehr zarter, dünnstengeliger Myrmekitquarz, der ersichtlich eine Art Fortführung der Auslaugung mit anderen

Mitteln darstellt. Er scheint in diesem Vorkommen durchaus auf diejenigen Gebiete des Plagioklases beschränkt zu sein, denen die Auslaugung bereits vorgearbeitet hat.

Da man auch an anderen Vorkommen beobachtet, daß am äußersten Rand die zartesten und dünnsten Stengelbildungen, weiter nach innen gröbere Quarze auftreten, so ist man geneigt, ein verschiedenes Alter dieser Quarzbildungen zu vermuten. Die dünnsten und zartesten, immer außenliegenden Stengel gehören anscheinend den ältesten Bildungen an. Die mehr nach innen liegenden oder zentralen Stengelgruppen dürften jünger sein. Das wird auch durch ein Vorkommen

Abb. 30. Stark korrodierter Plagioklas mit breiter randlicher Auslaugungszone im Kalifeldspat. Auslöschungsumkehr der Zwillingslamellen in der Randzone, beginnende Myrmekitisierung in dünnen, insektenbeinähnlichen Quarzstengelformen. Granit westlich Mönkalb, Elsaß. Vergr. 129mal.

aus dem Bergeller Granit bestätigt, wo ein gröberer, zentral liegender Quarzstengel dünnere randliche Stengel umfaßt und teilweise einschließt (Abb. 31). Trotzdem kann hier einstweilen noch keine völlige Klärung erwartet werden, da bei dem häufigen Fehlen der äußersten, weggelösten Randzonen keine sicheren Schlüsse möglich sind. Es ist nämlich auch denkbar, daß die veränderte Entwicklung der Quarzstengel vom Anorthitgehalt des Plagioklases abhängt; das würde bei zonar gebauten Feldspäten die Bildung verschieden dicker Quarzstengel in der geschilderten Weise zur Folge haben. Daß es sich bei dem gezeigten Beispiel der Abb. 31 höchstwahrscheinlich um verschieden alte Quarzstengelbildungen (randlich und zentral) handelt, wird auch durch die abweichende optische Orientierung nahegelegt. Es ist deutlich sichtbar, daß der große, zentrale Quarzschlauch eine ganz andere Auslöschung zeigt, als die am Rande befindlichen Stengel.

Welchen Vorgang die Auslaugung der Randzonen im einzelnen darstellt, ist, so lange es nicht gelingt, genügendes Analysenmaterial aus diesen (sehr schmalen!)

Zonen zu isolieren, nicht mit Sicherheit zu sagen. Drehtischbestimmungen geben für die äußeren Zonen einen Plagioklas mit oft stark verringertem An-

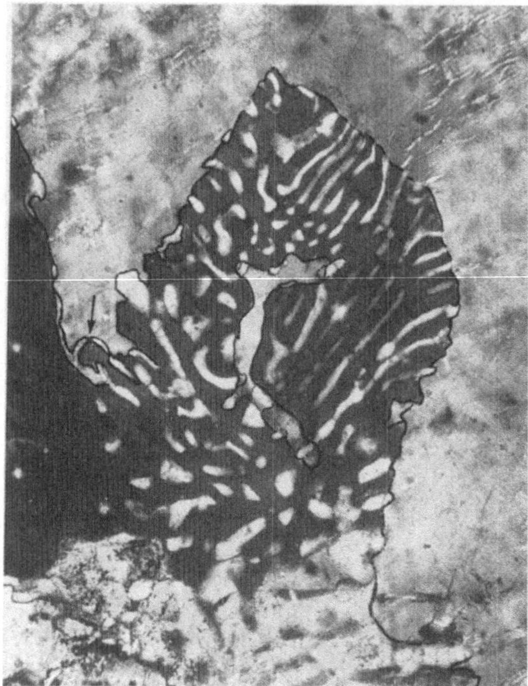

Abb. 31. Völlig myrmekitisierter Plagioklas wird von perthitisiertem Mikroklin unter randlicher Korrosion eingeschlossen. — Bloßlegung der Myrmekitquarze am Rande (s. Pfeil). — Verschieden alte Quarzstengelbildungen; der mittlere grobe, T-förmige Quarzstengel umschließt die kleinen, primären, wurmartigen Quarze allseitig. — Die optische Orientierung der beiden Quarzstengelarten ist verschieden. Forno-Granit, Bergell. Vergr. 135mal.

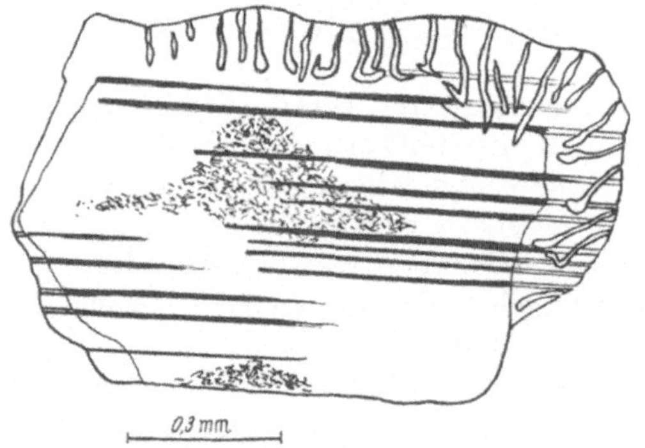

Abb. 32. Quarzspindeln des Randes greifen durch die Zwillingslamellen hindurch. Die äußere Randzone ist stark angelaugt und saurer als der Kern. Daher zeigen die Zwillingslamellen dort Auslöschungsumkehr. Granit westlich Mönkalb (Granitgebiet von Barr-Andlau, Elsaß).

Gehalt. Demnach wäre besonders Ca fortgeführt worden.

Die Auslaugung kann so weit gehen, daß die vom zentralen Teil des Plagioklases in die Randzonen hineinreichenden Zwillingslamellen dort *Auslöschungsumkehr* zeigen. Damit soll die Erscheinung bezeichnet werden, daß die im zentralen Teil zwischen + Nikols hell gestellten Zwillingslamellen in der Randzone auslöschen und umgekehrt (Abb. 30 und 32). Offenbar sind in der Randzone tiefgreifende stoffliche Veränderungen vor sich gegangen. Sie sind nicht überall gleich wirksam gewesen, sondern zeigen verschiedene Grade der Umformung: Saurerwerden des Randes unter Erhaltung der Zwillingslamellen — Auslöschungsumkehr der Zwillingslamellen — schließlich völlige Homogenisierung der Randzone oder des umgewandelten Bereichs. Diese partielle Homogenisierung des Plagioklasmaterials ist daran zu erkennen, daß die Zwillingslamellen in den Auslaugungszonen völlig verschwunden sind und einem unverzwillingten Plagioklasmaterial Platz gemacht haben. Kontrollbeobachtung mit dem Drehtisch zeigt, daß die Zwillingslamellen an der äußeren Randzone stumpf enden, dabei ihre Breite nicht verringern und keine irgendwie gearteten Auflösungserscheinungen aufweisen. Das Verschwinden der

Zwillingslamellen ist nicht nur auf Auslaugungszonen des Randes beschränkt. Auch weiter nach dem Innern zu, besonders in der Nähe von Quarzstengeln, fehlen die Lamellen fleckenweise oft völlig (Abb. 33).

Diese homogenisierten Partien, mitunter auch gewöhnliche Auslaugungszonen, können einen solchen Grad der Veränderung erfahren, daß sie sich vom Material des Zentralfeldspates, dessen Randteil sie bilden und zu dem sie ja ursprünglich

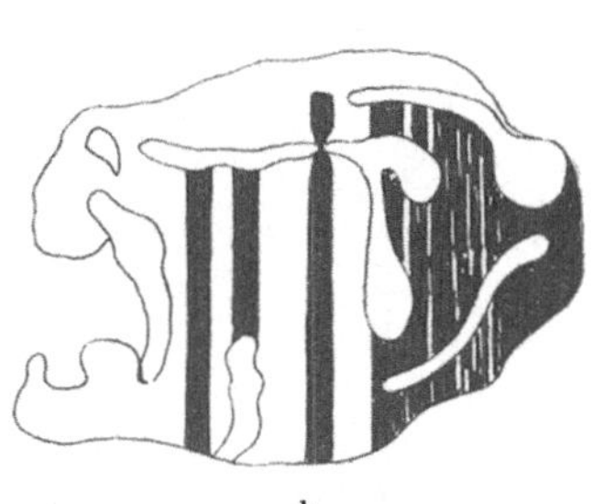

a   b

Abb. 33 a u. b. Homogenisierung der Zwillingslamellen. a) In der Nähe der Quarzstengel verschwinden die Zwillingslamellen oder werden dünner. Die Homogenisierung kann soweit gehen, daß nur noch zarte Relikte im Kristall die ehemalige polysynthetische Zwillingsbildung andeuten. „Palit", Freyung, Bayerischer Wald. (Rekristallisierter Kristallgranit-Mylonit.) b) Ausdünnung einer Zwillingslamelle in Berührung mit einem Quarzstengel. (T-förmiger Stengel Mitte oben.) Biotitgneis Rattenberg, Bayerischer Wald. — Länge des Kornes 2 mm.

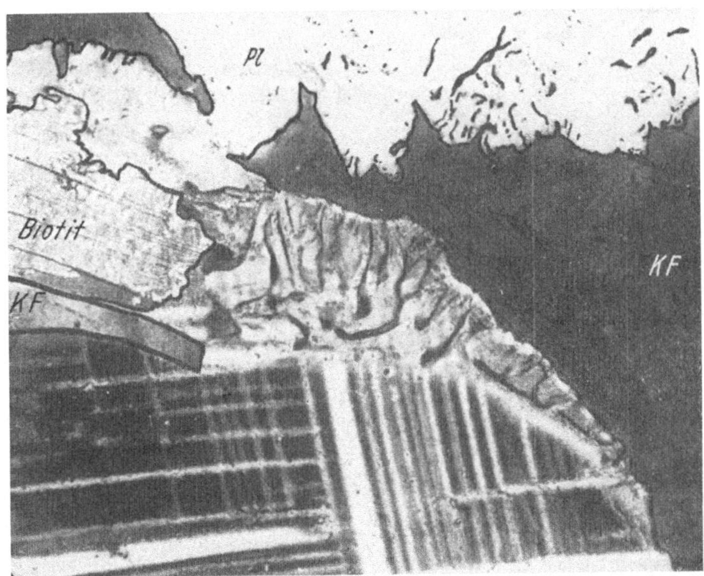

Abb. 34. Korrodierte Randkruste eines Plagioklases gegen Kalifeldspat. — Die innige Verzahnung des ausgelaugten Randes mit Biotit (links oben) zeigt, daß schon primär der gleiche Verband bestanden hat. — Auslöschungsumkehr in der „Auslaugungskruste". — Dickenzunahme der Quarzstengel von außen nach innen. Bergeller Granit, Fornogebiet. Vergr. 196mal.

gehörten, sehr bemerkenswert unterscheiden. Sie bilden in diesem, im allgemeinen seltenen Falle, krustenartige Umrandungen, die meist noch deutlicher genarbt und gerunzelt sind als die gewöhnlichen sauren Randzonen (Abb. 34). Wichtig ist, daß sich diese krustenartigen Zonen oder Mäntel gegen den Zentralfeldspat meistens scharf absetzen, gelegentlich sogar mit Bildung einer Fuge. (Abb. 35). Die Quarzstengel dieser Krusten sind immer sehr dünn und reichen niemals weit ins Innere hinein. Häufig findet sich weiter nach der Feldspatmitte hin eine gröbere Quarzstengelgeneration (ohne begleitende Auslaugungserscheinungen im Feldspat).

Abb. 35. Plagioklas mit längs einer Spalte vom Zentralkristall abgetrenntem Auslaugungsrand zeigt zwei verschiedene Quarzinfiltrationen. Eine grobe, zum Teil schriftgranitähnliche im Kern und eine zarte Stengelbildung im — deutlich vom Kern abgesetzten — Rand. Bergeller Granit, Fornogebiet.

Diese Krustenbildungen an den Rändern größerer Zentralfeldspäte können infolge der erwähnten Fugen auch als jüngere Intergranularfüllung zwischen den Korngrenzen des Grundgewebes gedeutet werden (Abb. 36). Die Entscheidung darüber, ob ein Albit-Korngefüge (s. Abschnitt I, 4) oder die Krustenbildung eines älteren Grundgewebs-Feldspates vorliegt, ist nicht immer einfach und wird im wesentlichen auf Grund vorhandener oder fehlender Einheitlichkeit (das Albitkorngefüge besteht aus Einzelkörnern!) zu erfolgen haben.

Die Krusten greifen mitunter in seltenen Fällen buchtig in die Tiefe des Zentralplagioklases ein (Abb. 37). In diesem Beispiel ist die Hauptmasse der Krustenzone, die aus Albit-Oligoklas besteht, gegen den begrenzenden Kalifeldspat der Korrosion zum Opfer gefallen. Von besonderer Bedeutung ist der Übergang des die Buchten erfüllenden Plagioklases in der Tiefe der Korrosionsschläuche in Quarz. (In der Abbildung schwarz.) Man könnte in diesem Übergang den Hinweis dafür sehen, *daß weitgetriebene Auslaugung über Albitkrustenbildung zum Quarzrest führt.*

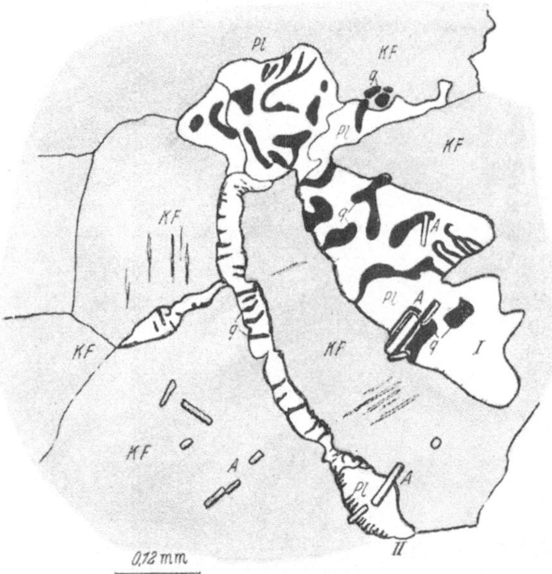

Abb. 36. Der abgebildete Kornverband zeigt zwei myrmekitisierte Plagioklaskornarten von anscheinend prinzipiell verschiedener Entstehungsweise. Kornart I gehört einem korrodierten und myrmekitisierten Primärplagioklas an (herauspräparierte Quarze [Apatite!]), Kornart II einer myrmekitisierten Spaltenfüllung. — Es ist jedoch auch möglich, daß beide Myrmekitarten genetisch zusammengehören, indem das schmale Band als Auslaugungsrand (vgl. Abb. 35) durch den später eindringenden Kalifeldspat vom Hauptkorn abgetrennt wurde. — Die Quarze des Plagioklases I nehmen Rücksicht auf die Apatite und umwachsen sie. Bergeller Granit, Fornogebiet.

c) Die strukturellen Eigenschaften der Quarzstengel.

Die Beziehungen der Quarze zum Plagioklasgitter und seinen Strukturflächen. — Anzahl, Abmessungen, Verteilung. — Orientierung der c-Achsen.

Die Form der Quarzstengel ist fast immer ± gewunden oder gekrümmt. Trotzdem ist in den meisten Fällen eine Längsachse erkennbar, die etwa senkrecht zu der Oberfläche des Plagioklaskornes verläuft, d. h. Oberfläche und Stengelbildung stehen in Beziehung zueinander. Im allgemeinen treten die Quarzstengel einzeln und selbständig auf. Ab und zu finden sich jedoch gabelig verästelte Formen, welche den offenen Winkel der Gabel nach außen, der Grenzfläche zu, richten (Abb. 6, S. 22).

Die äußere Begrenzung der Stengel erscheint im Dünnschliff allseits gerundet, ist es aber in vielen Fällen nicht. Bei Einstellung von Querschnitten auf dem Universal-Drehtisch sieht man häufig, daß die rundlichen Stengel in seitwärts stark zusammengedrückte, fast blattartig dünne, flächenhafte Formen übergehen.

Ein weiteres charakteristisches Merkmal der Myrmekit-Quarz-Stengel ist die Gleichmäßigkeit ihrer Füllung, d. h. die Stengel bilden, unabhängig von ihrem Verlauf, auch bei starker Krümmung, ein einheitliches Korn, das vielmals länger als breit, häufig in mehreren Ebenen liegt. Seine Homogenität läßt Rückschlüsse auf die Einheitlichkeit der Bildungsbedingungen zu. Anscheinend sind keine genügend großen Deformationen des überhaupt schwer deformierbaren Plagioklasgitters wirksam gewesen, welche

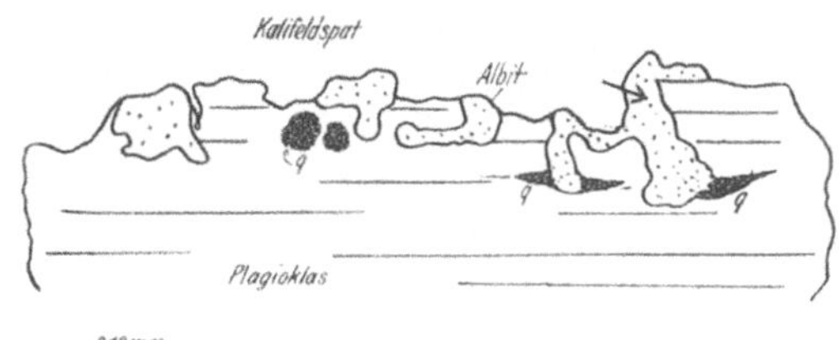

Abb. 37. Korrodiertes Plagioklaskorn mit gegen Kali-Feldspat ebenfalls korrodierten Albit-Infiltrationen, deren schmale, lanzettförmige Endigungen in Quarz übergehen. Bergeller Granit, Fornogebiet.

zur Bildung von Rekristallisationsgefügen der Quarzfüllungen hätten führen können (s. Abschnitt Schriftgranit, S. 134).

Für die absolute Größe der Quarzstengel läßt sich keine Norm aufstellen. Plagioklase gleicher Zusammensetzung in einem Gefüge können ganz verschieden große Quarzstengel enthalten. Die Randbildungen der Stengel sind immer am zartesten. Es gibt hier bis an die mikroskopische Sichtbarkeitsgrenze herabgehende Formen. Mitunter scheint es, als ob nicht die chemische Zusammensetzung, sondern der Ort des Plagioklases, an welchem der Quarzstengel sich bildete, entscheidend für seine Größe und Ausbildung sei und eine Größenzunahme von außen nach innen erfolge, und zwar nicht nur zonenmäßig. Auch der einzelne Stengel zeigt häufig die Tendenz, am Rande des Plagioklases dünn zu beginnen und sich nach innen und am Ende zu keulenförmig zu verdicken[1].

In einigen Fällen liegen die Quarzstengel einwandfrei auf Spaltflächen des Plagioklases (Norit, Finnland, Abb. 38/39). Bemerkenswerterweise sind derartige Gefüge charakteristische Eigenschaften des betreffenden Gesteins. Denn fast sämtliche beobachteten Myrmekit-Quarze solcher Gesteine zeigen den Zusammenhang mit Spaltflächen. Im allgemeinen aber ist in anderen Gesteinen die Abhängigkeit von Spalt- oder wichtigen Strukturflächen nicht hervortretend. Daher ist auch eine Abhängigkeit von kristallographischen Richtungen selten festzustellen. Mitunter scheint die Längserstreckung der Quarzstengel auf Hauptflächen des Plagioklases — (010), (110), (001) — senkrecht zu stehen.

---

[1] Als Gegensatz dazu möge die Granophyrstruktur erwähnt sein. Dort findet man häufig die dünnen und zarten Quarzstengel in der Mitte des Kristallkorns. Anscheinend hat hier die Ausbreitung der Quarzstengel von der Mitte nach außen stattgefunden (s. S. 164).

Dagegen besteht immer eine unleugbare Beziehung der Quarzstengel zu der Korn-Grenzfläche, auf der sie $\pm$ senkrecht stehen (Abb. 17, 32, 42 u. a.). Es hat daher bei naiver Betrachtung zunächst den Anschein, als ob die Quarzstengel von der Grenzfläche aus und senkrecht zu dieser in das Innere des Kristalls vorgetrieben werden[1]. Auch beim Schriftgranit und den granophyrischen Verwachsungsformen kann man immer wieder feststellen, daß die Ausgangsorte der Quarzstengel auf intergranularen Unstetigkeitsflächen liegen.

Das in Abb. 40 wiedergegebene Bild zeigt, daß in manchen Fällen die Beziehung der Quarzstengel zu Grenzflächen häufig nur unter großen Schwierigkeiten zu deuten ist. Das die Quarzstengel enthaltende Korn liegt mit einer Ebene auf der Grenzfläche zweier

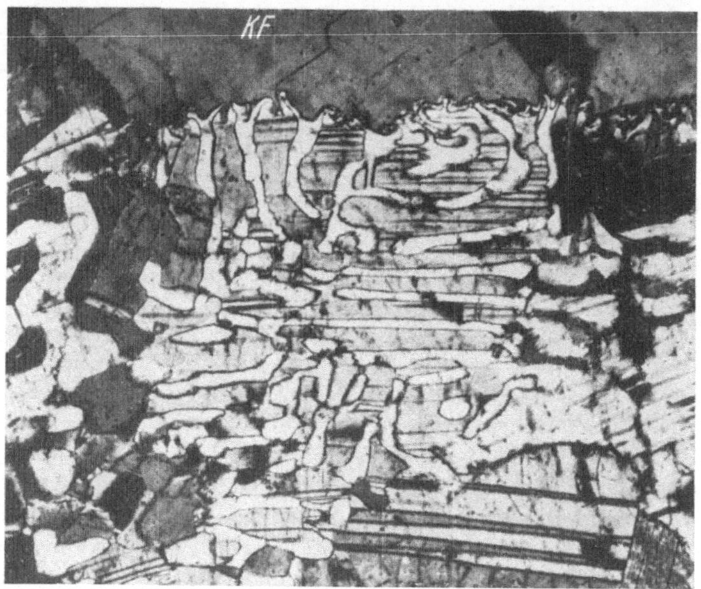

Abb. 38. Myrmekit-Quarz-Schläuche, teilweise den Spaltflächen des Plagioklases folgend. Norit, Finnland. Vergr. 166mal.

Kalifeldspat-Kristalloblasten. Der Verlauf der Quarzstengel scheint zu beweisen, daß die erzeugenden Lösungen aus der Intergranulare zwischen den Kalifeldspat-Grenzflächen kommend, senkrecht zu dieser wirkten und die quarzerfüllten Kanäle hervorbrachten. Damit aber würde die Bildung der Quarzstengel erst nach Entstehung der Grenzfläche, also nach der Kristalloblastenbildung KF_1 und KF_2 erfolgt sein. Das aber stimmt nicht zusammen mit den oben erwähnten Beobachtungen, die für die im Kalifeldspat liegenden Bruchstücke von Quarzstengeln ein höheres Alter des Quarzes fordern (Abb. 16—20). Es bleiben nur zwei Möglichkeiten: 1. Die heutige Grenzfläche zwischen den Feldspäten KF_1 und KF_2 ist nicht die ursprüngliche primäre Begrenzung von KF_2, sondern erhielt ihre heutige Form durch die — in diesem Falle — deutlich spätere Bildung von KF_1, welcher seinerseits den vom KF_2 eingeschlossenen Plagioklas korrodierte und Teile von ihm einschloß (s. Abb. 40). 2. Es gibt eine spätere Quarzstengelbildung, die von jüngeren Spaltrissen ausgehen kann. Letzteres ist weder zu beweisen noch zu widerlegen. Solange nicht noch andere Beobachtungen dieser Art vorliegen, welche die jüngere Stengelbildung beweisen, muß die Erklärung unter 1. für zutreffend gehalten werden.

Eine besonders wichtige Eigenschaft der Myrmekit-Quarzstengel, die für die genetische Deutung einmal von größter Wichtigkeit sein wird, *ist die Art der*

---

[1] Häufig bis zu einer gemeinsamen Frontlinie („Infiltrationsfront“).

Verteilung der Quarzstengel in den Randzonen der Plagioklase, die so erfolgt, daß ein gewisser seitlicher Abstand zwischen den Quarzstengeln eingehalten wird. Allzu nahes Zusammenrücken der Stengel, gegenseitige Berührungen, Verschmelzungen miteinander werden vermieden. Innerhalb weiter Grenzen wird eine gewisse Verteilungsdichte eingehalten in dem Sinne, daß dünne und zarte Stengel enger stehen als dicke und grobe. Ähnliche Beziehungen zwischen Quarz und Feldspat finden sich beim Schriftgranit S. 192. (Über die Begründung dieser Erscheinungen s. S. 102 und 192.)

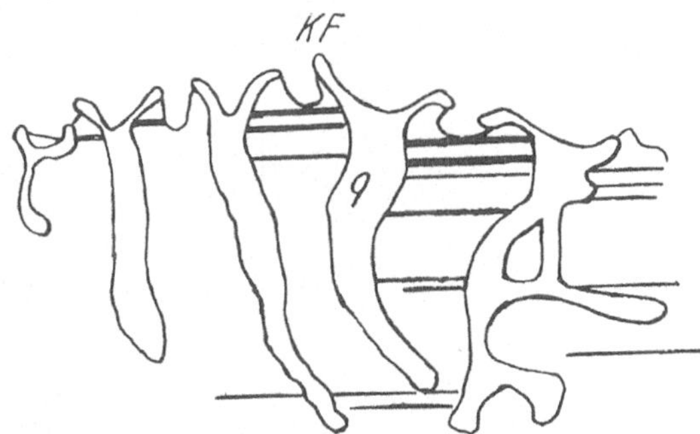

Abb. 39. Einzelheit zu Abb. 38. — Die korrodierten Quarzstengel ragen in den Kalifeldspat hinein. Norit, Finnland. Vergr. 330mal.

Von nicht geringerer Bedeutung als die Einhaltung eines mittleren Abstandes zwischen den Quarzstengeln in den Randzonen der Plagioklase ist die Frage, ob die Zahl und Menge der Quarzstengel in irgend einer gesetzmäßigen Beziehung zum Chemismus der Zonen des Plagioklases stehen. BECKE glaubte dieses nachweisen zu können. Jedoch steht mit seiner Auffassung die oft gemachte Beobachtung in Widerspruch, daß ein und dasselbe Plagioklaskorn an verschiedenen Stellen seines Randes wechselnde Mengen von Quarzstengeln (häufig auch noch verschiedener Größe!) enthält. Hängt nämlich, wie BECKE es wollte, Anzahl und Menge der Quarzstengel vom Anorthitgehalt des Plagioklases ab, so müßte in ein und demselben Plagioklaskorn innerhalb einer Zone — also rings um den ganzen Kristall herum — überall die gleiche Menge SiO$_2$ ausgeschieden worden sein. Bilder, wie Abb. 41, wo Stengelzahl und Dimensionen innerhalb einer Zone wechseln, wären dann nicht möglich. — Und schließlich müßten alle Plagioklase der gleichen Zusammensetzung, die sich in einem gemeinsamen Kalifeldspat bilde-

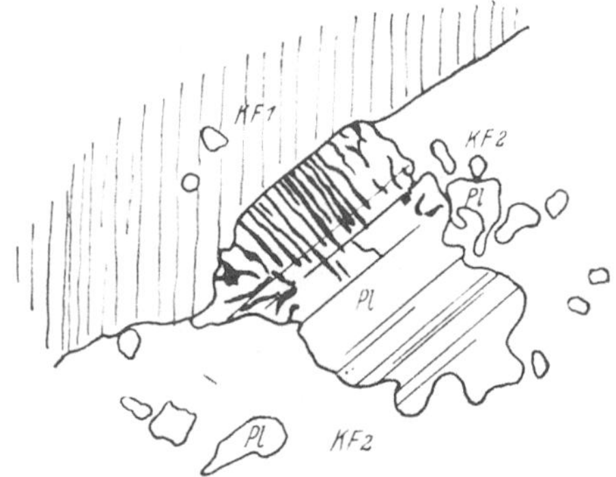

Abb. 40. Auf der Zwillingsgrenze zweier Kalifeldspäte *KF*$_1$ und *KF*$_2$ liegt ein stark korrodiertes zum Teil in Bruchstücke aufgelöstes Plagioklaskorn. Der die Zwillingsgrenze berührende Teil des Kornes ist myrmekitisiert. Bergeller Granit, Fornogebiet. Vergr. 130mal.

ten, dieselbe Menge freien Quarzes enthalten. Das ist aber keineswegs der Fall. Im gleichen Kalifeldspat finden sich myrmekitisierte Oligoklase, die viel, wenig oder gar keine Quarze zeigen!

Eigene Messungen des Quarzgehaltes ergaben hier und da ähnliche Werte, wie sie BECKE fand, häufig jedoch auch völlig abweichende Quarzmengen. Aber nicht nur Art, Menge und Verteilung der Quarzstengel an *einem* Plagioklasindividuum scheint wider die Anschauung BECKEs zu streiten. Auch die Quarzführung benachbarter Plagioklase gleicher Zusammensetzung ist in

Berührung mit Kalifeldspat häufig so verschieden, daß man beim besten Willen keine übereinstimmende Relation aus Chemismus und SiO_2-Gehalt herauszulesen vermag. Abb. 42 zeigt eine Kalifeldspatzunge in Berührung mit drei

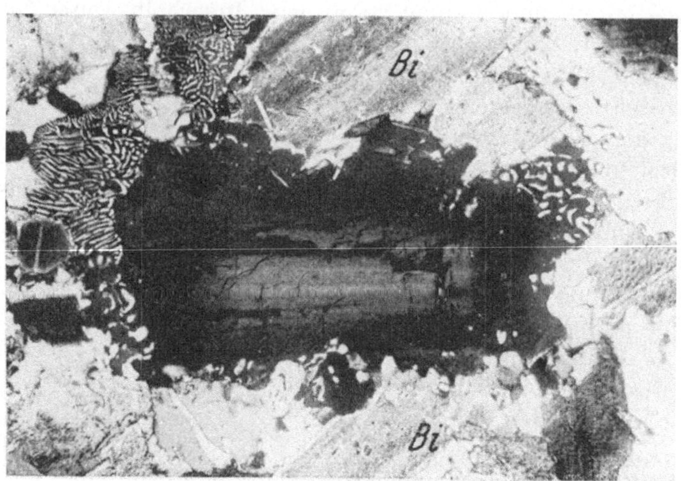

Abb. 41. Stark korrodiertes, einheitliches Plagioklaskorn enthält in seinen Randteilen Quarzschläuche verschiedener Größe und Verteilung. Fornogebiet, Bergell. Vergr. 40mal.

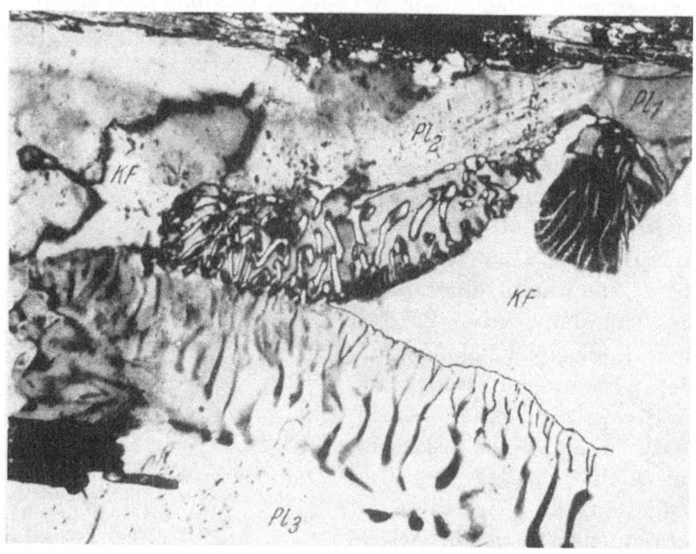

Abb. 42. Drei abweichend orientierte Plagioklaskörner Pl_{1-3} entwickeln gegen einheitlichen Kalifeldspat verschiedene Formen der Quarzstengel. — Dickerwerden der Stengel nach dem Kristallinneren zu. Biotitgneis von Reazzino, Tessin. Vergr. 230mal.

Plagioklaskörnern übereinstimmenden An-Gehaltes, die alle ganz verschiedene Quarzmengen in wechselnder Verteilung aufweisen. Das Bild der Intergranulare zwischen Plagioklas 2 und 3 ist dabei von besonderer Bedeutung, da sie nicht von Kalifeldspatsubstanz erfüllt ist und doch die rauhe, warzige Oberfläche korrodierter Plagioklassubstanz mit knopfartig hervortretenden Quarzstengelköpfen zeigt. Aus allen diesen Beobachtungen geht hervor, daß aus der

chemischen Zusammensetzung der äußeren Plagioklaszonen *nicht* auf Form und
Menge der gebildeten Quarzstengel geschlossen werden kann.

Die Orientierung der Quarzstengel gegen den Plagioklaswirt zu kennen, ist
aus mehreren Gründen von Bedeutung. Wird nämlich die Raumlage des Quarzes
in gesetzmäßiger Abhängigkeit vom Plagioklasgitter gefunden, so lassen sich
daraus genetische Schlüsse ziehen. So macht scharfe Einregelung der Quarzachsen höheres Alter des Plagioklases wahrscheinlich, da nur ein bereits vorhandenes Gitter regelnd auf den (später eingebauten) Quarz wirken konnte. Findet
man *alle* Quarze *eines* Plagioklaskornes gleich — wenn auch verschieden gegen
die Quarze anderer Plagioklaskörner — geregelt, so wäre ebenfalls der Schluß

auf eine, wenn auch wech-
selnde Einflußnahme des
Plagioklasgitters auf die
Quarzachsenregelung zulässig. Ist jedoch der Quarz
nur schwach, oder gar nicht,
geregelt, so werden mehrere
Schlußfolgerungen möglich.
1. Plagioklas und Quarz
sind etwa gleichzeitig kristallisiert. Das Plagioklasgitter war im Zustand seines
eigenen Aufbaues nicht in
der Lage, einen wesent-
lich richtenden Einfluß auf
die Quarzatome auszuüben.
2. Das Plagioklasgitter vermag auch im fertigen Zu-
stand keine scharfen Ein-
regelungen einer späteren
(etwa metasomatisch zuge-

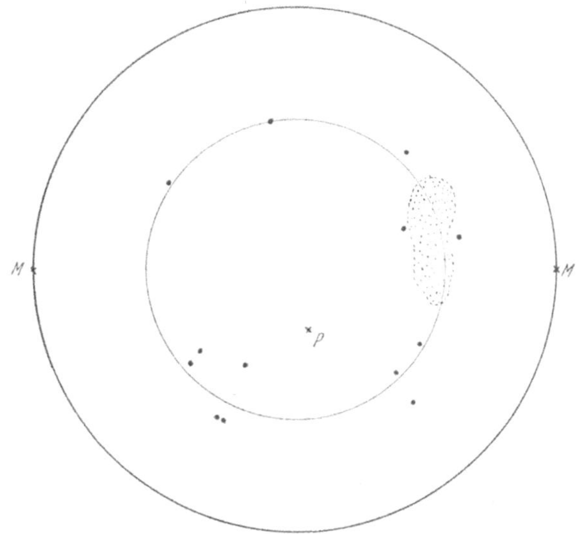

Abb. 43. Achsenlage von Myrmekitquarzen aus 15 verschiedenen
Plagioklasen. — Der Kleinkreis um das Zentrum der Projektion
ist mit etwa 52° etwas größer als derjenige der Kalifeldspat-
Quarz-Verwachsung.

führten) Quarzgeneration zu bewirken. Die Feststellung einer nur schwachen
Einregelung der Quarzachsen kann also zunächst nicht eindeutig begründet und
zu genetischen Schlüssen verwendet werden. Die Entscheidung ist durch andere
Beobachtungen zu suchen.

Orientierende Messungen von Myrmekitquarzen und ihrer Regelung gegenüber dem umgebenden Feldspatmaterial wurden, wie erwähnt, zuerst durch
E. Christa ausgeführt. Er stellte eine Regelung gegenüber dem Kalifeldspat
fest, derart, daß die Quarzachsen etwa normal zu (001) des Kalifeldspates
angeordnet waren.

Weitere Messungen wurden von mir 1942, *2* mitgeteilt und ergaben die
schwache Bevorzugung eines Kleinkreises von etwa 52° um die Mitte der stereographischen Projektion in der üblichen Aufstellung. (c = [001] als Zentrum;
vgl. Abb. 43.) Eine Bevorzugung eines Ortes auf diesem Kreise war nicht festzustellen. Immerhin ist eine deutliche Einregelung der Achsenlagen längs dieses
Kreises nicht zu verkennen.

Die Christasche Feststellung an einem zusammenhängenden Myrmekitkomplex ergab Regelung der Quarzachsen gegenüber dem Kalifeldspat. Wenn die Myrmekit-*Plagioklase* mit ihren Quarzstengeln gegenüber dem Kalifeldspatgitter eingeregelt sind und diese wiederum zu ihrem Plagioklaswirt eine gesetzmäßige Lage besitzen, so ist eine Regelung durchaus verständlich. Es ist aber nicht vorstellbar, daß — gleichgültig, ob man die Myrmekit-Plagioklase für älter oder jünger als die Kalifeldspäte ansieht — das Kalifeldspatgitter bereits während der Quarzbildung durch den umhüllenden Plagioklas hindurch auf die

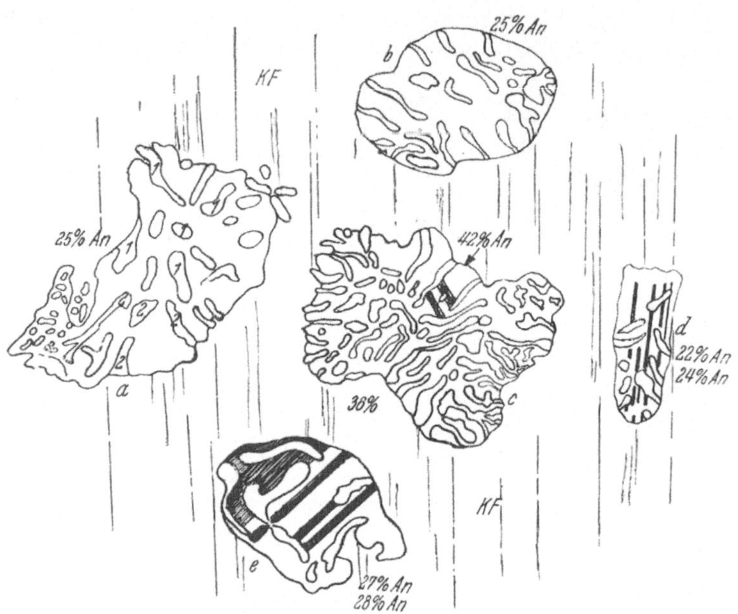

Abb. 44. Aus dem Grundgewebe des Rattenberger Biotitgneises wurden möglichst entfernt von Mikroklin liegende Plagioklase bestimmt mit An-Gehalt: 26 %, 25, 24, 26 %. — Die Bestimmung der allseits im Mikroklin eingeschlossenen und stark myrmekitisierten Plagioklase (s. o.) ergab mit einer Ausnahme (*c* in Abb. 44, mit 36 % An) die gleichen Werte wie die Grundgewebsplagioklase. Bemerkenswert ist, daß die Plagioklase mit deutlichen Homogenisierungsanzeichen, wie *d* mit 22—24 % An, etwas saurer zu sein scheinen. Rattenberg, Bayerischer Wald.

Quarze eingewirkt hat. Denn auch bei einem späteren Wachstum einer Myrmekit„Warze" in den Kalifeldspat hinein wäre ja das wachsende Plagioklasgitter immer in unmittelbarerer Berührung mit den Quarzstengeln — welche ja in *jedem* Falle im Plagioklas entstehen — als der Kalifeldspat.

Zur näheren Aufklärung dieser Beziehungen wurden mehrere MyrmekitPlagioklase vermessen, welche in einem einzigen Kalifeldspat verteilt waren und äußerlich keine gesetzmäßige Anordnung gegenüber diesem zeigten. Ihre Zusammensetzung war die gleiche wie diejenige der Grundgewebsplagioklase (Abb. 44). Die im Kalifeldspat eingeschlossenen Plagioklase sind hier in azimutal richtiger Stellung gegenüber dem Kalifeldspat wiedergegeben. Im Diagramm Abb. 45 wurde die Orientierung der Quarzachsen gegenüber dem als fix betrachteten Oligoklas mit *c* ins Zentrum rotiert, dargestellt. Die Messung ergab, daß die Quarzstengel der einzelnen Plagioklaskörner unter sich straff geregelt sind: Nur selten finden sich in einem Plagioklas Quarzstengel mit gruppenweis verschiedener Achsenlage (a_1, a_2). Die Orientierung der Quarzachsen der Plagioklase untereinander stimmt *nicht* überein. Die fünf vermessenen Plagioklaskörner dieses Beispiels weisen sechs voneinander durchaus verschiedene Quarzachsenmaxima auf, die jedoch wieder — wenn auch nicht so deutlich wie in Abb. 43 — auf Kleinkreisen um $c = [001]$ als Projektionszentrum angeordnet erscheinen. Bezieht man die Orte der Quarzachsen auf das Kalifeldspatgitter — was wegen der gut sichtbaren Spaltbarkeit des Kalifeldspates im vorliegenden Beispiel leicht möglich war — so ergibt sich das Diagramm Abb. 46. Auch hier besteht keine gruppenweis übereinstimmende Regelung der Quarzachsen der fünf Plagioklaskristalle. Nur die Achsenorte von Korn a_1 und e liegen näher aneinander gerückt. Korn *b* hat Lagenähnlichkeit mit der später beim Schriftgranit (S. 111) zu besprechenden Regelung nach dem „Gesetz" Woitschach. Damit ist es sehr wahrscheinlich gemacht, daß die Regelung der Quarzachsen im Myrmekit-Plagioklas *nicht* vom Kalifeldspat bewirkt wird: Die Quarze der fünf verschiedenen, in einem Kalifeldspat-Großkorn eingeschlossenen Plagioklase sind gegenüber dem Kalifeldspatgitter nicht einheitlich orientiert. Sie sind jedoch gegenüber ihrem zugehörigen Plagioklas-Einzelkorn, in dem sie liegen, straff geregelt. Die Quarze jedes Einzelkorns haben also ihr eigenes Maximum, das mit demjenigen der anderen Plagioklaskörner nicht zusammenfällt.

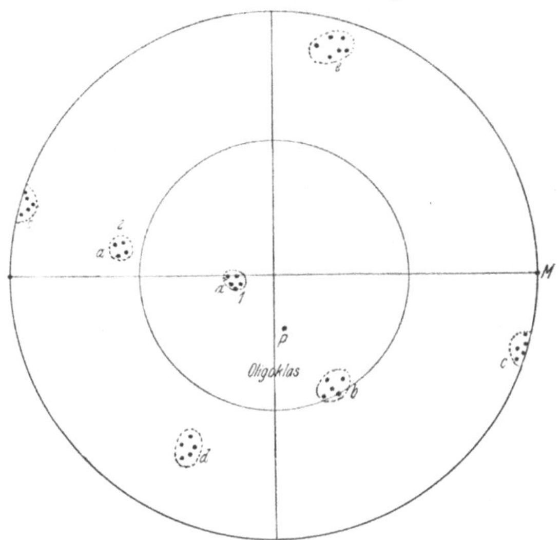

Abb. 45. Die Achsenlagen der Quarzstengel fünf verschiedener, in einem Kalifeldspat eingebetteter Myrmekit-Plagioklas-Körner der Abb. 44. Zum Vergleich wurden alle fünf Körner in die gleiche Stellung (*c* im Zentrum der Projektion) rotiert und die zugehörigen Quarzachsen entsprechend mitgedreht. Rattenberg, Bayerischer Wald.

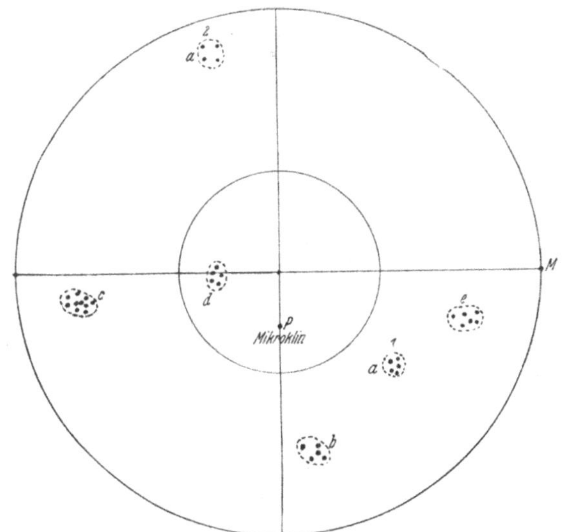

Abb. 46. Orientierung der Quarzachsen der Myrmekit-Plagioklase gegenüber dem Gitter des einschließenden Mikroklinwirtes. Rattenberg, Bayerischer Wald.

Weitere Messungen, welche von Frau Dr. Tillmann an Tessiner Gneisen ausgeführt wurden, ergaben mit einer noch viel größeren Uneinheitlichkeit der

Achsenlagen von Myrmekitquarzen im Plagioklas — aber wieder mit scharfer Regelung innerhalb *eines* Kornes — etwa das gleiche. Eine Betrachtung des Raumverhaltens der Quarzstengel zeigte, wenn auch nicht immer deutlich und öfters verwischt, eine Anordnung der Quarzstengel derart, daß ihre Längsachsen etwa senkrecht auf den zugehörigen Kristallflächen des Wirtfeldspates stehen.

d) Das Alter des Myrmekit-Quarzes.

Quarzstengel verschiedenen Alters, Beziehungen zum Biotit. — Quarzstengel und Zwillingslamellen. — Apatit in primären und metasomatischen Kornarten. — Apatit-einschlüsse im Quarz.

Eine Diskussion über die Einzelvorgänge bei der Platznahme des Quarzes im Plagioklas hat erst dann Zweck, wenn über das Altersverhältnis Quarz:Plagioklas stichhaltige Beobachtungen vorliegen.

Allein aus der Orientierung der Quarze zum Plagioklas genetische Schlüsse zu ziehen, ist nicht möglich. In Verbindung mit anderen Beobachtungen aber (Grenzflächenverhalten, Altersbeziehung zu anderen Kornarten, z. B. Glimmer, Apatit usw.) sind die Regelungserscheinungen auch genetisch zu sicheren Schlüssen zu verwerten.

Daß die Quarzstengel älter sind, als der umgebende Kalifeldspat, ist durch die Auffindung von Quarzstengelbruchstücken im Kalifeldspat nachgewiesen (Abb. 18, 19, 20). Die Altersbeziehung Plagioklas:Quarz ist nicht weniger wichtig, der Vorgang der Quarzbildung aber noch keineswegs im einzelnen geklärt. Zwei Möglichkeiten bestehen: Entweder sind die Quarzstengel gleichzeitig, eutektisch, mit dem Plagioklas gewachsen, oder sie sind später zugeführt, wobei wieder zu entscheiden wäre, ob die Zuführung von außen erfolgt ist, Entmischung oder schließlich partieller Abbau des Plagioklasgitters unter Rückbehaltung des SiO_2-Restes innerhalb der Schläuche in Frage kommt. Die Durchwachsung verschiedener Zwillingslamellensysteme mit Quarzstengeln deutet an sich schon auf jüngeres Alter des Quarzes, der den Lamellenbau des Plagioklases bereits vorfand (Abb. 32). Trotzdem ist gegenüber der Möglichkeit eutektoiden Wachstums diese Beobachtung allein nicht entscheidend genug. Eine Darstellung der Altersbeziehungen der Quarzstengel auf breiter Grundlage wird größere Sicherheit für die künftige Entscheidung geben.

Gegenseitige Durchdringungen nebeneinanderliegender Quarzstengel einer Zone wurden bisher nicht beobachtet. Meistens können die Stengel einer Zone sehr dicht aufeinander zuwachsen, ohne sich zu berühren. An einem Beispiel aus dem Fornogranit (Abb. 31) waren, wie bereits erwähnt, zwei Quarzstengelgenerationen zu unterscheiden: eine dünne, radialstrahlige Stengelschar, teilweise senkrecht stehend auf der Oberfläche des Korns und eine doppelt bis dreimal so starke Quarzfüllung in der Mitte des Korns, welche die Stengel der dünneren Generation zum Teil allseitig umfaßt und kleine Stengelstücke ganz in sich aufnimmt. Hieraus, aus den größeren Abmessungen sowie der zentralen Lage — bei verschiedener optischer Orientierung — wurde auf jüngeres Alter der gröberen, T-förmigen Quarzfüllung geschlossen.

Damit ist erwiesen, daß es überhaupt Quarzfüllungen gibt, welche jünger als der Plagioklas sind. Für das Alter der dünnstrahligen Quarzstengelgeneration ist aber damit noch nichts ausgesagt. Hier läßt sich jedoch auf anderem Wege weiterkommen. Es ist nämlich möglich, aus der Benutzung vorhandener Korngrenzen oder Spaltflächen benachbarter Kornarten durch die Quarze, Anhaltspunkte für ihre relative Bildungszeit zu gewinnen. So kann es keinem Zweifel unterliegen, daß die Korngrenze zwischen Biotit und Plagioklas am unteren Bildrand der Abb. 47 primär ist. Wird diese Korngrenze durch Quarz benutzt, *so muß dieser jünger sein*, als die beiden Kornarten Biotit und Plagioklas. Dieselbe Aussage kann man machen, wenn Quarzstengel des Plagioklases in diesem eingeschlossene ältere Fremdkristalle durchbohren oder auf den Spaltflächen benachbarter

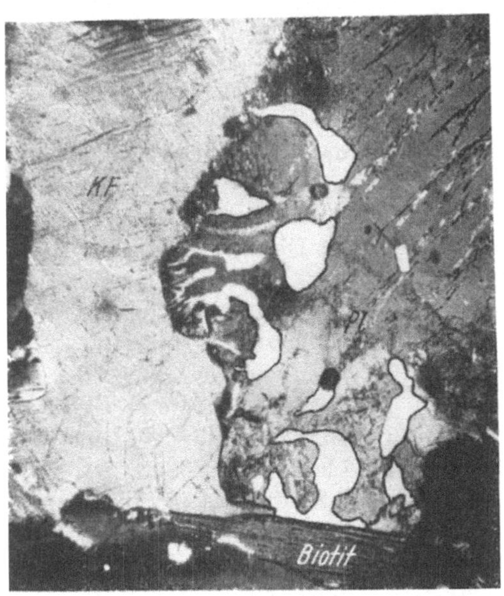

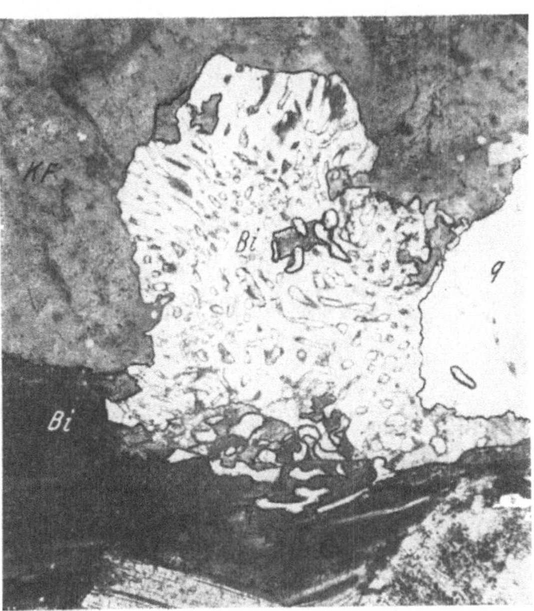

Abb. 47. Das unterste Quarzkorn im Plagioklas (*Pl*) benützt die Grenze Biotit-Plagioklas zu seiner Ausbreitung. — Die Quarzstengel nehmen von außen nach innen an Größe zu. Bergeller Granit, nördlich Fornohütte. Vergr. 35mal.

Abb. 48. Quarzstengel gleicher optischer Orientierung im Plagioklas und angrenzenden Biotitkorn (unten). — Der myrmekitisierte Plagioklas enthält ein Biotitbruchstück, in welches die wurmförmigen Quarzstengel hineinragen. Bergeller Granit, Fornogebiet. Vergr. 68,5mal.

Biotite zu sehen sind, d. h. aus dem Plagioklas heraus in den darüberliegenden Biotit mit deutlichem Korrosionsangriff hineinwachsen. Abb. 48 zeigt ein eingeschlossenes Biotitstück im Plagioklas, das von den Quarzstengeln des Wirtes durchsetzt wird; auch an der unteren Grenze Plagioklas-Biotit wird der letztere von gekrümmten Quarzen durchwachsen. Die Grenzfläche selbst wird von kleinen, gebogenen Stengeln benutzt. Das gleiche zeigt Abb. 49, wo ebenfalls wieder die Korngrenze zwischen Plagioklas und Biotit einem langgestreckten Quarzkorn zur Ausbreitung dient. Daneben aber finden sich die Spaltflächen des Biotits mit zahlreichen Quarzleisten belegt, die zum Teil mit den Quarzstengeln des Plagioklases in Verbindung stehen. Da der Quarz einwandfrei jünger ist als der Biotit, darf man nach den Beziehungen der Gefügekörner dieser Schliffstelle auch für den Plagioklas den gleichen Schluß ziehen und den Quarz als jüngere Bildung erklären (s. S. 71). Daß es sich für alle Körner dieses Gefügebereiches um gleichaltrigen Quarz handelt, geht aus der übereinstimmenden Regelung aller Quarze hervor, derjenigen des Plagioklases, des Biotits und der auf den Korngrenzen liegenden Quarzkörner. Man darf hieraus aber nicht den Schluß ziehen, daß das Gitter des Wirtes keinerlei Einfluß auf das Zustandekommen der Regelung eingebetteter Kornarten ausüben könne, weil Plagioklas und Biotit, also ganz verschiedene Gitter, übereinstimmend orientierte Gastkornarten enthalten. In dem gezeigten Beispiel Abb. 48 fällt nämlich die Grenzfläche Plagioklas-Biotit schräg unter den letzteren ein. Die Quarze gehören also in der Hauptsache diesem an und durchwachsen den darüberliegenden Biotit ein kleines Stück weit.

Weitere Schlüsse auf das relative Alter des Quarzes sind möglich, wenn Grenzflächen zwischen primären Einschlußkornarten des Plagioklases von Quarzstengeln benutzt werden, wobei der Plagioklas selbst wieder als Einschluß im Kalifeldspat eingebettet liegt (vgl. das Schema Abb. 50 und das zugrunde liegende natürliche Vorkommen Abb. 51).

Abb. 49. Quarz tritt als Interngefüge auf: 1. im Plagioklas in Würmern, Spindeln und Flecken; 2. in unregelmäßigen Linealen im Biotit; 3. als Grenzflächenbelag. — Alle drei Quarzkornarten haben die gleiche optische Orientierung! Biotitgneis von Reazzino, Tessin. Vergr. 129mal.

Die hier herrschenden Kornbeziehungen zeigen, daß als älteste Kornart der Biotit (*1*) anzusehen ist. Er wurde vor oder während der Einbettung im Plagioklas (*2*) korrodiert. Der letztere erlitt das gleiche Schicksal bei seiner Einbettung in den Kalifeldspat (*4*). Da die Quarzstengel des Myrmekits (*3*) an der Grenze Plagioklas-Biotit abstoßen, oder diese benutzen (Punkt *B* der Abb. 51), müssen diese wiederum jünger sein als der Plagioklas (*2*). Die Quarzstengel können aber nicht geringeres Alter haben als der Kalifeldspat, da sich bereits beweisen ließ (Abb. 17—19), daß Quarzstengelbruchstücke im Kalifeldspat vorkommen, die Quarzstengel also älter als die Kalifeldspatbildung sind.

Allgemein lassen sich diese Beobachtungen kaum anders deuten, als daß die Quarzstengel des Myrmekit-Plagioklases „später", *nach* der Platznahme des Plagioklases im Gefüge, gebildet wurden, also bevor die Kristalloblastese des Kalifeldspates begann. Damit ist es nicht ausgeschlossen, daß die Quarzstengel *unmittelbar* vor der Kalifeldspat-Kristalloblastese entstanden und sehr wahrscheinlich eine Art *Vorläuferwirkung* darstellen.

Weitere Beobachtungen an Fremdeinschlüssen der Plagioklase und Quarze legen den gleichen Schluß nahe. In manchen metamorphen, granitischen oder dioritisch-syenitischen Gesteinen spielt *Apatit* eine bemerkenswerte Rolle. Er tritt in derartigen Gesteinstypen bisweilen in recht beträchtlicher Menge auf, anscheinend besonders gern in oder in der Nähe von dunklem Glimmer oder Hornblende. Seine dünnen Säulchen finden sich in solchen Vorkommen in allen

anderen Gemengteilen eingeschlossen, oder vom einen in das andere Korn hinein-
setzend, eine Beobachtung, deren Tragweite bisher im allgemeinen noch nicht
recht erkannt zu sein scheint. Muß doch dem Apatit — als Frühkristallisation —
fast das höchste Alter aller Kornarten zugesprochen werden. Trotzdem findet er
sich in allen andern Gemengteilen in gleichem Habitus und völlig unveränderter
Formenbeschaffenheit (Abb. 52). Er
ist also durch den langen Aufent-
halt in der bei der Ausscheidung
neuer Kornarten ständig geänderten
granitischen Restlösung so gut wie

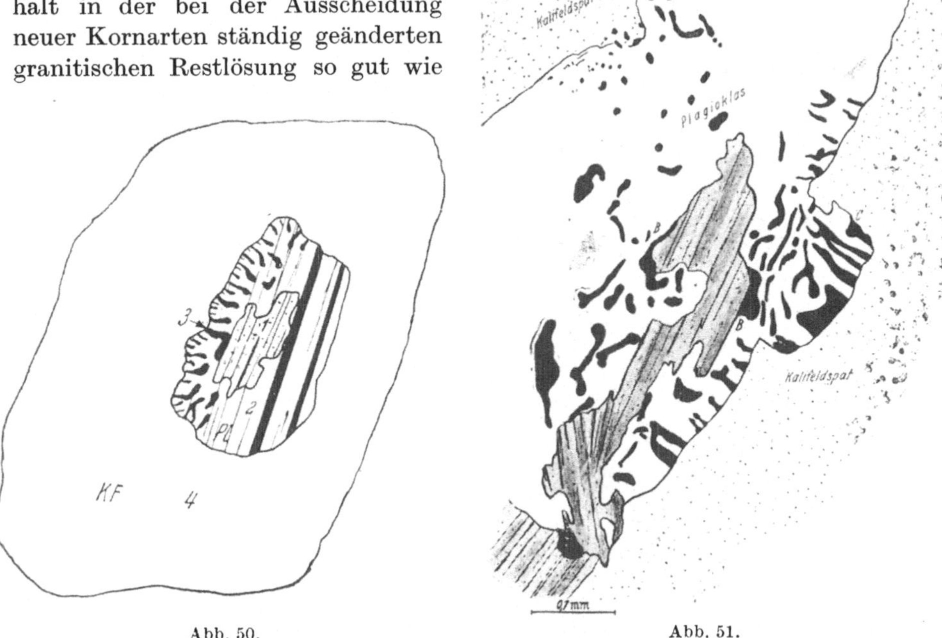

Abb. 50.   Abb. 51.

Abb. 50. Myrmekit-Plagioklas (2) mit primärem, stark korrodiertem Biotitkorn (1) als Einschluß im Kalifeldspat. — Die Grenzfläche Biotit-Plagioklas wird von einem Myrmekit-Quarzstengel benutzt (3), der in
seinem Alter zwischen Plagioklas (2) und Kalifeldspat (4) steht. Schema. Die Zahlen geben die Altersfolge an.

Abb. 51. Inmitten eines Plagioklases liegt ein langgestrecktes Biotitkorn, welches vor oder bei der Einbettung in den Plagioklas sehr stark korrodiert und buchtig angefressen wurde. — Der Plagioklas enthält
viel Myrmekit, dessen Stengel nur am Rande auf der Korngrenze senkrecht stehen. Der Myrmekit-Quarz
liegt auch frei in den Korrosionsbuchten des Biotits. Wichtig ist die Stelle bei B, wo ein Myrmekit-Quarz
die Grenze zwischen Biotit und Plagioklas begleitet, diese also vorgefunden haben muß. Auch an mehreren
anderen Stellen sieht man, daß die Myrmekit-Quarzstengel auf die Biotitgrenze Rücksicht nehmen, also
jünger als diese sind. — Der Plagioklas ist ebenfalls stark korrodiert (einschließlich der Myrmekit-Quarzstengel) und wird allseits von Kalifeldspat umgeben. — Forno-Granit, Bergell. Einschlüsse eines großen
Kalifeldspatkornes.

unkorrodiert geblieben, ebenso wie ihm die Herauslösung aus älteren Silikaten
bei metasomatischen Vorgängen nichts anhaben konnte. Sollte diese Schwer-
löslichkeit und Unempfindlichkeit des Apatits, späteren Restlösungen gegenüber, nicht auch erklären, weshalb gerade die Aplite als echte verarmte Restlösungen der Granite so wenig Apatit enthalten? Damit stimmte durchaus
die Auffassung überein, daß die Aplite Exsudate sind, die aus der Poren-
flüssigkeit des bereits im wesentlichen erstarrten Granits herstammen, in
welchem die Hauptmasse des Apatits bereits fixiert war (s. S. 245).

Die Apatite der erwähnten Gesteine kommen also in allen Kornarten des
Gefüges vor, im Glimmer, der Hornblende, den Feldspäten, dem Quarz.

Abb. 52 zeigt, wie häufig myrmekitisierte Plagioklase und Biotit von Apatitnadeln erfüllt sind, die in den angrenzenden Kalifeldspat-Kristalloblast hinein-
reichen. Enthalten nun auch die Quarzstengel des Myrmekits Apatit, oder
— was durchaus beweisend ist — wirkt eine Grenzfläche Apatit-Plagioklas auf
Wachstum und Ausbreitung eines Quarzstengels ein, so ist dieser „später" gewachsen als der Plagioklas, in welchem er liegt. Abb. 53 zeigt nun ein von einem

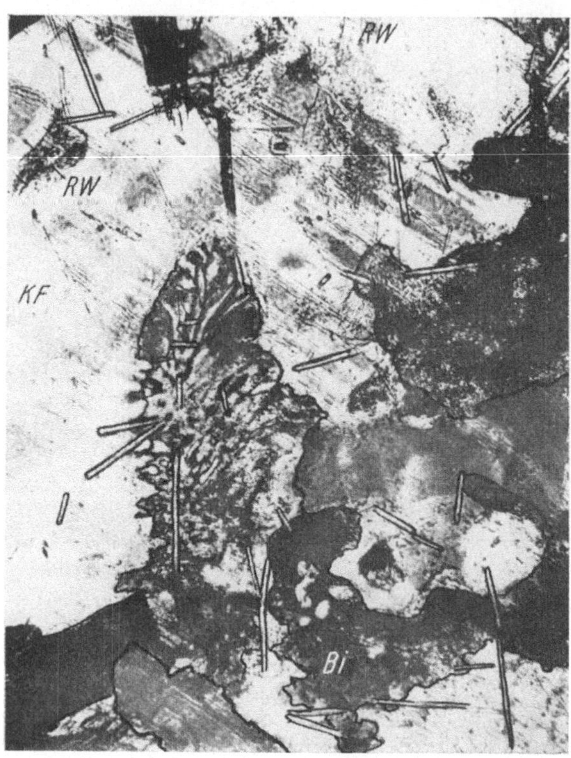

Quarzstengel aus dem Pla-
gioklas herausgelöstes Apa-
titkorn, Abb. 29 und 36 die
Benutzung der Apatit-Pla-
gioklas-Intergranulare als
Wachstumsfläche für den
Quarzstengel. Nun könnte
man vielleicht der Ansicht
sein, diese Beobachtungen
wären genügend beweisend
für das jüngere Alter der
Quarzstengel gegenüber dem
Plagioklas; daher sei es
durchaus möglich, die Quarzstengelbildung der Plagioklase in Zusammenhang mit
der späteren Quarzkorn-
kristallisation des Gefüges
zu bringen.

Demgegenüber läßt sich
auf die Gesamtsituation der
Gefügebildung granitischer
Gesteine hinweisen. In
keinem Fall war bisher ein
so enger Zusammenhang
zwischen *Quarzkornarten des
Gefüges* und den *Quarzstengeln im Myrmekit* festzu-
stellen, daß daraus auf

Abb. 52. Biotit und myrmekitisierte Plagioklase mit zahlreichen
Apatitnadeln liegen in sekundärem Kalifeldspat-Kristalloblasten.
Zahlreiche „Restwolken" (*RW*) sind die letzten Anzeichen für zer-
gangene Grundgewebskomponenten. Diorit, Fürstenstein, Bruch
am Bahnhof. Vergr. 129mal.

gleichzeitige Bildung geschlossen werden könnte. Man muß im Gegenteil annehmen, daß Quarzkornarten des normalen Gefüges in Berührung mit Quarz-
stengel-Plagioklas diesem gegenüber — so lange es sich nicht um primäres
Grundgewebe handelt, in welchem die Plagioklase selbst erst blastisch entstanden — immer jünger sind und nur durch Auflösung anderer Kornarten in
diesen engen Kontakt mit dem älteren Myrmekit-Quarz gelangten wie z. B. in
Abb. 54. Die Myrmekit-Quarze der in blastischen Kalifeldspäten eingeschlossenen Plagioklase sind von der eigentlichen, „letzten", normalen Quarzkorn-
generation des Gefüges *durch die Kalifeldspatbildung getrennt*. Diese Tatsache ist
von größter Bedeutung. Wir wissen bestimmt, daß das Wachstum des Kalifeldspates *nach* der Myrmekitisierung der eingeschlossenen Plagioklase vor sich gegangen ist. Ein Wachstum der Quarzstengel *nach* der Einbettung der Plagioklase

im Kalifeldspat ist daher völlig auszuschließen (vgl. Abb. 17—19). Also liegen zwei zeitlich voneinander getrennte Quarzbildungen vor, von denen die erste kein Äquivalent im übrigen Gefüge hat, sondern auf die Plagioklase allein beschränkt bleibt. (Wären außer den Plagioklas-Quarzstengeln noch andere Quarzkornarten gleichzeitig im Gefüge entstanden, so müßte man diese unbedingt irgend einmal als $\pm$ gut erhaltene Reste in oder zwischen den blastischen Kalifeldspäten antreffen.)

Die Gewißheit einer zweimaligen Quarzbildung, wobei die erste auf die Plagioklase beschränkt war und keinerlei Überschußquarz zurückließ, läßt aber folgenden Schluß zu bzw. fordert ihn direkt. *Wenn keine allgemeine Quarzneubildung im Gefüge infolge SiO$_2$-Zufuhr zur Zeit der Quarzstengelbildung stattfand, ist es zum mindesten zweifelhaft, ob der Quarz der Stengel durch SiO$_2$-Einwanderung von außen gebildet wurde*[1]. An irgend einer Stelle des Gefüges müßte dann wohl gleichaltriger Quarz anzutreffen sein, da es nicht anzunehmen ist, daß immer nur *gerade soviel* Quarzsubstanz zugeführt wird, als die Stengelbildung erfordert! Ist er aber nicht von außen zugeführt, so kann er nur als *Relikt eines partiellen Gitterabbaues aus den Plagioklasen selbst stammen*, da andere Kornarten, die für einen Abbau in Frage kommen, nicht nachweisbar sind.

Allgemein ist hierzu folgendes zu sagen: Die Erscheinungsform des Quarzes

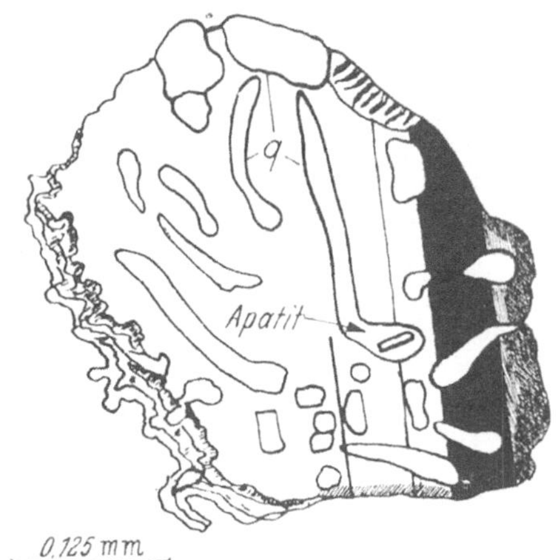

Abb. 53. Apatitbruchstück, in einem Myrmekit-Quarzstengel eingebettet. Bergeller Granit, Fornogebiet. — Teilausschnitt aus Abb. 29.

in den Eruptivgesteinen ist völlig abweichend von der aller anderen Gemengteile. Nur die lange Gewöhnung an diese bekannte Tatsache hat die Petrographen offenbar gehindert, dieses ebenso wichtige wie merkwürdige Verhalten stärker in den Kreis ihrer Betrachtungen zu ziehen.

Der Quarz hat von allen Hauptgemengteilen granitischer Gesteine den höchsten Schmelzpunkt. Trotzdem bildet sich Quarz immer als letzte Kornart in einem granitischen Gefüge. (Über die scheinbare Ausnahme von dieser Regel in Quarzporphyren mit Fremdquarzen s. S. 97.) Dieses Verhalten hat schon BUNSEN (1861, 2) in seinem bekannten Brief an STRENG zu der Erklärung geführt, daß nicht der Schmelzpunkt, sondern die Löslichkeit einer Kornart entscheide und diese beim Quarz gegenüber den anderen Gemengteilen am geringsten sei.

Aber auch trotz dieser geringen Löslichkeit, der Allgegenwart von Kieselsäure sowie der häufig starken Durchsetzung von Graniten, eingeschlossenen Gesteinsresten und benachbarten kristallinen Schiefern mit reaktionsfreudigen Lösungen findet man im Grundgewebe der primären Kornarten solcher Gesteine

---

[1] Man ist anfangs leicht geneigt, die zur Quarzstengelbildung benötigte SiO$_2$ aus den die Kalifeldspat-Kristalloblasten hervorrufenden Lösungen abzuleiten unter der Annahme, daß hierbei SiO$_2$ zugeführt wird. — (Über Schwierigkeiten, die sich dieser Annahme entgegenstellen vgl. auch S. 196.)

nirgends sekundäre, blastische Quarzkristalle mit selbst bescheidener kristallographischer Formbegrenzung. Der Quarz tritt vielmehr, — soweit es sich nicht um primäre Quarzkorngefüge kristalliner Schiefer oder Rekristallisationsbildungen handelt — als Ausfüllung von durch Korrosion primärer Minerale erweiterten Intergranularen und zumeist neugeschaffenen Hohlräumen oder als Verdränger im Kristallgitter unter Ausfüllung von Schläuchen, Kanälen, Taschen von unregelmäßiger Begrenzung auf. Dieses Verhalten des Quarzes ist besonders auffallend im Gegensatz zu den in der Bildungszeit unmittelbar

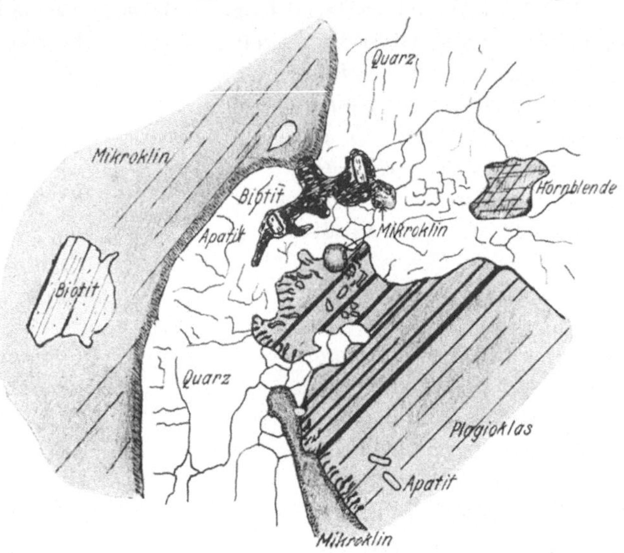

Abb. 54. Das große Mikroklinkorn links grenzte ursprünglich an ein größeres Plagioklaskorn mit Myrmekitquarzsaum. Zwischen beide drängt sich jüngerer Quarz und trennt sie völlig voneinander. Keine Myrmekitstengelbildung durch den sekundären Quarz! Nur dort, wo noch randlich Myrmekitquarz vorhanden ist, kann auf die Nähe der alten Grenze Plagioklas-Mikroklin geschlossen werden, wie sie noch längs der unteren Mikroklinzunge bestehen blieb. An drei Stellen, unten und in der Mitte, sind korrodierte Mikroklinreste erhalten. Bergeller Granit, Fornogebiet. Vergr. 25mal.

vorhergehenden Feldspäten, welche überwiegend gut begrenzte Kristallformen zeigen und nur ganz selten als regelloser Feldspatteig zwischen den übrigen Komponenten zu sehen sind. Bemerkenswert ist die Reinheit der Quarzbildungen. Während man — neben durchaus einschlußfreien Feldspäten — häufig mit Grundgewebsresten erfüllte Orthoklase findet, ist der Quarz bis auf geringe schattenhafte Trübungen, Porenzüge und schwache Pigmentierungen im allgemeinen frei von fremden Kornarten (Ausnahme symplektitische Quarzgefüge), auch dort, wo er in größeren Bereichen auftritt. Er verhält sich damit anders, als die anderen Gemengteile und man kann sich fragen, ob der Quarz überhaupt immer eine durch Kristallisation aus echter Restlauge entstandene Bildung ist.

Seine Kristallisation aus der Restlauge würde nämlich viel mehr Einschlüsse älterer Kornarten (die mit der Lösung nicht mehr im Gleichgewicht waren und korrodiert wurden) zur Folge haben, als es beim normalen Gesteinsquarz der Fall ist. Stammt jedoch das Quarzmaterial vom tiefgreifenden Abbau bestehender Kornarten, deren andere Reste fortgeführt wurden während SiO_2 zurückblieb — überwog also Abbau und Wegführung, nicht Kristallisation und Neubildung —, so wäre die relative Einschlußfreiheit der normalen Gesteinsquarze, wie auch die Quarzfüllung der Myrmekitstengel als Restbildung aus partiell aufgearbeiteter Plagioklassubstanz erklärt.

Die randliche Korrosion und Auslaugung der Plagioklase läßt sich also genetisch durchaus mit einem verstärkten Abbau in bestimmten Richtungen — den Stengelachsen — und Ausfüllung der Lösungsschläuche mit der übrigbleibenden SiO_2 erklären. Da die in einem Stengel enthaltene SiO_2 mengenmäßig nicht der im Stengelbereich des Plagioklases vorhanden gewesenen SiO_2-Komplexe entspricht, sondern geringer ist, könnte die fehlende Menge SiO_2 sehr wohl den abgebauten und korrodierten *Randteilen* der Plagioklase entnommen sein, die als nicht bestandfähig abgetragen wurden und heute nicht mehr erhalten sind.

Eine solche Deutung der Quarzherkunft hat eine nicht geringe Wahrscheinlichkeit für sich (vgl. Schriftgranitbildung), wenn sie auch noch nicht als sicher bewiesen angesehen werden kann. Mit dem geringeren Alter des Quarzes stimmt sie gut überein.

In den vorhergehenden Abschnitten wurde versucht, das Alter der Quarzstengel gegenüber dem Plagioklas allein aus den räumlichen Beziehungen der Kornarten zueinander zu erschließen. Es möge aber noch darauf hingewiesen werden, daß das jüngere Alter der Quarze ja noch aus einem anderen, sehr naheliegenden Grunde ermittelt werden kann und der im vorhergehenden versuchten Einzelbestimmungen des Verhaltens der Quarzstengel zu Grenzflächen oder älteren Kornarten nicht so sehr bedarf! Die Plagioklase des Myrmekits sind randlich umgewandelte Grundmasse-Plagioklase. Die Umwandlung ist nachträglich vor sich gegangen und erfaßte primär normal ausgebildete Kristallteile (Beweis: Auslöschungsumkehr, Homogenisierung der Zwillingslamellen usw.). Also müssen die Quarzstengel als ein Teilprodukt dieser Umwandlung — Auftreten dünnster Quarzstengel in korrodierten, lamellendurchsetzten Außenzonen! — ebenfalls geringeres Alter besitzen. Diese Beweisführung ist kaum widerlegbar und hätte an sich wohl genügt. Es schien jedoch notwendig, zunächst durch Einzelbeobachtungen die Beziehungen so weit wie möglich zu klären. Schwächen und Lücken in Beobachtung und Beweisführung werden hierdurch am ehesten sichtbar.

Die Tatsache des höheren Alters der Quarzstengel gegenüber Kalifeldspat, des geringeren gegen Plagioklas ist also als sicher anzunehmen. Wie kann man sich nun den Vorgang der Quarzbildung selbst vorstellen? Wie wir an einem Beispiel aus Finnland sehen konnten, war der Myrmekit-Quarz im wesentlichen auf Spaltflächen des Plagioklases angesiedelt. Man kann also hier wohl den Schluß ziehen, daß die metasomatisch wirkenden Lösungen auf Fugen eindrangen und dort die Quarzentwicklung hervorriefen. In den meisten anderen Fällen aber ist keine Beziehung zu Fugen oder Schwächeflächen des Plagioklasgitters sichtbar. Man sieht aber sehr häufig, besonders bei der Betrachtung der Plagioklasoberflächen im Drehtisch, daß sie buchtig genarbt sind und daß die randlichen Korrosionsgruben nach innen in die Quarzkanäle übergehen. Ein weiteres Eingehen auf die Mechanik einer solchen metasomatischen Quarzstengelbildung soll später nach Besprechung der Korrosionsformen lamprophyrischer Einschlußquarze erfolgen. Damit jedoch nicht vergessen werde, daß die Quarzbildung nicht etwa ein einmaliger und ganz besonderer Vorgang sei ohne jede Analogie, möge auf *die vielfache Wiederkehr* ähnlicher hydrothermal-metasomatischer Vorgänge hingewiesen werden, die je nach Temperatur und vorhandenem Stoffbestand eine materialmäßig verschiedene, raumgeometrisch aber ähnliche Wirkung haben, wie am folgenden Beispiel der Perthite und Antiperthite deutlich wird.

e) Myrmekit, Perthit und Antiperthit.

Seit F. BECKE wird die Perthitbildung der Feldspäte im wesentlichen als eine Entmischung zwischen Kalifeldspat und Albitkomponente gedeutet. Sie hätte in diesem Falle mit der Myrmekitbildung nicht allzuviel gemein. Es mehren sich jedoch Beobachtungen, welche vermuten lassen, daß mindestens ein Teil der Perthitbildungen nicht durch Entmischung sondern durch Frühmetasomatose am fertig gebildeten Plagioklaskristall entstanden ist[1]. So hält O. MÜGGE (1927, 5) zwar die frühen Perthitbildungen noch für Entmischungsprodukte, er erklärt jedoch in diesem Zusammenhang die Entstehung der Murchisonitspaltflächen durch die Spannungen, die durch die Beimischung von viel *Ab* zu *Or* entstehen und ihre Auslösung erst dann

Abb. 55. Schriftgranitische Quarzstengel in Mikroklin-Perthit. Reihenfolge der Kornarten: Mikroklin, Perthit, Schriftquarz. (Alle Stengel haben einheitliche Auslöschung. Keine Störung durch den — orientiert eingelagerten — Perthit.) Perthit, Torro, Finnland.

finden, wenn das beherbergende Gestein stark mechanisch beansprucht wird. „Die dann entstehenden Spalten öffnen zugleich den Weg für Lösungen, die die Umkristallisation der Entmischungsprodukte ermöglichen." MÄKINEN hatte (1913, *1*) beobachtet, daß die Albitschnüre in die von Mikroklin umschlossenen älteren Plagioklase hineindringen, eine für die metasomatische Erklärung sehr bedeutungsvolle Stütze.

Die Abb. 55—59 zeigen Albitbildungen unterschiedlichen Alters im Kalifeldspat, primäre Entmischungskörper — oder was man bisher als solche ansah — sekundäre Flammen-, Band- und Fleckenperthite in wechselnder Menge. Von den letzteren sind wohl diejenigen als spätere Zuführungen und Übergänge zu spaltengebundenen Albitkornbildungen anzusehen, welche Korngrenzen zwischen den primären Kornarten und dem Kalifeldspatwirt zur Ausbreitung benutzen.

Es ist dabei eine berechtigte Frage, warum, wenn man die BECKEsche Erklärung der Myrmekitbildung zugrunde legt, diese sekundären Perthitisierungen niemals Myrmekit erzeugen. Später zugeführtes Plagioklasmaterial in Berührung

---

[1] Auf breiterer Grundlage erstmalig dargelegt durch O. ANDERSEN (1928, *2*), welcher nur die ganz feinen Spindel- und Aderperthite als Entmischungsdispersoide ansieht, die anderen Typen als metasomatische Neubildungen kennzeichnet. Vgl. auch L. ALLING, (1932, *1*).

mit Kalifeldspat sollte nach der Auffassung BECKES ja die Vorbedingung zur Myrmekitbildung abgeben! (s. Antiperthitbildung, S. 78).

Die Perthitisierung selbst hat mit der Myrmekitgenese anscheinend nur das gemein, daß beide Bildungen, abgesehen von den ganz feinen ader- und spindelförmigen Entmischungsdispersoiden, echte Verdrängungsstrukturen liefern. Auch die Existenz perthitischer Reaktionsgefüge kann für erwiesen gelten. Die Definition des Reaktionsgefüges: „Durchdringung eines primären Kristallgitters durch eine jüngere Kornart unter $\pm$ Einregelung des neuen Gitters in bestimmte kristallographische Richtungen" deckt auch vollkommen die Eigenschaften echten Perthits. Der Kornverband der Abb. 56 läßt sich daher durchaus als perthitisches Reaktionsgefüge deuten. Die flächenhaften, metasomatischen Albitkörper bei P haben in derartigen Bildungen große Ähnlichkeit mit dem Verhalten des Quarzes im Schriftgranit. Wie weit die ganz feinen Entmischungsspindeln oder die zarten Aderperthite mancher Vorkommen von dem sehr komplexen Erscheinungsbilde des Perthits abgetrennt werden müssen, soll späterer Untersuchung vorbehalten bleiben.

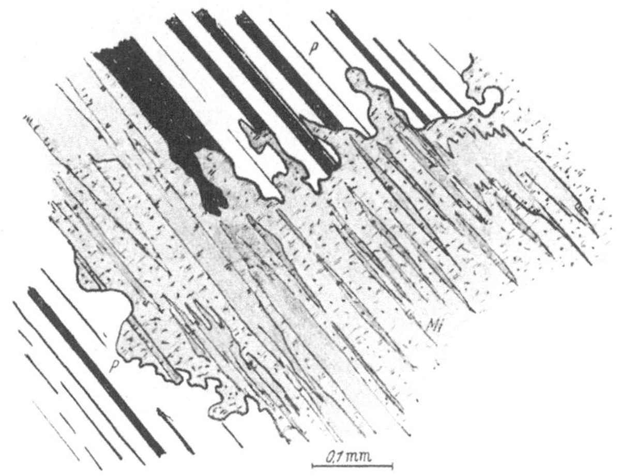

Abb. 56. Jüngerer Flächenperthit P verdrängt in typisch metasomatischen Formen Mikroklin. Pegmatit, Frübus, Sudetenland.

Einige wesentliche Perthittypen sind in den Abb. 55—59 dargestellt, nämlich Spindel-, Ader-, Band- und Flächenperthite. Auf die Genese der Spindelperthite soll hier nicht eingegangen werden; aus ihrer Verknüpfung mit Albitkornbildungen (Abb. 57) ist allein noch nichts Sicheres zu sagen. Die Grenzformen der Flächenperthite des genannten Vorkommens sind jedoch so typisch diejenigen echter metasomatischer Verdrängung, daß man hier keinesfalls mehr eine Entmischung annehmen kann[1]. Das Vorhandensein des primären Spindelperthits verbietet durchaus die Annahme einer Entmischung für den jüngeren Flächenperthit, da zwei verschieden alte Entmischungsphasen im Kalifeldspat wenigstens unter normalen Umständen nicht möglich sein dürften.

Läßt sich also über die Genese des Spindelperthits noch keine sichere Aussage machen, so erscheint dagegen die Bildungsweise des Bandperthits besser deutbar (Abb. 59). Die Grenzkonturen des Kalifeldspates gegen die Perthitbänder zeigen unzweideutigste Spuren korrosiven Angriffs. Ebenso zweifelsfrei sind Teile des eingeschlossenen Plagioklases vom Bandperthit (oder von den ihm voraufgehenden Lösungen) angefressen und abgelaugt.

---

[1] Im Aventurin-Feldspat von Perth ist der Eisenglanz nur in den Orthoklaspartien, nicht in den Perthiteinlagerungen vorhanden (O. MÜGGE 1927, 5, S. 675), was mit der Entmischungstheorie nicht gut in Einklang zu bringen ist.

Die straffe Regelung der Plagioklasfüllung der einzelnen, miteinander nicht zusammenhängenden Perthitbänder spricht nicht gegen die Annahme meta-

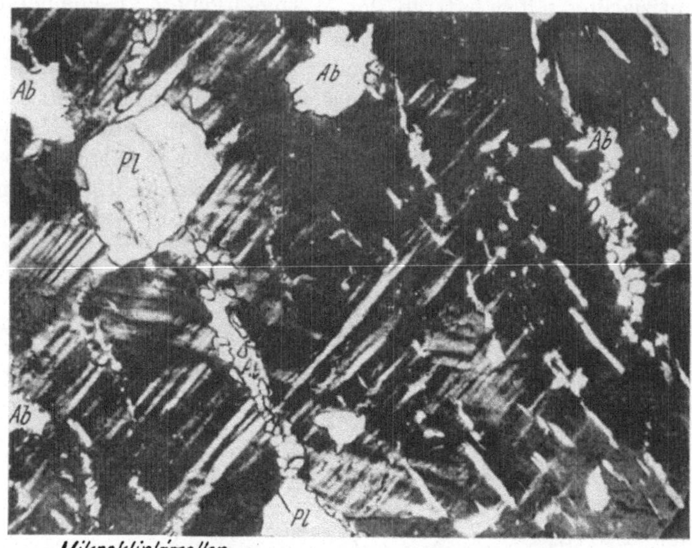

Abb. 57. Ältere Plagioklase, Spindelperthit (von links oben bis rechts unten) und jüngere Albitkornbildung im Kalifeldspat (Mikroklin). Im gleichen Schliff kommt jüngerer Flächenperthit vor (Abb. 124). Pegmatit, Portland, Conn. Vergr. 55mal.

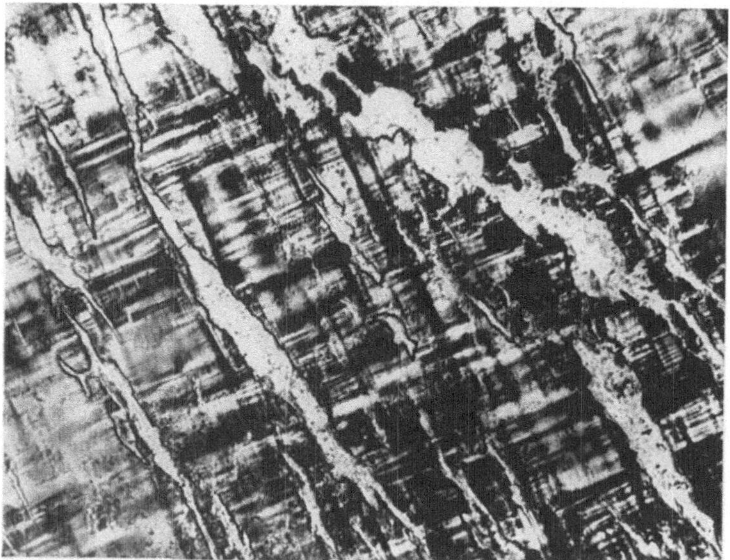

Abb. 58. Unregelmäßig begrenzter Band- (Spindel-) Perthit in Mikroklin. Schriftgranit Aschaffenburg. Vergr. 166mal.

somatischer Entstehung, *wie denn überhaupt die ganze Perthit-Albit-Kornphase mit ihren verschiedenen Oszillationen als Fortsetzung der hydrothermalen Quarz-Metasomatosen der Feldspäte angesehen werden kann.*

In diesem Zusammenhang ist für die Myrmekitgenese auch die seinerzeit von
F. E. Suess Antiperthit genannte Feldspatverwachsung bedeutungsvoll, da sie

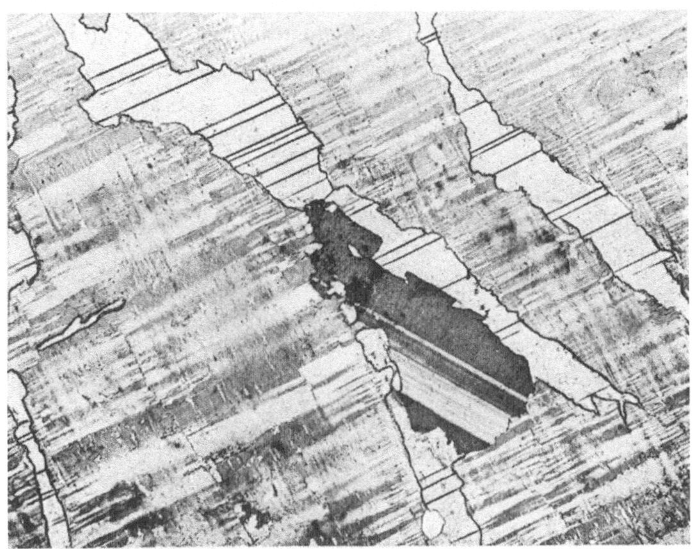

Abb. 59. Älterer Plagioklaseinschluß in Mikroklin wird von Bandperthit ziemlich geradlinig abgebaut. —
Keine Angleichung der Orientierung des Bandperthits an das Plagioklasgitter! Louthboury, Conn.
Vergr. 48mal.

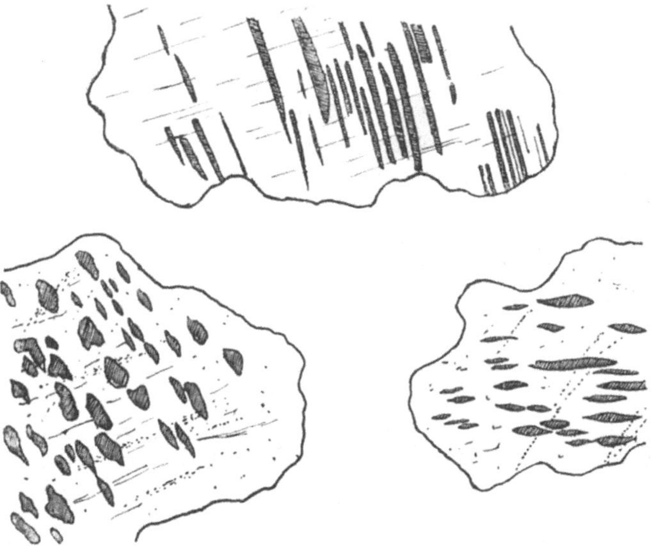

Abb. 60. Kalifeldspatlineale verschiedener Schnittlagen in Plagioklasen (Zwillingslamellen oberes Kor-
rechts!) des Injektionsgneises von Holstensborg. Grönland. Vergr. 48mal.

im wesentlichen ebenfalls auf metasomatischem Wege entstanden ist. Suess
verstand unter dieser Bezeichnung Verwachsungen von Plagioklas und Kalifeldspat unter Vorherrschaft des Plagioklases als „Wirtkristall". Es gibt
mindestens vier verschiedene Arten des Vorkommens, über die nun Spezial-

untersuchungen vorliegen. Eine moderne Darstellung über Antiperthit[1] in Schwarzwaldgneisen findet man bei ERDMANNSDÖRFFER (1938, 4). Bedeutungsvoll sind auch die Bemerkungen H. SEIFERTs[2], der nur für einen Teil der Antiperthite Entmischung annimmt. Unterscheidbare Antiperthitarten sind:

1. Reste älteren Kalifeldspates in blastischen, jüngeren Plagioklas eingebettet, $\pm$ korrodiert, xenomorph, ungeregelt.

2. Geregelt eingebaute Reste *älteren* Kalifeldspates mit kristallographischer Umgrenzung.

3. Orientierte Einlagerungen von Kalifeldspat im Plagioklas, entstanden als a) Entmischung, also $\mp$ *gleichzeitig*, oder b) als *jüngere* Diffusionen in das Plagioklasgitter (Abb. 60).

4. Myrmekitartige Verwachsungen von Plagioklas und Kalifeldspat, wobei der letztere in gewundenen Stengeln (wie der Quarz im echten Myrmekit) in den Plagioklas eindringt (Myrmekit-Perthit GEIJERs, Myrmekit-Antiperthit SEDERHOLMs). ERDMANNSDÖRFFER (1938, 4, Gneise im Linachtal) unterscheidet 1. Einlagerungen mit kristallographischer Umgrenzung (010) und (001) $Or \sim$ (010) und (001) Pl und 2. regellos geformte Kalifeldspatverwachsungen, Fleckenantiperthite. Auch nach den Angaben ERDMANNSDÖRFFERs schwankt die Menge der Or-Einlagerungen erheblich und bis jetzt ohne erkennbare Regel. Alle genannten Bildungsarten können in ein und demselben Gestein nebeneinander vorkommen. In einzelnen Plagioklaskörnern sind die Or-Einlagerungen lokal gehäuft. Andere wieder sind völlig frei davon. Ein derartiges Verhalten gleicht viel mehr einem metasomatischen Lösungseinbruch hydrothermaler Art, als einer frühzeitigen Entmischung.

Die orientierten Einlagerungen von Kalifeldspat, Fall 3, finden sich in vielen nordischen Graniten, Reste *älteren* Kalifeldspates — ungeregelt, aber in Gesteinen, welche eine späte blastische Plagioklasgeneration aufzuweisen haben, also dort, wo späte Albitisierungsphasen auftreten; im ganzen nicht allzu häufig. Als Beispiel einer Antiperthitbildung aus *älterem* Kalifeldspat und Plagioklas möge Abb. 61 dienen. Hier findet sich ein großer Plagioklas, stark korrodiert und angefressen im jüngeren Kalifeldspat, gegen den er einen Myrmekitrand bildet. Im Innern enthält der Plagioklas Flecken und Fetzen eines älteren Orthoklases, die untereinander übereinstimmend, gegen den großen äußeren Kalifeldspat aber verschieden auslöschen.

Diese allseits im Plagioklas eingebetteten Kalifeldspatreste sind in diesem Beispiel wirkliche Reste, unregelmäßig, fetzenartig begrenzt, mit deutlichen Korrosionsspuren. Sie befinden sich in engster Berührung mit Plagioklassubstanz, ohne *daß an ihnen Myrmekitbildung zu beobachten gewesen wäre*. Und dabei ist gerade hier der Fall eindeutig jüngeren Alters des Plagioklases gegeben, d. h. es herrschen Verhältnisse, wie sie BECKE, SEDERHOLM u. a. als Voraussetzung für Myrmekitbildung ansahen! Es ist somit all das verwirklicht, was zur Myrmekitgenese im BECKEschen Sinne notwendig wäre: Vorhandener Kali-

---

[1] Ältere Autoren, die den höchstwahrscheinlich sekundären Charakter der Perthitbildung betonen, sind F. KLOCKMANN (1882), J. LEHMANN (1884, 1885) und J. ROMBERG (1892, *1*). Der letztere hält die Perthitisierung vor allem deswegen für sekundär, weil die Albitschnüre über die Zwillingsgrenzen ihrer Wirte hinwegsetzen und häufig auf Spaltflächen liegen.

[2] H. SEIFERT, (1937, *8*).

feldspat, Zufuhr von Ca und Na in einer neuen Bildungsphase. Und doch findet gerade hier keine Myrmekitbildung statt; dagegen in den beschriebenen Fällen am Außenrand des Plagioklaskornes gegen den Kalifeldspat-Kristalloblast, in dem es eingebettet liegt, der also der jüngere ist!

Wenn man daher die beim Myrmekit bisher angenommene Altersreihenfolge der Feldspatentstehung umkehrt, erklärt sich alles viel einfacher. Die in den ersten Kapiteln geschilderten Beobachtungen lassen ja auch gar keine andere Deutung zu, als daß bei der Genese des Myrmekits Typ I *Kalifeldspat die jüngere Bildung ist.* Es sind die unmittelbaren Vorläufer der Kalifeldspat ausfällenden

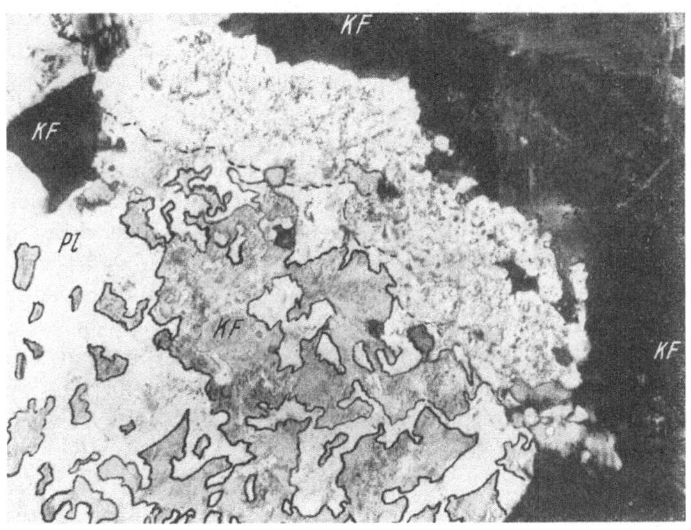

Abb. 61. Korrodierter Plagioklas mit Myrmekitquarz-Rand enthält im Innern Flecken und zerstückelte Fetzen eines älteren Orthoklases. Diese Antiperthitbildung (Fall 1, S. 78) wird von *jüngerem* Kalifeldspat (rechts, in Dunkelstellung) umgeben und zum Teil infiltriert. (Die beiden Kalifeldspatarten befinden sich nicht in Zwillingsstellung!). Bergeller Granit, Fornogebiet. Vergr. 69mal.

Lösungen, welche die Korrosionen und Quarzfüllungen an dem vorhandenen Plagioklaskorngefüge hervorrufen. Der anschließend folgende Kalifeldspat bettet dann die korrodierten Kornarten in sich ein. Diese Auffassung von der Altersreihenfolge der Feldspäte bei der Myrmekitgenese ergibt sogleich eine sehr bemerkenswerte Übereinstimmung mit der Antiperthitbildung der im vorstehenden Schema genannten Fälle 3b und 4. Auch dort ist es jüngerer Kalifeldspat, der in das Plagioklasgitter eindiffundiert, zum Teil unter Bildung schlauchähnlicher Buchten und stengelartiger Korrosionsformen, die oftmals an die Quarzstengel des Myrmekits erinnern (vgl. hierzu die bereits erwähnten Arbeiten GEIJERS S. 25).

Daß sich dort keine Quarzstengel auf der Grenze zwischen Plagioklas und jüngerem Kalifeldspat entwickeln, scheint im wesentlichen vom Zustand und Gehalt der Lösungen abzuhängen, welche für die Kalifeldspatbildung in erster Linie verantwortlich sind. Bei der Antiperthit-Kristallisation der Fälle 3b und 4 entsteht nur verhältnismäßig wenig Kalifeldspat, der mit den riesigen Mengen nicht zu vergleichen ist, welche die Myrmekitgenese begleiten. Der quantitative Unterschied der Lösungen könnte auch einen qualitativen bedingen etwa derart, daß bei der Myrmekitbildung im Anfang nur wenig Kali verfügbar war und dieses erst später, dann aber in großer Menge nachgeliefert wurde, während im Falle des Antiperthit schon von vornherein eine genügend K_2O-führende Lösung in geringer Menge bestand, aus welcher der Kalifeldspat kristallisierte.

Aus der Gegenüberstellung von Myrmekit- und Antiperthitgenese ergibt sich, daß beide Vorgänge große Ähnlichkeit besitzen und dem Gebiet der hydrothermalen Gefügeausgestaltung granitischer Gesteine zugerechnet werden müssen, welche die Gesteinsgeschichte so lange Zeit maßgeblich beeinflußt.

4. Myrmekit Typ II. (Postmikrokliner Myrmekit, Kleinkornmyrmekit.)

Metasomatisches Wachstumsgefüge auf Fugen und Korngrenzen, Albitkornbildung; Quarze in Tropfenform, dünnen Fäden, „Insekteneiern" oder ganz fehlend. — Autokathartisches Anreicherungsgefüge, myrmekitisiert, auf Grenzen zwischen den Gefüge-Großkörnern.

Die in den bisherigen Abschnitten mitgeteilten Untersuchungen haben das weit verbreitete Vorkommen eines älteren, prämikroklinen Myrmekits gezeigt, der infolge hydrothermal-metasomatischen Angriffs auf ein vorhandenes Korngefüge entsteht bei gleichzeitiger Kalifeldspat-Blastese. Es ist von vornherein nicht ausgeschlossen, vielmehr zu erwarten, daß sich ähnliche Bildungsvorgänge in gleicher oder abgewandelter Form bei *postmikroklinen* metasomatischen Gefüge-Umbildungen in kalifeldspatführenden Gesteinen wiederholen. Die folgende Betrachtung zeigt, daß dies tatsächlich der Fall ist: Es gibt eine spätere postmikrokline Myrmekitbildung, *die an ein jüngeres albitisches Korngefüge geknüpft ist*, das sich wesentlich auf Korngrenzen und Rupturen des Kalifeldspates angesiedelt hat.

Jüngere postmikrokline Myrmekitisierung entsteht also nicht an älteren Plagioklaskorngefügen des Grundgewebes, sondern an — vielfach metasomatisch erzeugten — *sekundären* (also *post*mikroklinen) Albit- bis Oligoklas-Wachstumsgefügen in und zwischen den Kornarten des Grundgewebes oder in und zwischen Fugen und Rupturen sekundärer Kristalloblasten. Charakteristischerweise gehören diese Bildungen dem Kalifeldspatbereich an; denn nur Plagioklas-Korngemeinschaften, welche Rupturen und Fugen des Kalifeldspates erfüllen, werden (in bescheidener Weise) myrmekitisiert. Dabei ist es wichtig, daß nur die sehr mäßige, häufig fast ganz fehlende Quarzstengel- oder Tropfenbildung überhaupt erst die Myrmekitisierung erkennen läßt. Die andern Merkmale, wie Auslaugungserscheinungen, besonders aber buchtige Korrosionsnarben und Auflösungskonturen, fehlen im allgemeinen fast völlig. Dabei machen die Kornformen durchaus den Eindruck (Abb. 62, 63), als ob die Albite *in* den Kalifeldspat hineingewachsen seien, während der die andere Seite der Spaltenfüllung begrenzende Quarz nur ganz unwesentlich in Mitleidenschaft gezogen wird (Abb. 63). In der Hauptsache erweitert das Wachstum des Albitgefüges die Grenzfläche Kalifeldspat-Quarz nach der Seite des Kalifeldspates hin.

Bei solchen Metasomatosen, wie sie hier beschrieben wurden, können bereits im Kalifeldspat eingebettete primäre Perthitkornarten herausgelöst und vom wachsenden Albitkorngefüge übernommen werden. Ein solches Beispiel für rupturabhängige Albitkornbildungen im Zusammenhang mit perthitischen Kornformen zeigt Abb. 64. Hier ist die Korngrenze zweier Kalifeldspäte mit einem sekundären „Füllungsgefüge"[1] ausgekleidet. In dieses Füllungsgefüge hinein ragen von beiden Seiten die älteren Perthitbildungen der angrenzenden Kali-

feldspat-Großkörner. Es ist dabei besonders bedeutungsvoll, daß der Perthit des unteren Kornes Spindel- bis Bandperthit ist, während das obere Großkorn Flächenperthit mit stark ausgeprägter Zwillingslamellierung enthält. (Die Unterschiede sind keineswegs durch verschiedene Orientierung und Schnittlage der Kalifeldspat-Großkörner vorgetäuscht!) Es ist jedenfalls deutlich, daß die Albitkornbildung auch hier jünger ist als die Perthitisierung. Trotzdem kann man sich, vor allem auch bei Betrachtung der Abb. 55, 56 und 57 des Eindrucks nicht erwehren, *daß der Altersunterschied zwischen den einzelnen Perthitarten und der Albitkornbildung nicht sehr groß ist, die letztere also gewissermaßen als eine verspätete Perthitisierung aufgefaßt werden muß*, bei welcher infolge der herrschenden Lösungs- und Temperaturverhältnisse weniger Fehlstellen und Schwächezonen im Innern der Kristalle als vielmehr Korngrenzen und Rupturen für das Wachstum verantwortlich sind.

Daß dabei mitunter eine sehr wirksame korrosive Tätigkeit entfaltet wurde, geht aus Abb. 65 hervor; hier korrodiert ein wachsendes Albitkorn den begrenzenden Mikroklin mit

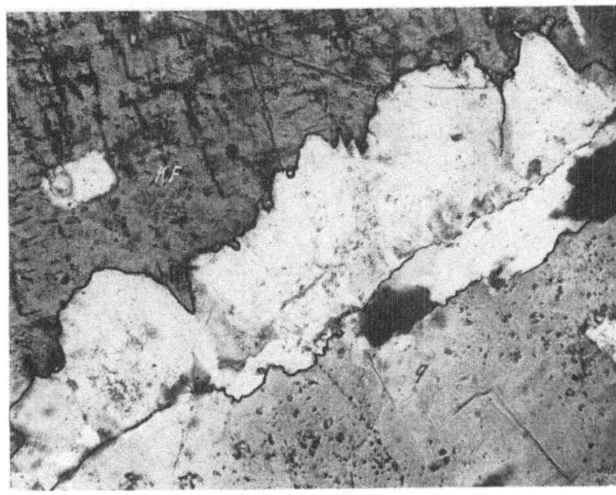

Abb. 62. Albitkorngefüge auf der Grenze zwischen Kalifeldspat und Schriftquarz. Aschaffenburg. Vergr. 130mal.

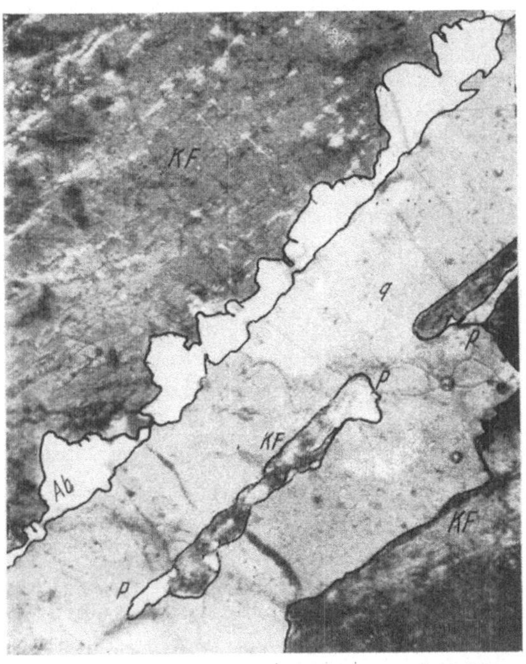

Abb. 63. Sekundäres Albitkorngefüge auf der Grenze zwischen Kalifeldspat (perthitisiert) und schriftgranitischem Quarzstengel, der seinerseits Reste von Kalifeldspat mit Bandperthit enthält. Juzakowa bei Mursinka. Vergr. 37mal.

---

[1] Als „Füllungsgefüge" wird rein deskriptiv das durch nachträgliche Füllung auf einer Ruptur oder sonstigen mechanischen Grenzfläche entstandene Gefüge einer Korngemeinschaft bezeichnet.

seinen Perthitzügen so stark, daß die resistenteren Perthite pfahlartig aus der buchtig zerfressenen Kalifeldspat-Substanz herausragen. Es ist auch hier wiederum bemerkenswert, daß dieser mit Sicherheit postmikrokline Plagioklas keinerlei Myrmekitquarzbildung erkennen läßt. Offenbar ist nur dort, wo die Wegsamkeit zwischen Kalifeldspat und Plagioklas für durchpassierende Lösungen größer war, eine partielle Auslaugung des Plagioklases an seinem Rande erfolgt.

Wachsendes Albitkorngefüge vermag auch ältere im Kalifeldspat eingeschlossene Primär-Plagioklase partiell zu korrodieren, wie Abb. 66 zeigt. Der zentrale Plagioklas wird zuerst bei der Einbettung im Kalifeldspat (rechte Seite

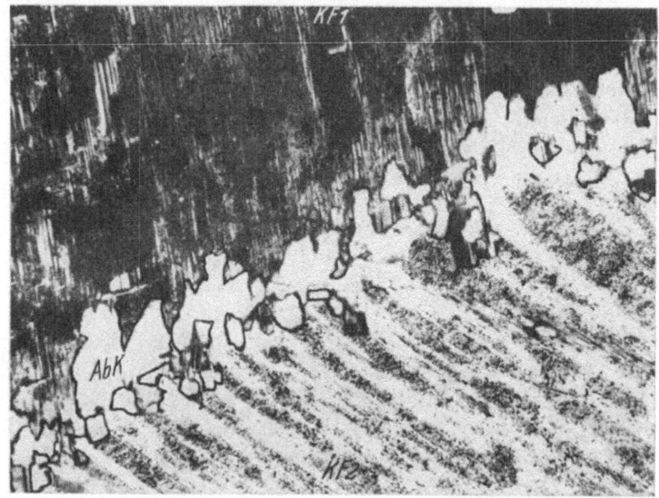

Abb. 64. Auf einer Trennungsfuge zwischen zwei perthitisierten Kalifeldspäten siedelt sich Albitkorngefüge an, das deutlich jünger als die sich gegenseitig durchwachsenden Perthitbildungen der Feldspäte ist. Pegmatit, Norwegen. Vergr. 129mal.

des Plagioklases), sodann vom Perthit (linke Seite) sowie anschließend von der wachsenden Albitkorn-Kluftfüllung (oben) deutlich angefressen. Auch hier ist es wieder charakteristisch, daß die spätere Albitkornbildung keine Myrmekit-Quarzstengel hervorgebracht hat, dafür aber der ältere zentrale Plagioklas dünne, feine Quarzstengelchen enthält.

Aus der häufigen Bindung von Albitkorngefüge an Spalten kann man ganz allgemein auf die enge Verbindung mit hydrothermalen Vorgängen schließen. Trifft man daher Albitgefüge, welche zwar nicht einzelne Spalten oder Scherflächen zum Bildungsraum haben sondern als integrierende Neubildung infiltrativ nach der Wegsamkeit die Grenzflächen präexistenter Kornarten durchwuchern, so ist auch in diesem Falle zunächst auf Stoffzufuhr unter ausgesprochen hydrothermalen Bedingungen zu schließen[1]. Derartige späte Albitgefüge können so dominieren, daß die älteren Kornarten nicht selten weitgehend verdrängt werden und nur noch spärliche korrodierte Reste, vornehmlich Kalifeldspäte, in dem neuen Plagioklaskorngefüge erhalten bleiben.

---

[1] O. H. ERDMANNSDÖRFFER hat für derartige späte Gefüge, welche aus Reaktionen zwischen Korngrenzen hervorgehen, die treffende Bezeichnung „Intergranularsymplektit" vorgeschlagen (1946).

Ein anschauliches Beispiel dieser Art verdanke ich Herrn Prof. ERDMANNS-
DÖRFFER; es ist ein Flasergranit vom Felsberg im Odenwald, dessen späte Plagio-
klas-Kristallisation — im wesentlichen Oligoklas — in der oben geschilderten

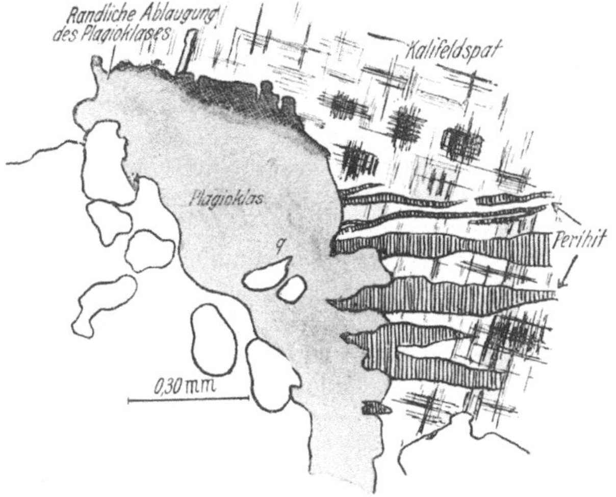

Abb. 65. Jüngere Plagioklasbildung greift Kalifeldspat mit Perthiteinlagerung an. Im oberen Teil des
Plagioklases randlich Ablaugung und beginnende Albitkornbildung. Biotitgneis von Reazzino, Tessin.
Schliff 12.

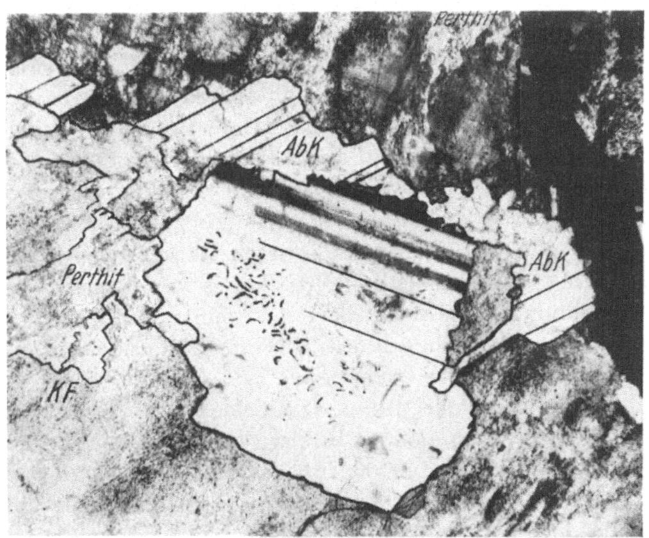

Abb .66. Älterer, schwach myrmekitisierter Plagioklas (Mitte) wird in Kalifeldspat eingebettet und durch
anschließende Perthitbildung korrodiert. Als jüngste Bildung tritt ein Albitkorngefüge auf, welches Kalifeldspat, Perthit und den Primärplagioklas (Mitte) durchsetzt und korrodiert. (Dünne Zunge des Albitkorns
Mitte rechts.) Pegmatit, Helsingfors. Vergr. 69mal.

Art vor sich ging. Im Grundgewebe dieses Gesteins dominieren neben den
spärlichen Biotiten Kalifeldspäte mit isometrischen zum Teil auch langgestreckten oder ovalen Formen. Die Intergranularen dieser Kalifeldspatkorn-
arten sind ausgefüllt mit einem sehr feinkörnigen Haufwerk von rundlichen

6*

Oligoklasen; dünne, einzeilige Bestege gehen über in ein massiges, mörtelstrukturartiges Haufwerk, welches so überhandnehmen kann, daß die benachbarten Kalifeldspäte nur noch als angefressene, skelettierte Reste in seiner Mitte vorhanden sind. Die nicht allzu reichlich gebildeten Quarzstengel myrmekitischen Charakters unterscheiden sich von den Quarzstengeln des Myrmekits I — also der prämikroklinen Art — durch ihre geringe Größe („Insekteneier"), sowie die Tröpfchenform in der bereits geschilderten charakteristischen Weise.

Bei der Kleinheit der Quarzstengel ist es kaum möglich, einwandfreie Beobachtungen zur Feststellung des relativen Alters zu machen. Der allgemeine Habitus aber deutet auch hier ganz in Übereinstimmung mit der Erscheinungsform der Quarzstengel I auf späteres Stengelwachstum unter metasomatischem Lösungstausch.

Die Lösungen enthalten die Komponenten des Kalifeldspates, da dieser ja von der späteren Oligoklasphase korrodiert und abgebaut wurde. Ihre Zusammensetzung — nach Abschluß der Plagioklasbildung — ist also gleich oder ähnlich denjenigen Lösungen, welche — im Falle des Myrmekits I — nach der Plagioklasbildung die Kalifeldspäte erzeugten. Im letzteren Fall sind es die *einziehenden*, im ersteren Fall die *abziehenden* Lösungen, welche die Komponenten der Kalifeldspäte transportieren und die Stengel in den Plagioklaskörnern durch eine im Gitterinnern stattfindende Metasomatose hervorbringen.

Bei solchen Diffusionen von Ionen und Lösungsmittel in ein Kristallgitter hinein zeigt sich, daß es netzartig verteilte Bereiche im Kristall geben muß, in denen eine Stoffwanderung möglich ist. Diese Bereiche sind nichts anderes als die SMEKALschen „Lockerstellen" des Gitters; in ihnen sind die Ionen naturgemäß nicht mehr so fest gebunden, wie im angrenzenden Gebiet des „Idealkristalls", so daß hier metasomatischer Austausch am leichtesten vor sich gehen kann.

Vergleicht man diese Verhältnisse mit einem Gesteinsgefüge, so findet man, daß den Kornarten und der Intergranulare des Grobgefüges die „Blockstruktur" des Feinbaues mit den dazwischengeschalteten Lockerstellen in der Art einer „feinbaulichen Intergranulare" entspricht. Da es von Vorteil ist, hierfür eine besondere Bezeichnungsweise einzuführen, könnte man, vom lateinischen trunculus = kleines Stück, kleiner Block, Blöckchen ausgehend, den entsprechenden Ausdruck „Intertrunculare" verwenden (vgl. hierzu Fußnote S. 165).

Wie weit die Anwesenheit festen Kalifeldspatgitters zur Quarzstengelbildung in den Plagioklasen notwendig ist, ob schon die Lösungen, welche Kalifeldspatbestandteile enthalten, Korrosionskanäle mit Quarzfüllung erzeugen können, war nicht sicher festzustellen. Eine Entscheidung muß späterer Untersuchung vorbehalten bleiben. —

Es ist nach den mitgeteilten Beobachtungen und den Angaben anderer Forscher (vgl. O. H. ERDMANNSDÖRFFER 1941, 2) keine Frage, daß der Albitkornbildung auf Grenzflächen erhöhte Bedeutung zukommt. Daß sie in ihrer reinen Form nicht immer leicht zu erkennen ist, dafür mögen die folgenden Beispiele dienen.

Bereits in Abschnitt 3b (Abb. 36) wurde auf die Schwierigkeit, Gruppen älterer Myrmekit-Kornarten von Albitkorngefüge zu unterscheiden, hingewiesen. Außer diesen beiden Formen aber gibt es noch eine dritte ähnliche Gefügeart, auf deren Vorhandensein jedes Einzelbeispiel geprüft werden sollte.

Ein wachsender Kristall vermag unter gewissen Voraussetzungen (geeignetes Verhältnis der Oberflächenenergien der Kristallarten, Grad der „Benetzbarkeit" usw.) fremde, in der kristallisierenden Lösung enthaltene Kristalle nach seinen Korngrenzen hinzuschieben und dort anzureichern (J. BECKENKAMP 1907, *2*).

Wenn von mehreren gleichartigen Großkornarten in dieser Weise Fremdbestandteile nach den Grenzen geschafft werden, wird unter Umständen der Integranularraum von herausgeschobenen Kristalliten derartig belegt, daß der Eindruck eines normalen Wachstumsgefüges entsteht[1]. Diesen Vorgang der „Selbstreinigung" wachsender Kristalle könnte man zweckmäßig mit dem Ausdruck „Autokatharsis", adj. „autokathartisch", bezeichnen.

Abb. 67. Plagioklasanreicherungszone, einer Korngrenze folgend, wird ebenso, wie die angrenzenden Kalifeldspatkörner von dünnen, quarzerfüllten Röhren durchzogen. Schwarzwasser. Vergr. 130mal.

Auf ein entsprechendes Beispiel aus dem Cordieritgneis von Rochsburg in Sachsen wurde bereits hingewiesen (S. 42 und Abb. 12 und 13). Das primäre Gefüge besteht aus ziemlich feinkörnigem Plagioklas-Quarz-Pflaster mit Biotit und reichlich Sillimanit. Blastische Kalifeldspäte drängen die kleinen Kornarten des Grundgewebes nach außen und reichern sie auf den Korngrenzen an. Hier ist die Unterscheidung, ob Anreicherungsgefüge vorliegt oder Albitkorn-Neubildung, im ersten Augenblick schwierig. Die Entscheidung im Sinne autokathartischen Anreicherungsgefüges wird aber durch zwei Beobachtungen gesichert. 1. Das Plagioklasgefüge zwischen den Korngrenzen der Kalifeldspat-Großkörner ist nicht auf die Intergranulare beschränkt. Plagioklaskörner von gleicher Zusammensetzung und Form wie diejenigen der Intergranularfüllung liegen in von außen nach innen abnehmender Zahl in den Kalifeldspäten und zwar ohne jede Beziehung zu Fugen und Rupturen. 2. Die Sillimanitnadeln, zweifellose Repräsentanten eines alten und inzwischen veränderten Gefügebestandes, liegen sowohl innerhalb der in den Kalifeldspäten eingeschlossenen

---

[1] Über Experimente auf diesem Gebiet vgl. F. STÖBER (1931, *3*).

Plagioklase wie auch in den Einzelindividuen des intergranularen Plagioklas-Anreicherungsgefüges (s. Abb. 21 und 23).

Ähnliche autokathartische Vorgänge, wenn auch durch sekundräe Kornbildungen überdeckt, zeigt ein Pegmatit von Schwarzwasser aus dem nördlichen Altvatervorland. Das Gefüge ist kompliziert durch postmikrokline Quarz-metasomatose, welche die Kalifeldspat-Großkörner siebartig durchlöchert. In den einzelnen Großkörnern liegen primäre Plagioklase verstreut, die sich fallweise nach der Grenze zu anreichern und zusammenschließen (Abb. 67). Außer diesen autokathartischen Grenzanreicherungen aber kommt, an Masse über-

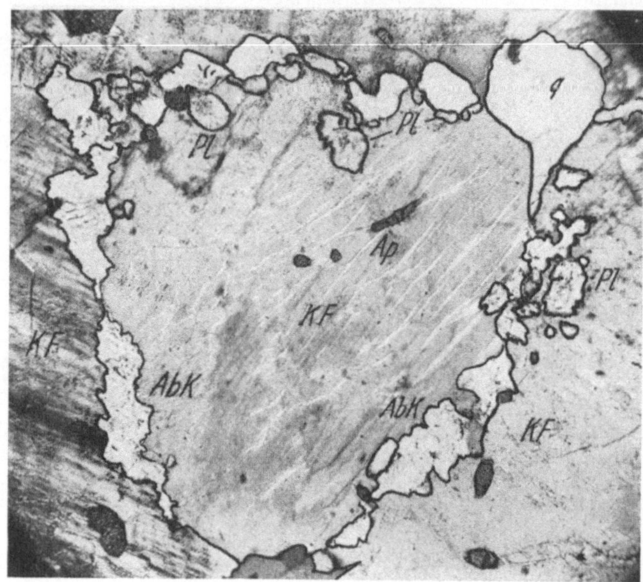

Abb. 68. Ältere Plagioklase (*Pl*) im Kalifeldspat (*KF*) und jüngere hydrothermale Albitkornbildung (*AbK*) auf den Korngrenzen. — Im Kalifeldspat reichlich Apatit (*Ap*). Bergeller Granit, Fornogebiet. Vergr. 42mal.

wiegend, eine spätere Albitkornbildung vor, die sich vom Innern der plagioklas-erfüllten Intergranularen aus metasomatisch in die angrenzenden Kalifeldspat-Großkörner hineinfrißt. Die Kornarten dieser Neubildung sind nach ihren Zwillingslamellen und der abweichenden Formbegrenzung von den älteren Plagioklaseinschlüssen nicht immer deutlich zu unterscheiden. Im Fall starker Korrosion des Randes, durch die eine Angleichung an die innerlich stark zerfetzten und ausgefransten Primärplagioklase erfolgt, kann eine sichere Unterscheidung fast unmöglich werden.

Weitere Einzelheiten über dieses hochinteressante Vorkommen, das mit den geraden, parallele Rohrsysteme bildenden Quarzstengeln in ähnlicher Weise nur noch aus Johanngeorgenstadt und Naundorf bekannt ist (Drescher-Kaden, 1942, 2), werden auf S. 177 der vorliegenden Arbeit bei der Besprechung der Quarzbildungen des Schriftgranites gegeben werden.

Wie schwierig es werden kann, Albitkornbildungen von autokathartischen Anreicherungszonen, die auf Korngrenzen liegen, zu unterscheiden, möge durch das folgende Beispiel erläutert werden (Abb. 68).

Ein grobes Pflaster von perthitischen Kalifeldspäten enthält auf den Korngrenzen langgestreckte, gerundete, teilweise von sehr dünnen Quarzstengeln durchsetzte Plagioklasfüllungen: *AbK* der Abb. 68. An einigen, mit *Pl* bezeichneten Stellen liegen die Plagioklase nicht streng auf der Grenzfläche, sondern befinden sich in einzelne Teile aufgelöst, im Innern des angrenzenden Kalifeldspatkornes. Durch U-Tischmessungen und Vergleich mit den Plagioklasen des Grundgewebes läßt sich zeigen, daß es sich bei dem in Einzelteile aufgelösten Plagioklas — wie auch an mehreren anderen Stellen am oberen Rand des mittleren Kalifeldspatkornes — um ehemalige Plagioklasreste des Grundgewebes handelt, die vom wachsenden Kalifeldspat-Großkorn nach dem Außenrand hin gedrängt wurden.

Sie sind mit etwa 30% An von dem saureren Albit-Oligoklas der Korngrenzenfüllung (*AbK*) klar zu unterscheiden.

Ein ähnliches Vorkommen vom gleichen Gestein zeigt Abb. 69. Hier sind die Zusammenhänge leichter erkennbar, weil die sekundäre Albitkornfüllung in die auf der Korngrenze liegende Anreicherung primärer Plagioklase an zwei Stellen hineindringt und auch als Neubildung im Innern des Kalifeldspatkornes mit charakteristischen Begrenzungskonturen zu finden ist. Die Korrosionsformen des Primärplagioklases haben einen durchaus anderen Charakter als die ruhigeren Begrenzungen des Albitkorngefüges (vgl. hierzu auch Abb. 66).

Abb. 69. Auf der Grenze zweier Kalifeldspäte *KF₁* und *KF₂*. befinden sich Reste einer stark korrodierten primären Plagioklaskornart, sowie ein sekundäres Albitkorngefüge, dessen jüngeres Alter aus seinem Eindringen in den Plagioklas hervorgeht. Zeichnung nach Photographie. Bergeller Granit, Fornogebiet.

Auch auf den Korngrenzen eines sprossenden Kalifeldspatgefüges kommen häufig Anreicherungen des Grundgewebes vor. Wenn zusätzlich spätere Albitkornbildungen entstehen, so werden sie in diese Grundmasserelikte, oft ununterscheidbar von diesen, hineinragen (Abb. 70). Es ist hierbei die Frage und näher zu prüfen, ob nicht aus den Grundmassekomponenten durch Um- und Neubildung albitkornartige Reaktionsprodukte entstehen können.

Die erwähnten Albitkornbildungen sind in einzelnen Vorkommen sehr häufig. Bemerkenswerterweise *finden sie sich fast nur auf der Grenze Kalifeldspat gegen Kalifeldspat oder Kalifeldspat gegen Quarz.* Eine künftige Deutung der Albitkorngenese muß auch diese Tatsache miterfassen. Die Zusammensetzung entspricht recht konstant einem Albit oder Albit-Oligoklas. Einschlüsse fremder Kornarten sind überaus selten; bis auf Apatit werden — außer dem Albitkorngefüge selbst — auf den Korngrenzen eines Kalifeldspat-Großpflasters zumeist keine anderen Kristallarten beobachtet. Die Größen der Albit-Einzelkristalle sind nicht bedeutend. In den erwähnten Vorkommen betrug ihre Größe 0,12 bis 0,24 mm, im Mittel etwa 0,15 mm.

In diesen gegen den umgebenden Kalifeldspat konvex abgesetzten, häufig zugespitzten Albitkornarten, mitunter von der Form eines dreieckigen Giftschlangenkopfes, findet sich Quarz, wie bereits erwähnt, nur in dünnsten, zartesten Stengeln oder kurzen Tropfen. Wie ist er hier entstanden? Die Albitkornbildung ging von Grenzflächen aus und zwar von mechanisch und stofflich besonders betonten Korngrenzen. Dort bildete sich zunächst das Albitgefüge. Die neue Intergranulare zwischen Albit und Kalifeldspat wurde später dann zum Ausgangsgebiet der Quarzmetasomatose. Es ist wirklich schwierig, anzunehmen, es sei nur immer gerade so viel Quarz zugeführt worden, als in den Myrmekit-

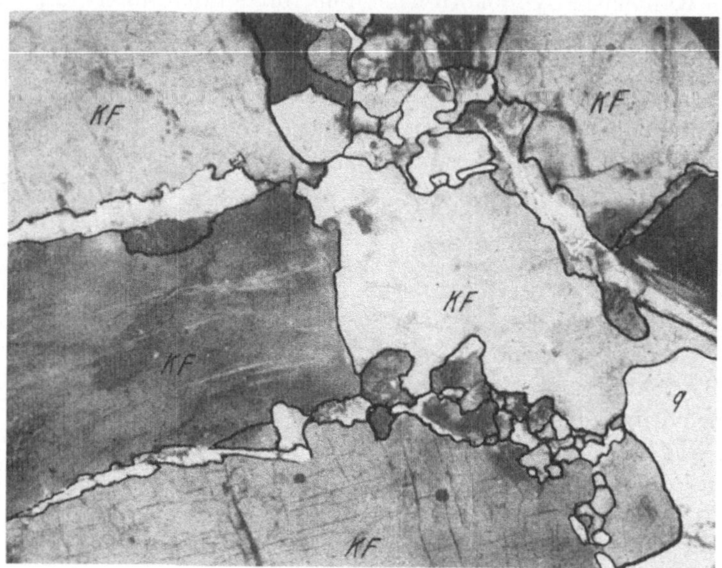

Abb. 70. Auf den Korngrenzen zwischen den Kalifeldspat-Kristalloblasten liegen 1. Kleinkörner des früheren Grundgewebes, 2. Albitkorn-Neubildungen. Biotitgneis von Reazzino, Tessin. Vergr. 68mal.

stengeln unterzubringen war. *Da sich in der Umgebung niemals Überschußquarz findet, der benachbarte Korngrenzen oder Fugen erfüllt* oder Quarzpflaster bildet, so dürfte es sich vielmehr gerade hier um *Rückstandsquarz* aus dem eigenen Gitter des Albites (s. a. S. 72) handeln, was bei den geringen Quarzmengen der Stengelchen durchaus glaubhaft erscheint.

Ein höheres Alter des Quarzes gegenüber dem Kalifeldspat wurde nirgends beobachtet. Trotz langen Suchens fanden sich niemals Albitkörner, deren Quarzstengel in den Kalifeldspat hineinragten oder abgebrochen in diesem schwammen. Das Verhalten der Quarzstengel macht also ein höheres Alter der Albit-Oligoklas-Kristalle gegenüber Kalifeldspat (wie bei Myrmekit I) nicht wahrscheinlich.

Weshalb gerade immer von der zwischen Kalifeldspat und Plagioklas liegenden Intergranulare metasomatische Wirkungen ausgehen, welche Quarzstengel im Plagioklas erzeugen, gleichgültig, ob Kalifeldspat die ältere oder jüngere Kornart ist, das zu beantworten ist bei der heutigen Einsicht noch nicht möglich. Einstweilen muß die Tatsache der Beschränkung des Albitkorngefüges auf Fugen, welche im Kalifeldspat liegen, mindestens aber eine Intergranularwand dem

Kalifeldspat zukehren, als genetisch wichtige Eigenart der myrmekitischen Albitkornbildungen angesehen werden.

5. Reaktionsgefüge und Korrosionsmerkmale an Einschlüssen basischer und quarzporphyrischer Gänge.

Eine vergleichende Betrachtung zwischen den verschiedenartigen Perthitbildungen und dem Myrmekit ließ äußerlich zunächst nicht viel Gemeinsames erkennen:· Auslaugungserscheinungen, Korrosionswirkung gefolgt von gerichtetem Materialabbau und metasomatischem Ersatz durch Quarz beim Myrmekit einerseits, von entmischungsartigen Spindeln, Bändern und unregelmäßig gestalteten Flecken beim Perthit und Antiperthit andererseits. Beiden gemeinsam aber war die Vielfältigkeit in der Erscheinungsform, der periodische Wechsel in der Erzeugung metasomatischer Bildungen, die sich zwar im einzelnen stark unterscheiden, aber grundsätzlich im genetischen Gesamtablauf zusammengehören. Die Entstehung der Quarzstengel beim Myrmekit ist hierbei noch am ungeklärtesten. Bei der Suche nach ähnlichen Bildungen leichter deutbarer Genese bieten sich die Korrosionsschläuche in Einsprenglingen gewisser Lamprophyre dar. Auf diese soll daher näher eingegangen werden.

Die symplektitischen Verwachsungen in granitischen Gesteinen sind genetisch eng zur Entstehungsgeschichte des Gesteins gehörende Erscheinungen. Bei den Reaktions- und Korrosionsgefügen allochthoner Fremdeinschlüsse in lamprophyrischen Gängen trifft dies nicht zu. Waren es im Falle der granitischen Reaktionsgefüge Kornarten des festen granitischen Gesteins selbst, welche durch späteren Angriff der primären oder aus benachbarten Bereichen zugewanderten Lösungen korrodiert wurden, so stehen sich hier reagierende Einsprenglinge und korrodierende Lösungen durchaus fremd gegenüber. Die ersteren haben genetisch nichts mit den Schmelzlösungen, in welchen sie vorkommen, zu tun, sondern sind irgendwann einmal von diesen aufgenommen worden. Gerade dadurch aber lassen sich die Einwirkungen solcher Schmelzlösungen auf Fremdeinschlüsse besser übersehen und am Bildungsvorgang der hier gefundenen Formen Rückschlüsse ziehen auf den Vorgang der Korrosion im *festen Gefüge*, speziell beim Myrmekit.

Von LÄMMLEIN wurden (1930, *1*) Quarzeinsprenglinge aus Porphyren beschrieben, welche nach seiner Meinung durch Wachstumsvorgänge in der Schmelze die bekannte Dihexaederform des Hochquarzes erlangt hatten. Die ehemalige Einwirkung von Lösungskräften und das darauffolgende Wachstum zeigte sich besonders eindrucksvoll am Beispiel eines rundgeschmolzenen Quarzkörpers mit gut erkennbarer Schmelzkontur, der über dieser Schmelzgrenze weitergewachsen war und Kristallflächen erzeugt hatte. Unter dem Einfluß dieser und ähnlicher Beobachtungen sind von LÄMMLEIN auch Hohlformen durch Wachstum erklärt worden, die nach dem ersten Eindruck viel eher als Korrosionsmerkmale zu deuten wären. Eine klare Entscheidung ist bei Mineraleinschlüssen in sauren Gesteinen häufig schwer zu finden; denn in Anbetracht der reichlich verfügbaren Kieselsäure, welche trotz des hohen Silifizierungsgrades der gebildeten Silikate immer im Überschuß vorhanden ist, sind Wachstumsvorgänge am Quarz niemals auszuschließen. Sobald man aber niedriger silifizierte oder basische Gesteine betrachtet und das Schicksal der dort eingeschlossenen Quarz- oder Feldspatkristalle untersucht, ist bei der Untersättigung des Magmas an SiO_2 diese Unsicherheit zu vermeiden. Formverändernde Vorgänge durch Wachstum sind in diesem Falle als sehr unwahrscheinlich, ja als fast ausgeschlossen anzusehen.

Die in diesem Sinne an den Einschlüssen einiger Vogesen-Lamprophyre des Hohwaldgebietes (Vogesite und Minetten) gemachten Beobachtungen (M. SCHNAEBELE[1] und DRESCHER-KADEN) sind daher im Sinne stattgefunderer Abbauvorgänge zu deuten. Diese schon ROSENBUSCH und BÜCKING bekannten Vorkommen[2] zeigen nach unseren Aufnahmen der Jahre 1942/43 folgendes. In einer normalen Vogesit- oder Minettegrundmasse liegen Quarz- oder Feldspateinsprenglinge, die schon auf den ersten Blick einen fremdartigen, nicht zum mineralogischen Bestand eines Lamprophyrs gehörenden Eindruck machen. Sie sind äußerlich stark gerundet, wie abgeschmolzen; die Feldspäte zeigen häufig einen gefärbten Reaktionsrand. Die Quarze sind buchtig zerfressen und grobnarbig korrodiert. Die Einsprenglinge der Gänge an der Straße Hohwald-Andlau am östlichen Ortsausgang und die im nördlichen angrenzenden Waldstück gelegenen werden von dünnen, gewundenen Korrosionskanälen durchsetzt, die schon makroskopisch deutlich sichtbar sind. Sie werden im Innern von Chlorit, am Rande auch durch Grundmasse ausgefüllt. Die Größe der Einsprenglinge schwankt von Hirsekorn- bis Haselnußgröße für Quarz; die länglich gestalteten Feldspäte erreichen bis 3 cm Größe. Chloriterfüllte Kanäle sind in beiden Kristallarten vorhanden, kürzere in den Feldspäten, besonders lang und gewunden im Quarz.

Ähnliche Kanäle im Quarz wurden von HOLMQUIST (1915, 1) in Quarzeinsprenglingen des Granitporphyrs von Hamarudda auf Åland beobachtet, ihre Entstehung durch Korrosion besonders deshalb verneint, weil im Innern der Quarze Kanäle angetroffen wurden, die ohne Verbindung mit dem Rande im Quarz enden. Diese „wurmlochartigen" Bildungen — in Wirklichkeit wurmartige, ausgefüllte Schläuche — wurden als Überreste einer früheren mikropegmatitischen oder mikropoikilitischen Struktur gedeutet.

Welche Genese für die Hohwaldeinsprenglinge und ihre Kanäle in Frage kommt, läßt sich durch folgende Erwägungen klären. Wenn Ausscheidungs- und Kristallisationsvorgänge innerhalb der lamprophyrischen Schmelze die Einsprenglinge geformt haben, so müssen die Grenzflächen der Kristalle frei von Resorptionserscheinungen sein. Außerdem dürfen die Randpartien der Einsprenglinge keine anderweitigen Anzeichen von Ungleichgewicht zwischen Schmelze und Kristall erkennen lassen, wie Lösungssuturen, thermische Veränderungen der Randzonen, Isotropisierung, Glasbildung usw. Betrachten wir daraufhin die Einsprenglinge, so finden wir bei Feldspäten und Quarzen derartige Merkmale in genügender Zahl, während alle Wachstumsanzeichen völlig fehlen.

Die Feldspäte sind in einer schmalen Zone randlich fast immer braun oder rot verfärbt und teilweise isotropisiert durch kleinste Glaseinschlüsse (Abb. 71).

---

[1] SCHNAEBELE, M.: Dissertation. Straßburg 1944.

[2] Herrn Kollegen Dr. E. SCHNAEBELE möchte ich für seine aufschlußreiche Führung im Hohwaldgebiet auch an dieser Stelle herzlichst danken.

Korrosionsnarben mit insektenfraßähnlicher Randbegrenzung sind nicht selten. Die Optik aller gemessenen Kalifeldspäte ist immer Sanidinoptik.

Abb. 71. Außenrand eines fremden Kalifeldspat-Einsprenglings mit „fraßähnlichen" Korrosionsspuren. Beginnende thermische Umformung des Randes bis zu der gestrichelten Linie. Lamprophyr (Vogesit), Hohwald. Vergr. 129mal.

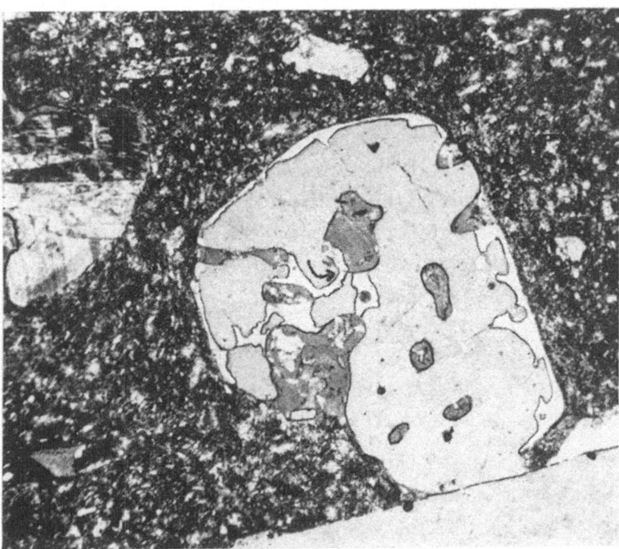

Abb. 72. Kalifeldspat- und Plagioklasbruchstücke (Fremdlinge) in lamprophyrischer Grundmasse. — Der Kalifeldspat-Einsprengling (Mitte) zeigt die Wirkung zweier verschieden alter Korrosionsvorgänge. Bei dem jüngeren ging korrosiver Abbau und Ersatz durch Kalzit (weiß) in atomarem Wechsel vor sich (Wiederherstellung der äußeren Form durch Kalzitausfüllung!). Der ältere bestand in der Bildung chloriterfüllter, Schläuche, die nur am äußersten Rand normale Grundmasse enthalten. Vogesit, Hohwald. Vergr. 14mal.

Außer diesen randlichen Ablaugungserscheinungen finden sich tiefer in den Kristall hineinsetzende Buchten, die häufig in enge Kanäle übergehen. In einigen

Fällen kommen verschieden alte Füllungen vor, die sich in Form, Begrenzung und Ausfüllungsmaterial deutlich unterscheiden. So tritt eine Kalzitphase auf, welche vom Rande her eindringend fast die gesamte „Außenhaut" des Feldspates ersetzt (Abb. 72) und darüber hinaus auf Fugen in das Innere vordringt. Die flächenhafte Ausbreitung des Kalzits zwischen Grundmasse und Kristalloberfläche setzt den bereits fertig in der verfestigten Grundmasse eingebauten Kristall voraus. Nur in starrer Intergranulare konnten die kalzithaltigen Lösungen — die auch noch in ehemaligen Gasblasen der Grundmasse Kalzit zum Absatz brachten — metasomatische Einwirkungen am Feldspat hervorrufen unter Erhaltung seiner äußeren Form. Die Kalzitbildung muß aus diesen Gründen jung sein, erheblich jünger als die Chloritkorrosion (die schon mit ihren stark abgerundeten Formen ein höheres Temperaturgebiet erwarten läßt), trotzdem manche Stellen der Abb. 72 für ein geringeres Alter der Chloritfüllung zu sprechen scheinen.

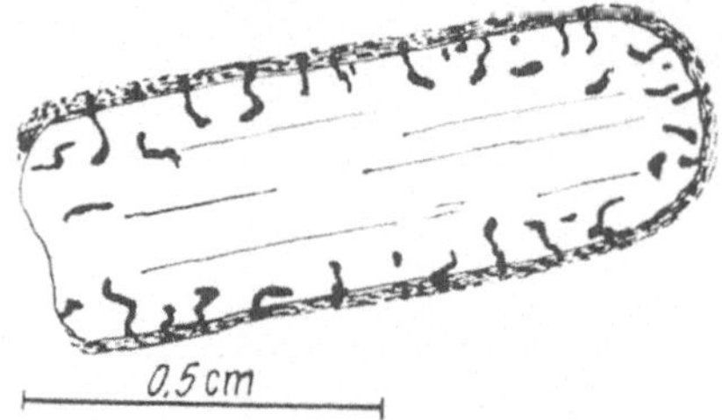

Abb. 73. Kalifeldspat-Einsprengling mit thermisch umgeformter Randzone (Einwirkung der Schmelze) und chloriterfüllten Korrosionskanälen. Vogesit, Hohwald.

Die chloritführenden Kanäle sind bei diesem Beispiel kurz und gedrungen. Mehrere Querschnitte in der Mitte des Kristalls zeigen in der Schliffebene keine Verbindung mit der Außenseite. Es ist durchaus möglich — wie später beim Quarz ausgeführt werden soll —, daß längs Rissen metasomatisch wirkende Lösungen ins Kristallinnere eindringen, dort über ein $\pm$ größeres Areal stofftauschend wirken, *ohne* die passierten Spalten über den ganzen Bereich hin zu erweitern oder anzugreifen.

Außer diesen groben, buchtigen Korrosionsnarben finden sich an anderen Feldspäten des Hohwalder Vorkommens (Ostausgang Hohwald, Aufschluß am Straßenknie) dünne, gewundene, ebenfalls chloriterfüllte Stengel, die von außen ins Innere des Kristalls hineinsetzen (Abb. 73). Sie zeigen äußerlich große Ähnlichkeit mit den Quarzstengeln des Myrmekits, sind nur um vieles gröber und schon makroskopisch bei ihrer Länge von zum Teil mehreren Millimetern (4 bis 8 mm) deutlich zu erkennen. Die Verbindung mit echten Korrosionsformen, der erkennbare Übergang gröberer Korrosionsbuchten in feine Schläuche fordert den Schluß, daß auch die letzteren auf die gleiche Weise, nämlich durch Korrosion und metasomatischen Angriff gebildet wurden.

Beim Quarz herrschen ganz ähnliche Verhältnisse. Auch bei ihm treten nur Abbau-, nie Wachstumsformen auf, die zu den bizarrsten Konturen führen können (Abb. 74, 75, 76). Es ist wieder sehr charakteristisch, daß die meisten Schläuche randlich ganz dünn beginnen und sich nach innen zu verbreitern. Das führt zu Hohlraumformen, die überhaupt keinen Ausgang mehr zeigen, sondern höchstens durch einen Haarriß noch mit der Außenwelt in Verbindung sind. Ihre Füllungen bestehen nicht aus normaler Grundmasse, sondern aus einer kristallisierten Phase, deren Bestandteile in gelöster Form zugeführt werden konnten, im vorliegenden Fall aus Chlorit. Hieraus lassen sich zwei Schlüsse ziehen, von denen der zweite die größere Wahrscheinlichkeit für sich hat.

1. Die Chloritfüllung im Kristallinnern stammt aus einer Zeit, in der die flüssige Gangfüllung im wesentlichen einer Chloritzusammensetzung entsprach. Die Einschlüsse hätten also in ihrem Innern gleichsam Proben eines früheren Zustandes aufbewahrt und diese Füllungen vermöge der unzureichenden Verbindung mit der Außenwelt einer erneuten Reaktion mit der inzwischen abgeänderten Grundmasse entzogen. Die heutige Grundmasse selbst war nicht mehr in der Lage, Korrosionsschläuche wie in der Chlorit-Zeit hervorzubringen; die Bedingungen zu einem ± „eindimensionalen" Abbau waren also keineswegs während der ganzen Zeit der Einbettung der Fremdlinge in die schmelzflüssige Gangfüllung gegeben.

2. Da die Umsetzungen im Innern des Kristalls auf Unstetigkeitsflächen begannen, die mit der Außenwelt nur durch dünnste Haarrisse in Verbindung standen, so konnten von dem Stoffbestand der Grundmasse verständlicherweise nur flüssige Anteile mit genügend geringer Viskosität in das Innere der Einschlüsse dringen. Diese wirkten also „auswählend" auf die verfügbaren Lösungen, denn die Füllung der

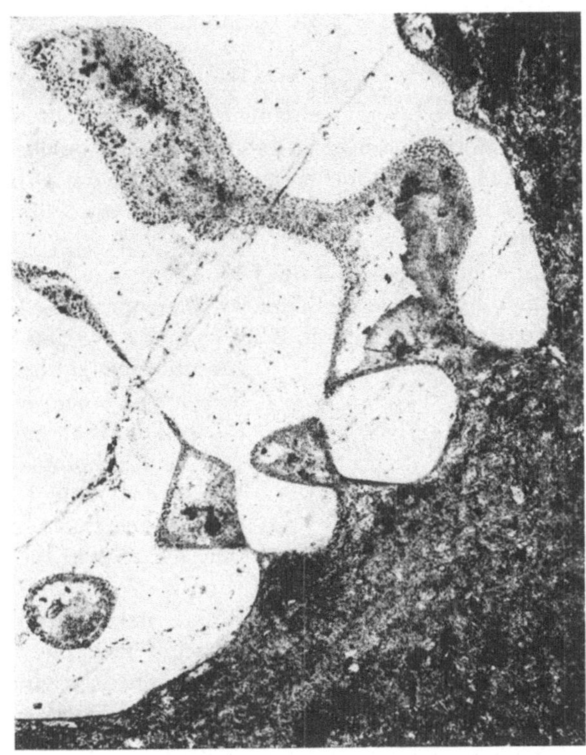

Abb. 74. Die Korrosionskanäle sind außen eng (zum Teil Kapillaren) und verbreitern sich nach innen. Sie sind nur in breiten Anfangsstücken mit Grundmasse erfüllt. Weiter im Innern befindet sich hellgrüne, chloritische Substanz. Quarzporphyr, Breusch-Urbach. Vergr. 42mal.

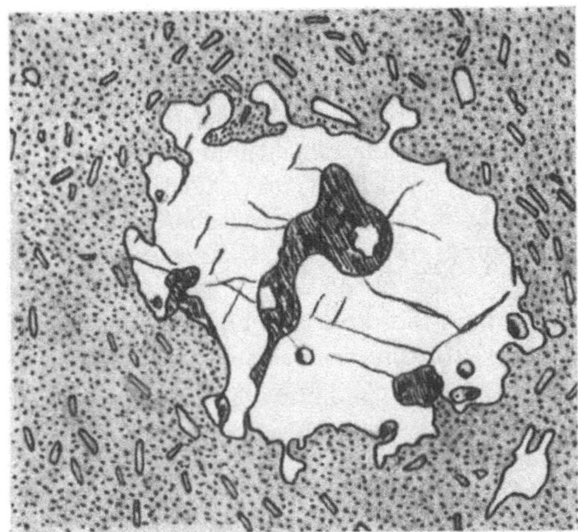

Abb. 75. Starke Korrosionswirkung auf einen Quarz-Einsprengling, die zu amöboiden Formen führt. — Die Korrosionskanäle sind nicht mit Grundmasse, sondern mit grüner chloritischer Substanz ausgefüllt. Vogesit, Hohwald. Vergr. 23mal.

Lösungsschläuche und die Grundmasse sind, wie Abb. 74 deutlich zeigt, durchaus verschieden.

Es ergibt sich also: Die Grundmasse selbst, bzw. ihre Schmelzlösung, hat keinesfalls die Lösungsschläuche hervorgebracht. Ob die Einsprenglinge einstmals in einer Schmelzlösung eingebettet waren, welche einer Chloritzusammensetzung entsprach, oder ob nur bestimmte Anteile der Grundmasse korrodierend wirkten und die geschaffenen Korrosionsdefekte ausfüllten, ist einstweilen nicht zu entscheiden.

Im allgemeinen sind die Lösungsformen des Quarzes in den Hohwalder Vorkommen ähnlich ausgebildet wie diejenigen des Kalifeldspates. Abb. 77 und die schematisierte Zeichnung Abb. 78 und 79 zeigen dies deutlich. Daß es mitunter zur Bildung zahlreicher, langer Kanäle kommt, ließ sich an einem leider nicht photographierbaren Beispiel deutlich machen: Aus einem verwitterten Quarzeinschluß war die Kieselsäure völlig entfernt. Die Chloritstengel jedoch waren unversehrt geblieben und durchsetzten die leere Höhlung, ohne sich gegenseitig zu berühren (Abb. 79).

Alle Vorgänge, bei denen Korrosionen eine Rolle spielen, sind aber nur sehr unvollkommen bekannt, so lange man nichts über den Verbleib der abgebauten Stoffe aussagen kann. Bei dem Hohwalder Vorkommen dürfte ein Teil der mobilisierten SiO_2 zur Bildung von Chlorit verwendet worden sein. In der Abb. 74 ist deutlich zu erkennen, daß sich gerade am Salband der Schläuche kleinste Chloritkörner bilden. In anderen Fällen verbleibt aber die gelöste Kieselsäure als Quarz (umgelagert als Chalzedon) in der unmittelbaren Nähe des abgelaugten Einschlusses unter Bildung einer mehr oder weniger hellen Korona (Abb. 80).

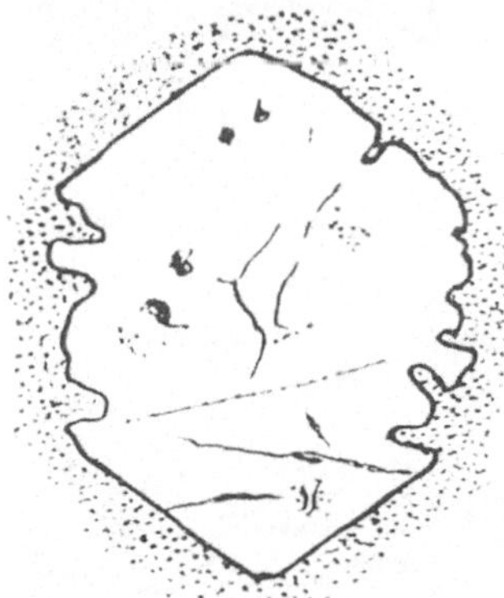

Abb. 76. Korrosion der Prismenzone. Quarz-Einsprengling, Vogesit, Hohwald, Vogesen. Vergr. 12mal.

Beim Quarzporphyrgang von Breusch-Urbach — etwa 15 km westlich von Hohwald — der randlich stark basische, fast lamprophyrische Ausbildung zeigt — führt die Ablaugung allochthoner Quarze mit den stehengebliebenen feinen Septen, die über größere Strecken noch mit dem Zentralkorn zusammenhängen und gleichzeitig mit diesem auslöschen, zu granophyrartigen Formen, da hier als Verdrängungsmaterial des Quarzes Kalifeldspat eintritt. Hierbei ist besonders zu betonen, daß in solchen Gefügen in Übereinstimmung mit den soeben bei den Hohwaldlamprophyren geschilderten Verhältnissen der Quarz älter[1] sein muß und nicht in primäres Feldspatmaterial eingedrungen sein kann.

Derartige Gefüge entstehen also nur dort, wo eine magmatische Gangfüllung auf ihrem Wege nach oben Bruchstücke des Nebengesteins sich einverleibt und,

---

[1] Bei Anwendung der Begriffe „älter" oder „jünger" sollte genau darauf geachtet werden, ob damit das Alter der Einsprenglinge gegenüber der magmatischen Schmelzlösung, welche sie aufgenommen hat, oder gegenüber anderen Gefügegenossen gemeint ist. Der von einer noch flüssigen Gangfüllung neu aufgenommene Einsprengling ist *gegenüber dieser* „jünger". Wird er bei der folgenden Verfestigung korrodiert und seine Korrosionsbuchten und -schläuche mit Feldspatsubstanz ausgefüllt, so ist er gegenüber dieser „älter".

wenn diese in ihre einzelnen Kornarten zerfallen sind, die letzteren korrodiert und abbaut.

Daß dieser Vorgang stattfindet, kann heute nicht mehr bestritten werden. Das zeigen einmal die soeben besprochenen Beispiele, das läßt sich auch an zahl-

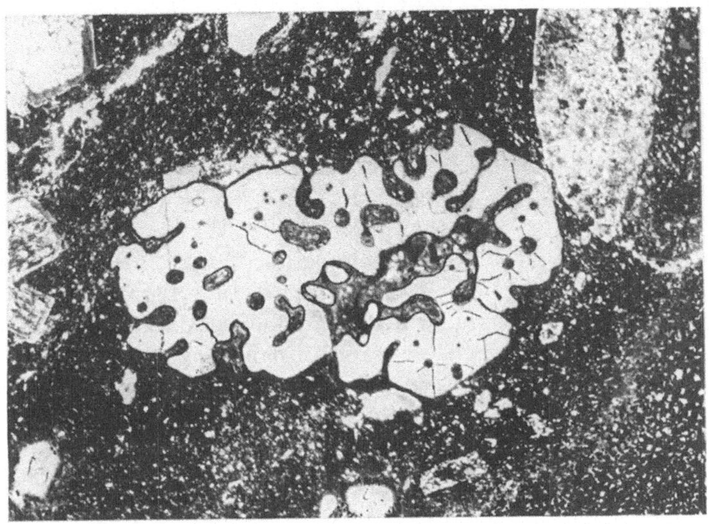

Abb. 77. Von chloriterfüllten Korrosionslöchern — zum Teil ohne Ausgang! — und Kanälen fast völlig zer·fressenes Quarzkorn. — Die Feldspäte der Umgebung sind randlich durch die thermische Wirkung der Schmelze umgewandelt. Vogesit, Hohwald. Vergr. 12mal.

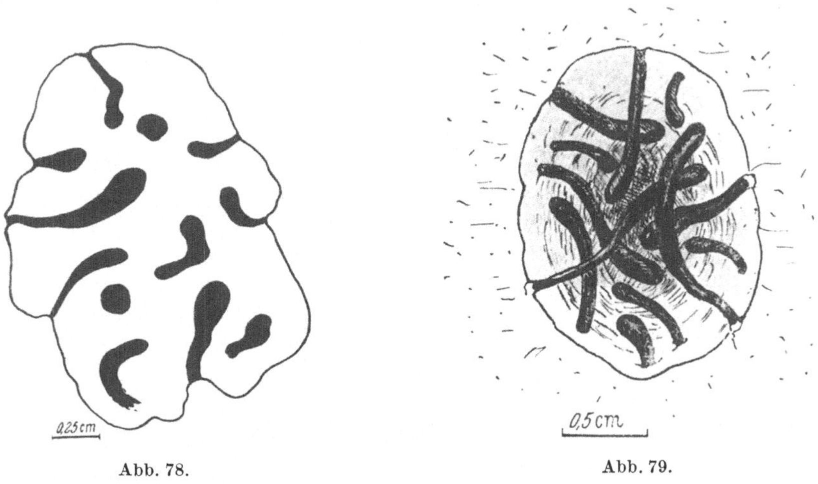

Abb. 78. Lamprophyr-Quarz mit Korrosionskanälen. Hohwald, Vogesen.

Abb. 79. Durch die Oberflächenverwitterung herauspräparierter Hohlraum eines ehemaligen Quarzkornes. Die keulenartigen Gebilde sind die stehengebliebenen Chloritfüllungen der Korrosionskanäle. Vogesit, Hohwald.

reichen anderen Vorkommen, dem Bozener Quarzporphyr, dem porphyrischen Granit von Herzhausen (s. dessen Gefüge S. 208) erweisen. Aus der Literatur ist besonders die Untersuchung F. ANGELs (1928, *10*) über den Quarzandesit von Kis Seben bei Klausenburg und die Quarzandesite des Westbacher (Steiermark) von Bedeutung. Es gelang bei dem Kis Sebener Gestein zum ersten Male, die Herkunft der im Eruptivgestein eingeschlossenen fremdartigen Bruchstücke, aus welchen sich durch Gefügezerfall die anschließend korrodierten Fremdeinschlüsse entwickeln, zu bestimmen und sie als Grödener Sandstein nachzuweisen. L. MILCH hatte 1905 in seiner wichtigen Untersuchung „Über magmatische Resorption und porphyrische Struktur" mangels eindeutiger Beweise von der Fremdnatur der in den Gängen des Riesengebirgsgranites eingeschlossenen Einsprenglinge noch zu der Erklärung greifen zu müssen geglaubt, daß diese Einsprenglinge zwar Fremdlinge, aber doch magmatischer Entstehung seien, da sie aus der Mischung älterer kristallreicher Magmen mit heißen jüngeren stammten.

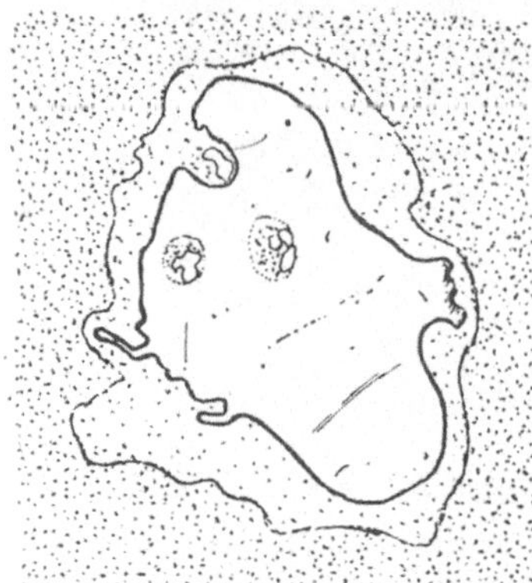

Abb. 80. Quarzfremdling mit diffuser Auflösungszone. In den Kanalquerschnitten liegen unverdrängte Quarzreste zusammen mit spärlicher Chlorit- und Grundmassefüllung. Lamprophyr, Hohwald. Vergr. 6mal.

Auf ANGEL ist auch der, soweit mir bekannt geworden, erste Versuch zurückzuführen, die Entstehung der Kanäle und Lösungsschläuche in den Quarzen zu erklären. Er geht, ähnlich wie MILCH zunächst davon aus, daß die Quarze bei ihrer Aufnahme aus dem Nebengestein einer starken Temperaturbeanspruchung ausgesetzt waren, die sich in häufiger Rißbildung — im wesentlichen nach den Rhomboederflächen — äußerte. ANGEL fragte sich nun, ob es möglich sei, Risse im Quarz zu finden, welche einer Schaffung von Hohlräumen in der Form der Korrosionsschläuche günstig wären. Er fand in den Quarzen mehrerer Quarzandesite tatsächlich derartige Risse, welche sich so trafen, daß zwischen ihnen, also an getrennten Feldern der Kristalle, langgestreckte Bereiche feinster Splitter entstanden. Diese Splitter sind durch Zerberstungsflächen begrenzt. Wenn das Magma eindringt und das Splittermaterial löst, so entstehen langgestreckte Kanäle, welche nach Form und Inhalt den heutigen Lösungsschläuchen gleichen sollen.

Diese von ANGEL gegebene Erklärung verlangt zum Zustandekommen der Korrosionskanäle 1. eine thermische Beanspruchung der Quarze, gefolgt von Rißbildung, 2. einen Lösungsvorgang des Magmas, welches die zerkleinerten Quarzsplitter auflöst und dadurch den Lösungskanal schafft. ANGEL betont, daß er in seinen Präparaten die hier beschriebenen Übergänge beobachten konnte. In der Tat zeigt ein sehr ähnliches Bild (Abb. 81) aus einem Vogesit von Hohwald fast das gleiche. Man sieht zahlreiche Sprünge und „Porenflächen" in dem mechanisch sehr beanspruchten Korn, in welche Grundmasse eindringt und sie partiell zu Kanälen erweitert. Sprünge des Kornes und Begrenzungsflächen der Kanäle verlaufen häufig angenähert nach Rhomboederflächen.

In den von ANGEL untersuchten Gesteinen zeigten die Quarzeinsprenglinge aber nicht nur Lösungsschläuche, sondern häufig auch eine sehr charakteristische Aureolenbildung. Diese kommt dadurch zustande daß sich die Randzone der Quarze in eine große Zahl längerer oder kürzerer Stengel und Fransen auflöst, die größtenteils noch eng aneinanderschließen, zwischen denen sich aber schon Buchten und Lücken, zum Teil sparsam mit Grundmasse erfüllt, befinden.

ANGEL betont hierzu selbst, daß der Lösungsvorgang, wie er für die Schläuche in Anspruch genommen wurde, nicht auch die Aureolenbildung erklären könne. Hier sind keinerlei mechanische Beanspruchungen für die Auflockerung des Gefüges verantwortlich zu machen, sondern nur Lösungs- und Austauschvorgänge zwischen dem Material des Einschlusses und seiner Umgebung.

Ähnliche Bildungen aureolenartigen Charakters sind auch an dem bereits genannten Quarzporphyr von Breusch-Urbach, sowie den Vorkommen des Granits von Herzhausen, den Kulmgeröllen vom Eder-see (Waldeck) und dem Granit von Harzburg festzustellen (Abb. 5, 82, 184, 188, 189).

Alle diese Beobachtungen zeigen allgemein, daß mit dem Wechsel der *pt*-Bedingungen an den gleichen Kornarten Korrosionswirkungen verschiedenster Art und Intensität erzeugt werden können, unter denen der korrosiven Kanalbildung eine besondere Bedeutung zukommt. Wir haben in den gefüllten Lösungsschläuchen der Fremdeinschlüsse in Lamprophyren und anderen Gängen Bildungen vor uns, welche einen Vergleich mit dem Myrmekit durchaus zulassen. Sind dort die Füllmittel der Korrosionsschläuche Chlorit oder Grundmasseanteile, so ist es beim Myrmekit Quarz. Die verschiedene Größenentwicklung, die beim Myrmekit bis zu mikroskopischen Dimensionen heruntergeht, darf nicht

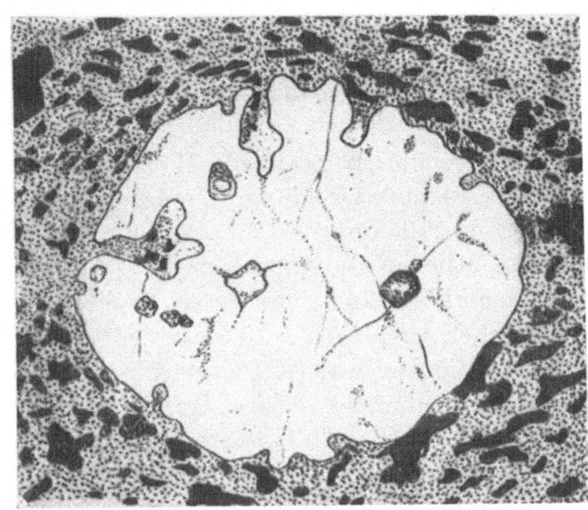

Abb. 81.   Quarz-Einsprengling im Hohwald-Vogesit. Die Korrosionskanäle sind randlich am stärksten verengt, zum Teil dringt Grundmasse tief hinein. — Die Füllung am Grunde der Schläuche ist viel saurer als die Grundmasse. — Das Fluidalgefüge in der Umgebung des Einsprenglings zeigt die relative Bewegung zwischen Korn und Grundmasse. Lamprophyr, Hohwald. Kornlänge 5 mm.

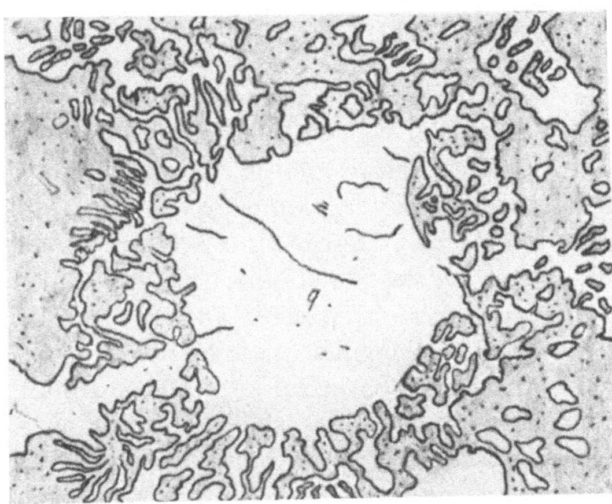

Abb. 82. Quarz-Einsprengling im Granitporphyr von Breusch-Urbach mit kompliziertesten Auflösungserscheinungen. Vergr. 129mal. Kornlänge 4 mm.

über die generelle Übereinstimmung hinwegtäuschen: wir müssen vielmehr annehmen, daß der Myrmekit — bzw. seine Quarzstengel und Auslaugungszonen — auf die gleiche metasomatische Weise entstanden sind wie die Lösungsschläuche der Einsprenglinge in basischen und quarzporphyrischen Gängen. Wie weit es heute schon möglich ist, die Einzelvorgänge bei der Bildung der Korrosionskanäle richtig zu deuten, soll im folgenden Abschnitt besprochen werden.

II. Die Genese des Myrmekits.

Die Vorstellungen von der Bildungsweise des Myrmekits wurden von den älteren Autoren im wesentlichen auf chemischer Grundlage gewonnen (BECKE, SEDERHOLM, SCHWANTKE u. a.). Eine Analyse der relativen Bildungszeit der Einzelelemente, welche den Myrmekit bedingen, wurde nur tastend und wohl nicht in der Absicht, hierdurch zur Kenntnis der Bildungs- und Wachstumsvorgänge im einzelnen zu gelangen, vorgenommen.

Die zweifellos bestechende Hypothese BECKEs, welche unter Annahme der jüngeren Plagioklasbildung die Quarzausscheidung durch ihre Abhängigkeit vom Chemismus der metasomatischen Neubildung erklärt, sagt nichts aus über den eigentlichen Vorgang der Bildung der Quarzstengel und ihre Platznahme im Plagioklas. Ja, es ist auch nicht einmal angedeutet, ob hier metasomatischer Austausch in Lösung oder im festen Zustand anzunehmen ist, ob völlige Auflösung und Wiederauskristallisation einzelner Teilbereiche herrschte und ob dementsprechend die Quarze als spätere Infiltration oder als $\pm$ gleichzeitige Entmischung aufzufassen sind. Wenn sich im Außenrand der Kalifeldspäte auf deren Kosten Plagioklase bilden, welche vorhandenen Quarzüberschuß in Stengelform in sich aufnehmen, so müßten bei Annahme metasomatischen Eindringens der Plagioklaszapfen ja auch die Bestandteile des Kalifeldspates, vor allem SiO_2, in Lösung gebracht und letztere im wachsenden Plagioklas wieder eingebaut worden sein. Damit aber drängt sich hierbei die Frage auf, weshalb denn nicht auch bei der normalen Plagioklaskristallisation eines Granitgefüges sich der in der Schmelzlösung vorhandene Überschuß an SiO_2 als Stengelquarz abscheidet, was wohl niemand für möglich halten wird!

Gegenüber diesen Fragen schien die Analyse der relativen Bildungszeit der bei der Myrmekitbildung beteiligten Kornarten Erfolg zu haben. Einzelne Beobachtungen lagen hierzu auch schon im älteren Schrifttum vor, ohne freilich entsprechend berücksichtigt worden zu sein. So stellte SEDERHOLM (1916, 2) fest, daß die Zwillingslamellen des Zentralplagioklases bis in die Quarzstengel hinein fortsetzen (Abb. 83). Diese Erscheinung wurde mit der Annahme erklärt, die Quarzsubstanz sei innerhalb des Feldspates länger flüssig geblieben und später erstarrt als dieser. Deshalb hätte der Feldspat weiterwachsend noch seine Zwillingslamellen ausbilden können. Bei gleichzeitiger Erstarrung wäre das nicht möglich gewesen. Diese Annahme SEDERHOLMs hat ihre großen Schwierigkeiten, denn wie können in einer Umgebung, die nur flüssiges, gelöstes Quarzmaterial enthält, die Zwillingslamellen des Plagioklases ungestört weiterwachsen? Sie sind ja noch in bedeutenden Partien, häufig in gleichmäßiger Dicke, im Quarz enthalten.

Wir würden heute wohl eher den Schluß ziehen, daß die Zwillingslamellen zuerst gebildet waren und ursprünglich einheitlich durchliefen, bis sie beim Raumbedarf der späteren metasomatischen Quarzbildung teilweise abgebaut wurden. Die spätere Entstehung der Quarzstengel, bewiesen durch ihr Eindringen in bestehende Zwillingssysteme (Abb. 83), steht ja außer Frage.

Eine weitere wichtige, nicht weiter ausgenutzte Beobachtung ist in der gleichen Abhandlung SEDERHOLMs zu finden (Abb. 84). Hier liegt ein größeres, kugelförmig gerundetes und randlich mit dünnen und radialgestellten, zentral

aber groben Quarzstengeln versehenes Plagioklaskorn zwischen Biotit (Quarzfüllungsgefüge der Grenze!) und perthitischem Mikroklin. Gerade die größeren
Perthitareale befinden sich zwischen Myrmekit-Plagioklas und der eigentlichen
Kalifeldspatsubstanz, ohne daß in der Ausbildung des Myrmekits, insbesondere
der randlichen Quarzstengelbildung, irgendeine Änderung gegenüber dem perthitfreien Kalifeldspat zu bemerken ist. Wie ist das zu erklären, wenn der Myrmekit
auf die BECKE-SEDERHOLMsche Weise nachträglich in der Rinde von Kalifeldspäten entstanden ist?

Für die Altersbestimmung ist besonders entscheidend, daß der Albit nach
dem Innern des Mikroklins hin Spindeln, gegen den Plagioklas aber größere

Abb. 83.   Abb. 84.

Abb. 83. Einige Zwillingslamellen des Plagioklases setzen in die Quarzstengel hinein fort. Granit von Lysekil, Schweden. SEDERHOLM (1916, 2, Abb. 38).

Abb. 84. SEDERHOLM (1916, 2, Abb. 36). „Myrmekit, schriftgranitähnlich, an der Grenze von Mikroklin und Biotit, hinter dem in der linken unteren Ecke Oligoklas liegt." Mikroklin-Granit von Nummela. — Der Perthit (schwarz) benutzt in eindeutigster Weise die Grenze Plagioklas-Kalifeldspat sowie Spaltflächen des Kalifeldspates zu seiner Ausbreitung. Es ist daraus zu schließen: 1. die Perthitbildung kann erst nach der Einbettung des Plagioklases im Kalifeldspat stattgefunden haben; 2. die Perthitbildung hat mit der Myrmekitisierung und mit der Korrosion des Plagioklases nichts zu tun. (Ungestörter Grenzverlauf dort, wo sich kein Perthit befindet, myrmekitfreie Stellen in Berührung mit Perthit usw.)

flächenhafte Bereiche bildet, welche offensichtlich die Grenze Myrmekit-Plagioklas:Kalifeldspat für ihre Ausbreitung benutzt haben. Der Plagioklas muß also
bei der Perthitisierung bereits vorhanden gewesen sein, damit seine Grenzfläche
gegen den Mikroklin zur Perthitablagerung dienen konnte.

Die hier wiederholten älteren Beobachtungen SEDERHOLMS streiten nun
keineswegs mit den im ersten Teil der Abhandlung gebrachten Erfahrungen;
sie unterstützen diese vielmehr. So ergibt sich: es ist zu unterscheiden zwischen
prämikroklinem und postmikroklinem Myrmekit. Beide haben die Bindung an
Kalifeldspat als notwendige Voraussetzung. Der prämikrokline Myrmekit zeigt
in vielen Fällen buchtige Korrosion und randliche Auslaugung, die beim postmikroklinen Kleinkornmyrmekit immer fehlen. Das Altersverhältnis Plagioklas-
Kalifeldspat ist also durchaus klar und in den meisten Fällen (Komplikationen
sind möglich beim Albitkorn- und Anreicherungsgefüge) sicher bestimmbar.

7*

Auch die physikalischen und chemischen Veränderungen an den Plagioklasen (Auslaugung, Wachstumsformen der Albitkornarten usw.) sind zumeist sicher deutbar.

Schwierig dagegen war die Erklärung der Quarzstengelbildung und ihre scheinbare Bindung an die Plagioklas-Kalifeldspat-Intergranulare. So blieb zunächst nur eine genaue Festlegung des relativen Alters der Quarze übrig, das sich in allen Fällen als jünger erwies als der Zentralplagioklas. An manchen Stellen ragen die Quarzstengel aus dem Plagioklas heraus und dringen in benachbarte ältere Silikate ein, wie Hornblende und Biotit. Gegenüber solchem Verhalten kann mit großer Wahrscheinlichkeit die Entmischungstheorie abgelehnt werden zugunsten der Vorstellung von der infiltrativ-metasomatischen Zufuhr des Quarzes, wobei nicht nur Plagioklas, sondern auch andere benachbarte Kornarten von Lösungsschläuchen angebohrt werden können.

Ein weiteres, genetisch bedeutsames Merkmal bot die Regelung der Quarzachsen in den Stengeln. Die Tatsache, daß überhaupt eine gesetzmäßige Regelung für einzelne Quarzkorngruppen erfolgen konnte, forderte das Vorhandensein eines Plagioklasgitters, gegen welches die Regelung der Quarze möglich war. Ob dieses Plagioklasgitter selbst noch im Entstehen war (Entmischung; also gleichzeitige Plagioklas-Quarz-Bildung) oder als schon vorhanden auf die Quarze regelnd wirkte, wird hierdurch nicht mit Sicherheit entschieden, doch letzteres wahrscheinlich gemacht. Bewiesen wird es jedoch durch das Verhalten der Quarzstengel, welche Fugen, Spaltflächen usw. zu ihrer Ablagerung voraussetzen oder Fremdeinschlüsse des Plagioklases in sich aufnehmen (Apatit) oder an solchen (Biotit) abgelenkt werden.

Das spätere „Alter" des Myrmekit-Quarzes gegenüber seinem Wirtplagioklas ist mit der letztgenannten Beobachtung sichergestellt. Wie ist aber diese spätere Platznahme des Quarzes zu deuten? Hier sei gleich bemerkt, daß eine völlige Klärung dieser wichtigen Frage noch nicht möglich ist. Immerhin kann man bereits generell gültige Aussagen machen, die sich durch vergleichende Beobachtung der anderen Reaktionsgefüge zwischen Quarz und Feldspäten noch weiterhin festigen lassen.

Die Beobachtung an lamprophyrischen Einschlüssen ergab die Existenz ± „eindimensionalen" Abbaues, der zu Kanälen oder Lösungsschläuchen führt. Die schon von den ersten Bearbeitern des Myrmekits erwähnte radiale Stellung der Quarzstengel ganz allgemein, sowie Beobachtungen nach dem Schema Abb. 85 zeigen, daß die Ausbreitung der reagierenden Lösungen senkrecht zur Intergranulare erfolgt. Weshalb dabei immer ein bestimmter Minimalabstand zwischen den Stengeln eingehalten und nicht das ganze angegriffene Korn frontal und flächenhaft weggelöst wird, kann vielleicht durch Beobachtungen am Schriftgranit geklärt und entschieden werden. Für den Myrmekit soll, zunächst als Arbeitshypothese, die Auffassung der Stengelbildung als eindimensionale, senkrecht zu einer geeigneten Intergranularwand, die sich nur lückenhaft und mit statistisch-isotropverteilten „Fehlstellen" parallel mit sich selbst in den befallenen Kristall hinein als porige Lösungsfläche verschiebt, beibehalten und anschließend näher erläutert werden. Dieser Vorgang würde schematisch etwa durch die Abb. 85 wiederzugeben sein. Ihm liegt als reelle Beobachtung ein durchsichtiger Doppelspat der Sammlung Maucher zugrunde (Fundort unbekannt,

Italien?) der auf seinen Spaltflächen zahlreiche Mn-Fe-Dendriten zeigt. Diese baumartigen Fällungsprodukte sind nicht nur auf das Lumen des eigentlichen Spaltflächenraumes beschränkt, sondern haben sich zum Teil in die angrenzenden Kristallteile eingefressen. Die so entstandene vertiefte Dendritenskulptur ist teilweise noch mit den Reaktionsprodukten ausgefüllt. Beschränkt sich nun der zu baumartigen Produkten führende Reaktionsvorgang nicht mehr auf den eigentlichen Intergranularraum, sondern greift die Wandungen der benachbarten Kornarten an, so werden Abbauvorgänge zu erwarten sein, welche über porige Lösungsflächen zu vertieften Ätzschläuchen führen. Ähnliche Vorgänge können sehr wohl auch bei der Genese des Myrmekits mitgewirkt haben.

Auf Grund des inzwischen besprochenen Beobachtungsmaterials sei hier nochmals auf die Notwendigkeit der Annahme transportierender Lösungen eingegangen. PERRIN und ROUBAULT hatten, wie erwähnt, die These von der Umwandlung im festen Zustand aufgestellt (1939, 2) und auch die Myrmekitbildung als Ergebnis einer derartigen Reaktion angesehen. Für diese Meinung sprechen die bisher behandelten Erscheinungen durchaus nicht. Sie sind im Gegenteil ohne Beteiligung von H_2O nur mit größten Schwierigkeiten deutbar. Bei allen synantetischen Reaktions-

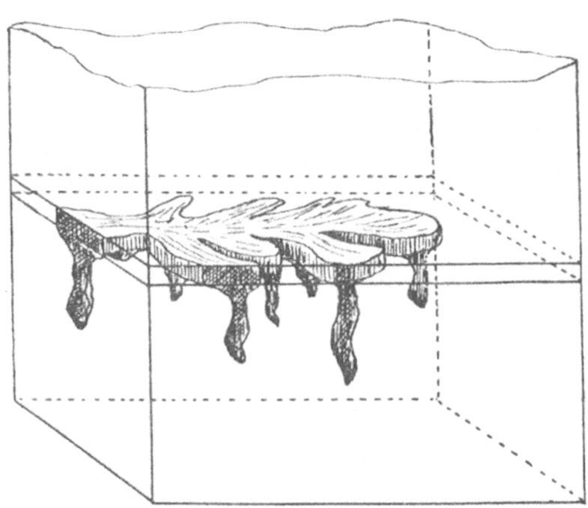

Abb. 85. Baum- oder blattförmige Reaktionsprodukte auf ebener Intergranularfläche erzeugen im unteren Korn tiefe Ätzkanäle. Schema.

vorgängen, wie auch beim normalen Wachstum von Kristalloblasten im Gefüge auf Kosten primärer Kornarten (S. 213 ff.) werden ja bereits fixierte Stoffe wieder frei, aber im entstehenden Reaktionsprodukt nicht mehr eingebaut. Da sie auch in der Nähe der Reaktionsgefüge als Neubildung nicht mehr nachweisbar sind, müssen sie verhältnismäßig weit fortgeführt sein, was wieder nicht ohne Transportmittel möglich gewesen sein kann. Diffusion im festen Zustand scheidet bei der Länge der Transportwege aus. Hydrothermale Lösungen mit wechselndem Gasgehalt kommen hier allein für diesen Zweck in Betracht. Die Bildung hydroxylhaltiger Minerale, wie Biotit, Muskovit, Hornblende, Saussuritisierungsvorgänge, die Protoginumwandlung, der Alkalitransport bei der Paragonitbildung, die Biotitisierung der Amphibole und viele ähnliche Vorgänge machen die Annahme der Gegenwart von Wasser zur Notwendigkeit. (Vgl. hierzu auch die zahlreichen Hinweise bei V. M. GOLDSCHMIDT, Kontaktmetamorphose im Kristianiagebiet und Injektionsmetamorphose im Stavangergebiet.) Überall dort, wo bei Umwandlungen vorhandener Kornarten der primäre Stoffbestand nicht genügte, sondern Neuzufuhren aus benachbarten Bereichen notwendig wurden, müssen diese mit Hilfe von Lösungsmitteln geringer Viskosität vor sich gegangen sein.

Wollte man einen über den kritischen Daten des Wassers liegenden Temperaturbereich annehmen, so müßte der Stofftransport in fluidem Zustand erfolgen. Dann aber wäre es nicht zu verstehen, weshalb so häufig einzelne Intergranularflächen gegen das Eindringen fremder Stoffe völlig abgedichtet erscheinen oder bestimmte Flächen eines Kristallkornes ganz unangegriffen sind, während die benachbarten Flächen am gleichen Korn starke Korrosion zeigen. Daß es für echte Lösungen unpassierbare Korngrenzen gibt, ist nicht wunderbar. Daß aber auch für Gase bestimmte Intergranularwege, die sich äußerlich in keiner Weise von anderen Korngrenzen (betr. Ausfüllung, Filmbelag usw.) unterscheiden, völlig unpassierbar werden können, erscheint ohne besondere Hilfsannahme unwahrscheinlich. Ich glaube daher, daß man den größten Teil des Stoffumsatzes bei einer Temperatur noch unter der kritischen Temperatur des Wassers erwarten muß, bei der also das vorhandene Wasser noch in flüssigem Zustand vorhanden ist, daher nur eine begrenzte Wanderungsfähigkeit besitzt und durch geeignete Intergranularfilme am Angriff auf bestimmte Kornflächen gehindert werden kann. Nur dann ist auch das sonst gar nicht zu deutende unterschiedliche Verhalten benachbarter Plagioklase gleicher Zusammensetzung gegenüber der Myrmekitisierung zu verstehen.

Wie ist nun das eigentliche Problem des Myrmekits, die Entstehung der Quarzstengel und die Einhaltung eines mittleren seitlichen Abstandes der Quarzstengel-Rasen zu erklären? In allen beschriebenen Fällen (Fremdeinschlüsse in Gängen, Myrmekit Typ I und II) ist das einzelne Kristallkorn gegenüber geänderten pt-Bedingungen der Lösung instabil geworden. Es wird nun aber nicht solcherart abgebaut, daß es ringsum Material verliert und im ganzen kleiner wird, sondern zu dem peripheren Materialverlust, — dessen Größe nur unter besonders glücklichen Umständen feststellbar sein wird — tritt ein *gerichteter Abbau*, der an einer ganzen Anzahl von Außenpunkten beginnend, in die Tiefe vordringt.

Es ist nicht wunderbar, daß unter den herrschenden Bedingungen überhaupt Abbauvorgänge eintreten, sondern daß diese in der Bildung zahlreicher Kanäle bestehen, welche einen *bestimmten mittleren Abstand* zwischen sich einhalten ohne sich beim Wachsen zu berühren oder miteinander zu verschmelzen. Das muß einen besonderen Grund haben.

Versucht man eine Erklärung, so ist diese vielleicht mit Hilfe der Theorie der Gitterfehlstellen möglich (SMEKAL, HEDVALL, HÜTTIG). Als Grundvoraussetzung muß man annehmen, daß einmal die „Lockerstellen" regelmäßig im Gitter verteilt sind und daß zweitens die metasomatisch wirksamen Lösungen ins Gitter einwandern, wo sie im wesentlichen die „Intertrunculare" ausfüllen; die eigentlichen Ab- und Umbaureaktionen gehen allein im Bereich dieser „Lockerstellen" vor sich. In solchen Gebieten, die als netzartig verteilte Bereiche den Kristall durchziehen, sind die Ionen weniger fest gebunden als in den „ideal" aufgefüllten „Blöcken" und können daher auch leichter ausgebaut und zum Teil am Ort belassen (SiO_2), zum Teil fortgeführt werden (K, Al) (s. S. 84).

Die fortgeführten Ionen werden nur in solchen „Intertrunculargebieten" unterzubringen sein, wo genügend zahlreiche Fehlstellen zur Verfügung stehen. In Gebieten der „ideal" gebauten Blöcke können sie nicht mehr aufgenommen werden, da dort die verfügbaren Gitterplätze besetzt sind.

Im Beispiel der Reaktionsgefüge, insbesondere des Myrmekits, ist es nun denkbar, daß in den Lockerstellen die Kationen abgebaut und fortgeführt werden, die SiO_2 aber am Ort verbleibt. Die mobilisierten Kationen sind wiederum nur in anderen Fehlstellenbereichen mit freien Plätzen unterzubringen und führen durch ihren Einbau solche Lockerstellengebiete in echte „Blöcke" über, welche als energieärmer und von geringerer Löslichkeit nun nicht mehr abgebaut werden und damit einen $\pm$ weitreichenden „Lösungsschutz" für die so konsolidierten Gebiete darstellen. Da nun hierzu eine große Zahl ausgebauter Ionen, aber nur wenig Fehlstellen zur Neubesetzung zur Verfügung stehen, wird ein nicht unerheblicher Bereich von diffundierenden Kationen durchwandert werden müssen, bis diese eingebaut sind und wieder ein Gebiet erreicht ist, wo kein Lösungsschutz mehr herrscht, sondern erneuter Abbau unter Freiwerden von SiO_2 einsetzen kann. — Nach dieser Auffassung bestände Proportionalität zwischen dem mittleren seitlichen Abstand der Quarzstengel und der Anzahl der verfügbaren Fehlstellen.

Nun umfaßt aber jeder Quarzstengel schon einen Bereich, in dem zahlreiche Fehlstellen- und Blockgebiete miteinander abwechseln. Hätten sich hier die Blockgebiete als unangreifbar erwiesen, so dürften sie innerhalb der Quarzstengel nicht verschwunden sein. Diese müßten vielmehr innerlich ganz erfüllt sein von stehengebliebenen, nicht mehr umgewandelten Blockresten aus Plagioklasmaterial.

Die vorgetragene Vorstellung ist also dahin zu erweitern, daß Blockgebiete besonderer Kleinheit, die ringsum von Lockerstellen umgeben sind, ebenfalls dem Abbau unterliegen können.

Auf die hier dargelegte Weise läßt sich einmal die Lage der Stengel senkrecht zur Oberfläche der Kristalle in Übereinstimmung mit der Annahme von außenher eindringender Lösungen erklären. Stengelrichtung ist = Eindringungsrichtung der Lösungen, welche eine Außenschicht des Kristalls in voller Breite infiltrieren; die Aus- und Einbauvorgänge der Ionen erfolgen senkrecht zur Eindringungsrichtung.

Durch die genannte Art „rhythmischen" Umbaues der Lockerstellen zu Realkristallgebieten kann auch der mittlere seitliche Abstand zwischen den Quarzstengeln ausreichend dargestellt werden, ohne daß eine solche Deutung anders als Arbeitshypothese bezeichnet werden dürfte. Selbstverständlich muß diese Hypothese auch volle Geltung für die Genese des Schriftgranites haben, bei welchem die gleichen Gebiete herrschenden „Lösungsschutzes" zwischen den Quarzstengeln vorhanden sind. Auf die Zulässigkeit einer solchen Hypothese wird nach Besprechung der metasomatischen Erscheinungen nochmals beim Schriftgranit eingegangen werden, u. a. auch auf die Frage, inwieweit es bei der SiO_2-Bilanz möglich ist, auf Zufuhr von außen zu verzichten und nur mit der beim Abbau freigewordenen, kristalleigenen Kieselsäure auszukommen, oder ob in jedem Falle SiO_2 zugeführt werden muß[1].

Die Plagioklase des Myrmekits Typ I sind immer äußerlich korrodiert. Hier könnte SiO_2, die aus den abgetragenen Außenbezirken der Plagioklaskornarten ausgebaut wurde, zur Stengelbildung innerhalb der tieferen Kristallschichten mitverwendet worden sein.

---

[1] Auf die Tatsache, daß in Verbindung mit Myrmekit-Plagioklas niemals „Überschußquarz" angetroffen wird, wurde schon S. 71 hingewiesen.

Beim Schriftgranit, dessen Kalifeldspatkristalle äußerlich zumeist unangegriffen sind, ist das anscheinend nicht möglich. Hier müssen im Gegenteil nicht unerhebliche SiO_2-Mengen zusätzlich von außen zugeführt werden (s. Abschnitt IV, 2, S. 198).

Faßt man nunmehr die für die Genese des Myrmekits wichtigen, allgemeinen Eigenschaften kurz zusammen, so ergeben sich die folgenden Hauptpunkte.

1. Der Myrmekit ist genetisch immer an Kalifeldspat gebunden.

2. Er tritt als prämikrokliner und postmikrokliner Myrmekit I und II auf. In der ersten Form besteht er aus korrodierten Plagioklasen, die ringsum eingebettet zumeist in den Randzonen der Kalifeldspäte liegen, in der zweiten aus einem Albitkorngefüge, das auf Unstetigkeitsflächen in den Kalifeldspat einwandert und überwiegend schlecht ausgebildete, häufig langgezogen tropfenförmige Quarzstengel im Innern enthält.

3. Die gemeinsame Entstehungsursache der Myrmekitformen I und II ist in den die Komponenten des Kalifeldspates enthaltenden Lösungen zu suchen. Beim Typ I treten diese als unmittelbare Vorläufer der Kalifeldspatbildung auf, beim Typus II entstehen solche Lösungen durch metasomatischen Angriff hydrothermaler Phasen auf vorhandenen Kalifeldspat, in dessen Spaltrissen sich in Bildung begriffener Plagioklas als Myrmekit-Plagioklas ansiedelt.

4. Während daher Myrmekit-Plagioklas I in seinen Randzonen typisch sekundäre Beeinflussung zeigt (Korrosionsbuchten, Auslaugungsränder u. ä.), ist das bei der postmikroklinen Myrmekitbildung nicht der Fall. Hier sind niemals randliche Veränderungen zu beobachten.

5. Die Auslaugungsränder sind in den bisher bekannten Vorkommen immer saurer als die inneren noch unangegriffenen Schichten des Kristalls.

Die Quarzstengel, das typische Merkmal des Myrmekits I, sind auf die Randzone der Wirtplagioklase beschränkt. Sie bilden dort einen nach innen wachsenden Quarzstengel-Rasen, dessen Einzelstengel auf der Oberfläche $\pm$ senkrecht stehen, einen bestimmten, mittleren seitlichen Abstand voneinander einhalten und häufig die gleiche Eindringtiefe erreichen (Infiltrationsfront).

6. Die Quarzstengel sind jünger als der Plagioklas in dem sie auftreten. Das ließ sich 1. durch Auffindung von primären Apatitsäulchen in Quarzstengeln, die in Plagioklas eingebettet waren, 2. durch Feststellung zweier Stengelgenerationen im Plagioklas, von denen mindestens eine jünger sein muß als ihr Wirt, beweisen. — Andererseits sind die Quarzstengel älter als der Kalifeldspat, da Reste der Quarzstengel in diesem nicht selten zu beobachten sind. In Einzelfällen werden sie vom Kalifeldspat — oder diesem vorangehenden Lösungen — aus dem Verband mit dem Plagioklas herauspräpariert.

7. Alle geschilderten Merkmale deuten auf metasomatische Entstehung des Myrmekits. Zur Erklärung des seitlichen Abstandes der Quarzstengel wird angenommen, daß die in das Plagioklasgitter einwandernden Lösungen hauptsächlich auf die „Lockerstellen" des Gefüges wirken. SiO_2 wird am Ort belassen, die Kationen an andere Fehlstellen gebracht, wo sie die freien Plätze einnehmen und die Fehlstellen damit zu konsolidierten „Blockgebieten" machen, an welchen weiterer Abbau zum Stillstand kommt.

8. Der Myrmekit stellt keine anormale Bildung dar, sondern gehört in den Kreislauf metasomatischer Gefügeveränderungen granitischer Gesteine.

III. Schriftgranit und Schriftpegmatit als Einkorn-Reaktionsgefüge.

1. Die älteren Arbeiten über das schriftgranitische Kristallwachstum.

War der Myrmekit das typische Feldspat- Quarz-Reaktionsgefüge zwischen bestimmten Kornarten eines *Gesteins*, so ist der Schriftgranit die charakteristische Verwachsungsart der Feldspäte in *Drusen und Gängen*. Während aber der Myrmekit nur einen geringen Formenreichtum zeigt und fast immer in typischen Quarzstengeln im Plagioklas auftritt, ohne größere Variabilität seiner Erscheinungsformen, findet man beim Schriftgranit fast alle Übergänge von einfachen gerundeten Kornarten bis zu komplizierten, verästelten Stengelbildungen und vermeintlichen Skelettformen. Hierbei zeigt es sich, daß zwar der eigentliche Schriftgranit seine Heimat in den granitischen Gängen und Drusenbildungen hat, daß aber andererseits mannigfache Übergänge zu granophyrischen Gefügeformen der Gesteine vorkommen, besonders dort, wo die Gangfüllung weniger aus pegmatitischen als granitischen Gesteinen (Quarzporphyr, Liparit usw.) besteht.

Über diese Gefügeform finden wir aus dem Jahre 1907 bei H. ROSENBUSCH folgende Darstellung: „*Granophyrische Verwachsungen* von Feldspat und Quarz treten ähnlich, wie in manchen Graniten, gar nicht selten in den Dioriten als letzte Bildung auf. Der Feldspat ist bald Orthoklas (oder Mikroklin?), bald ein Plagioklas. So beschreibt BECKE spindelförmige Plagioklasquarzmassen als Einschlüsse im Mikroklin. Dieselben laufen häufig von Plagioklasindividuen bartähnlich nach allen Richtungen aus und dringen vom Rande aus zapfenförmig in den Mikroklin ein. Der Feldspat dieser Spindeln, die oben auch in Graniten beschrieben wurden, ist Oligoklas. Die Ausscheidung des Mikroklins hatte also begonnen, ehe diejenige des Plagioklases und Quarzes vollendet war. Bei der schwierigen Kristallisation des Kalifeldspates, zumal für ihn nicht, wie für die Plagioklase, Kristallisationszentren vorhanden sind, tritt nach BECKE leicht eine Übersättigung des Magmas an diesem Salze ein. Hat die Ausscheidung nun einmal begonnen, so wird sie rasch fortschreiten und die Ausscheidung anderer Verbindungen zurückdrängen. So reichert sich der Magmarest an Plagioklassubstanz und Kieselsäure an, die sich nur dort absetzen, wo Platz ist, d. h. zwischen den vorhandenen Plagioklasindividuen und den heranwachsenden Mikroklinkörnern. Sie setzen sich naturgemäß an den stoffverwandten Plagioklas an und *werden vom Mikroklin umhüllt, in den sie dann zapfenförmig einzudringen scheinen*" [1].

Es wird sich zeigen, daß an dem hier gezeichneten Bild der granophyrischen Verwachsungen heute manches zu ändern ist. Vor allem aber muß festgehalten werden, daß auch zwischen der granophyrischen — und der normalen Gefügeform des Quarzes der Gesteine Übergänge vorhanden sind, so daß eine *generelle Verwandtschaft aller Quarzkornbildungen granitischer Gesteine besteht.*

Die eigentliche *schriftgranitische* Verwachsung zwischen Quarz und Feldspat war wegen ihrer auffälligen, an Schriftzeichen erinnernden Form schon frühzeitig bekannt. Die ersten Beobachtungen konnten vor allem dort Ergebnisse erzielen, wo die Verwachsungserscheinungen sich besonders auffällig darboten: an freigebildeten Drusenfeldspäten und an Gangpegmatiten. Das Auftreten verwandter Strukturen in Gesteinsgefügen wurde zwar später ebenfalls beobachtet, die Beziehungen zum Schriftgranit der Drusen- und Pegmatitfeldspäte aber nicht umfassend herausgearbeitet. Das mikropegmatitische und granophyrische Wachstum und die damit zusammenhängenden Gefügearten wurden

---

[1] Im Original nicht ausgezeichnet.

nur wenig untersucht. Eine eingehende Darstellung dieser Gefügearten auf Grund
von Messungen an ausreichendem Material fehlte bisher und ist in erschöpfender
Form noch als Zukunftsaufgabe zu betrachten[1]. Wohl der erste, der den
Schriftgranit in den Kreis wissenschaftlicher Betrachtungen zog, war 1788
J. HUTTON in seiner Theorie of the earth. Da er sah, daß der Schriftgranit von
Portsoy im normalen Granit auftritt, übertrug er auf den letzteren seine am
Schriftgranit gemachten Erkenntnisse, Resultate, die uns heute wieder sehr
vertraut anmuten. Es gelang ihm die Verwachsungsformen von Quarz und Feldspat festzustellen, wobei er erkannte, daß der *Quarz jünger ist als Feldspat*. Auch
Einschlüsse von Feldspat im Quarz sind ihm bekannt, doch ist er nicht sicher,
ob es sich hierbei um echte, frei im Quarz schwimmende Einschlüsse handelt,
oder ob sie in der Tiefe irgendwo mit der Hauptfeldspatmasse in Verbindung
stehen. Ja, er beobachtet, daß zwischen der Lage der Quarzstengel und der
basalen Spaltbarkeit gesetzmäßige Beziehungen bestehen und veranschaulicht
dies durch eine Zeichnung. Auch hier kann man also, ähnlich wie beim Myrmekit
feststellen, daß schon durch den Erstbearbeiter äußerst wichtige Erkenntnisse
gewonnen worden waren, deren man sich in der Folgezeit nicht immer bewußt
blieb.

Über den Schriftgranit der *Drusenfeldspäte* liegt schon aus dem Jahre 1837
eine Untersuchung G. ROSEs vor, in welcher gezeigt wird, daß die Quarzindividuen bei der schriftgranitischen Verwachsung „untereinander parallele
Lage haben, selbst wenn sie untereinander nicht oder wenigstens nicht sichtbar
in Berührung stehen". Davon kann man sich nach ROSE am besten überzeugen,
wenn man aus dem Feldspat herausgewachsene und mit ihren gleichnamigen
Flächen gleichzeitig einspiegelnde Quarzindividuen betrachtet. Ob die Quarze
auch gegen den Feldspat regelmäßig (d. h. *gesetzmäßig*, nach kristallographischen
Richtungen) angeordnet sind, ist nach ROSE nicht wahrscheinlich. Zum wenigsten
bleibt die Lage des Quarzes gegen den Feldspat nicht bei allen Verwachsungsarten gleich.

Durchaus im Sinne von „Gesetzen" behandelt G. BREITHAUPT (1839) die
Quarz-Feldspat-Verwachsungen, ebenso GERHARD VOM RATH (1870). Die ein-
gehendsten Untersuchungen des vorigen Jahrhunderts verdanken wir G. WOIT-
SCHACH (1881, 2), der aus den Drusenfeldspäten des Königshainer Granits 7 Verwachsungsarten beschreibt, unter denen sich auch die von ROSE, BREITHAUPT
und VOM RATH mitgeteilten Achsenlagen des Quarzes gegen Feldspat befinden.

Bei der Verwachsung des Quarzes mit den Perthitfeldspäten des Königshainer
Reviers ergeben sich nach WOITSCHACH, zum Teil mit seinen eigenen Worten,
folgende *Regelmäßigkeiten:*

1. Eine Säulenfläche des Quarzes liegt parallel der Prismenfläche T oder l
des Perthits, während (001) des letzteren ziemlich genau mit $(10\bar{1}1)$ des Quarzes
einspiegelt.

---

[1] Außer den bereits im 1. Teil erwähnten Arbeiten BECKES und SEDERHOLMS über den
Myrmekit seien an wichtigen Spezialarbeiten über Reaktionsgefüge diejenige GORNO-
STAJEWS über die Mikropegmatite der Quarzdiorite aus der Kirgisensteppe, POPOFFS über
die Rapakiwiverwachsungen, MICHOTS über den Symplektit und ERDMANNSDÖRFFERS über
Granitstrukturen des Schwarzwaldes erwähnt (s. Literaturverzeichnis).

Die Hauptachse des Quarzes liegt in (201) des Perthits. Dieses ist das häufigste Gesetz, während die folgenden bei weitem seltener sind.

2. Die Säulenfläche des Quarzes geht (010) am Perthit parallel, während die Hauptachse mit der Fläche (201) zusammenfällt.

3. (11$\bar{2}$1) am Quarz ist parallel (010) am Perthit und (10$\bar{1}$1) ist parallel (130); die Endkante des Rhomboeders soll parallel sein zur Kante (010):(110).

4. (10$\bar{1}$1) am Quarz und (110) am Perthit sind parallel.

5. (10$\bar{1}$0) am Quarz spiegelt mit (010) am Perthit ein.

6. Die Quarze haben eine Säulenfläche parallel (010), und die Endkante des Rhomboeders geht der Kante (010):(110) parallel.

7. Die Säulenfläche am Quarz liegt parallel (010), und (11$\bar{2}$1) spiegelt mit (001) ein.

„Obgleich die letzten 6 Verwachsungsarten verhältnismäßig selten sind, zeigt sich doch das Bestreben der Quarze und Feldspäte, beim gemeinsamen Auskristallisieren möglichst viele kristallonomische Elemente zur Deckung zu bringen."

WOITSCHACH hält die Schriftstruktur für das Resultat gleichzeitigen Wachstums von Quarz und Feldspat. Den einzelnen Verwachsungslagen spricht er den Charakter von „Gesetzen" nach Art der Zwillingsgesetze zu.

Weitere Angaben solcher Gesetze finden sich bei SABERSKY (1891), WALLÉRANT (1902, *2*), HÖGBOM (1899, *2*). Die Untersuchungen des letzteren sind vor allem auch deshalb bedeutungsvoll, weil er fand, daß im Mikroklinperthit von Hitterö die Quarzlamellen des Schriftgranits auf der Murchisonitspaltfläche (80$\bar{1}$) liegen mit Achsenorientierung $\perp$ der Einlagerungsfläche (80$\bar{1}$). Damit ist erstmalig eine Beobachtung von Quarzeinlagerungen auf Spaltebenen, also auf Flächen, welche das Gitter des fertigen Feldspatkristalls bereits voraussetzen, mitgeteilt. (Das ist auch im Hinblick auf die spätere Zuführung des Quarzes im Myrmekit von Wichtigkeit.) Da die Bildung der Murchisonitspaltfläche als sehr früher, sich eng an die Feldspatbildung anschließender Vorgang aufgefaßt werden muß (H. EBERT, 1931, *5*), ist auch für die Entstehungszeit des Quarzes eine obere Grenze gegeben, vor allem für diesen Fall die Unmöglichkeit gleichzeitiger Quarz-Feldspat-Entstehung erwiesen. Weiter ist in HÖGBOMS Arbeit bemerkenswert, daß er ähnliche Verwachsungen, wie zwischen Quarz und Feldspat, auch zwischen Quarz und einer ganzen Reihe anderer Minerale beschreibt, wie Turmalin, Glimmer, Beryll.

Neben den Forschern, welche die Verwachsungen der Kristallarten im Schriftgranit raumgeometrisch für gesetzmäßig — etwa im Sinne eines Zwillingsgesetzes — halten, gibt es solche, welche von einer derart strengen Gesetzmäßigkeit durchaus nicht überzeugt sind oder ihr widersprechen, z. B. BROEGGER (1886), MÜGGE (1903, *1*), HINTZE (1904, *3*), NORDENSKJÖLD (1910, *3*), DRESCHER-KADEN (1942, *2*). Besonders MÜGGE wendet sich gegen die Bezeichnungsweise „Gesetz" in der durchaus richtigen Ansicht, daß ein Ordnungsvorgang mit einer Vielzahl von Lagemöglichkeiten, die alle untereinander $\pm$ gleichberechtigt sind, eben nicht als Gesetz bezeichnet werden dürfe. Man sollte daher allgemein die schriftgranitischen Verwachsungsarten, wie sie sich aus den im folgenden mitgeteilten Beobachtungen und Messungen ergeben, nicht als „Gesetz", sondern als *Regeln* bezeichnen.

Da die bisher genannten Forscher mehr oder weniger betont das *gleichzeitige* Wachstum von Quarz und Feldspat vertreten, ist es nicht verwunderlich, daß lange Zeit hindurch unwidersprochen der Schriftgranit als ein Feldspat-Quarz-Eutektikum, ja mehr noch, als *das* Paradeeutektikum in der Gesteinswelt angesehen wurde. J. H. L. VOGT (1903, *2*; 1926, *4*; 1928, *7*; 1931, *6*) ist in mehreren Arbeiten eingehend auf die physiko-chemischen Bedingungen bei der Erstarrung der Silikatschmelzlösungen, insbesondere der Granite, eingegangen. Den Schriftgranit sieht er als natürlich vorkommendes, echtes eutektisches Gemenge an auf Grund seiner von ihm bestimmten konstanten Zusammensetzung von 74,25 Feldspat und 25,75 Quarz, sowie nach seinem Auftreten als Endprodukt der Kristallisation und der charakteristischen Struktur. Dagegen hielt VAN DER VEEN (1916, *2*) — wohl als erster — die schriftgranitische Quarz-Feldspat Verwachsung für ein *scheinbares* Eutektikum.

E. GÄCKEL (1931, *7*) bestimmte am Schriftgranit von Ringebakker (Bornholm) und Lysekil (Schweden) Quarzgehalte von 20,6—38,5%.

DRESCHER-KADEN fand bei einer Anzahl von Vorkommen das Feldspat-Quarz-Verhältnis wie 70:30; daneben jedoch auch Vorkommen mit weit weniger oder weit mehr Quarz, und zwar sowohl in Drusenfeldspäten wie in echten Gangpegmatiten. Den gleichen Wechsel im Feldspat-Quarz-Verhältnis kann man auch in den mikropegmatitischen Gesteinsstrukturen feststellen, so daß im Makrobereich pegmatitischer Gangbildungen und im Mikrobereich der Gesteinsgefüge Übereinstimmung zu herrschen scheint betreffs Nichtausbildung eines konstanten Mengenverhältnisses der beiden Kornarten. Trotzdem ist es nicht ausgeschlossen, daß der VOGTschen Verhältniszahl 75:25 eine bestimmte Bedeutung zukommt, da sie bei den sehr regelmäßig ausgebildeten Gangpegmatiten, deren Quarzeinlagerungen in Abmessungen und Verteilung Übereinstimmung zeigen, häufiger gefunden wird. — Für die Annahme eines wechselnden Feldspat-Quarz-Verhältnisses treten nordische, amerikanische und deutsche Forscher ein: BYGDEN (1904/06), BASTIN (1911, *6*), FENNER (1926, *1*), SCHALLER (1926, *5*), HESS (1925, *2*), LANDES (1933, *2*), DRESCHER-KADEN (1942, *2*), ERDMANNSDÖRFFER (1943, *1*). Besonders der letztere hat der Frage des Mengenverhältnisses besondere Aufmerksamkeit geschenkt. Seine Ergebnisse seien im folgenden wiedergegeben.

Messungen an Gesteinen	Mittel des gemessenen Vol.-% Quarz
Granite:	
Brocken, Harz, Mikropegmatitgranit	39,8, 62,5
,, ,, Hornblendegranitporphyr . .	39,3
,, ,, Randfazies	52,6, 39,6
Missouri	51,8
Gastwarf, Schweden	50,3
Graphophyre:	
Vogesen, Roßkopf	42,3
Schweden, Brefoen	44,8
Portugal, Conv. de San Francisco	50,4

Eine Zusammenstellung sämtlicher in der Literatur vorhandenen Messungen (BASTIN, BYGDEN, HOLMES, MÄKINEN, J. H. L. VOGT), von insgesamt 60 Bestimmungen, wurde von ERDMANNSDÖRFFER vorgenommen und in einem Häufigkeitsdiagramm vereinigt (Abb. 86). Der Verlauf dieser Kurve ist durch das Überwiegen der Schriftpegmatitmessungen gegen die anderen Gesteine im Maximum bei 28% zweifellos verzerrt. ERDMANNSDÖRFFER weist jedoch mit vollem Recht daraufhin, daß der Kurvenverlauf auch bei Annahme eines Eutektikums grundsätzlich das Fehlen eines Endpunktes mit konstanter Temperatur und Konzentration deutlich erkennen lasse. Es ist nach ihm daher durchaus möglich, daß die schriftgranitische Verwachsungsart auf anderem Wege zustande kommt, etwa dem der metasomatischen Verdrängung. Ob und wie weit es gelingt, auch das konstante Zahlenverhältnis der Schriftpegmatite oder das Minimum der

ERDMANNSDÖRFFERschen Kurve bei etwa 33% durch metasomatische Vorgänge zu deuten, müssen spätere Untersuchungen lehren (vgl. hierzu die Einhaltung mittlerer Abstände der Quarzkörper S. 163).

Es ist nach dem Bisherigen jedenfalls mindestens verständlich, daß auf Grund der Mengenverhältnisse der Komponenten sowie der Ähnlichkeit mit Eutektstrukturen das räumliche Wachstum der Komponenten

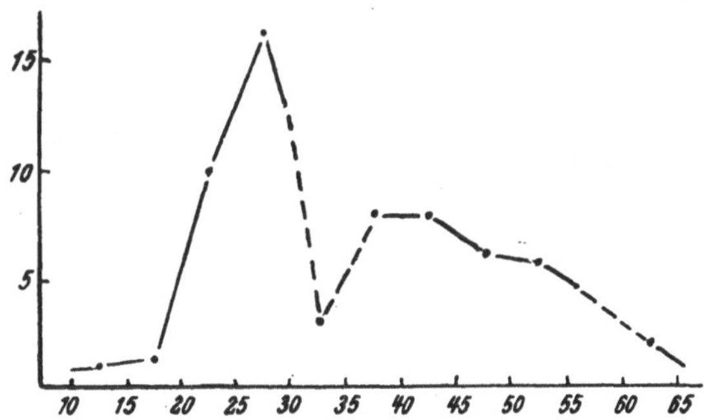

Abb. 86. Häufigkeitsdiagramm der Schriftgranitverwachsungen. Ordinate: Zahl der Messungen, Abszisse: Gehalt an Quarz in Vol.-% (nach ERDMANNSDÖRFFER).

des Schriftgranits im wesentlichen durch die *Gleichzeitigkeit* der Bildung beider Kristallarten erklärt wurde.

Auf diesem Standpunkt steht die umfassendste Behandlung des Schriftgranitproblems in den Jahren nach dem Weltkriege durch A. FERSMANN (1929, 2), der schon 1915 die Grundzüge seiner Auffassung dargelegt hatte. Seine außerordentlich vielseitigen und gründlichen Untersuchungen stellen in der Zusammenfassung älterer Ergebnisse sowie neuer Beobachtungen das Erschöpfendste dar, was wir über die Art der Verwachsung der Komponenten der Schrift*pegmatite* (aber nur dieser!) heute wissen. Damit soll nicht gesagt sein, daß auch die genetischen Rückschlüsse FERSMANNs als allgemeingültig anzusehen sind, besonders im Hinblick auf die Entstehung mikropegmatitischer und granophyrischer Gesteinsgefüge. Eine Verbreiterung unserer Beobachtungsbasis wird nämlich zeigen, daß wir uns wohl entschließen müssen, die Vorstellung von der Eutektnatur und dem gleichzeitigen Wachstum von Quarz und Feldspat in Schriftpegmatit und Schriftgranit fallen zu lassen.

Vertrat FERSMANN das gleichzeitige Wachstum der Schriftgranitkomponenten, so wurde von amerikanischer Seite 1926 nach voraufgegangenen Hinweisen von DE LAPPARENT (1910, 5; 1917) und F. L. HESS (1925, 2) durch W. T. SCHALLER (1926, 5) die spätere metasomatische Zuführung des Quarzes mehr intuitiv behauptet, als durch neues Beobachtungsmaterial erhärtet. SCHALLER glaubte, „eine definierte orientierte Beziehung der Quarzstengel zu den Spaltrichtungen des Feldspates" feststellen zu können. Daher die Annahme, daß der

Quarz mit Hilfe von Lösungsmitteln in Spalten und Schwächezonen des Feldspates eingedrungen sei, um dort zu kristallisieren.

Wichtig erschien ihm ferner die Tatsache, daß die Querschnitte der Quarzlamellen wohl sechsseitig sind, aber Winkel zeigen, die um einige Grade von 120° abweichen. SCHALLER erklärt diese Erscheinung mit einem Kompromiß zwischen den Kristallkräften von Quarz und Feldspat (s. FERSMANN). Damit aber ist die Orientierung des Quarzes bestimmt durch das Verhalten und die Eigenschaften des Feldspates, der mithin zur Bildungszeit des Quarzes schon vorhanden gewesen sein muß.

Neuerdings ist von E. E. WAHLSTROM (1939, *1*) unter Heranziehung weiterer Beobachtungen das gleiche behauptet worden. Doch nimmt dieser Autor einen vermittelnden Standpunkt ein und meint, es gäbe sehr wahrscheinlich zwei verschiedene Bildungsweisen des Schriftgranits.

Es ist eine wichtige Frage von ganz allgemeiner Bedeutung in den Naturwissenschaften, unter welchen Voraussetzungen nur in wenigen Einzelheiten differierende Vorgänge unitarisch oder dualistisch zu erklären sind, und ob das Streben nach Vereinheitlichung an sich — besonders bei genetischen Herleitungen — überhaupt zulässig ist. Bei vielen Erscheinungen, welche mehrere Erklärungsweisen gestatteten, zeigte genauere Untersuchung neben dem Unwesentlichen des Unterscheidungsmerkmals die Einheitlichkeit und Überordnung des genetisch wirksamen Aktes. Ob und wieweit im Falle des Schriftgranits unitarische Bildungsvorstellungen möglich sind, wird sich nach Sichtung des gesamten Beobachtungsmaterials zeigen.

a) Die Fersmannschen Gesetze.

Die Bedeutung der FERSMANNschen Messungen, sowie ihre Anwendung auf strukturelle Probleme durch E. GÄCKEL (1931) macht eine breitere Darlegung der wichtigsten Resultate FERSMANNS nötig.

Die Zusammenstellung der Quarz-Feldspat-Verwachsungen der genannten älteren Autoren sowie eine große Reihe seiner eigenen Messungen an Schriftgraniten aus den verschiedensten Weltgegenden führte FERSMANN zur Aufstellung eines allgemeinen „Gesetzes" der Feldspat-Quarz-Verwachsung. Dieses „Gesetz" wird durch die parallele Orientierung der Prismenkante des Feldspates und der Kante zwischen zwei benachbarten Rhomboederflächen des Quarzes bestimmt. Da es das Zusammenfallen der Prismenzone des Feldspates mit derjenigen schrägen trapezoedrischen Zone des Quarzes darstellt, in welcher zwei Prismenflächen und vier Rhomboederflächen liegen, erhielt es von FERSMANN den Namen *Trapezoedergesetz*. Diesem Trapezoedergesetz entsprechen alle diejenigen Verwachsungslagen, welche auf einem Kreis von 42°15′ um die Feldspat-*c*-Achse als Projektionsmittelpunkt angeordnet sind. In der Abb. 87 — größtenteils nach FERSMANN — sind die von den früheren Forschern bereits festgestellten Achsenlagen zusammen mit den von FERSMANN neu gefundenen eingetragen.

Außer dem Trapezoedergesetz gibt es Verwachsungsarten, bei denen die Quarzachsen nicht auf dem Kleinkreis von 42°15′ angeordnet sind, die „Gesetze" Woitschach, Breithaupt, Mäkinen, Högbom, „Gesetz" F und das neubeobachtete „Gesetz" Baveno mit Quarzachsenlage $\perp$ (130), bei welchem die Quarzachse $\perp$ steht zur *c*-Achse des Feldspats (Abb. 105).

Auf dem Kleinkreis um die Feldspat-c-Achse also liegen beim Trapezoedergesetz die Quarzachsen der einzelnen Verwachsungsarten, aber nicht regellos verteilt, sondern an bestimmten, bevorzugten Stellen. GÄCKEL (1931) hat für die Wahl dieser Lageorte den Vorgang der Keimauslese der Quarzkeime auf der wachsenden Feldspatfläche verantwortlich gemacht (s. S. 124). Nach derartigen Lagepunkten auf dem 42°-Kleinkreis werden nun von FERSMANN die einzelnen Gesetze der Verwachsung benannt, z. B. Gesetz $+$ A, $+$ B, Mursinka-Gesetz, Gesetz Rose, Gesetz Breithaupt usw.

Außer der Einregelung *einer* Gittergeraden (hier der c-Achse) des Quarzes auf einem Kreis um die Vertikalachse des Feldspates im Abstand von etwa 42°15′ sind aber noch weitere Gesetzmäßigkeiten am Schriftgranit beobachtet und von FERSMANN zu

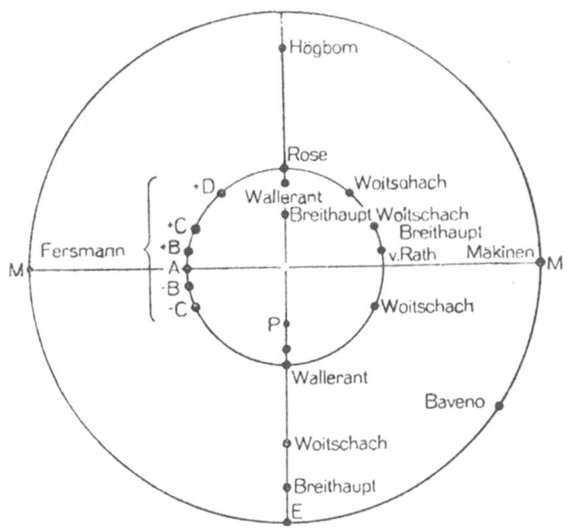

Abb. 87. **Stereographische Projektion der beobachteten Quarzachsenlagen. — Die Projektionsebene des Orthoklases liegt senkrecht zur Kante (100)/(010). — Der Kleinkreis hat einen Radius von 42°15′.**

einer genetischen Theorie verarbeitet worden. Schon ROSE wies 1837 darauf hin, daß die Quarzstengel bei der schriftgranitischen Verwachsung untereinander $\pm$ parallel verlaufen. FERSMANN zeigte, daß die Längsrichtung der Stengel im allgemeinen auf wichtigen Feldspatflächen niederer Indizierung (P, M, T, l, y usw.) senkrecht steht und nicht mit der Quarzachse zusammenfällt (Abb. 88). Die Flächenbegrenzung der Stengel geschieht dabei nicht durch kristallographisch definierbare echte Quarzflächen, sondern durch Flächen, welche sowohl den Wachstumskräften des

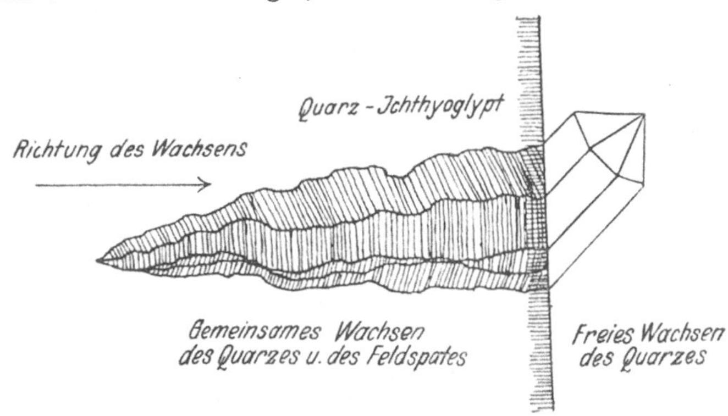

Abb. 88. **Quarzstengel im Innern des Feldspates; seine Längsachse liegt senkrecht zur begrenzenden Feldspatfläche = Richtung des Wachstums. — Die Quarzachse fällt nicht mit der Wachstumsrichtung zusammen. Nach FERSMANN (1928).**

Quarzes, *wie* denen des Feldspates ihre Entstehung verdanken. Da sie keine echten Kristallflächen sind, werden sie von FERSMANN als „Pseudoflächen" bezeichnet. Diese Pseudoflächen des Quarzes tragen eine charakteristische Oszillationsstreifung, welche für die Deutung der Stengelbildung ausgenutzt wird.

Zusammengefaßt ergeben die FERSMANNschen Untersuchungen folgende Hauptresultate.

1. Feldspat und Quarz sind im Schriftgranit gesetzmäßig miteinander verwachsen.

2. Sie sind im wesentlichen gleichzeitig entstanden und bilden ein Eutektikum.

3. Das Verhalten von Feldspat und Quarz im Schriftgranit ist nur ein Sonderfall eines allgemeinen Gesetzes, aus welchem folgt: „Die Abgrenzungsflächen zweier gleichzeitig kristallisierender Substanzen erscheinen als zylindrisch gekrümmte Flächen, die sich durch das rhythmische Verschieben einer Kante zwischen zwei möglichen und wichtigen Flächen der beiden Kristallgitter bilden."

Zur geometrischen Ableitung der entstandenen Formen und zu ihrer genetischen Analyse hat nun FERSMANN eine Konstruktion erdacht, welche die linearen Grenzformen der Quarze auf den zugehörigen Feldspatflächen darzustellen erlaubt. Hierbei kommen nur lineare Begrenzungsformen der Quarze in Betracht, welche auf Feldspatflächen erscheinen, auf denen die Quarzstengel selbst mit ihrer Längsrichtung senkrecht stehen. Diese schriftartigen Bilder der auf den Feldspatflächen sichtbaren Quarzumrisse werden von FERSMANN mit „Hieroglyphen" bezeichnet. Da die von FERSMANN entworfene Konstruktion mit der Natur übereinstimmende Umrißformen der Quarze auf der zugehörigen Feldspatfläche ergibt[1], wird sie von FERSMANN als eine Bestätigung seiner genetischen Deutung angesehen.

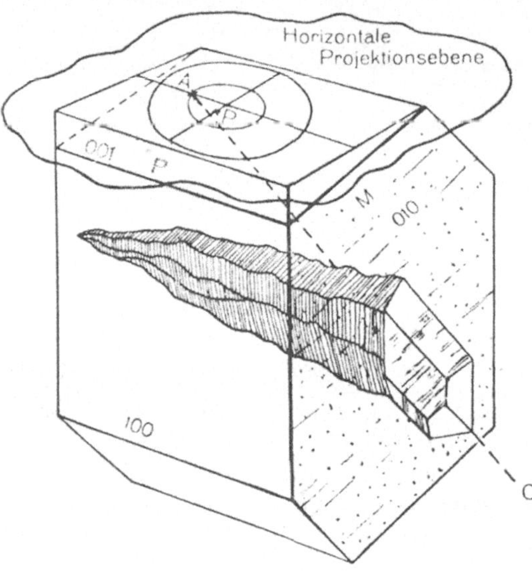

Abb. 89. Quarzstengel, senkrecht zu (010) wachsend, mit Achsenrichtung nach FERSMANNs „Gesetz" A. Die im folgenden wiedergegebenen Diagramme haben die gleiche horizontale Lage der Projektionsebene senkrecht zur kristallographischen Richtung c des Feldspates. (Ausnahmen: Abb. 90, 92).

Bei Durchführung der Konstruktion wird zunächst vom „Trapezoedergesetz" ausgegangen, welches, wie oben dargelegt, die Anordnung der Quarzachsen auf einem Kreis im Abstand von etwa 42° von der Vertikalachse des Feldspates fordert. Nach diesem Gesetz haben Feldspat und Quarz die Achse der Prismenzone des Feldspates und die Kante zweier benachbarter Rhomboeder gemeinsam. Diese Voraussetzung muß für die verschiedenen „Achsengesetze" der Verwachsung zutreffen.

---

[1] Nicht erklärbar ist auf diese Weise die Verschiedenheit der lateralen Grenzflächen des Quarzkörpers, wegen seiner an einen Fisch erinnernden Form „Ichthyo" genannt. Während die Außenseite zumeist glatt und scharf ist, wird die Innenseite häufig von einer ganz unregelmäßigen, buchtig zerteilten Grenzfläche gebildet. Das eigentliche Innere der Quarzstengel besteht in diesem Fall nicht aus Quarz, sondern ist mit Feldspatsubstanz ausgefüllt.

Es sollte nun, so folgert FERSMANN weiter, die Bestimmung der Lage der Quarzflächen für jedes „Gesetz" möglich sein, wenn die stereographische Projektion des Quarzes mit derjenigen eines Projektionsbildes des Feldspates (z. B. $\perp$ der c-Achse) kombiniert wird. Die Projektionsfläche des Quarzes muß hierbei senkrecht zur Kante zweier benachbarter Rhomboederflächen gewählt werden (Abb. 89).

Legt man die beiden stereographischen Projektionen (Abb. 90 und 91) übereinander, so ergibt sich für jede, den einzelnen „Gesetzen" entsprechende Stellung der Quarzprojektion (bei fixer Lage der Feldspatprojektion in normaler Stellung, Abb. 91) eine bestimmte Flächenkombination. Denkt man sich diese Quarzflächen auf der Feldspatfläche reell gewachsen, so würden sie einem, mit entsprechender Achsenlage aus der Feldspatfläche herauswachsenden, Quarzkristall angehören.

Nun kann dieses aber nur für die aus dem Feldspat herausragenden Kristalle, den „Köpfchen", Geltung haben (Abb. 88). Die eigentlichen, im Innern des Feldspates steckenden Quarzstengel zeigen ja völlig andere morphologische Verhältnisse. Sie sind von Flächen begrenzt, welche keine echten Kristallflächen, sondern „Pseudoflächen" darstellen und konnten nicht, wie normale Kristallflächen, ohne Störung oder Beeinflussung durch andere in der Bildung

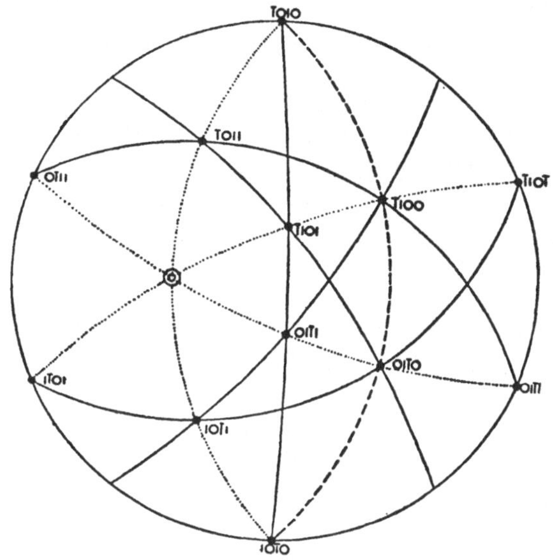

Abb. 90. Stereographische Projektion der trapezoedrischen Zone des Quarzes. Doppelkreis = c-Achse des Quarzes. Nach FERSMANN (1928).

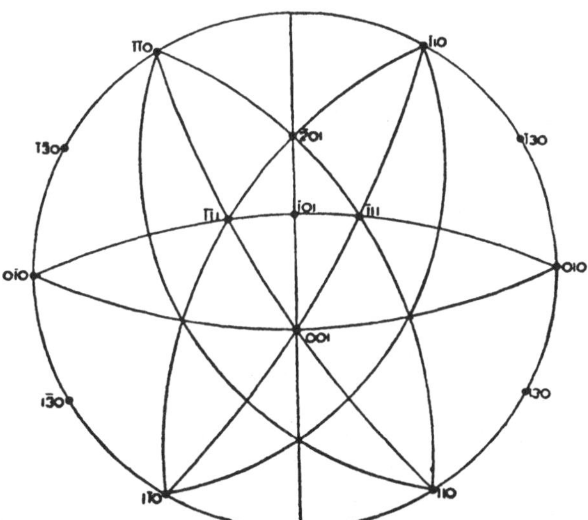

Abb. 91. Stereographische Projektion der wichtigsten Flächen und Zonen am Orthoklas.

begriffene Kristallsubstanz in den freien Raum hineinwachsen. Diese „Pseudoflächen" der Quarze werden, wie später noch erörtert werden soll, nach FERSMANN durch die überragende Wirkung der fortwachsenden Feldspatfläche auf die Quarzflächen erzeugt, also durch einen, in Richtung der Feldspatflächennormalen wirkenden Wachstumsvorgang. Diese Wirkung wird von FERSMANN „Induktion" genannt. Die Pseudoflächen ergeben vergleichbare Bilder auf der als „Induktor" wirkenden Feldspatfläche in Schnitten senkrecht auf die Quarzstengel. Diese Zeichnungen sind es, welche FERSMANN „Hieroglyphen" nannte. Sie stellen die Spuren senkrechter Schnitte durch die Quarzstengel auf den zugehörigen Feldspatflächen dar. *„Der Hieroglyph ist die Projektion der Pseudoflächen des Quarzkörpers auf die Induktionsfläche des Feldspates."*

FERSMANN stellt diese „Pseudoflächen", deren Schnittgerade mit der induzierenden Feldspatfläche den „Hieroglyph" ergeben, geometrisch dar durch die Projektion *echter* Quarzflächen auf die zugehörige Feldspatfläche. Die von ihm gewählten Hauptbeispiele S. 94 und 95 seiner Arbeit zeigen diese Konstruktion für die Feldspatfläche M; Abb. 10 seiner Arbeit ist hier unter Abb. 92 wiedergegeben.

Um diese Konstruktion für das als Beispiel angenommene Verwachsungsgesetz „A" durchzuführen (Abb. 92), wird die entsprechende Lage von Quarz und Feldspat auf der Normalprojektion (Projektionsebene des Feldspates: $\perp$ c-Achse; Projektionsebene des Quarzes: $\perp$ Kante zwischen zwei Rhomboederflächen, s. Abb. 90 und 91) als Ausgangsstellung genommen. Bringt man nun die Feldspatfläche M durch Rotation um 90° ins Zentrum, so ergibt sich die Anordnung von Abb. 92. Die Quarzfigur in der Mitte, den „Hieroglyph", erhält FERSMANN auf folgende Weise.

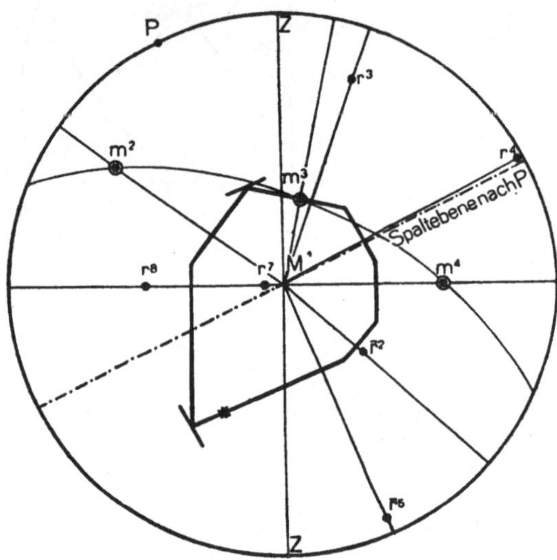

Abb. 92. „Hieroglyphen"-Form des Quarzes auf der Feldspatfläche M nach dem Mursinkagesetz ($+C$). Nach FERSMANN (1928).

Auf den Verbindungslinien der Projektionspunkte der Quarz- und Feldspatflächen[1] ($\bar{r}^5$, $\bar{r}^2$, r^8, m^4, m^3 usw.) mit dem Zentrum M der Projektion werden Senkrechte errichtet. In der Wiedergabe der stereographischen Projektion sind diese also Schnittgerade der betreffenden Quarzfläche z. B. r^3, mit der Feldspatfläche, — hier M —, d. h. es sind die *Spuren* der Quarzflächen, welche unter verschiedenen Winkeln die Feldspatfläche (= Projektionsfläche) schneiden. Durch die vielfache Wiederholung des gleichen Vorganges unter Annahme des Wachstums senkrecht zur Feldspatfläche ergibt sich die in Abb. 92 eingezeichnete Pseudofläche. Indem FERSMANN diese Quarzflächen um einen bestimmten freigewählten Betrag allseitig vom Zentrum abrückt und ihre Spuren auf der Projektionsebene als Tangenten an einen Kreis zeichnet, erhält er die als „Hieroglyphen" bezeichnete Quarzstengel-Durchschnitte, welche die Projektion der Pseudoflächen darstellen. Diese entstehen durch *gleichzeitiges* Wachstum der

---

[1] Zur leichteren Vergleichung mit der Originalarbeit sind die Flächenzeichen FERSMANNS verwendet worden.

beiden sie hervorrufenden Kristallflächen (im vorliegenden Teilbeispiel r^8 des Quarzes und M des Feldspates, Abb. 93), wobei der Feldspatfläche M als aktiver Teil, als „Induktor", die Bestimmung der Quarzflächenlagen durch Erzwingung der „Pseudoflächen" (Fläche $Ps \perp M$ in Abb. 93) zukommt und damit der Einfluß auf die Wachstumsrichtung der Stengel.

b) Problematik der Fersmannschen Theorie.

Fersmann erklärt (vgl. die hierzu entworfene Abb. 93) die Bildung der Pseudoflächen als einen fortschreitenden Wachstumsvorgang der Feldspat-Quarz-Flächen, wobei jede der gleichzeitig kristallisierenden Flächen sich gegenüber der anderen zur Geltung zu bringen sucht. Es entsteht somit im Innern des Feldspates nicht ein von natürlichen Flächen umschlossener Quarzkristall, sondern ein von *Pseudoflächen* begrenzter kristallisierter Körper, dessen morphologische Form durch genügend langes, gegenseitiges Wachstum der entsprechenden Quarz-Feldspat-Flächen entsteht.

Nun sind aber die so erhaltenen Pseudoflächen nicht glatt, sondern gestreift; außerdem sind die zwischen den Kanten der Streifen liegenden Flächenstücke nach Fersmann schwach zylindrisch gekrümmt. Bei völlig regelmäßigem gleichzeitigem

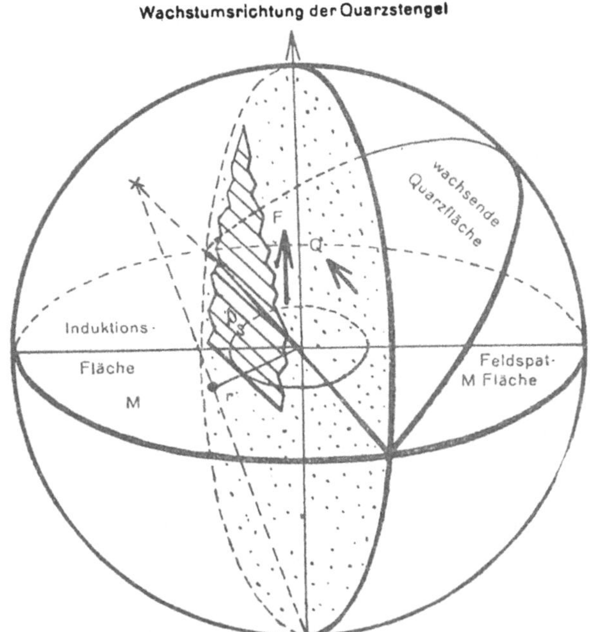

Abb. 93. Die oszillierend wachsenden Feldspat-(F) — als Induktor — und Quarzflächen (Q) ergeben nach Fersmann die Wachstumsrichtung des „Ichthyo" mit seiner Streifung ($Ps.$) — Die Konstruktion der „Hieroglyphen"-Form wird so durchgeführt, daß die einzelnen Flächenpole mit dem Zentrum der Projektion verbunden und im Schnittpunkt dieser Verbindungslinien mit dem (freigewählten, die Größe des Hieroglyphen bestimmenden) Einheitskreis die Tangenten gezogen werden. Diese Tangenten bilden die Umgrenzung der Hieroglyphen.

Wachstum der Flächen würde eine ungestreifte, glatte Begrenzungsfläche gebildet werden. Daher nimmt Fersmann zur Erklärung der Streifung eine periodisch wiederholte Änderung der Wachstumsgeschwindigkeit der beteiligten Flächen an. „Die Streifung ist gleichzeitig das Resultat eines Rhythmus des Wachstumsprozesses beider kristallisierender Körper." Im einzelnen deutet Fersmann den Wachstumsvorgang folgendermaßen: der Feldspat verlegt allmählich die Induktionsfläche parallel ihrer Anfangslage. Der Quarz hat gleichzeitig das Bestreben, seine Flächen abzuschließen. Als Resultat solchen Konfliktes entsteht die Pseudokante als eine natürliche Grenze zweier Flächen der beiden in Konflikt geratenen wachsenden Körper oder nach Fersmanns Terminologie: eine Induktionskante.

Beide Vorgänge nun, die Bildung der Pseudoflächen und die Entstehung der Streifung auf ihnen werden von FERSMANN folgendermaßen erklärt: „Die Erscheinungen der kristallographischen Induktion bestehen in der Prägung einer gewissen Wachstumsstreifung auf einen kristallinischen Körper durch die Wirkung eines anderen Körpers (Induktors), der mit dem ersten gleichzeitig wächst. *Die Ebene dieser Streifungen liegt parallel einer beliebigen wichtigen Wachstumsfläche des Induktors*[1]. Die Streifung an und für sich ist nichts anderes, als das Resultat einer ganzen Reihe sich selbst versetzender Kanten zwischen der möglichen Fläche des induzierten Körpers (im gegebenen Falle des Quarzes) und der in der gegebenen Richtung wachsenden Induktionskante (Feldspat)."

Die Voraussetzungen, unter denen dies von FERSMANN abgeleitete schriftgranitische Wachstum unter Induktionswirkung vor sich geht, lassen sich überprüfen, wenn man den Wachstumsvorgang unter den von FERSMANN angenommenen Bedingungen an einem einfachen Beispiel zu rekonstruieren versucht. Ich wähle dazu die beiden Flächen Rhomboeder r^8 und Prisma m^4 der FERSMANNschen Abb. 10 seiner Arbeit (hier wiedergegeben als Abb. 92). Diese beiden Flächen begrenzen die Hieroglyphenform auf der Feldspatfläche M (nach dem Mursinkagesetz + C). Wie man aus der stereographischen Projektion entnehmen kann, schneiden sie die M-Flächen des Feldspates unter 52 bzw. 60°.

Zeichnet man die drei wachsenden Flächen: M des Feldspates, r^8 und m^4 des Quarzes im Schnitt (Abb. 92), so müßte man je nach den Verschiebungsgeschwindigkeiten (V. G.) der einzelnen Flächen die entsprechenden Wachstumsformen des Quarzes erhalten. Geeignet gewählte Grenzfälle als Beispiel zeigen, inwieweit die Ausgangsbedingungen (Abb. 94 und 95) zu diskutierbaren Ergebnissen führen.

Im ersten Fall wurde die V. G. der Feldspat-M-Fläche mit „1" als die größte der auftretenden V. G. angenommen; Rhomboeder- und Prismenfläche des Quarzes erhalten dann als V. G. entsprechend 0,5 und 0,3.

Wachsen diese Flächen ohne Unterbrechung gleichmäßig und gleichzeitig weiter, so ergibt sich — unter der Annahme, daß keine anderen terminalen Quarzflächen, sondern nur die genannten gebildet werden — ein spitz zulaufender, von Kompromißflächen begrenzter Quarzkörper (Abb. 94, gestrichelte Linien OX, $O'X'$). Erst wenn rhythmisches Wachstum eintritt und dementsprechend Feldspat- und Quarzflächen abwechselnd wachsen und ruhen, treten Oszillationsstreifen auf. Längs der Richtung O—A und B—C wachsen Quarz-Prismenfläche und Feldspat-M Fläche gemeinsam. In Richtung A—B wächst nur r^8, in Richtung B—C wachsen r^8 und M wieder gemeinsam. Von C—D ab wächst einmal r^8, einmal M. Entsprechendes gilt für die rechte Seite der Abb. 94. Dabei zeigt sich eine deutliche Lageverschiedenheit der Oszillations-Pseudoflächen rechts zu links; demgemäß liegt die Fläche C—B etwas steiler als C'—B'. Die Flächen A—B, C—D müssen, da sie für das Breitenwachstum ausschlaggebend sind, horizontal liegen, d. h. die Fläche M muß ihr Wachstum zeitweise ganz einstellen. Bei gleichzeitigem Wachstum der Quarz-Prismenfläche r^8 und der Feldspatfläche M entsteht ja die Fläche C—B, also eine steil nach dem Innern des Stengels gerichtete Fläche, welche für das Breitenwachstum nicht in Frage kommt.

---

[1] Im Original nicht ausgezeichnet. — Die Streifen aller Pseudoflächen eines „Ichthyos" liegen in einer Ebene.

Horizontal liegende Flächen sind andererseits an den natürlichen Stengeln niemals beobachtet worden.

Die gemachten Annahmen für die V. G. ergeben also bei anhaltend gleichzeitigem[1] Wachsen keinen mit Oszillationsstreifen bedeckten Quarzstengel von $\pm$ gleichmäßiger Dicke, sondern ein spitz zulaufendes, keilförmiges Gebilde. Wechselt jedoch Wachstum mit vollständigem Ruhestadium der einzelnen

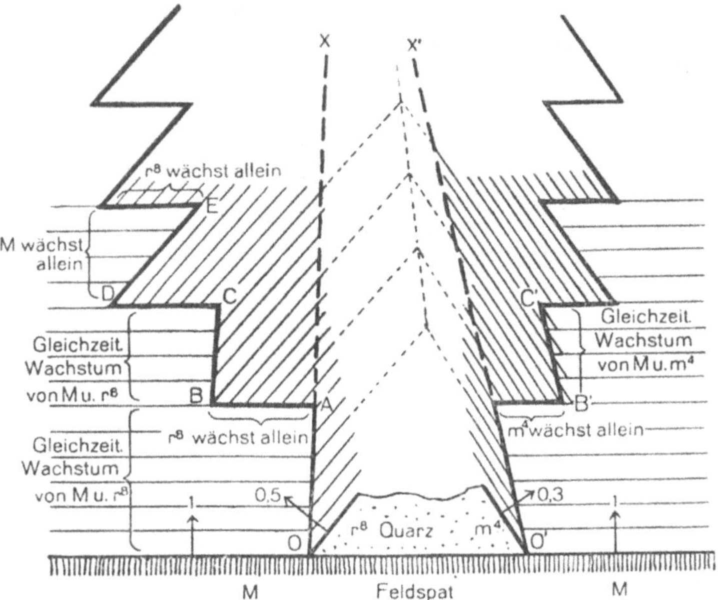

Abb. 94. Mögliche Wachstumsformen eines Quarzstengels („Ichthyo") nach FERSMANNs Gesetz + C. Schnittlage $\perp M$ (vgl. Abb. 92, Schnitt r^8—m^4). Der Quarz ist als selbständiger Kristall von endlicher Größe. auf der M-Fläche des Feldspats liegend dargestellt, begrenzt vom Rhomboeder und Prisma. — Bedingung: Relative Verschiebungsgeschwindigkeit der Flächen: $M = 1$; $r^8 = 0,5$; $m^4 = 0,3$. (M = größte V.G.) Die Streifen parallel zu den Ausgangsflächen r^8, m^4 und M geben das in gleichen Zeiten erreichte Flächenwachstum an. Die gestrichelten Linien OX und $O'X'$ zeigen den Kantenverlauf bei gleichzeitigem Flächenwachstum ohne Oszillation. — Abwechselndes Flächenwachstum ergibt „horizontale" Flächenstücke nach Art der Flächen A—B oder C—D der linken Seite der Abb. 94. — Solche Flächen sind an Ichthyos nicht beobachtet worden. Die Annahme, daß eine Kristallfläche zeitweise ihr Flächenwachstum ganz einstellt, ist wenig wahrscheinlich. Trotzdem kann man nur unter Annahme eines unterbrochenen Wachstums von M bei ersatzweisem Weiterwachsen von m^4 eine Entwicklung des Ichthyos nach den Seiten hin erreichen. — Die Erzielung eines einheitlichen Ichthyos von entsprechender Länge erfordert als weitere Annahme ein rhythmisch gesteuertes, periodisches Wachstum der einzelnen Flächen; die Zeiten der Ruhe und des Wachstums müssen sich entsprechen und dürfen sich in ihren absoluten Beträgen auf längere Dauer nicht wesentlich verändern, um einen einheitlichen, langgestreckten Quarzstengel zu erzeugen. — Die Erfüllung aller dieser Voraussetzungen erscheint fast unmöglich.

[1] Hierzu könnte man einwenden, daß FERSMANN ja gerade das gleichzeitige Wachstum der Flächen ablehnt gegenüber dem ryhthmisch-oszillierenden Flächenvortrieb. Wie aus den Abb. 94 und 95 hervorgeht, ist es zur Erzielung einer einheitlichen Pseudofläche notwendig, gemeinsames Flächenwachstum anzunehmen, wenn Alleinwachstum der einzelnen Flächen indiskutable Formen ergeben würde (alleiniges Wachstum von r^8 in Abb. 94 würde horizontalen Grenzverlauf ergeben!).

Beispiele solcher Einschaltungen räumlicher Bereiche, in denen zwei Flächen gleichzeitig wachsen, sind auf Abb. 94 und 95 die Strecken O—A und B—C.

Die gemeinsame Grenzebene O—A, B—C kann man sich auch durch oszillierendes Wachstum dünnster Schichtdifferentiale der beiden „oszillierend", im Endergebnis aber „gleichzeitig" gewachsenen Kristallflächen entstanden denken (Abb. 94, Strecke B'—C' Abb. 95, Strecke O'—A').

Flächen ab, so entstehen zwar Oszillationskanten; die pseudoflächenbildenden Flächenelemente aber stoßen dann unter Winkeln zusammen, welche die Natur nicht kennt. Die angenommenen V.G. $M > r^s > m^4$ $(M = 1)$ führen also auf keine Weise zu diskutierbaren Formen.

Im zweiten Fall (Abb. 95) wurden unter sonst gleichen Verhältnissen die Wachstumsgeschwindigkeiten $M < m^4 < r^s$ $(= 0{,}75,\ 1,\ 1{,}25)$ angesetzt. Die V.G. der Feldspatfläche M ist hier also am geringsten.

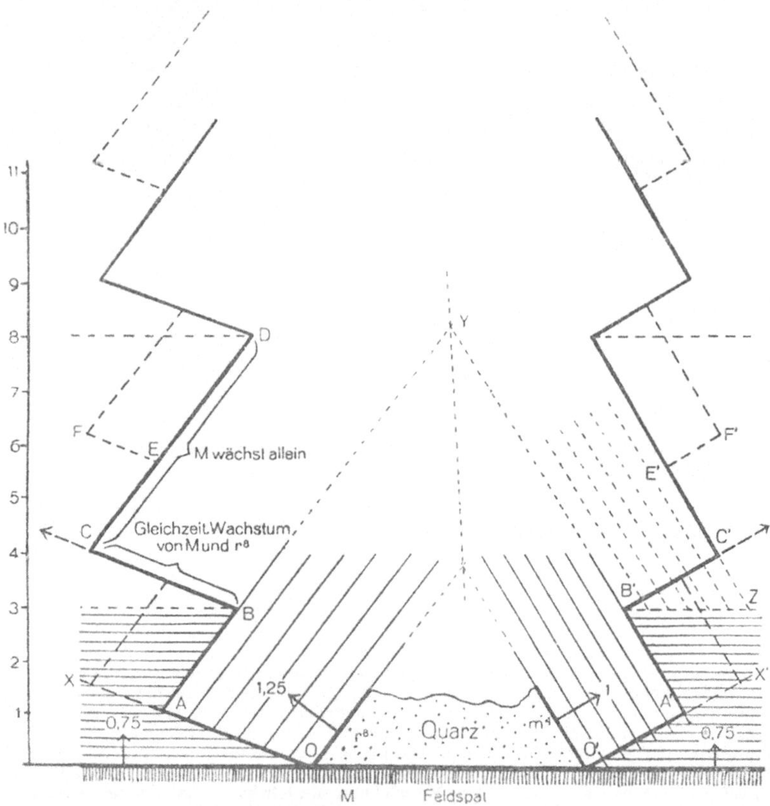

Abb. 95. **Mögliche Wachstumsform eines Quarzstengels** (Gesetz + C). Gegenseitige Stellung der Kristalle Schnittlage usw. wie Abb. 94.—Bedingung: Relative Verschiebungsgeschwindigkeit der Flächen: $M = 0{,}75$; $r^s = 1{,}25$; $m^4 = 1{,}00$ (M = kleinste V.G.). Die gestrichelten Linien O'—X' und O—X geben das Flächenwachstum ohne Oszillation. — Würde das gleichzeitige Wachstum von M und r^s bzw. m^4 anhalten, so erhielte man einen schüsselförmigen Quarzkörper, aber keinen langgestreckten „Ichthyo". — Da aber ein solcher entstehen soll, muß man wiederum zum abwechselnden Flächenwachstum greifen und nach einer Strecke gemeinsamen Wachstums (O—A) Materialanlagerung nur noch auf M annehmen usw. Gleichbleibende Dicke des „Ichthyo" erfordert dabei ungleiche Abstände der durch alleiniges Wachstum von M oder gleichzeitiges Wachstum von M und r^s erzeugten Schichtdicken. — Außerdem ist es wichtige Voraussetzung, daß auf der rechten und linken Seite der Abb. 94 und 95 Beginn und Aufhören des sich entsprechenden Flächenwachstums genau zur gleichen Zeit (d. i. nach Erreichung sich entsprechender Flächendicken) erfolgt.

Nimmt man zunächst wieder dauernd *gleichmäßiges* Wachstum aller Flächen an, so ergibt sich der Grenzverlauf Quarz-Feldspat, gekennzeichnet durch die Linie OX, $O'X'$, d. h. es entsteht ein ganz flacher, schüsselartiger Quarzkörper. Erst beim Eintreten rhythmischen Wachstums für das doch naturgemäß ein wenn auch unbekannter Grund vorliegen muß, entsteht Oszillationsstreifung. Die Lagewinkel der entstandenen rechten und linken Flächenelemente (gegen die

Längsachse des Stengels gemessen) sind dabei deutlich verschieden. (In der Natur bisher nicht beobachtet!)

Die rhythmische Kristallisation, d. h. das abwechselnde Wachstum einmal der einen, einmal der anderen Fläche darf aber nicht in gleichen Abständen erfolgen, wenn eine gleichmäßige Stengelbildung mit entsprechenden Pseudoflächen erzielt werden soll. Hierzu müssen die beteiligten Flächen des Quarzes und Feldspates verschieden dicke Kristallschichten anlagern, wie aus Abb. 95 hervorgeht. So z. B. wächst auf der linken Seite dieser Zeichnung (Strecke A—B) die M-Fläche des Feldspates von 1—3 des Maßstabes; von 3—4 (B—C) wachsen Quarzfläche r^8 und M des Feldspates gemeinsam, von 4—8 (C—D) die Feldspatfläche wieder allein, aber um den doppelten Betrag wie zu Anfang. Wachsen Quarz- und Feldspatflächen längere Zeit gemeinsam weiter, so würde das auf der Strecke B—C und B'—C' über C und C' hinaus eine so große Fläche ergeben, daß kein eigentlicher Quarzstengel entstände, sondern wieder ein schüsselförmiger Körper.

Soll also ein regelmäßiger Stengel entstehen, so muß nach dem Erreichen einer bestimmten Flächengröße das gleichzeitige Wachstum von M und r^8 abgelöst werden durch alleiniges Wachstum von M.

Die gemachten Annahmen für die V. G. ergeben in diesem zweiten Fall für gleichzeitiges Wachstum nicht mehr einen schmalen, keilförmigen Stengel wie in Fall 1, sondern einen breiten, schüsselförmigen Körper. Erst bei oszillierendem Wachstum (gleichzeitiges Wachstum von M und r^8 im Wechsel mit alleinigem Wachstum der M-Fläche) entstehen Kanten, deren Winkel, wenn auch nicht genau mit den natürlichen übereinstimmend, doch als diskutierbare Modellwerte angesehen werden könnten.

Trotzdem ergeben sich folgende fast unüberwindliche Schwierigkeiten für die Fersmannsche Theorie. Es ist bisher nicht beobachtet worden, daß die die Pseudoflächen der Stengel aufbauenden Flächenelemente unter merklich verschiedenen Winkeln aneinanderstoßen. Infolge der abweichenden Wachstumsgeschwindigkeiten der r^8- und m^4-Flächen des Quarzes werden aber, wie es Abb 95 deutlich zeigt, auf der rechten und linken Seite des Stengels unterschiedliche Flächenwinkel entstehen. Da ferner der sich bildende „Ichthyo" im Einklang mit den natürlichen Verhältnissen eine einigermaßen gleichbleibende Dicke haben soll, müssen die durch alleiniges Wachstum von M oder gleichzeitiges Wachstum von M und r^8 erzeugten Schichtdicken *ungleiche Abstände* besitzen (Maßstab der Abb. 95 0—1 und 1—3). Schließlich ist zur Erzielung der Ebenenhaltigkeit der Oszillationsstreifen zu fordern, daß auf den verschiedenen Pseudoflächen eines Quarzstengels (vgl. rechte und linke Seite der Abb. 95) Beginn und Ende des korrespondierenden Flächenwachstums genau zur gleichen Zeit (d. h. nach Erreichung der sich entsprechenden Stengelabschnitte — Punkte A, B, C, F —) erfolgt. Auch diese Voraussetzungen können in ihrer Gesamtheit kaum als erfüllbar angesehen werden.

Zusammenfassend müssen also folgende Bedingungen — abgesehen von Erwägungen über die absoluten V. G. — erfüllt sein:

1. Die Wachstumsgeschwindigkeiten müssen auf die Ausgangsflächenlagen so abgestimmt sein, daß keine horizontalen Flächen entstehen.

2. Das Wachstum der Flächen muß in *unregelmäßigen* Rhythmen erfolgen, um das Hauptziel, die auf der Induktionsfläche senkrecht stehende und ± gleichmäßig ausgebildete Pseudofläche, zu erreichen.

Hierzu müssen bestimmte Flächen über entsprechende Strecken hinweg gleichzeitig wachsen — im oben erläuterten Sinn. Außerdem aber müssen im nächsten Oszillationsrhythmus die gleichen Flächen unabhängig voneinander, *einzeln* für sich wachsen und zwar oszillierend und über Strecken von gleicher Größe hinweg.

3. Da bisher nur die gewöhnlichen Wachstumseigenschaften wachsender Kristallflächen (gleichzeitiges oder ungleichzeitiges, rhythmisch unterbrochenes oder ununterbrochenes Wachstum) unserer Vorstellung verfügbar sind, muß eine besondere Kraftwirkung der Feldspatfläche — von FERSMANN „Induktion" genannt — angenommen werden, welche die oszillierend wachsenden Kristallflächen zur Herausbildung einer einheitlich ebenen Grenzfläche, eben der „Pseudofläche" zwingen.

Diese unbekannte Kraftwirkung der Induktion, welche das Gleichgewicht zwischen gleichartigen Flächen erzwingt, muß auch die Flächen anderer kristallographischer Lage, also diejenigen mit abweichender Wachstumsgeschwindigkeit, zu *gleichzeitigem* Beginn oder Ende ihres Wachstums veranlassen. Wäre das nicht der Fall, so könnten die Oszillationsstreifen nicht in einer Ebene liegen, wie sie es nach den Beobachtungen FERSMANNs tun.

Ist es schon schwer zu verstehen, weshalb sich die induzierende Fläche *einer* Kristallart den wachsenden Flächen der anderen Substanz gegenüber durchsetzt, so bleibt es ohne besondere Annahme überhaupt unklar, weshalb das auf die induzierten Kristallebenen der verschiedensten Lage und Neigung wirkende, richtende Moment der induzierenden Fläche immer das gleiche Resultat hervorruft.

4. Die durch ungleichwertige Flächen erzeugten Oszillationsstreifen bilden verschiedene Winkel mit der Quarzstengel-Längsachse, die am einzelnen „Ichthyo" nachweisbar sein müßten.

5. Da die Oszillationsstreifen der Quarzstengel in einer Ebene liegen, muß auf allen Flächen Beginn und Ende des Wachstums *immer gleichzeitig* eintreten, eine Voraussetzung, zu der man sich angesichts der zum Teil recht großen, bis zu mehreren Zentimetern und mehr im Durchmesser betragenden „Ichthyos" nur schwer entschließen wird.

Es ist kaum möglich, alle diese Voraussetzungen auch nur teilweise zu erfüllen. Außerdem zeigen Beobachtungen an den Quarzstengeln, daß die natürlichen Begrenzungsflächen der Quarze von den durch die geschilderte geometrische Ableitung erhaltenen deutlich abweichen, die gemachten Voraussetzungen also zu nicht genügend übereinstimmenden Formen führen.

Außer den hier entwickelten Vorbehalten gegen die von FERSMANN aus der Art der Verwachsung gezogenen genetischen Schlüsse sprechen noch die folgenden Punkte *gegen* die vorgetragene Ansicht und somit gegen die gleichzeitige Bildung von Quarz und Feldspat.

1. Die FERSMANNschen Beobachtungen der Streifung der Pseudoflächen zeigen, daß ihre einzelnen Teilflächenstücke zylindrische Krümmung haben. Diese wird als charakteristisch für gleichzeitiges, eutektoides Wachstum zweier Kristallkörper erklärt. Demgegenüber steht die Ableitung A. JOHNSENs (1923, *2*), welcher feststellte, daß bei gleichzeitigem Wachstum sich berührender Kristallflächen *ebene* Flächen gebildet werden, deren Lage von den V. G. der wachsenden Flächen abhängig ist. (Die zylindrische Flächenkrümmung FERSMANNs würde bei allmählicher Konzentrationsänderung der Lösung entstehen.)

2. Eine große, grundsätzliche Schwierigkeit bedeutet die Annahme der rhythmisch schwankenden Konzentration der Lösung, welche für das Zustandekommen der Oszillationsstreifung (im Mursinkagebiet nach FERSMANN 80 bis 100 Streifen je Zentimeter, also 1 Streifen auf $^1/_7$—$^1/_{10}$ mm Weglänge) notwendig ist und welche immer bis zum Ende der Stengelbildung anhält, nie Abweichungen und Rekurrenzen erzeugt und offenbar immer zwischen den gleichen Grenzwerten schwankt. Eine solche rhythmisch gesteuerte Konzentrationsänderung der Lösung — man denke an den ruhenden Inhalt einer pegmatitischen Druse — müßte aber auch im Zonarbau der Feldspäte (und des Quarzes!) ihren Ausdruck gefunden haben. Derartige Beobachtungen konnten aber bisher nirgends gemacht werden.

3. Da die Streifung der Pseudoflächen — wie auch FERSMANN angibt — in einer Ebene liegt, müssen *die relativen Wachstumsgeschwindigkeiten aller zu Pseudoflächen führenden Flächenelemente gleichgroß sein.* Wie es aber möglich ist, daß einmal die Rhomboederfläche, dann die Prismenfläche des Quarzes mit *derselben M*-Fläche des Feldspates (die ja in übereinstimmenden Richtungen die gleiche V. G. hat!) *gleichzeitig* und *gleichschnell* wächst, kenntlich daran, daß die entstehenden Oszillationsstreifen in einer Ebene liegen, ist ohne komplizierte Hilfsannahmen nicht erklärbar, ganz abgesehen davon, daß wachsende Kristallflächen sich ja gerade durch ihre spezifischen V. G. unterscheiden!

4. Die Endigungen der in der Feldspatsubstanz „steckengebliebenen", also auch an den Enden mit Feldspatmaterial bedeckten Quarzstengel können ein wichtiges Hilfsmittel zur Entscheidung der Frage nach gleichzeitigem (eutektischem) oder ungleichzeitigem Wachstum von Quarz und Feldspat bilden.

Nach FERSMANNs Vorstellung ist die gemeinsame Quarz-Feldspat-Grenze eine (im offenen Bereich gewachsene) Kompromißfläche, deren einzelne Abschnitte sich aus reellen Flächenelementen zusammensetzen. In irgend einem Augenblick der Entwicklung müssen einmal solche reelle Quarzflächen bestanden haben, die „frei" gegen die Lösung gewachsen sind und die an nicht mit dem Feldspat in Berührung stehenden Stellen frei in den Kristallisationsraum hineinragen (s. Oszillationsstreifung). Bleibt nun nach Erreichung dieses Zustandes die SiO_2-Zufuhr aus irgendeinem Grunde aus, so wächst die Feldspatfläche allein weiter und fixiert den Quarzstengel in der zuletzt vorliegenden Form. Die reellen Flächen müßten in diesem Fall erhalten und auch in Form schmalster Stufungen kenntlich geblieben sein. Trotzdem sich aber in Längsschnitten parallel den Quarzstengeln oft Ende und Wiederbeginn eines Ichthyos beobachten läßt, ist niemals eine echte, terminale Quarzfläche im Feldspat zu finden. Ein im Feldspatinnern endender „Kopf" eines Quarzstengels ist immer unregelmäßig gerundet oder läuft spitz aus (Abb. 96 und 97). Es fehlen jedenfalls alle Anzeichen eines Wachstums in offner Front bei den im Feldspat liegenden Quarzkörpern; nur die aus dem Feldspat *herausragenden* Quarzköpfe tragen reelle Kristallflächen.

Gerade diese Tatsache scheint von besonderer Bedeutung. Man kann hinsichtlich dieser Erscheinung allerdings wie FERSMANN argumentieren und die Köpfchenquarze als Produkt eines das Feldspatwachstum überdauernden Quarzwachstums erklären. Dann aber bleibt es unverständlich, weshalb der Feldspat *niemals Rekurrenzen* zeigt und dabei die Köpfchenquarze allseitig überwächst, während die Quarzstengel im Innern häufig Ende und Wiederbeginn erkennen lassen. Sollten terminale Flächen entstanden sein, so könnten diese sehr wohl durch Ablagerung von Fremdmaterial (vgl. Kappenquarzbildung) kenntlich fixiert werden. Derartiges ist in Schriftgranitquarzen niemals beobachtet worden. Während der Feldspat gelegentlich Zonarstruktur zeigt, fehlt diese bei den Quarzstengeln völlig. Weshalb aber sollen beim Vorkommen von Wachstumsrhythmen zur Bildung zonarer Schichtung diese immer nur auf den Feldspat beschränkt bleiben, wo doch die FERSMANNsche Hypothese auch für den Quarz Wachstumsrhythmen verlangt!

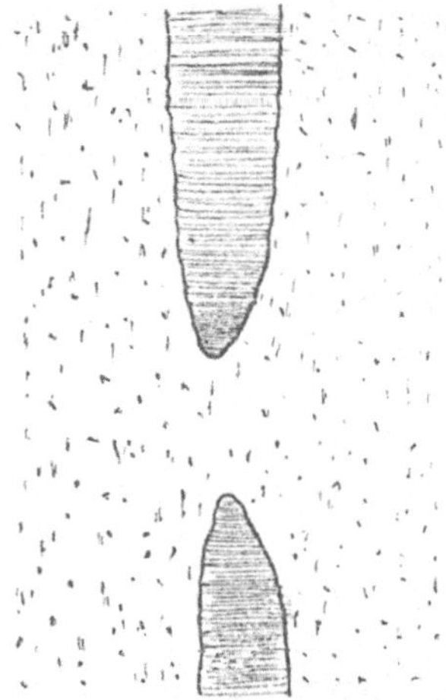

Abb. 96. Endigung und Wiederbeginn eines Quarzstengels im Kalifeldspat. Vergr. 10mal.

5. FERSMANN ist der Ansicht, daß der „Ichthyo"-Quarz Hochquarz, der Quarz der Köpfchen aber Tiefquarz sei (vgl. hierzu J. H. L. VOGT, 1928, *7*, O. MÜGGE, 1921, *2* und P. NIGGLI, 1920). Das Hauptargument FERSMANNs besteht in der Deutung der Sprünge der Schriftgranitquarze als durch α/β-Umwandlung hervorgerufene und ausgelöste Spannungen. Beim Herauspräparieren der Quarzstengel konnte ich bisher keine Unstetigkeitsflächen irgendwelcher Art zwischen der im Feldspatinnern steckenden Stengelmasse und den Köpfchen feststellen, auch in Dünnschliffen nicht. Das sollte aber zu erwarten sein, wenn sich auf einen vorgegebenen Hochquarz eine Tiefquarzgeneration aufbaut.

Das Vorhandensein von Sprüngen im Innern des Quarzes allein und ohne andere beweisende Merkmale ist keinesfalls mit Sicherheit als eine α/β-Umwandlung zu deuten. Es gibt verschiedene Arten relativ früh angelegter Unstetigkeitsflächen (flächenhafte Porenzüge, Porenschichten, usw.) sowie späterer, auf mechanische (oder thermische?) Beanspruchung rückführbarer Diaklasen, deren Genese im einzelnen noch nicht genügend geklärt ist. Auf diesem Gebiet sind noch weitere Untersuchungen nötig, um die wahre Natur von „Ichthyo"- und „Köpfchen"-Quarz festzustellen. Wichtig erscheint hierbei der Hinweis O. MÜGGEs (1921, *2*), der den von WRIGHT und LARSEN (1910, *4*), versuchten Beweis für die Hochtemperatur-Modifikation des Schriftgranitquarzes — soweit es sich dabei um die Verwendung von Zwillingsgrenzen handelt — nicht für erbracht ansieht (s. auch O. MÜGGE, 1927, *5*, S. 186).

6. FERSMANN betont betreffs der Perthitverwachsungen (a. a. O., S. 89), daß „die bei der Entmischung entstandene Plagioklassubstanz sich um die

Quarzstengel herumdrängt" und „nur gleichzeitig oder noch wahrscheinlicher *nach der Quarzbildung* entstanden" sei. Es ist durchaus möglich, daß Perthit-

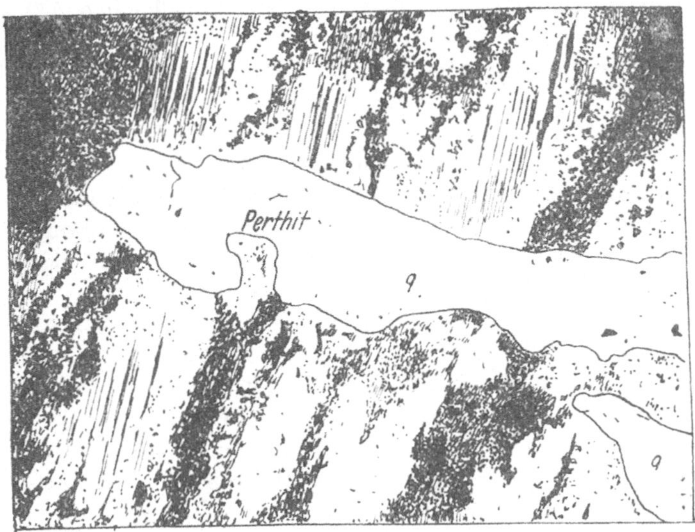

Abb. 97. Endigung zweier Quarzstengel im Kalifeldspat. Keine kristallographischen, sondern gerundete Kompromiß-Flächen. Eine stehengebliebene Perthitzunge ragt in den Quarz hinein. Schriftpegmatit Mursinka. Vergr. 56mal.

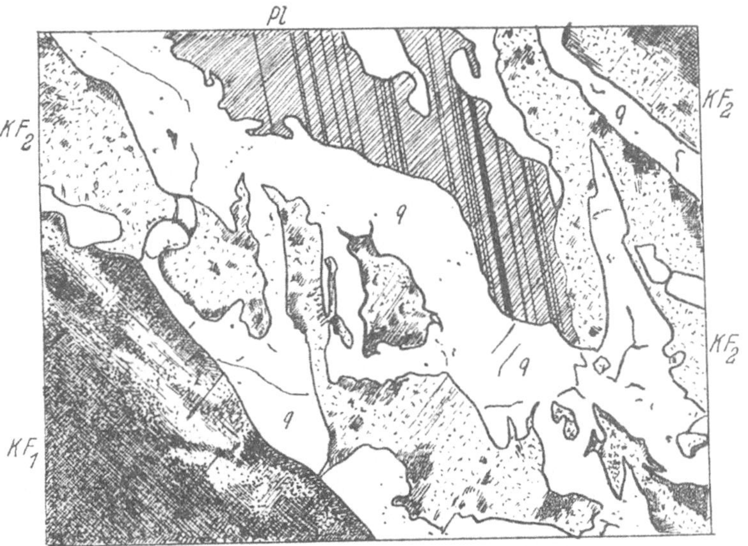

Abb. 98. Schriftgranitquarz *q* durchdringt Kalifeldspat (*KF₁* und *KF₂*) und die folgende infiltrativ in diesen eingesenkte Albitgeneration (*Pl*) unter Bildung einheitlich orientierter Korngruppen. — Schriftgranit Striegau. Vergr. 42mal.

material und Quarz an den gleichen Stellen angereichert werden. Wahrscheinlich ist für ein derartiges Zusammenvorkommen auch ein realer Grund vorhanden (Durchlässigkeit der Intertrunculare). Indessen ergab die eigentliche Altersbestimmung für sämtliche der bisher von mir bearbeiteten Vorkommen —

einschließlich der FERSMANNschen Fundpunkte, soweit von diesem Material zur Verfügung stand — einwandfrei das jüngere Alter des Quarzes gegenüber den Perthitlamellen. Man sieht häufig nicht nur Perthitlamellen in den Quarz hineinragen, sondern findet auch Bereiche, wo Perthitleisten noch im primären Verband mit Kalifeldspatsubstanz in der Art von Bruchstücken ringsum eingebettet im Quarz liegen[1].

Diese Beobachtung zeigt mit voller Sicherheit, daß die Perthitausscheidung älter ist als die Quarzbildung. Da aber die Perthitisierung, als Entmischungsvorgang aufgefaßt, wenigstens gleichalt mit dem Feldspat sein muß, so ergibt sich daraus mit der gleichen Gewißheit, daß auch der Quarz jünger ist als der Feldspat. (Weitere Beobachtungen über das Altersverhältnis Feldspat-Perthit-Quarz S. 139 ff.).

7. Die Quarzstengel sind nur teilweise völlig aus Quarz aufgebaut. Sie enthalten häufig einen unregelmäßigen Feldspatkern. Innere und äußere Seite des gewöhnlichen Quarzstengels sind in fast allen Fällen verschieden ausgebildet. Die innere Seite zeigt häufig ein skelettartiges, dendritisches Wachstum ohne Ausbildung von Kristallkanten (Abb. 145, 150 und S. 158). Diese Ungleichwertigkeit in der Ausbildung der Stengel sowie die häufige Füllung der Stengel mit einer Feldspatlamelle ist durch die FERSMANNsche Theorie in ihrem bisherigen Umfang nicht zu erklären.

c) Die Theorie Gäckels.

Eine rechnerische Rückführung der von FERSMANN angenommenen geometrischen Gesetzmäßigkeiten auf Struktureigenschaften mit anschließendem Versuch einer genetischen Deutung findet sich bei GÄCKEL (1931, 7). Er sucht zunächst die Bedingungen auf, unter denen Verwachsungen heteropolarer Kristalle möglich sind. Unter Benutzung der Arbeiten von BARKER (1908, 2), FRIEDEL (1911, 7) und ROYER (1928, 8) stellte er fest, daß das Verwachsungsgesetz zweier chemisch und gestaltlich verschiedenen Gitter Gleichheit der Netzmaschen, der Polarität aufeinanderfallender Gitterpunkte und Gleichheit der Bindungsart (heteropolar oder homoiopolar) fordert.

Im Falle gleichartigen Wachstums zweier miteinander gesetzmäßig verwachsener Kristalle ist die Annahme der *Keimauslese* zwischen orientiert angelagerten Keimen notwendig, welche als Sonderfall des GROSS-MÖLLERschen Gesetzes (1922, 3) bestimmten Flächen — trotz geometrisch-struktureller Benachteiligung — zur Entstehung verhelfen soll. (Da, wie die in der Ebene liegenden Oszillationsstreifen beweisen, die entstehenden Pseudoflächen rings um den wachsenden Quarzstengel herum zu jedem Zeitpunkt gleichweit im Wachstum vorgeschritten sind, muß man bei Annahme der GÄCKELschen Theorie der Keimauslese den Schluß ziehen, daß auf den verschiedenartigsten Pseudoflächen

---

[1] Daneben gibt es noch eine jüngere Albitphase (vgl. die beim Myrmekit beschriebene Albitkornbildung!), gut kenntlich an den Vorkommen von Striegau und der Lausitz, die ihrerseits wieder auf den Kristallflächen des „Köpfchen"-Quarzes aufsitzt. (Das Altersverhältnis Kalifeldspat-Albit-Quarz im Innern einer derartigen Verwachsung zeigt Abb. 98. Quarz ist hier zweifelsfrei die jüngste Bildung.) Vielleicht meinte FERSMANN solche Bildungen und wollte zeigen, daß sie mit Entmischungsvorgängen der Kalifeldspäte nichts zu tun haben, sondern aus späteren Lösungen auf die schon fertig gebildeten Feldspat-Quarz-Gruppen abgesetzt wurden.

nicht nur das relative Wachstum, sondern auch die Keimauslese gleich „schnell" erfolgt. Hierzu wird man sich aber nur schwer entschließen können.)

Die orientierte Verwachsung zweier Kristallgitter ist nach dem von GÄCKEL angenommenen Verwachsungsgesetz in erster Linie von der Übereinstimmung der Parameter auf den Gittergeraden zweier sich berührender Flächen abhängig. Indem er die Parameterwerte der entsprechenden Zonen des Quarzes und Feldspates (unter Zugrundelegung der Quarzstruktur nach WYCKOFF (1926, *6*) und der Feldspatstruktur nach SCHIEBOŁD (1930, *6*) in der den einzelnen „Gesetzen" FERSMANNs und anderer Autoren zukommenden Lage bestimmt und die gefundene Übereinstimmung der Parameter in Prozenten ausdrückt, erhält er Zahlenwerte für die Häufigkeit der „Gesetze". Da sich in einer größeren Zahl von Fällen eine schlechte Übereinstimmung der theoretisch errechneten Häufigkeit der Gesetze mit ihrem wirklichen Auftreten ergibt — vgl. „Gesetz" *Breithaupt*, „Gesetz" *Rose* — macht GÄCKEL die Annahme, daß man unter Berücksichtigung der oben erwähnten Keimauslese zwischen orientiert angelagerten Quarzkeimen solche Diskrepanzen in den Parameterwerten sowie das Vorkommen seltener „Gesetze" wie Gesetz D, E, „Gesetz" *Mäkinen* (1931, *1*), erklären könne.

Durch anschließende Versuche mit eutektischen Pb-Sb-Schmelzen und Feststellung, ob die ausgeschiedenen Bleikristallite eine bestimmte Orientierung zum Antimon aufweisen, ergab sich, daß die eutektische Struktur nur äußerliche Ähnlichkeit mit der Schriftstruktur besitzt.

Aus diesen Beobachtungen zieht GÄCKEL den Schluß, „daß der eutektische Charakter einer, selbst unter besonderen Bedingungen erstarrenden Schmelze, *nicht* hinreicht, um schriftgranitische Verwachsungen entstehen zu lassen. Erst durch das Zusammenwirken von *gleichzeitiger* Ausscheidung zweier Komponenten *und* struktureller Verwandtschaft der Netzebenen entstehen die Verwachsungen, die gesetzmäßig gegenseitige Orientierung der beiden Komponenten aufweisen", wie der Schriftgranit.

Die FERSMANNsche und GÄCKELsche Darstellung der Geometrie und Struktur schriftgranitischer Quarz- und Feldspatverwachsungen ergibt als geistreiche und originelle Konstruktion ohne Zweifel klare und einfache Verhältnisse, so lange man nur die bisher bekannten Beziehungen zwischen Quarz und Feldspäten betrachtet. Es ist nun näher zu prüfen — abgesehen von gewissen, im vorigen Kapitel geschilderten Unstimmigkeiten — ob sich die inzwischen auf dem Gebiet der Reaktionsgefüge gemachten Beobachtungen mit der von FERSMANN und GÄCKEL dargelegten Hypothese vereinigen lassen, insbesondere, ob sich die gemachten Rückschlüsse auf die Genese des Schriftgranits aufrechterhalten lassen und man in *jedem Fall* die Gleichzeitigkeit der Quarz-Feldspat-Kristallisation annehmen muß oder nicht.

2. Neuere Beobachtungen an Schriftgranit und den schriftgranitartigen Verwachsungen.

Zur Gewinnung neuen Beobachtungsmaterials wurde im wesentlichen folgendermaßen verfahren:

1. Es wurden zunächst die Quarzachsenlagen *primärer* Gefüge an Dünnschliffen einer größeren Zahl von Vorkommen gemessen, um für die Variabilität

der Achsenlagen des Schriftgranits Anhaltspunkte zu erhalten. Es wurden 2. die Beziehungen zwischen Primäreinschlüssen, Perthiteinlagerungen und Quarz festgelegt, 3. die Sekundärquarzbildungen auf Fugen und Rupturen untersucht und anschließend 4. die Übergangsbildungen zwischen Schriftgefüge, Granophyrstruktur und normalem Gesteinsgefüge quarzführender Gesteine auf genetische Zusammenhänge hin geprüft. Damit ergibt sich bereits in großen Zügen ein Bild der Beziehungen zwischen den Quarzphasen während der Bildungsstadien eines granitischen Gesteins.

Die Drehtischvermessung einer größeren Reihe von Schriftgranit-Dünnschliffen verschiedener Herkunft ergibt zunächst, daß offenbar eine größere

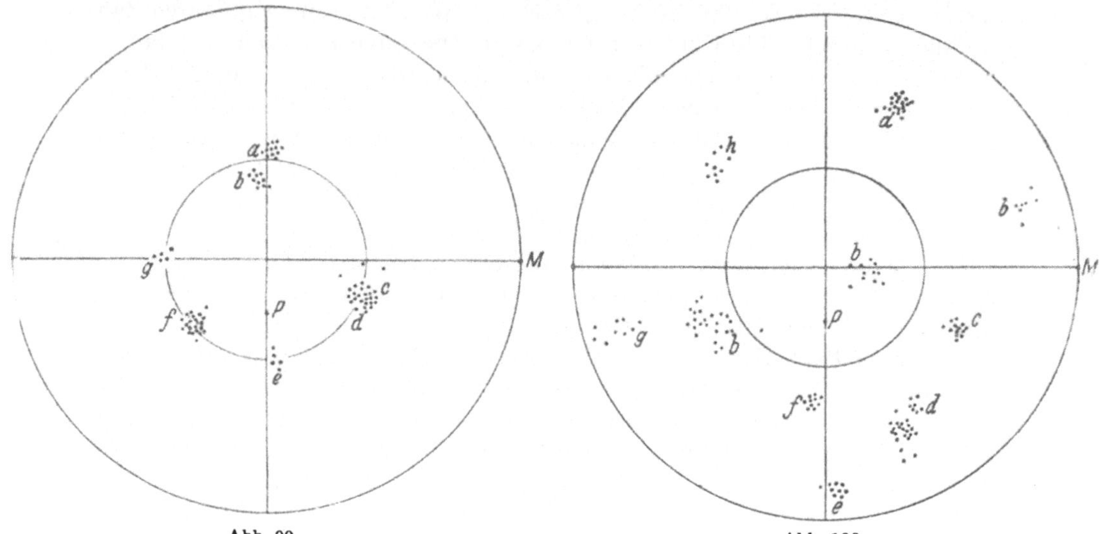

Abb. 99. Abb. 100.

Abb. 99. Straffe Quarzachsenmaxima auf dem 42°-Kreis. Fundpunkte a) Odenwald, b) Fischbach, c) Mursinka, d) Juzakowa, e) Heidelberg, f) Torro (Finnland), g) Birkenauer Tal.

Abb. 100. Straffe Maxima außerhalb des 42°-Kreises. Fundpunkte: a) Gizeh, b) Bockenrod, c) Ilmenau, d) Carlysle, e) Mokruta, f) Lampersdorf, g) Baveno, h) Schajtanka. — Außer b und h (Schajtanka, Diagramm Abb. 101) zeigt jedes Vorkommen nur einen Achsenort.

Variabilität in den Verwachsungsregeln herrscht, als mit der Annahme wirklicher, die Verwachsung ordnenden *Gesetze* vereinbar erscheint. Von 45 verschiedenen Vorkommen zeigten bei der Messung nur 7 *einen einzigen*, auf dem FERSMANNschen Kreis liegenden Achsenort, welcher einer der geschilderten Positionen entsprach (Diagramm Abb. 99). Andere Vorkommen zeigten ebenfalls nur *einen* Quarzachsenort (Diagramm Abb. 100 außer Beispiel b), der aber in keinem Fall auf dem 42°-Kreis lag, sondern einem erheblich größeren Kreis (etwa 60°) angehörte. Daneben traten Achsenlagen auf, die keinem der genannten Kleinkreise entsprachen, sondern sich regellos verteilt innerhalb oder außerhalb der Kreise vorfanden.

Der größte Teil der durchgemessenen Proben lieferte mehrere Quarzachsenorte, die in vielen Fällen sehr genau besetzt waren und keinerlei vermittelnde Übergänge oder Auflockerung zeigten (Diagramm 100—104 und Abb. 105). Bei anderen Vorkommen, wie denjenigen von Bockenrod und Birkenauer Tal (Diagramm Abb. 103 und 104) fanden sich drei oder sogar sechs recht dicht besetzte Quarzachsen-„Maxima", wobei der 42°-Kreis wiederum auffallend vernachlässigt war, da von 9 Maxima beider Vorkommen nur ein einziges ($+$ A) auf dem FERSMANNschen Kreise lag.

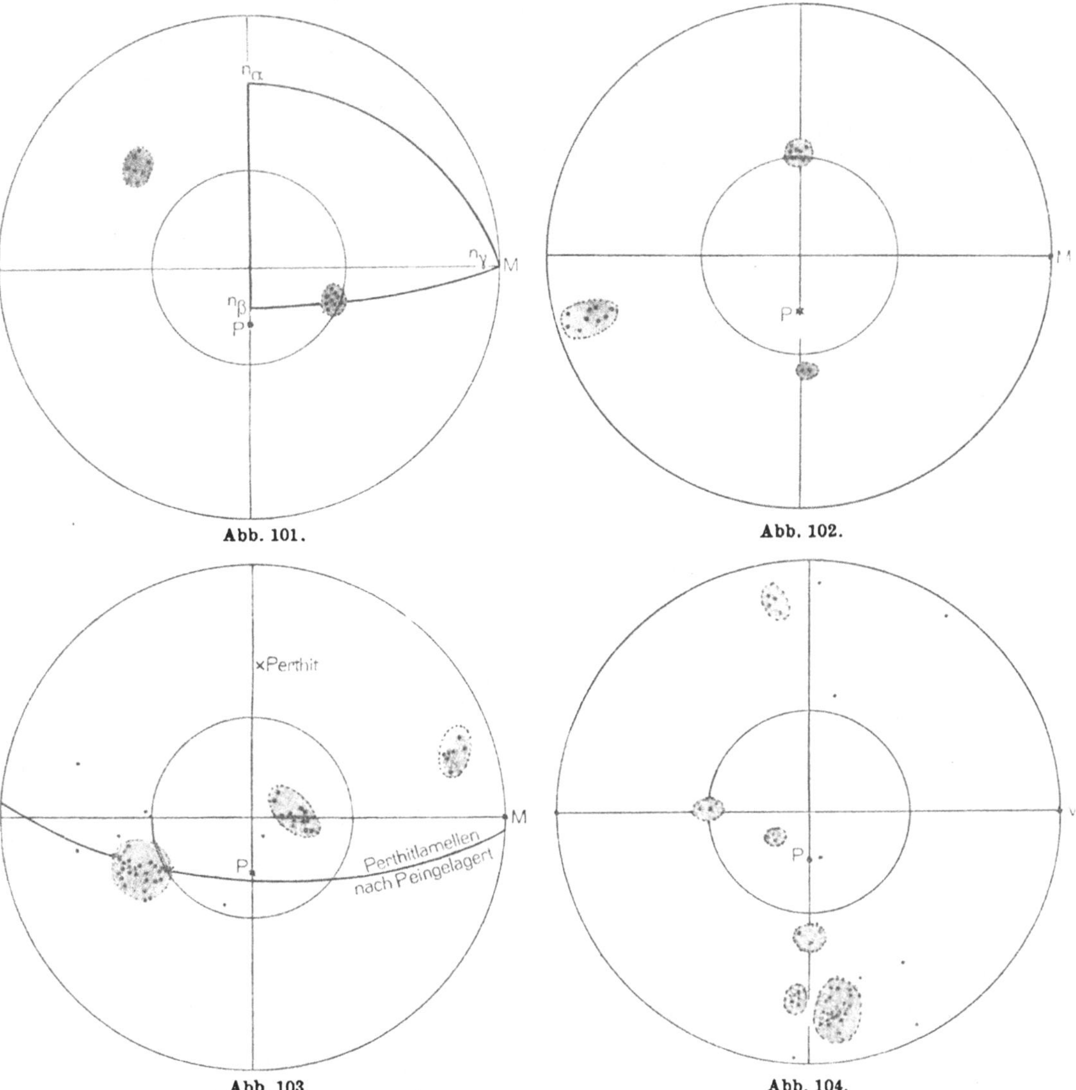

Abb. 101.   Abb. 102.

Abb. 103.   Abb. 104.

Abb. 101—104. Beispiele für Schriftgranite, welche mehrere Quarzachsenmaxima sowohl innerhalb wie außerhalb des 42°-Kreises ausbilden. Innerhalb des 42°-Kreises lassen die Diagramme der Abb. 100, 103 u. 104 Andeutungen der Besetzung eines Kleinkreises mit etwa 22°-Radius erkennen. Einzelne Maxima zeigen beginnende Auflösung. Fundpunkte: Schajtanka, Baveno, Bockenrod, Birkenauer Tal im Odenwald. — Diagramm Abb. 103 u. 104 entsprechen Typen, welche scharfe und gute Ausbildung der Maxima erkennen lassen. Die Quarzkörner gehören streng einem der straffen Maxima an; Zwischenlagen fehlen so gut wie völlig. Diagramm Abb. 103 u. 104 zeigen verschiedene Typen von Achsenhäufungen, die, straff und ohne bedeutende diffuse Zonen, den 42°-Kreis fast ganz vermeiden. — Es ist dabei auffallend, daß die gut ausgebildeten Maxima an Stellen liegen, die im allgemeinen seltener bevorzugt werden; nur 3 Achsenpole des Diagramms Abb. 104 liegen auf dem 42°-Kreis. Auch die übrigen Maxima liegen so, daß sie sich zwar in der Nähe bekannter Häufungsgebiete befinden, aber sehr merklich von der normalen Lage abweichen. — Einzelne Maxima verraten eine deutliche Tendenz zur Auflockerung. Einige wenige Meßpunkte, die keinem Maximum zugeordnet werden können, verstärken weiter den Eindruck beginnender Rekristallisation.

Aber schon im letztgenannten Beispiel (Diagramm Abb. 104, Birkenauer Tal) zeigt sich eine beginnende Tendenz zur Auflockerung und Verbreiterung der Häufungsstellen. Zwar kann man bei der überwiegenden Zahl der Meßpunkte noch entscheiden, zu welchem Maximum sie gehören. Doch stellen sich schon durchaus selbständige Achsenlagen ein, die mit der Besetzung der eigentlichen Häufungsstellen nichts mehr zu tun haben und selbst stark streuen.

In den Diagrammen Abb. 106 und 107 ist diese Auflockerung einmal von *einem* Maximum, dann von *zwei* Häufungsstellen ausgehend dargestellt, um in den folgenden Diagrammen Abb. 108 und 109 fast jede Beziehung zu klaren Häufungs-

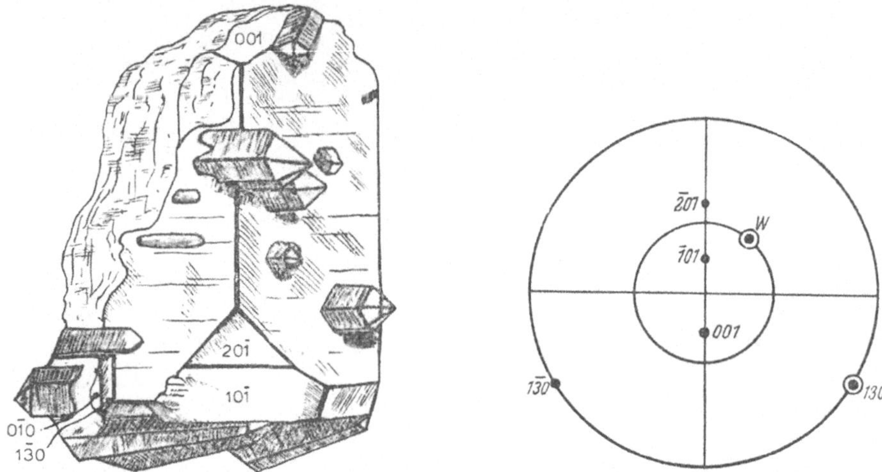

Abb. 105. Orthoklas mit „Köpfchenquarzen", die aus den Prismenflächen herauswachsen oder der Basis aufliegen. An einzelnen herausgebrochenen Quarzen sieht man, daß sie tief in den Feldspat hineinragten, ohne eine Diskontinuitätsfläche erkennen zu lassen. — Der oberste Quarzkristall der Zeichnung auf Kante (001)/(110) folgt der Regel Woitschach (*W*), die Mehrzahl der anderen der noch unbekannten Regel: Quarzachse $\perp$ (130) = „Baveno rechts". — Baveno. Vergr. $1^1/_2$mal.

stellen einzubüßen und mehr die Form einer ungleichmäßigen diffusen Verteilung anzunehmen.

Stellt man die „straffen" Maxima einer größeren Zahl von Fundpunkten zusammen (Diagramm Abb. 110a und b), so fällt wieder wie bei Diagramm Abb. 100, 106—109 die verhältnismäßig geringe Besetzung des 42°-Kreises auf. Beginnende Auflockerung führt zu dem als Diagramm Abb. 110b wiedergegebenen Resultat, für welches die Messungen von nur 6 Fundpunkten verwandt wurden. Auch hierbei springt die geringe Persistenz der Maxima ins Auge. Man kann deutlich erkennen, daß die Ausgangslagen der „aufgelockerten" Häufungsstellen zum Teil andere waren, als diejenigen von Diagramm Abb 110a. So fehlt das Maximum etwa 60° unterhalb *P*, das Maximum des 64°-Kreises im rechten oberen Quadranten usw.

Eine Übertragung des Diagramms Abb. 110b in flächentreue Projektion und Auszählung ergibt den Dichteplan Diagramm Abb. 111, auf dem die VerVerteilung der Maxima deutlich wird. Die Realität eines Kleinkreises von 64° läßt sich wieder erkennen.

Aus den bisher gezeigten Beispielen ist also mit Sicherheit der Schluß zu ziehen, daß die Achsenorte der Quarze *nicht* allein auf dem 42°-Kreis liegen, sondern noch andere Häufungskreise, so der 64°-Kreis, vorkommen oder überhaupt unregelmäßige Verteilung herrscht.

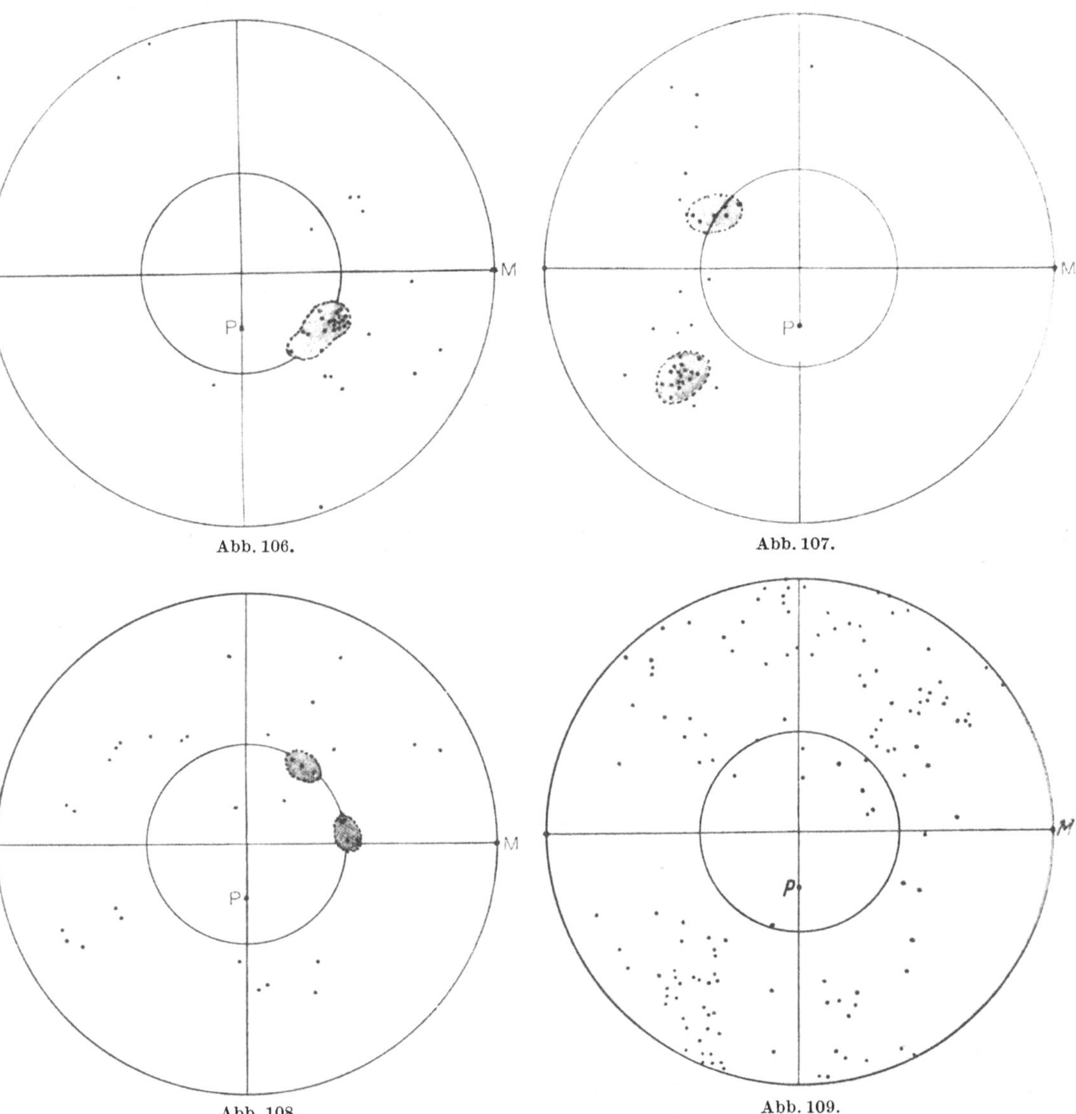

Abb. 106.

Abb. 107.

Abb. 108.

Abb. 109.

Abb. 106—109. Beispiele für stärker streuende Maxima, die fast alle in Auflösung begriffen sind. Fundpunkte: Heidelberg, Kimito (Finnland), Aschaffenburg, Spessart. — Diagramm Abb. 106 zeigt ein deutliches Maximum, welches sich längs des 42°-Kreises ausdehnt und ziemlich scharf von der diffusen Verteilungszone absetzt. — In Diagramm Abb. 107 sind dagegen zwei Maxima — darunter eines auf dem 42°-Kreis — vorhanden, welche gegen die sie umgebende diffuse Zone nur ganz unscharf abgegrenzt erscheinen. — Die Diagramme Abb. 108 u. 109 lassen nur mit Mühe ehemalige Maxima erkennen. Diagramm Abb. 108 zeigt eine Besetzung des 42°-Kreises an Stellen, welche den „Gesetzen" Woitschach und vom Rath entsprechen. Die übrigen Achsenorte liegen fast alle diffus verteilt außerhalb des 42°-Kreises. — Im Diagramm Abb. 109 ist kein primäres Maximum, aus dessen „Auflockerung" sich eine diffuse Verteilung hätte herleiten können, mehr zu erkennen. Auch der 42°-Kleinkreis ist nur unwesentlich besetzt. Einzig im linken unteren Quadranten findet sich eine Achsenhäufung, welche Ähnlichkeit mit dem Maximum des Diagramms Abb. 107 besitzt. — Es hat den Anschein, als ob die unter Spannung rekristallisierenden Quarzgefüge der regelnden Wirkung des Feldspatgitters im wesentlichen entzogen sind.

Damit aber kann man von einer *gesetzmäßigen* Verwachsung von Quarz und
Feldspat im Schriftgranit nicht mehr sprechen. Ausdrücklich aber sei hervorgehoben, daß zu diesem Urteil nicht die aufgelockerten und auseinandergezogenen,
diffusen Maxima, deren Genese im nächsten Abschnitt besprochen wird, führen,
sondern diejenigen straffen Häufungsstellen, welche in Schriftgraniten mit einem
oder mehreren der prägnanten Maxima *außerhalb* des 42°-Kreises auftreten (Diagramme Abb. 102, 103, 104, 107 usw.), und damit zeigen, daß O. MÜGGE mit
seiner Zurückhaltung bei der Annahme von Verwachsungs*gesetzen* des Schriftgranits im Recht war.

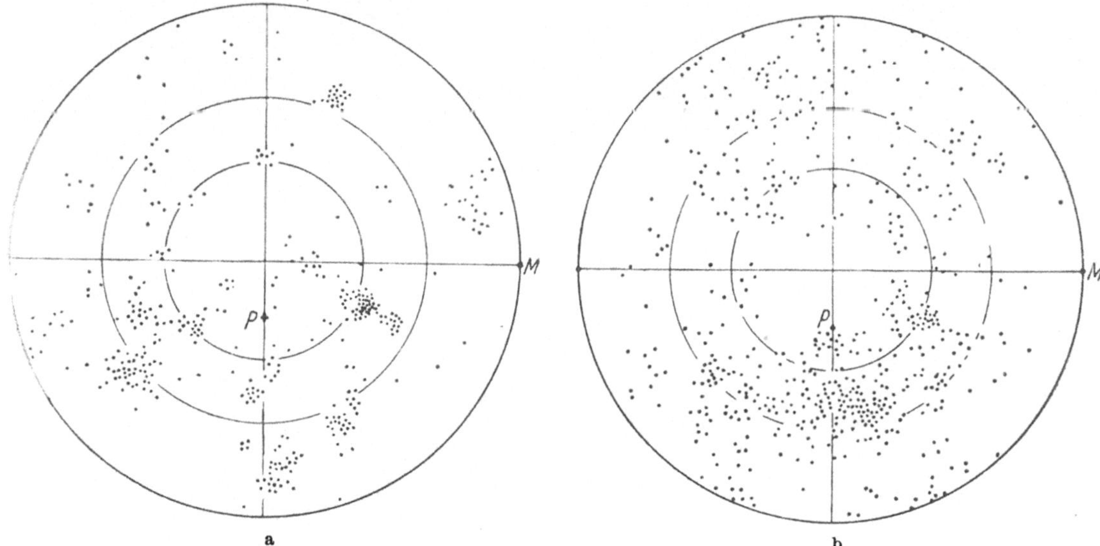

a   b

Abb. 110a u. b. a) Sammeldiagramm aller Fundpunkte mit straffen Achsenhäufungen. (16 Fundpunkte.)
b) Sammeldiagramm von 6 Fundpunkten mit aufgelockerten Achsenhäufungen.

Trotzdem aber kann nicht verkannt werden, daß bestimmte Achsenlagen
bevorzugt sind und somit eine *Einwirkung des einen auf das andere Gitter* vorliegt, was vor allem auch aus der gleichsinnigen Regelung einer größeren Anzahl
von Quarzkörnern im zugehörigen Feldspatwirt hervorgeht. Gerade aus der
Beobachtung, daß eine ganze Reihe einzelner, unzusammenhängender Quarzkörner die gleiche Raumlage zum Feldspatgitter einnimmt, ergibt sich dessen
Wirkung auf den Quarz[1]. Die Abb. 112 zeigt drei Feldspat-Großkörner einer
Drusenfüllung aus dem Diorit von Roßbach, Oberpfalz, die mit gemeinsamer
Grenze zusammenstoßen. Das rechte obere Korn ist ein Plagioklas; die andern
beiden Körner sind Kalifeldspäte. Jedes Korn ist abweichend vom Nachbarkorn
orientiert. Die Raumlagen der Quarzkornscharen, die jeder Feldspat enthält,
sind unter sich *streng einheitlich*, gegeneinander aber verschieden. Im allgemeinen
sind die Internquarze streng auf ihre Feldspat-Großkörner beschränkt. Nur in
einem Fall wird die Grenze überschritten. Dabei bleibt das Quarzkorn einheitlich. Die Grenze zwischen Plagioklas und oberem Kalifeldspatkorn wird in

---

[1] Die Art und Weise, wie die Anordnung des Quarzes im Feldspat erfolgt, macht eine
echte Wachstumsregelung (Wachstumsvorgang im offenen Bereich) nicht wahrscheinlich.

ihrer Längsrichtung von mehreren Quarzstengeln ausgefüllt, deren Orientierung zwischen derjenigen der Quarze des Kalifeldspates und des Plagioklases liegt.

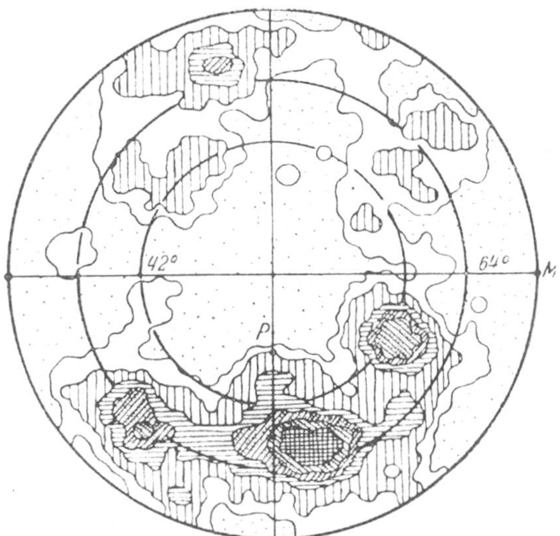

Abb. 111. Diagramm Abb. 110b ausgezählt, in flächentreuer Projektion. (Ein weiterer Kleinkreis mit 64° Durchmesser ist angedeutet.)

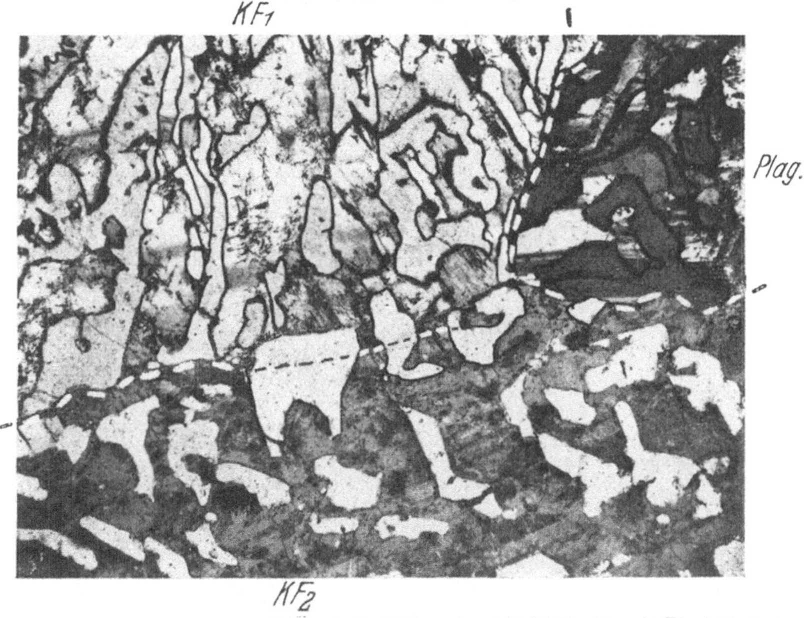

Abb. 112. Drei verschieden orientierte Feldspat-Großkörner (zwei Kalifeldspäte, ein Plagioklas) stoßen mit gemeinsamer Grenze zusammen. Sie enthalten mikropegmatitische Quarze, welche für jedes Großkorn eine charakteristische einheitliche Achsenlage zeigen. Übergreifen über die Korngrenzen kommt gelegentlich vor.— Die Grenze zwischen Kalifeldspat und Plagioklas wird ebenfalls von Quarzkörnern benutzt. Die spätere Zufuhr des Quarzes ist damit also sichergestellt, da die Korngrenzen vorhanden gewesen sein müssen, um benutzt werden zu können! (Sammlung HEGEMANN.) Drusenfüllung im Diorit von Roßbach, Oberpfalz. Vergr. 25mal.

Die Raumlage dieses „Intergranularquarzes" setzt also die Korngrenze zwischen beiden Feldspäten voraus.

Bevor die Bildungsweise von Quarz und Feldspat weiter verfolgt werden kann, muß das relative Altersverhältnis beider Komponenten feststehen; diesem kommt eine ganz ausschlaggebende Rolle für die Klärung der Schriftgranitgenese zu.

Da hierzu wiederum die Kenntnis von Wanderungsvorgängen aktiver Lösungen notwendig wird, welche Rekristallisationserscheinungen an den

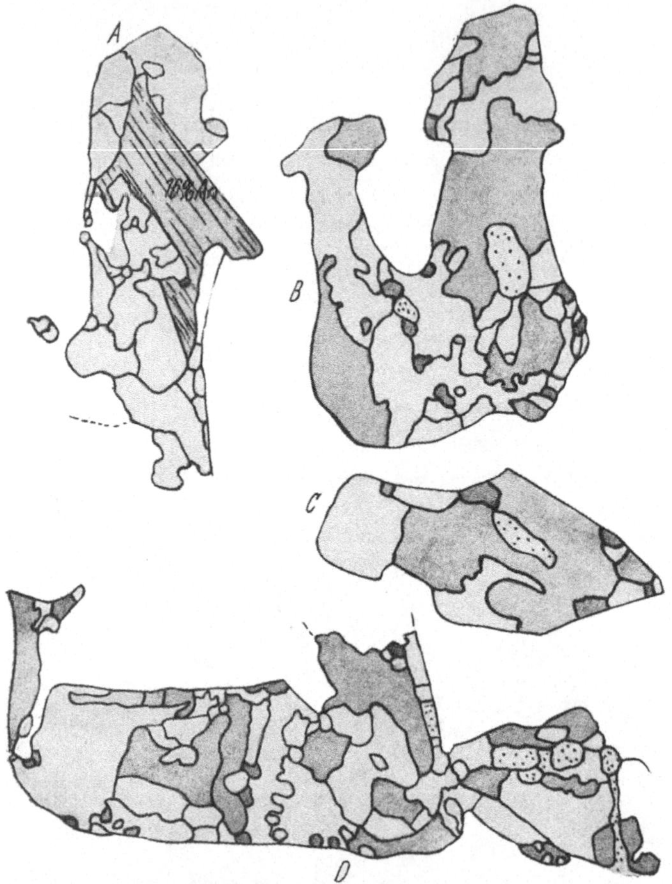

Abb. 113. Hieroglyphenformen *A—D*, deren Quarz in eine Reihe von Subindividuen zerfallen ist. Gotteswald bei Lichtenberg. Vergr. 20mal.

Quarzen zur Folge haben, sollen zunächst die späteren Umkristallisationen der primären Quarzkornarten besprochen werden.

a) Rekristallisierte Quarzgefüge.

Die Diagramme mit stark aufgelockerten, diffusen Punktlagen können bisweilen völlig ungeregelte Verteilung der Punktlagen zeigen. Ein solches Verhalten unterscheidet sie durchaus von den Verhältnissen normaler schriftgranitischer Verwachsung, bei denen ein Streben nach gegenseitiger Orientierung der Quarz- und Feldspatgitter nicht zu verkennen ist. Offenbar werden die primär gebildeten Quarze von einer späteren Umbildungsphase überdeckt.

Der Unterschied wird besonders deutlich, wenn man typische Schriftgranite, wie die Vorkommen von Mursinka, Torro, Fischbach, Gizeh, welche Einheitlichkeit der Quarze zeigen, mit den Mehr- oder Vielkornquarzgefügen anderer Pegmatite vergleicht. Herrscht dort fast völlige Einheitlichkeit in der Anordnung der Quarzstengel, so findet sich bei diesen ein Korngefüge aus großen und kleinen Kornarten, das besonders im Auftreten der Klein- und Kleinstkörner sowie in der außerordentlichen Streuung der Achsenregelung als typisches Rekristallisationspflaster erscheint[1]. In vielen Fällen, bei mangelhafter Ausheilung, kann man Undulationsstreifen und wellige Auslöschung größerer

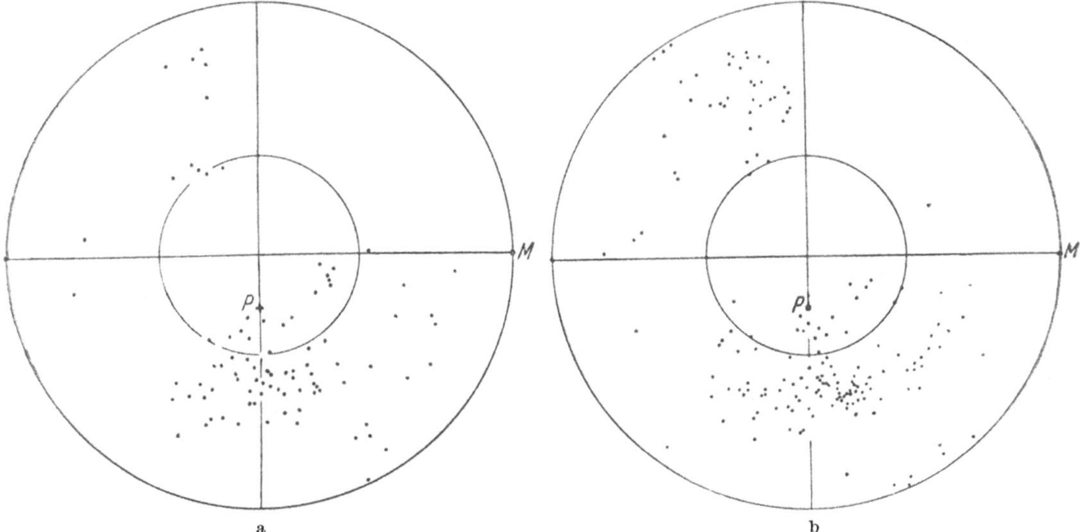

Abb. 114a u. b. a) Sammeldiagramm der großen Körner der Quarzformen *A—D*. b) Sammeldiagramm der kleinen Körner der Formen *A—D* (Ähnlichkeit mit Diagramm Abb. 110 b).

Quarzgebiete nachweisen. Manchmal zeigt sogar der Kalifeldspat deutliche Undulation, wenn er auch im großen und ganzen mechanisch viel unangegriffener und spannungsfreier erscheint, als der sehr empfindliche Quarz. Solche Beispiele zeigen, daß es sich bei all diesen Erscheinungen um mechanische Deformationen handelt, die auf den Feldspat einwirkten und dabei den in ihm eingespannten,

---

[1] Quarz zeigt in der Gefügetracht, Form und gegenseitigen Begrenzung der Kornarten eine ganz bestimmte, messend schwer zu erfassende, aber subjektiv leicht zu erkennende, charakteristische Form individueller Rekristallisation. Typische Rekristallisationsgefüge — wenn auch im großen von durchaus anderer Genese als schriftgranitische Quarzstengel —, sind die rekristallisierten Quarzite und Pseudokonglomerate Südafrikas und Krummendorfs. Die Datteln der letzteren sind, trotz des Einspruchs Scheumanns, der u. a. wegen der Nachbarschaft von Konglomerathorizonten auch für den Quarzit selbst Konglomeratnatur annimmt, in ihrer heutigen Form als Rekristallisationsgebilde aus einem ehemals einheitlichen Gestein hervorgegangen anzusehen, da die Korngröße der Quarze sich als Funktion der Abmessungen der Dattelkörper darstellen läßt. Die Pseudokonglomerate Südafrikas wurden von Percy Wagner als solche nachgewiesen. Sie stimmen mit den Krummendorfer Vorkommen bis in geringe Einzelheiten überein, wie denn auch schon C. F. Naumann die Krummendorfer Datteln mit den ähnlichen von Hitchkock erwähnten Vorkommen von Middletown vergleicht und für dieses die Konglomeratnatur ablehnte.

spröderen Quarz nachhaltiger trafen. Die auf die Deformation folgende Rekristallisationsphase brachte dann das uneinheitliche sekundäre Gefüge zur Ausbildung, dessen Achsenorientierung von der aufgeprägten Spannung und nicht mehr von der Gitterwirkung des Feldspates abhängig ist[1].

Ein Beispiel soll das näher erläutern (Abb. 113, Diagramm Abb. 114a und b, 115). Der Schriftgranit von Gotteswald bei Lichtenberg zeigt starke Rekristallisationserscheinungen. Die ehemals einheitlichen Quarzpartien sind in ein Haufwerk verschiedener Kornarten zerfallen (Abb. 113, 115 *A—E*). Ehemals im Kalifeldspat liegende Plagioklase (*A*) werden vom Quarz herausgelöst[2]. Andere Plagioklase gleicher Zusammensetzung und Ausbildung stehen noch im primären Verband mit dem Kalifeldspat.

Wie unempfindlich der Plagioklas im Gegensatz zum Quarz auf mechanische Deformationen reagiert, ist gerade aus der Abb. 113 *A* zu ersehen; der Quarz ist in eine Anzahl von Einzelkörnern zerfallen, während der eingeschlossene Plagioklas kaum eine Andeutung von Undulation zeigt. .

Die Größenunterschiede der Kornarten sind recht beträchtlich; neben großen, einheitlichen Partien liegen feinkörnige Rekristallisationspflaster, die sich besonders an den Grenzen größerer Bereiche ansiedeln. Der Korngrenzenverlauf ist sehr unregelmäßig.

Vermißt man große und kleine Kornarten getrennt (Diagramm Abb. 114a und b), so findet man keine irgendwie belangvollen Unterschiede in der Art der Besetzung und Dichteverteilung der Polpunkte. Beide Diagramme, das der großen wie der kleinen Kornarten, lassen Auflockerung um ehemals straff besetzte Häufungszentren erkennen. Da aber große und kleine Kornarten übereinstimmende Achsenlagen zeigen, ist der Schluß gerechtfertigt, daß der *ganze* Inhalt der Quarzfüllungen unter Bildung großer *und* kleiner Kornarten gleichzeitig umkristallisierte und die großen Kornarten nicht *allein* als übriggebliebene, unveränderte Reste der primären Quarzfüllung angesehen werden dürfen.

Die Abb. 115 *E* und das Diagramm Abb. 116 machen hiernach weitere Einzelheiten sichtbar. Große und kleine Kornarten sind auf die gleichen Häufungsstellen verteilt. Nebeneinanderliegende Körner, z. B. 28 und 29, 57 und 58, 62 und 63 gehören ganz verschiedenen Maxima an. Doch finden sich andererseits auch benachbarte Körner mit übereinstimmenden Achsenlagen wie 41 und 42, 24 und 25.

---

[1] Wenn hier von mechanischen Deformationen als Ursache der Rekristallisationserscheinungen gesprochen wird, so können damit keineswegs etwa nur auf Scherbeanspruchungen rückführbare Differentialbewegungen gemeint sein. Es gibt nämlich Drusenfeldspäte, welche ebenfalls Rekristallisationserscheinungen — oder sehr ähnliche Gefüge — zeigen. Auf diese kann aber keinesfalls eine direkte mechanische Deformation eingewirkt haben. Es ist nicht ausgeschlossen, daß es sich hier um thermische Spannungen handelte, welche den Quarzkorninhalt des Kalifeldspates zum Rekristallisationszerfall brachten, im Abklingen den weniger empfindlichen Feldspat bei noch erhöhter Temperatur aber wieder homogenisierten.

[2] Diese summarische Ausdrucksweise bedeutet nicht, daß der Quarz selbst als Lösender auftritt. Es bleibt vielmehr offen, ob durch voraufgehende Lösungen Primäreinschlüsse im Feldspat bloßgelegt, die entstandenen Defekte unmittelbar gleichaktig oder später durch Quarz ausgefüllt oder ob der Quarz selbst als Relikt aus der Feldspatsubstanz bei der Herauslösung des Primäreinschlusses übrigblieb.

Diese Beispiele zeigen jedenfalls mit genügender Deutlichkeit, daß eine Auflockerung der primären Häufungsstellen durch spätere Umkristallisation der gesamten eingelagerten Quarzsubstanz unter Bildung eines kleinkörnigen Rekristallisationspflasters erfolgen kann.

Über die *Ursache* der Achsenregelung der Quarze sind allein auf Grund der mitgeteilten Beobachtungen einstweilen noch keine sicheren Angaben zu machen.

b) Die Porenzüge der Quarze und ihr Verhalten bei Rekristallisation.

Die Deutung des Vorganges der Umlagerung und Rekristallisation der im Feldspat ringsum eingebetteten Quarzkörner stößt zunächst auf Schwierigkeiten. Die Quarzsubstanz ist völlig von ihrer Umgebung abgeschlossen, und wenn auch die Annahme einer mechanischen Deformation von Feldspat + eingelagertem Quarz keine Schwierigkeiten macht, so gehört zur folgenden Rekristallisationsphase jedenfalls die Wirkung von Lösungen, welche nicht allein auf Spaltrissen des Feldspates, sondern auf dem Wege der *Wanderung durch das*

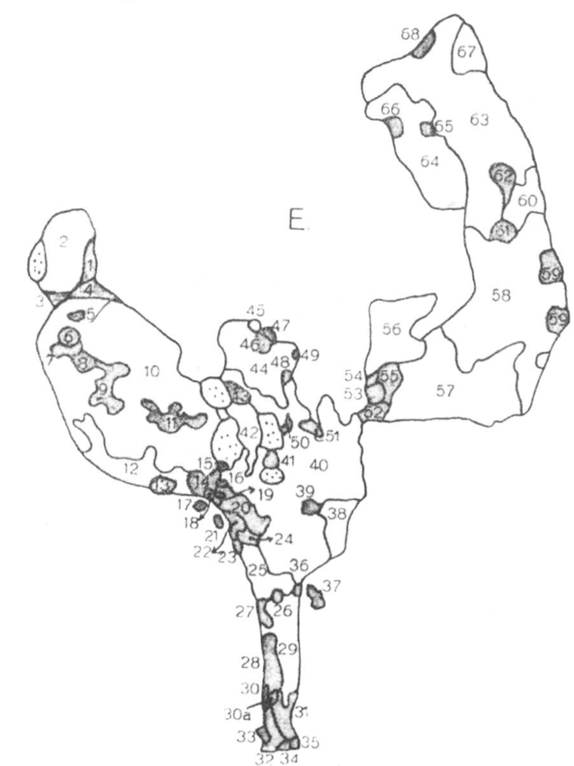

Abb. 115. „Hieroform" *E*, in Subindividuen zerfallen. Gotteswald bei Lichtenberg. Vergr. 20mal.

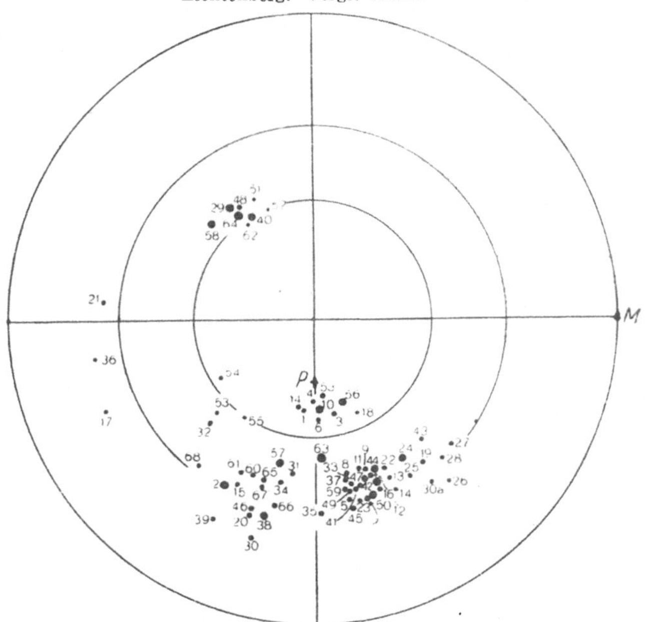

Abb. 116. Große und kleine Körner der „Hieroform" *E*, mit zugehörigen Zahlen zur Darstellung der Achsenverteilung (zum Vergleich mit Abb. 115). Gotteswald bei Lichtenberg.

Feldspatgitter hindurch eingedrungen sind. Andernfalls ließe sich das Auftreten von Rekristallisationspflastern ohne *jeden* Zusammenhang mit Spaltrissen nicht erklären.

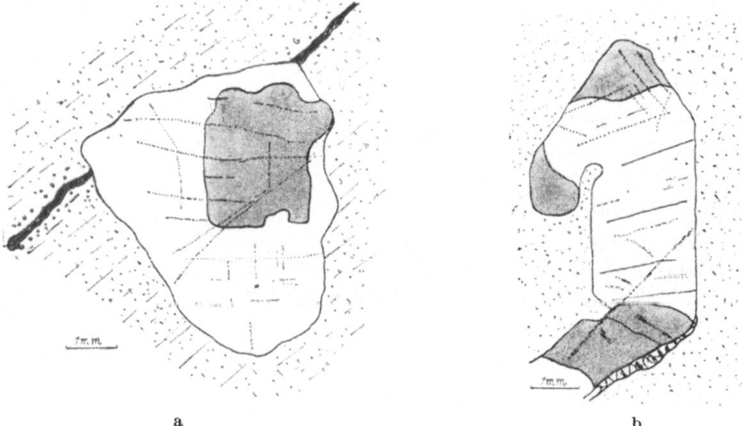

a   b

Abb. 117a u. b. a) Quarzstengel, in mehrere Teilindividuen zerfallen, mit primären Porenzügen, welche über die optischen und mechanischen Grenzen der Subindividuen hinwegsetzen. Pegmatit Aschaffenburg.
b) Quarz-Großkorn im Kalifeldspat, das ein optisch und mechanisch scharf abgegrenztes Teilkorn im Innern enthält. Die Porenzüge setzen gleichmäßig und unabgelenkt hindurch. Aschaffenburg.

Aus einer Reihe von Einzelbeobachtungen sind Rückschlüsse auf Beginn und Ablauf des Rekristallisationsvorganges möglich, besonders durch Betrachtung des Verhaltens von Porenzügen und Rissen zu den Korngrenzen.

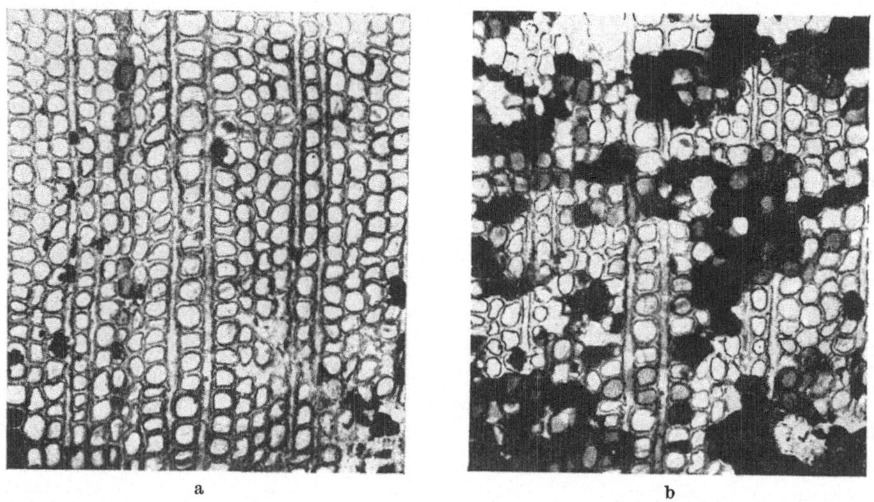

a   b

Abb. 118a u. b. a) Verkieseltes Holz. Araucarites saxonicus, Längsschnitt. Mit Polarisator. [Hilbersdorf bei Chemnitz. Vergr. 37mal. b) wie Abb. 118a, mit + Nicols.

Es ist bekannt aber wenig diskutiert, daß fast alle Quarzkornarten und Kristallite der Quarzkorngefüge flächenhaft angeordnete Porenzüge enthalten, welche, fast immer gut in einer Ebene liegend oder auch bestimmten kristallographischen Flächen, wie $10\bar{1}1$, parallel gehend, häufig anscheinend regellos den Kristall durchsetzen oder subparallel *c* verlaufen.

Mitunter wurden solche Porenzüge — besser Poren*flächen*, d. h. mit Porenbläschen besetzte Ebenen — als später verheilte mechanische Fugen und Rupturen angesehen, was für die Porenzüge klarer, freigewachsener Drusenquarze und Bergkristalle kaum zutreffen kann. Eingehende Vermessung solcher Porenflächen und ihrer statistischen Verteilung auf die verschiedenen möglichen Flächenlagen fehlt bis jetzt noch, erscheint aber als notwendig zu schließende Lücke in der Kenntnis der Quarzkristallisation[1].

Betrachtet man das Verhalten solcher Porenflächen zu den durch Umkristallisation erhaltenen Teilbereichen und Sekundärkornarten, die aus ehemals einheitlichen Quarzindividuen hervorgingen, so findet man nicht selten, daß die Porenflächen in sich homogen, über die optische und mechanische Grenze zwischen benachbarten Körnern hinwegsetzen (Abb. 117a und b).

Nun ist die Entstehung der Porenflächen aus wieder verheilten Rupturen keineswegs auszuschließen, besonders dort nicht, wo in ihnen die c-Achse des Quarzes liegt, also mechanische Beanspruchungen subparallel c angenommen werden müssen. Bei den besprochenen Bildern (Abb. 117a und b) aber kann es sich *keinesfalls* um eine Rißbildung *nach* dem Zerfall eines einheitlichen Quarzkornes in Subindividuen mit folgender Rekristallisation handeln. In diesem Fall wären nicht „rechts" und „links" der Porenflächen die optischen Verhältnisse der Teilkörner völlig übereinstimmend, — also wieder ausgeglichen — während die älteren Korngrenzen von der Verheilung verschont blieben! Man kommt um die Annahme nicht herum, daß die Porenflächen, möge ihre Genese zunächst dahingestellt bleiben, *älter* als der Zerfall des Quarzstengels in Subindividuen sind. (Ob *alle* Porenflächen höheres Alter haben, ist einstweilen noch nicht zu entscheiden.)

Dann aber ist das Verhalten des Quarzes bei der Umkristallisation, die Behutsamkeit, mit der ältere Vorzeichnungen erhalten bleiben, höchst bemerkenswert und wichtig. Der Lösungsumsatz muß in kleinsten Mengen und offenbar über ausgedehnte Teilgebiete hin gleichzeitig vor sich gegangen sein.

Der ganze Vorgang erinnert durchaus an die Verkieselung der Hölzer, wo sogar die zarten Vorzeichnungen der organischen Substanz, Zellen, Gefäßröhren und Stützelemente durch das kristallisierende Quarzkorngefüge nicht im geringsten beeinträchtigt, verletzt oder verschoben werden (Abb. 118a und b). Bei solchen Bildungen ist die Anteilnahme von Lösungen als Transportmittel meines Wissens nie bestritten worden.

Betrachtet man schließlich noch die Lage von Porenflächen, Rissen und Undulationsebenen wohlbegrenzter Quarzdurchschnitte zur optischen Achse, so läßt sich (bei Vorhandensein oder Fehlen von Rekristallisationsmerkmalen) ein Schluß auf Alter und Bildungsweise der Flächen im Quarz ziehen. Abb. 119 zeigt einen Querschnitt, etwa 23° steiler als (001) des Feldspates mit einer Reihe von Rissen und Porenzügen, die sich mit guter Annäherung im Ort der Quarzachsenpole schneiden. Ähnliches zeigt Diagramm Abb. 120; dort gehen einige Porenflächen von Quarz II durch den Ort der Quarzachse, während die

---

[1] Man kann hier die Frage aufwerfen, ob die Porenflächen der Bergkristalle frühverheilte Haarsprünge sind, die durch mechanische Erschütterung (Labilität der Kluft- und Gangwandungen) angelegt wurden. — Für die Annahme thermischer Sprünge ergeben sich vorderhand keinerlei Anhaltspunkte.

gut ausgebildeten Porenflächen des Quarzindividuums I *keine* Beziehung zur Achse erkennen lassen. Auch bei Abb. 121 und 122 finden sich einzelne Risse

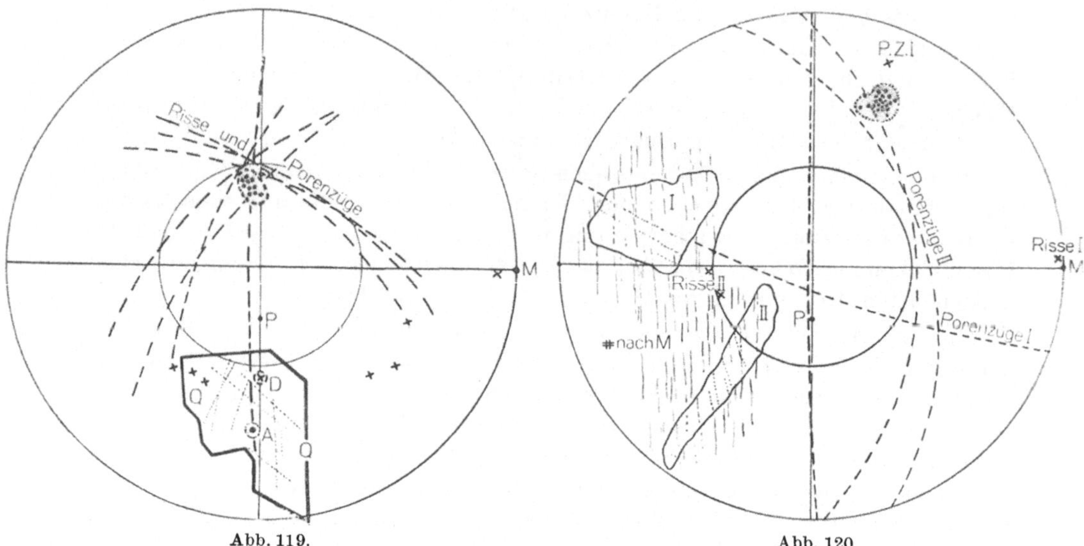

Abb. 119.   Abb. 120.

Abb. 119. Quarzachsen, nach der Regel Wallérant bzw. Rose eingeregelt, liegen im Schnittpunkt der Risse und Porenzüge des zugehörigen Quarzstengels. — Schriftgranit Fischbach i. Schles. — *D* Lage der Schliffebene; *Q* Form der Hieroglyphe in der Schliffebene; *A* Quarzachse des „Ichthyo" bezogen auf die Präparatebene *D*. — Gestrichelte Linien: Rißflächen im Quarz, die annähernd durch die Achse gehen. Kreuze: Pole der Rißflächen.

Abb. 120. Quarzkörner I und II im Mikroklin, mit Rissen, welche mit der Spaltebene nach *M* des Feldspates übereinstimmen, enthalten eigene und voneinander verschiedene Scharen von Porenzügen, von denen die des Kornes II durch die Quarzachse gehen. Gizeh.

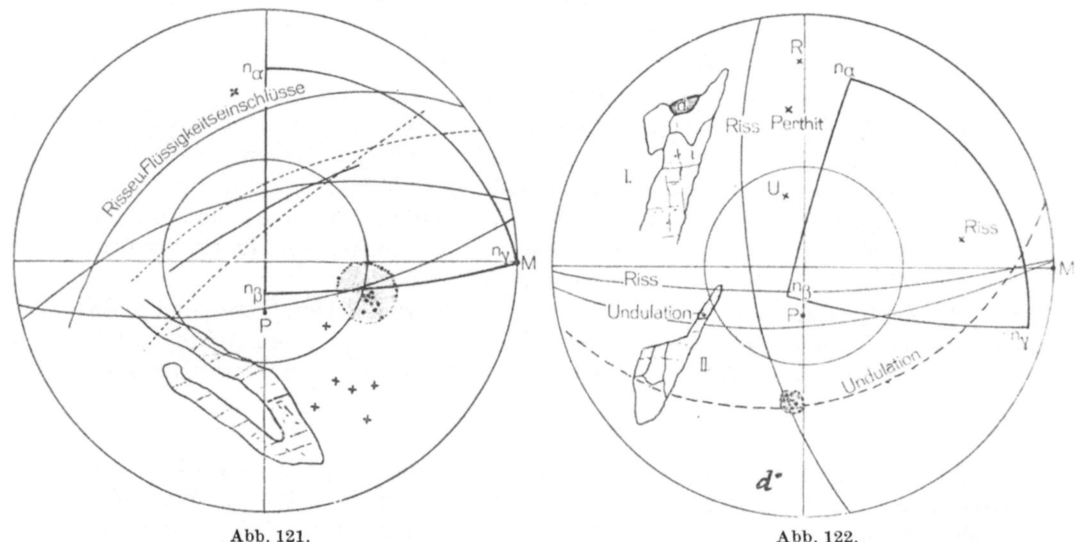

Abb. 121.   Abb. 122.

Abb. 121. Quarzlamellen mit Rissen und Porenzügen. Nur ein Riß geht durch den Ort der Quarzachsen. Juzakowa.

Abb. 122. Quarzlamellen I und II im Mikroklin, mit Subindividuen, Undulationsstreifen und Rissen. Einzelne Risse gehen durch den Ort der Quarzachsen hindurch. Der Achsenort von Korn *d* liegt unterhalb des Hauptmaximums. Lampersdorf, Schlesien.

oder Porenflächen, die Beziehung zur Achse zeigen, im ganzen aber nicht häufig, während die Hauptmenge der Risse mangels Beziehbarkeit auf kristallographische Richtungen einstweilen noch als regellos angesehen werden muß.

Nach diesen Beobachtungen hat es den Anschein, als ob in den Rissen subparallel c — es handelt sich ja hier um eingespannte Körner! — scherende Beanspruchung auftritt, die durch spätere Rekristallisation verheilt oder nicht verheilt werden kann. Abb. 122 zeigt dementsprechend, daß neben älteren, gesetzlosen Rissen eine jüngere Undulation erscheint, deren Ebene durch den Ort der Achse geht. Diese Undulationsflächen werden in unvollkommener Weise durch beginnende Rekristallisation teilweise wieder ausgeheilt und zum Verschwinden gebracht, d. h. die ehemals zum Feldspatgitter eingenommene Orientierung des Quarzes wird abgeändert, er selbst in Teilbereiche unterschiedlicher Spannung zerlegt, die rekristallisierend einer neuen und vielfach aufgelockerten Anordnung zustreben. Durch völlige Abgeschlossenheit der Quarzstengel im Feldspat entsteht die Notwendigkeit, die zu den Um- und Rekristallisationsvorgängen erforderlichen Lösungen auf dem Wege der Wanderung durch das Feldspatgitter hindurch an den Ort ihrer Wirksamkeit gelangen zu lassen.

Man könnte einwenden (vgl. PERRIN und ROUBAULT a. a. O.), daß Umkristallisationen wie hier des Quarzes ohne jede Lösungswirkung im festen Zustand vor sich gehen. Dem steht u. a. entgegen, daß 1. die gleichen Quarz-Rekristallisationspflaster aus metamorphen Gesteinen mit nachweisbaren Lösungsvorgängen bekannt sind und 2. Quarz-Rekristallisationspflaster mit Perthit- und Albitkornbildungen eng vergesellschaftet vorkommen. Da bei diesen die Anteilnahme von Lösungen völlig außer Zweifel steht, müssen diese auch bei der Quarz-Rekristallisation mitgewirkt haben.

c) Das Alter des Schriftgranitquarzes.

a) Die Altersbestimmung aus dem Verhältnis des Quarzes zu den Perthiteinlagerungen.

Die bisherigen Beobachtungen haben gezeigt, daß sich gegen die Annahme gleichzeitigen Wachstums der beiden das Reaktionsgefüge des Schriftgranits aufbauenden Kornarten Quarz und Feldspat gewichtige Einwendungen machen lassen. Regelungsvorgänge, wie sie von FERSMANN zur Begründung gesetzmäßiger Verwachsung angenommen wurden, können — abgesehen von den bereits erhobenen Einwendungen — unter mehr oder weniger gleichzeitigem Wachstum beider Kornarten wirksam sein; sie können aber auch bei nachträglichem Einbau des Quarzes zustande kommen, da die regelnde Wirkung des mengenmäßig weit überwiegenden Feldspatgitters in beiden Fällen vorhanden ist. Die Entscheidung gleichzeitiger oder späterer Quarzbildung kann unwiderlegbar gefunden werden durch die genaue Bestimmung des Altersverhältnisses zwischen Quarz und den im Feldspat vorhandenen älteren Einschlüssen oder den im engsten Anschluß an die Feldspatgenese erfolgten Perthitbildungen.

Die Einschlüsse an primären Fremdkristallen im Kalifeldspat sind — wenn es sich um echte Einschlüsse mit nachweisbaren Spuren des Einbettungsvorganges handelt — *älter* als der Wirtkristall. Dieser wiederum wird von den Perthitlamellen in jedem Fall vorausgesetzt, die in engem Anschluß an die Genese des Feldspates entstehen, also — bis auf $\pm$ gleichalte Entmischungsperthite — immer erkennbar *jünger* sind, als dieser, nicht nur dort, wo sie auf später erzeugten Strukturflächen des Kalifeldspates, Murchisonitspaltebenen usw. liegen (s. H. EBERT, 1934, *5*, der aus den Eigenschaften der Perthitlamellen auf den Abstand ihrer Bildungszeit von derjenigen des Kalifeldspatwirtes schließt). Mit Hilfe von Fremdeinschlüssen und Perthitbildungen kann also eine Altersbestimmung zwischen Quarz und Kalifeldspat durchaus sicher erfolgen.

Mit der Perthitbildung ist keineswegs gleichzusetzen die Masse späterer Albitisierungsvorgänge, die häufig dicke Krusten, Pelzüberzüge oder Wucherungen um primäre Kalifeldspäte erzeugen.

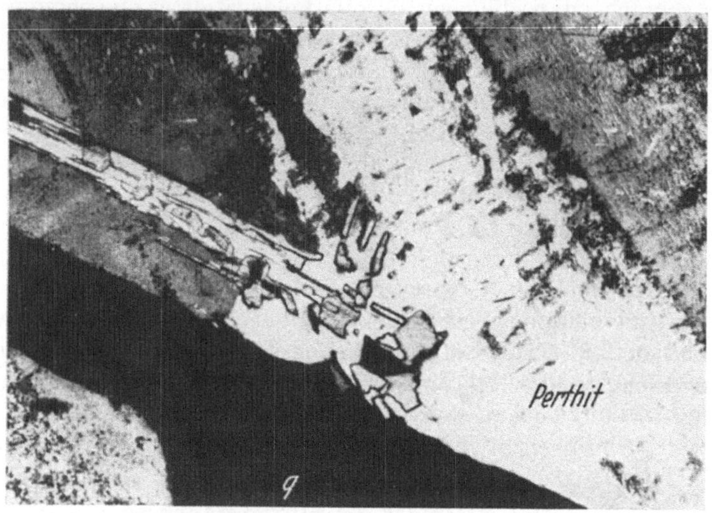

Abb. 123. Breiter Bandperthit entwickelt an beiden Grenzflächen deutliche Auflösungszonen gegen den begrenzenden Kalifeldspat. In der Mitte die Reste eines unregelmäßig zerteilten Muskovitkornes, das von Perthit aus seinem Verband herausgelöst wird. Unten (dunkel gestellt) Schriftquarzstengel, der den Perthit abschneidet und aus diesem wiederum ein Muskovitbruchstück herauspräpariert und sich einverleibt. Pegmatit, Tännesberg, Bayer. Wald. Vergr. 48mal.

Solche gewöhnlichen Albitbildungen können in verschiedener Weise auftreten. Es ist nicht gesagt, daß Mikroklin-Albit-Quarz hierbei immer im gleichen Altersverhältnis zueinander stehen. Die Albitbildung setzt vielmehr häufig längere Zeit *nach* der Kristallisation des Mikroklins ein. W. MAUCHER, dem wir eine genaue Untersuchung und Altersdatierung der pegmatitischen Minerale, besonders im Gebiete des Ochsenkopfgranites und seiner Drusen (Epprechtstein im Fichtelgebirge) verdanken, unterschied bis zu drei verschiedene Albitgenerationen.

An Vorkommen, bei denen Mikroklin- und Albit-Kristallisation zeitlich nahe aneinandergerückt sind — z. B. bei der Perthitbildung — läßt sich ersehen, daß der Quarz *jünger* ist als der Albit. Aber auch an Albiten, die bestimmt später entstanden sind als die zeitlich sehr eng mit der Mikroklin-Kristallisation verbundenen Perthite, läßt sich das gleiche zeigen. Man findet zuweilen, daß jüngerer Albit, der den Mikroklin krustenartig umwächst, vom Quarz in gleicher Weise durchsetzt wird, wie der Kalifeldspat oder ebensolche Bruchstücke im Quarz bildet wie dieser. Pegmatite aus den bekannten Striegauer Drusen lassen das sehr klar erkennen (Abb. 98). Gelegentlich findet man auch jüngeren Quarz auf Trennungsfugen zwischen Mikroklin und Albit.

Wie bereits bei der Besprechung der Beziehung Myrmekit—Perthit betont wurde (Abschnitt I, 3e, S. 74), sind die meisten Perthite nicht einfach als Entmischungskörper oder Ausfüllung von Spaltebenen aufzufassen. Gewisse Perthitarten zeigen vielmehr sehr deutliche Auflösungs- und Resorptionserscheinungen am Material des Wirts, die besonders kennzeichnend für die Art des Vorganges sind, wenn nicht nur Kalifeldspatmaterial, sondern auch ältere Primäreinschlüsse aus fremden Kornarten zerstückelt und $\pm$ aufgelöst im Perthitmaterial angetroffen werden. Ein solches Beispiel zeigt Abb. 123. Eine lange Muskovit-

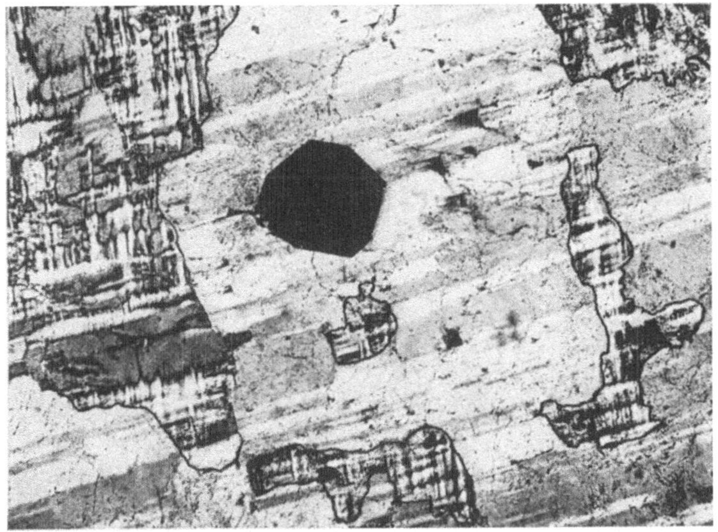

Abb. 124. Ehemals im Mikroklin allseitig eingebetteter Granat wird von jüngerer Flächenperthitbildung (stark korrodierte Mikroklinbruchstücke im Perthit!) herauspräpariert. Portland, Conn. Vergr. 48mal.

lamelle zerfällt innerhalb eines breiten Perthitbandes in eine Anzahl Einzelteile. Auch Kalifeldspatreste zerfasern im Perthit. Auf diesen folgt nach unten ein schwarzes Quarzband. Daß dieses *jünger* ist — und nicht etwa der Perthit die Grenzfläche Quarz-Kalifeldspat zur Ausbreitung benutzt hat — geht aus dem Verhalten des Quarzes gegenüber den Muskovitbruchstücken hervor: Der Quarz löst nämlich seinerseits diese wieder aus der Perthitmasse heraus.

Der Quarz ist nach unseren Erfahrungen überwiegend eine jüngere Bildung. Es kommen aber auch Verwachsungen vor, wie sie WAHLSTROM (1939, *1*) auf Abb. 2 seiner Arbeit beschreibt, wobei der Quarz im Albit deutlich dünner gewordene, verjüngte und korrodierte Stengelformen zeigt. Bei solchen Merkmalen ist der Schluß gerechtfertigt, daß ein primär gebildeter Schriftgranit partiell albitisiert wurde. An den Stellen, wo die Quarzstengel mit Albit in Berührung kamen, wurden sie angefressen und korrodiert.

Ein weiteres Beispiel für späte — wenn auch noch *vor* der Quarzbildung erfolgte Albitisierung bietet der Schriftgranit von Portland, Connecticut (Abbildung 124). Hier liegen Fetzen des korrodierten Mikroklins neben älteren Kornarten (Granat) im Albit. Die ursprüngliche Raumlage der Mikroklinreste

im Albit bleibt streng erhalten; die optische Orientierung (010) Mi // (010) Pl
in den Korrosionsresten ist durchaus die gleiche wie in der Hauptmasse
des Kristalls. Besonders charakteristisch ist, daß bei einem derartigen Mikroklin
Albitverband, der durchaus den von BECKE geforderten Bedingungen beim
Zustandekommen myrmekitartiger Bildungen entspricht, Quarzstengelbildung
nirgends vorkommt (trotz eines An-Gehaltes von etwa 10% im Albit).

Die Untersuchung *echter* Perthitlamellen — nicht späterer Albitausfüllungen
von Haarrissen und Spalten — in ihrer Beziehung zum Quarz zeigte folgendes.
Es gibt eine recht bedeutende Zahl von Fällen, bei der die Perthitkörper (Spindeln, Bänder usw.) nicht am Quarz abschneiden, sondern in ihn ein Stück hineinragen, ohne die Verbindung mit dem im Kalifeldspat steckenden Perthit zu
verlieren. Form und Begrenzung der Quarze, flächenhaft-ebene, fast kristallographisch anmutende oder ganz unregelmäßige Grenzführung spielt
dabei keine Rolle (Abb. 125 und 126). Die Perthitlamellen im Quarzinnern
sind häufig völlig unangetastet, mit-unter aber deutlich korrodiert.

In der überwiegenden Mehrzahl der Fälle stößt aber die Perthitfüllung schroff gegen die Quarzsten-gelgrenze ab. Kalifeldspat *und* Perthitfüllung werden beide durchaus gleichmäßig vom Quarz „abgeschnitten". Zwei Deutungen sind in diesem Falle möglich. 1. Kalifeldspat und

Abb. 125. Spindelperthit ragt in Schriftquarzstengel
hinein. Aplit Saatschule Kirnecktal, Elsaß.

Quarz sind älter als Perthit; bei der Abkühlung des Systems Feldspat-Quarz
oder bei postkristalliner mechanischer Deformation bilden sich Risse, die durch
Perthitsubstanz ausgefüllt werden. 2. Kalifeldspat und Perthitsubstanz sind
älter als Quarz; dieser entsteht nach völlig abgeschlossener Perthitbildung und
verdrängt Kalifeldspat und Perthit.

Zur kritischen Besprechung dieser beiden Möglichkeiten sollen die folgenden
beiden Abbildungen dienen (Abb. 127 und 128), die zwei charakteristische
Verbandsverhältnisse zwischen Quarz und Perthit darstellen. Abb. 127 zeigt
ein großes, undulöses Schriftquarzkorn, an welchem die Perthitlamellen des
Kalifeldspates stumpf absetzen. Die Deutung unter 1., wobei *nach* der Mikroklin-
Quarz-Bildung Risse im Feldspat entstanden und mit Perthit ausgefüllt worden
seien, ist wohl kaum annehmbar. Es müßten sich in diesem Falle auf einer Strecke
von nur 1,5 mm (Länge der Quarzlamelle) etwa 7—8 Risse im Kalifeldspat
gebildet haben und mit Perthitsubstanz ausgefüllt worden sein, während der
Quarz keinerlei Scher-Risse davongetragen hat. Wenn auch noch nicht voll beweisbar, erscheint doch die Annahme am verständlichsten, daß primäre Perthitlamellen oder -spindeln vom Quarz verdrängt wurden und die stehengebliebenen
Füllungen an diesem absetzen. Bei Abb. 128 fällt die Entscheidung bedeutend
leichter. Die schrägen, teilweise gekrümmten Grenzen zwischen Quarz und

Perthitfüllung lassen es als ausgeschlossen erscheinen, daß die Perthitbahnen als Risse *nach* der Quarzbildung aufplatzten und dann anschließend ihre Füllung mit Perthit erhielten. Es ist vielmehr so gut wie sicher, daß der Kalifeldspat zugleich mit seiner Perthitfüllung von der späteren Quarzphase verdrängt wurde.

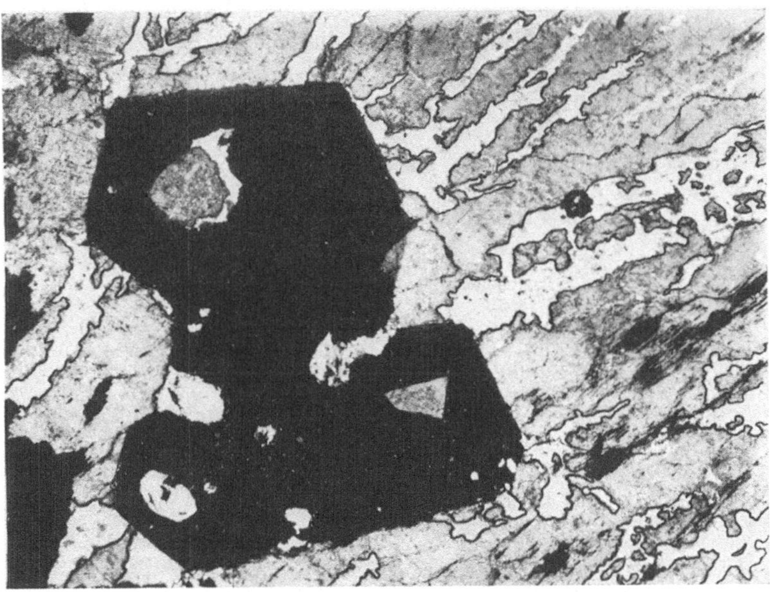

Abb. 126. Schriftgranitquarz (schwarz) mit Kalifeldspat- und Perthitbruchstücken in seinem Innern. Pegmatit Odenwald. Vergr. 12mal.

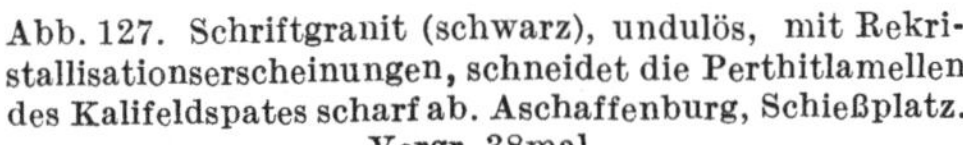

Abb. 127. Schriftgranit (schwarz), undulös, mit Rekristallisationserscheinungen, schneidet die Perthitlamellen des Kalifeldspates scharf ab. Aschaffenburg, Schießplatz. Vergr. 38mal.

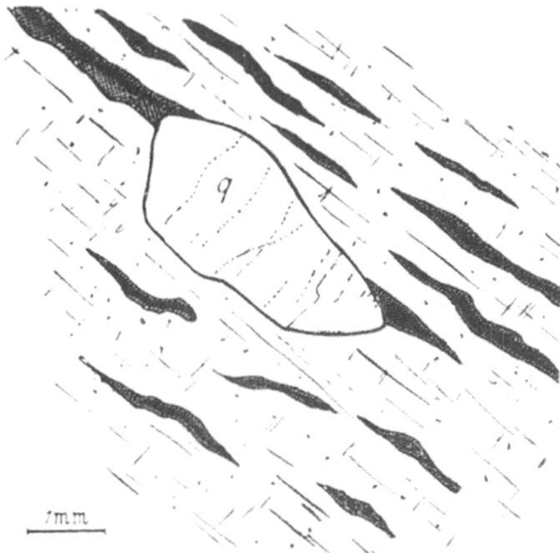

Abb. 128. Quarzkorn im Kalifeldspat mit gekrümmten Begrenzungsflächen gegen Perthit. Aschaffenburg, Schießplatz.

Völlig zureichend erscheint dieser Schluß jedoch erst dann, sobald man losgelöste, frei im Quarz liegende Perthitbruchstücke beobachtet, besonders, wenn noch Kalifeldspatreste mit diesen zusammenhängen. Solche Vorkommen, die gar nicht einmal so selten sind (Abb. 126, 129 und 130), beweisen eindeutig.

daß Quarz jüngerer Entstehung ist als der Kalifeldspat mit seinen Perthiteinlagerungen. Die Annahme späterer Zufuhr von Perthitsubstanz in den Quarz
hinein ist nicht möglich, da ja dann auch Kalifeldspat gleichzeitig mit Perthit
im Innern der Quarzmasse gebildet sein müßte! Außerdem zeigt die Anordnung
der Perthitbruchstücke im Quarz, ihr gelegentlicher Zusammenhang mit seitlich
aus dem Kalifeldspat austretenden Perthitfüllungen (s. Abb. 126), der Unterschied
im Korrosionsgrad der Perthit- gegen die Kalifeldspatgrenze (Abb. 131), schließlich die Übereinstimmung einzelner Konturen der Einschlußstücke mit der rand-

Abb. 129 a u. b. Perthitreste im Schriftquarz. a) Dreieckförmige Quarzlamelle umschließt allseitig Kalifeldspatreste mit eingeschlossenen Perthitpartien. — Mursinka. b) Losgelöste Perthitreste ohne anhängende
Feldspatsubstanz im Schriftquarz. — Ilmenau.

lichen Ablösungsstelle, daß der Quarz die spätere, sekundäre Kornart darstellt
und durchaus als Verdränger wirkt. Die nicht metasomatisch entfernten, nur
mechanisch losgelösten Kalifeldspat- und Perthitanteile bleiben dabei im wesentlichen am Ort[1] (vgl. den Nachweis der Behutsamkeit der Kristallisation am Beispiel verkieselter Hölzer (Abb. 118). Auch Bruchstücke eingeschlossener Fremdkornarten werden bei der Quarz-Metasomatose niemals weit verfrachtet (Abb. 131).
Daß es sich hierbei wirklich um echte Metasomatose handelt, geht, abgesehen
von den Vorgängen beim Platzwechsel, aus einer anderen Beobachtung des auf
der letztgenannten Abbildung dargestellten Bereiches hervor. Der Muskovit- und
Kalifeldspatbruchstücke enthaltende Quarz stößt etwas links von der Bildmitte
an einen primären Plagioklas-Fremdeinschluß des Kalifeldspates. Dieser Einschluß zeigt gegen den Kalifeldspat einen breiten, durch den Einbettungsvor-
gang erzeugten Auslaugungsrand, wie er z. B. auf Abb. 15, 28 und S. 55 beim
Myrmekit beschrieben wurde. Gegen den Quarz setzt der Primärplagioklas mit
einer frischen Grenzfläche ab, an der aber ebenfalls ein ganz *dünner Auslaugungsstreifen* sichtbar ist, welcher nur während der Bildungszeit des Quarzes entstanden
sein kann, denn auf diesen geht die Bildung der neuen Grenzfläche zurück.

---

[1] Ist hieraus auf Verwendung feldspateigener SiO_2 zur Quarzbildung zu schließen?
(s. S. 198).

Entscheidender aber ist, daß ein weiteres im Quarz selbst liegendes Plagioklasbruchstück (etwas unterhalb der Bildmitte, links) einen ringsumlaufenden,

Abb. 130. Schriftgranitquarz mit eingeschlossenen Kalifeldspat- und Perthitresten. Ilmenau. Vergr. 28mal.

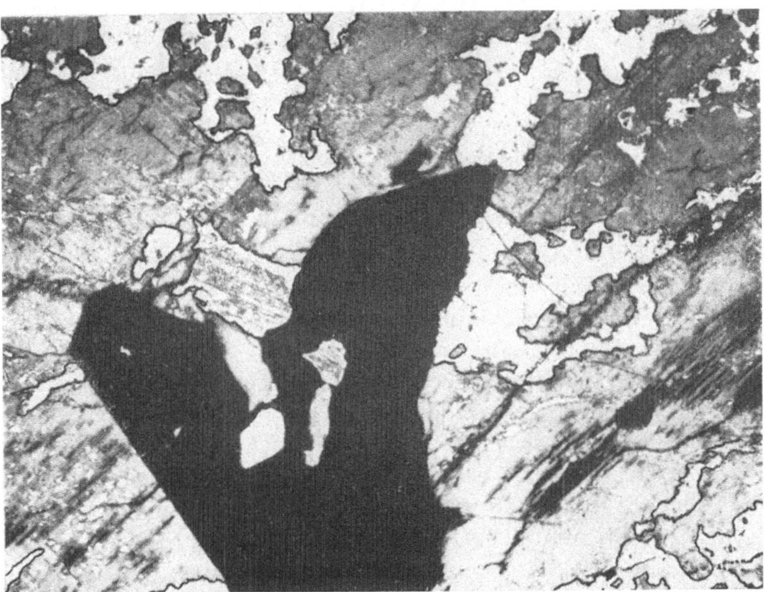

Abb. 131. Schriftgranitquarz (schwarz) enthält Reste von Kalifeldspat, Perthit, primärem Plagioklas und Muskovit. Der Auslaugungsrand des großen Plagioklases (Bildmitte links) fehlt an der Grenze Plagioklas—Quarz, d. h. die rechte Grenze des Plagioklaskornes ist nicht mehr die ursprüngliche. Der Rand ist durch die Bildungsvorgänge des Quarzkornes abgetragen worden. Pegmatit, Odenwald. Vergr. 16mal.

feinen Auslaugungsstreifen zeigt, der während der Einbettung im Quarz erworben wurde. Metasomatische Wirkungen während der Quarzgenese auf

vorhandene Feldspatkornarten sind damit erwiesen. (Dem Einwand, daß der
Quarz das Plagioklasbruchstück aus der Feldspatmasse herausgelöst und im
unveränderten Zustand in sich aufgenommen habe, ist durch den Hinweis auf
die augenscheinliche Durchschneidung des primären, breiten oberen Auslaugungs-
randes am Hauptplagioklas durch die Quarzgrenze, sowie mit dem Fehlen von
Kalifeldspatsubstanz in der Nähe des kleineren Teilstückes im Quarzinnern,
schließlich mit dessen *umlaufenden* Auslaugungsrand, zu begegnen.)

Zusammenfassend läßt sich sagen: die gebrachten Beobachtungen sind nicht
auf wenige Sonderfälle beschränkt, welche die Meinung rechtfertigen, im allgemeinen sei eben doch der Perthit jünger als Quarz und dieser mit dem Feldspat ± zugleich entstanden. Das Gegenteil ist der Fall. Bei genauem Durchsu-
chen findet man wohl in jedem Dünnschliff eines perthitischen Schriftgranites Stellen, an denen der Perthit in den Quarz hineinragt oder
von diesem umschlossen wird. Auch die klassischen Schriftgranite von
Mursinka, die sich auch in den übrigen Eigenschaften genau so verhalten, wie die anderen Schriftgranite, zeigen

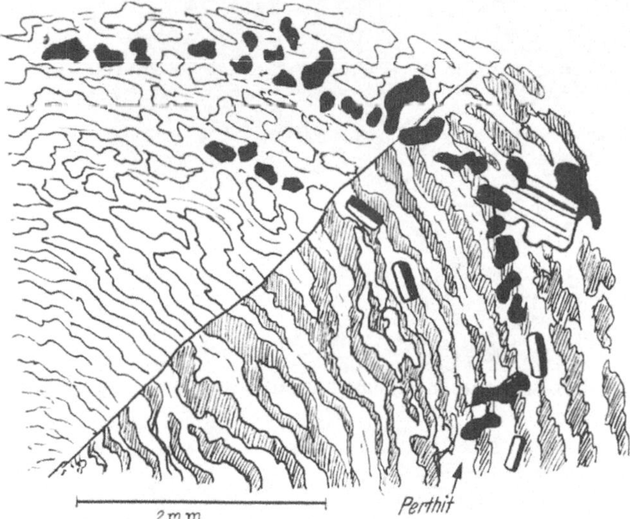

Abb. 132. Zonar gebauter Karlsbader Zwilling, dessen primärer Zonenbau von drei verschieden alten Vorzeichnungen betont wird, nämlich
durch 1. die Anordnung der eingeschlossenen Primärplagioklase, 2. den
Verlauf des Bandperthits und 3. die perlschnurartige randliche Anreicherung des Schriftquarzes (schwarz). Pegmatit, Frübus, Sudetenland.

dieses deutlich (Abb. 129a). Die früh gebildeten, unscharfen und wolkigen
Perthite werden zusammen mit ihrem Kalifeldspatträger vom Quarz herausgelöst. In der genannten Abbildung besteht die ganze obere, etwas dunklere
„Nase" des durch das Quarzdreieck umschlossenen Feldspatteiles aus Perthit.
Ähnliche Beispiele lassen sich in beliebiger Zahl beibringen. In weit über 400
durchgesehenen Präparaten verschiedenster Vorkommen ließ sich kein Anhalts-
punkt dafür finden, daß es *echte Perthitbildungen gibt, welche jünger als der Schriftquarz sind* (spätere Albit-Metasomatosen sind hier natürlich auszuschließen).

Nun beobachtete FERSMANN unter der Annahme höheren Alters des Quarzes,
daß sich der Perthit um die Quarzstengel gleichsam „herumdränge". Mit
anderen Worten, der Perthit sucht zu seiner Ansiedlung die Nahbereiche der
Quarzstengel auf. Das höhere Alter des Quarzes ließ sich auch an mehreren
russischen und zahlreichen anderen Vorkommen nicht bestätigen; häufig fanden
sich Perthitbruchstücke ganz oder teilweise vom Quarz umschlossen oder in
diesen hineinragend. Dagegen dürfte die Beobachtung einer hier und da auftretenden Perthitvermehrung in der Nachbarschaft der Quarzstengel durchaus
zutreffen und mit den bisher gewonnenen genetischen Anschauungen gut über-

einstimmen. Zur näheren Erläuterung diene die Abb. 132. Sie zeigt einen Karlsbader Zwilling mit deutlicher Zonarstruktur. Diese wird zunächst dadurch kenntlich, daß der wachsende Kristall einige wenige Fremdeinschlüsse, Plagioklase, in bestimmten Wachstumsrhythmen zonar anordnet. Daß der ganze Kristall schalig struiert ist, ergibt sich aus dem Verlauf der Perthitbänder und schließlich aus der Anordnung der Quarzkornarten, welche, in den gleichen Wachstumszonen liegend, als jüngste Bildung[1] Primärplagioklas und Perthitlamellen durchsetzen. Hier ist also der durch die Wachstumsrhythmen erzeugte Schalenbau von der Perthit- *und* Quarzneubildung zur Ausbreitung nachträglich benutzt worden. Die Anordnung der jüngeren Kornarten im Kristall ist damit überzeugend nachgewiesen als abhängig von der Durchlässigkeit bestimmter Zonen. Wenn also Perthit und Quarz in einzelnen Bereichen stärker vertreten sind, so ist das auf den vom primären Wachstumsvorgang abhängigen inhomogenen Aufbau und die sich daraus ergebende wechselnde Durchlässigkeit zurückzuführen, der Gesamtvorgang Quarz *und* Perthitbildung aber damit als metasomatisch nachgewiesen.

b) Die Altersbestimmung aus den Fremdeinschlüssen des Kalifeldspatwirtes.

Das Altersverhältnis Kalifeldspat:Quarz war nach den mitgeteilten Beobachtungen aus der räumlichen Beziehung Perthit:Quarz im Sinne des jüngeren Alters des Quarzes gefunden worden. Mit noch größerer Sicherheit läßt sich das gegenseitige Alter der Schriftgranit-Komponenten mit Hilfe der Beziehungen „Fremdeinschlüsse im Kalifeldspat":„Quarz" bestimmen. Betrachten wir hier

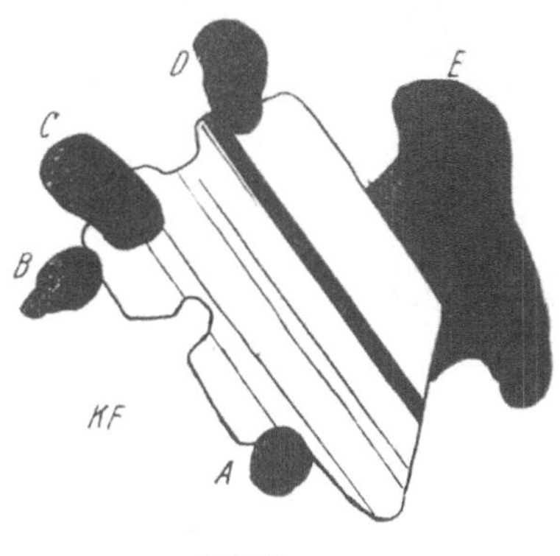

Abb. 133. Schriftgranitquarz (schwarz) durchsetzt Kalifeldspat und eingelagerten zum Teil korrodierten Primärplagioklas. Das große Quarzkorn E nimmt bei seiner Ausbreitung Rücksicht auf die rechte Ecke des Plagioklases, ohne diesen — wie die anderen Quarze — anzugreifen; diese Beobachtung läßt — selbst wenn man das Altersverhältnis der Quarzkörner A—D anders deuten wollte — mit Sicherheit auf höheres Alter des Plagioklases schließen. Pegmatit, Frübus, Sudetenland.

die notwendigen und hinreichenden Voraussetzungen zur petrographischen Festlegung eines Altersverhältnisses, so müssen wir (vgl. S. 3) uns daran erinnern, daß eine Kornart, die von einem Wirtkristall allseitig umschlossen wird, — abgesehen von morphologischen, chemischen oder gefügekundlichen Beziehungen zur gleichen, aber außerhalb des Wirtkristalls befindlichen Kornart — immer dann als *unbedingt älter* zu gelten hat, wenn

1. nachträgliche Zuführung auf Spalten oder Einwanderung durch das Gitter unter Herausbildung selbständiger Anreicherungszentren mit Sicherheit auszuschließen ist.

2. Formbegrenzung, Anordnung der Fremdkornart im Wirtkristall sowie ihr Chemismus den Schluß auf Entmischung verbietet,

---

[1] Ein vergrößertes Teilgebiet, Abb. **133,** zeigt einwandfrei das jüngere Alter des Quarzes, der zu seiner Ausbreitung die Plagioklas-Kalifeldspat-Grenze benutzt und mit einzelnen Körnern aus dem Kalifeldspatwirt in den Plagioklaseinschluß hinübergreift.

3. die äußere Formgebung der Einschlüsse Korrosionswirkungen, entstanden bei der Übernahme durch den Wirt, zeigt,

4. an den fremden Kornarten zwar keine Korrosionswirkungen, sondern scharfe Kristallflächen ohne Hofbildung im Wirtkristall zu sehen sind, aber der Chemismus der eingeschlossenen Gastkornart nicht aus dem Wirtkristall aufzubauen ist und Entmischung aus anderen Gründen nicht in Frage kommt.

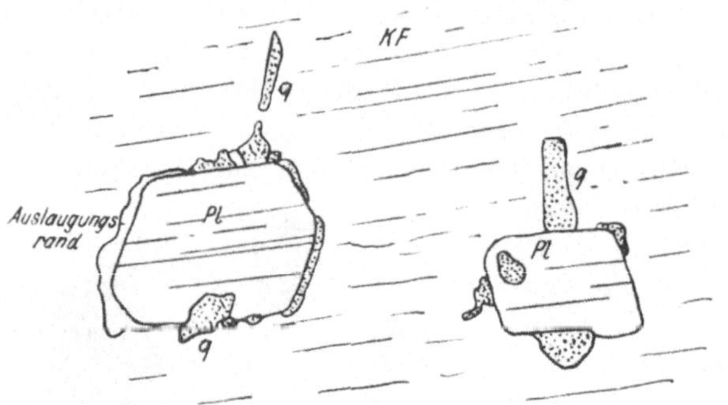

Abb. 134. Primäre Plagioklase, zum Teil mit Auslaugungsrand, im jüngeren Kalifeldspat. Später eindringender Schriftquarz liegt zum Teil frei im Kalifeldspatwirt, zum Teil benutzt er zu seiner Ausbreitung die Grenze Plagioklas—Kalifeldspat. Kalifeldspat-Einsprengling aus metamorphosierter Kulmscholle im Granit, Greiffensteine im Erzgebirge. Vergr. 47mal.

Wenn man unter diesen Voraussetzungen eine Kornart in einem Wirtkristall als „älter" bestimmt hat, so gehörte sie nach allen bisherigen Erfahrungen zu einem früher vorhandenen Korngefüge und es hieße unsere ganzen petrographischen Schlußmethoden verwerfen, wollten wir hieran zweifeln.

Einzig für Punkt 4 ist eine Einschränkung zu machen. Es ist nach neueren Erfahrungen über Gitterwanderungen nicht mehr auszuschließen, daß metasomatischer Angriff auf ein vorhandenes Gitter zu kristallographisch begrenzten Neubildungen in einem Wirtkristall führen kann, ohne daß dieser aus sich heraus einen wesentlichen Beitrag zum Aufbau der neuen Kornart leistet (vgl. hierzu den partiellen Ersatz eines Silikates durch Kalzit, Abb. 72).

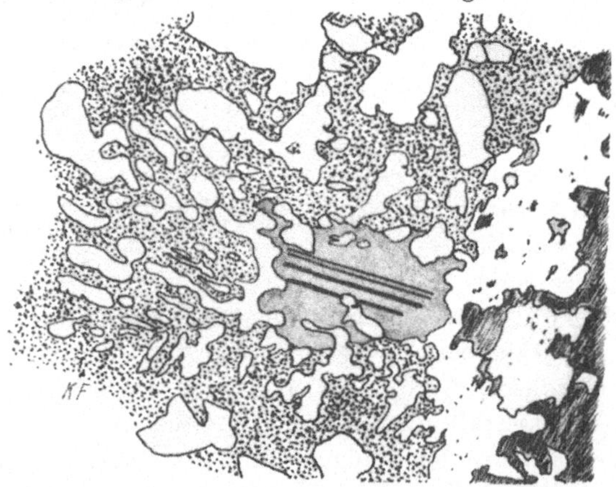

Abb. 135. Granophyr-Quarz durchwuchert Kalifeldspat (punktiert) mit eingelagerten Plagioklasresten, Mitte und rechts. — Die Form der Quarze ist zum Teil schriftquarzähnlich, zum Teil flächenhaft unregelmäßig mit überwiegend abgerundeten Konturen. Granit, Harzburg. Vergr. 166mal.

Bei der großen Seltenheit solcher Bildungen gelten jedoch im allgemeinen die Schlußfolgerungen des Punktes 4 im ursprünglich mitgeteilten Umfange.

Finden sich nun in Kalifeldspäten des Schriftgranits solche älteren Kornarten, so wird deren Beziehung zum Quarz den klaren Beweis für das Alter Kalifeldspat:Quarz erbringen können. Die bloße Auffindung älterer Kornarten in Kalifeldspat *und* Quarz aber ist noch kein ausreichender Beweis für jüngeres Alter des letzteren. Bei gleichzeitigem Wachstum von Feldspat und Quarz könnten etwa vorhandene ältere Kornarten in beiden Komponenten des Schriftgranits allseitig umschlossen vorkommen. Beweisend für jüngeres Alter des

Quarzes sind dagegen Fälle, wo 1. der Quarz die eingeschlossene Gastkornart *zusammen* mit Feldspatresten enthält, 2. der Quarz die Grenzfläche Fremdeinschluß : Kalifeldspat zu seiner Ausbreitung benutzt (Abb. 133 und 134) oder schließlich 3. die Gastkornart durch Quarz äußerlich angefressen und korrodiert

oder durchtrümert, zerlegt oder verdrängt wird, und zwar dergestalt, daß der verdrängende Quarzstengel mit der Hauptmasse im Kalifeldspat festsitzend, mit kleineren Teilen in den älteren Fremdeinschluß eindringt.

Es wäre nämlich höchst unwahrscheinlich, daß bei Annahme gleichzeitigen Wachstums von Feldspat und Quarz der letztere die gleichen Formen im bereits vorhandenen Fremdeinschluß, wie im gleichzeitig mit ihm wachsenden, gegenüber dem Einschluß *jüngeren*, Kalifeldspat ausbildet (Abb. 135).

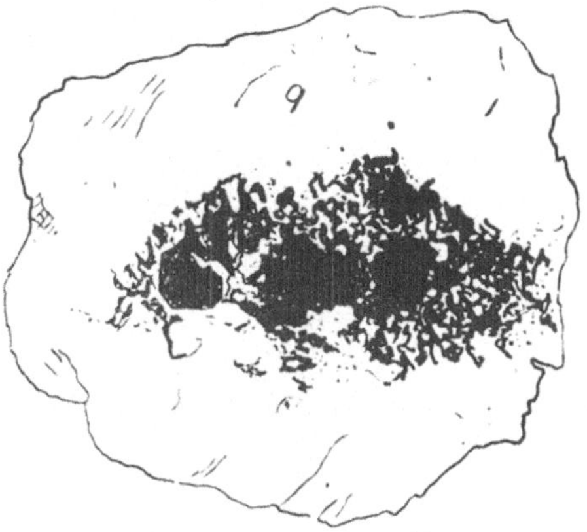

Die folgenden Beispiele werden die oben gekennzeichneten Verhältnisse

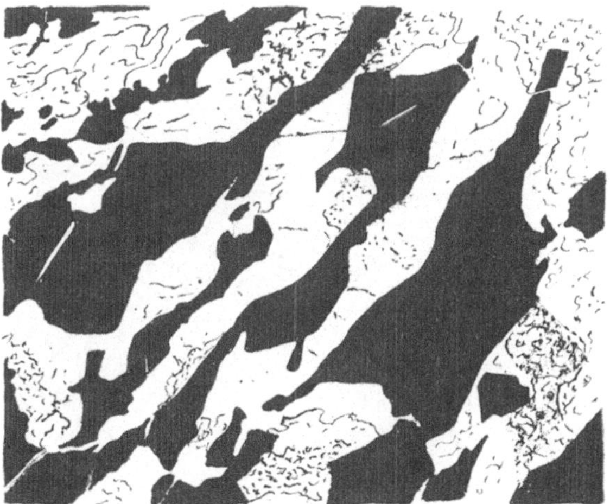

Abb. 136. Granatkristalle im Kalifeldspat, stärkst von Quarz korrodiert. Die zentralen Reste der Granate sind von Lösungsflächen begrenzt und mit feinen Ätznarben bedeckt. Pegmatit aus Bergeller Granit, Badilegebiet. Natürliche Größe.

näher erläutern. In den Pegmatiten des Badile-Gebietes (zwischen mittlerem Veltlin und dem Val Bondasca) treten eingebettet in Feldspäten primäre Granate auf, die von sekundärem Quarz unter Bildung längerer oder kürzerer, z. T. ver-

ästelter, häufig radialstrahlig angeordneter Stengel schriftgranitartig durchsetzt werden. Vielfach zeigen diese Granat-Quarz-Verwachsungen rosettenartige Formen, welche aus dünnen Quarz- und Granatsepten alternierend aufgebaut sind. Mitunter aber findet sich in der Mitte noch ein unangegriffener, nicht durch Quarzsepten unterteilter Kern. Abb. 136 zeigt eine solche Rosette, die im Innern aus einheitlich dichtem Granatmaterial besteht. Einzelne kristallographische Flächen lassen sich noch unterscheiden.

Abb. 137. Granat (schwarz) wird von teilweise rekristallisiertem sekundärem Quarz durchwachsen. Internes „Granat-in-Quarz"-Gefüge. Pegmatit aus Bergeller Granit, Badilegebiet. (15 ×.)

Sie sind aber stark korrodiert und angefressen. Mehrere angeätzte Flächen mit Schimmerreflexen sind erkennbar. Diese dichten zentralen Granatpartien werden von einer Zone fleckenhaft verteilter, zum Teil wurmartig ausgebildeter kleiner Granatfetzen und -septen umgeben, deren Zwischenräume mit uneinheitlichem, zum Teil rekristallisiertem Quarzpflaster ausgefüllt sind (Abb. 137). Der gesamte

Granat-Quarzbereich steckt im Kalifeldspat des Pegmatites, der seinerseits von
Quarz schriftgranitisch durchwuchert wird. Im Bereich der Granatzone *erhöht
sich die Quarzmenge bedeutend.* Man bemerkt Stellen, an denen Kalifeldspat und

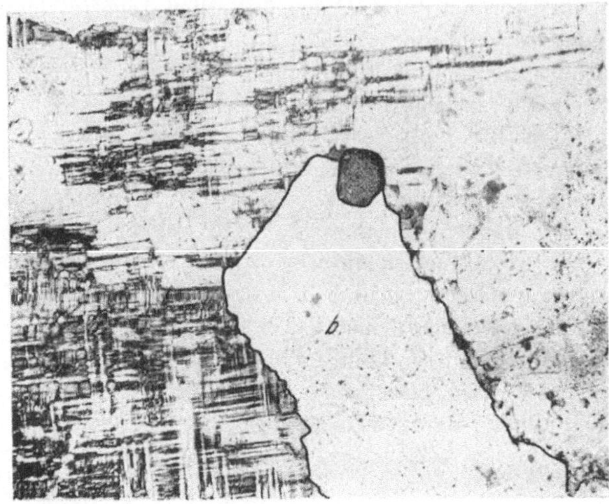

Abb. 138. Schriftquarzstengel löst ein primäres, von Kristallflächen begrenztes Granatkorn aus dessen
Verband mit Mikroklin heraus. Schriftgranit, Portland, Conn. Vergr. 48mal.

Granat von ein und demselben Quarzstengel durchsetzt werden; der letztere
ist also die „jüngste" Bildung.

Die Ablaugungs- und Ätzerscheinungen an diesen Granatvorkommen sind
nicht immer so stark, wie im vorgenannten Beispiel. Sie sind aber an den Stellen,
wo Granat an Quarz grenzt, fast immer anzutreffen.

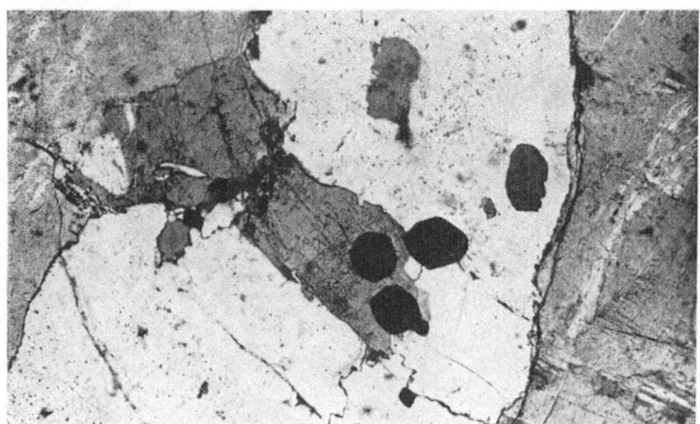

Abb. 139. Granatkristalle, zum Teil primär im Mikroklin, zum Teil von Schriftquarz herauspräpariert,
dessen jüngeres Alter damit erwiesen ist. Schriftgranit, Portland, Conn. Vergr. 48mal.

In den bekannten Schriftgranitvorkommen von Portland, Connecticut,
finden sich im Mikroklin verteilt, zahlreiche kleine Granate von kristallographisch guter und scharfer Ausbildung. In einer Reihe von Fällen ließ sich
feststellen, daß der Quarz des Schriftgranits diese kleinen Granate aus ihrem Verband mit dem Mikroklin herauslöst und sich einverleibt, zum Teil unter merk-

licher Abrundung ihrer Kristallflächen. — Wie die späteren Beobachtungen zeigen, handelt es sich um wirkliches „Herauslösen", nicht um gleichzeitiges Quarz-Feldspat-Wachstum, bei welchem die bereits vorhandenen Granate zufällig in den Quarz oder auf die Grenzfläche zwischen Quarz und Feldspat gerieten.

So weist Abb. 138 auf ein Stadium der Herauslösung hin, wo der Granat zur Hälfte im Quarz, zur andern Hälfte aber noch im Feldspat festsitzt, während Abb. 139 einen völlig herausgelösten, *zusammen mit $\pm$ korrodierten Feldspatbruchstücken* im Quarz schwimmenden Granat zeigt. (Diese Vergesellschaftung mit Feldspatresten beweist, daß die Annahme gleichzeitigen Quarz-Feldspat-Wachstums mit dazwischen verteilten primären Granatkornarten hier keinesfalls in Frage kommt, s. oben.) Durch solche gegenseitige Beziehung von Granat, Mikroklin und Quarz ist mit Sicherheit das jüngere Alter des letzteren gegenüber dem Mikroklin erwiesen.

Außer Granat läßt sich auch *Turmalin* zur Bestimmung der Altersbeziehung zwischen Quarz und Feldspat verwenden. Eine Stufe des Elbaner Schriftgranits zeigt das Eindringen zahlreicher quarzerfüllter, breiter Kanäle in einen einheitlichen Turmalinkristall und seine metasomatische Verdrängung unter partieller Resorption (Abb. 140). Aus der gleichzeitigen Auslöschung der jetzt völlig getrennten Turmalinreste ist deren

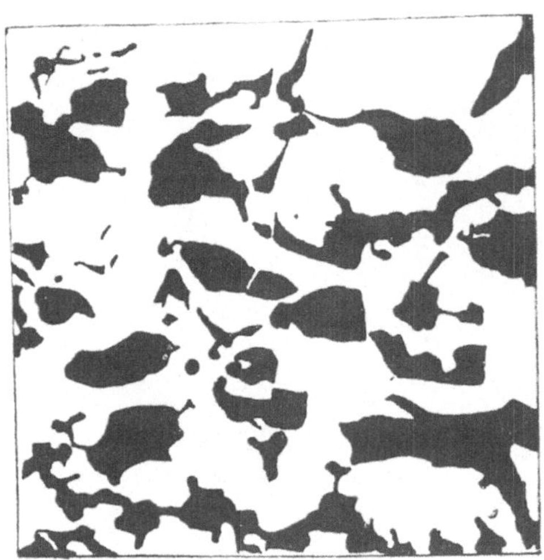

Abb. 140. Turmalin (schwarz) wird von sekundärem Quarz verdrängt. — Alle Turmalinteile sind optisch gleich orientiert. (Internes „Turmalin-in-Quarz"-Gefüge.) Elba. Vergr. 12mal.

ehemalige Zusammengehörigkeit zu ersehen. Die Turmalinkörner werden dabei teilweise so stark angegriffen, daß nur noch dünne Häute übrigbleiben. Auch in diesem Fall ist die Quarzfüllung nicht einheitlich, sondern zeigt Rekristallisationserscheinungen.

Weitere Altersbestimmungen lassen sich an Glimmer- und Plagioklaskornarten der Schriftgranite machen. Auch hier ist es sicher, daß Glimmer (Muskovit) und Plagioklas, wie aus dem Zustand ihrer Flächen hervorgeht, ältere, vom Kalifeldspat übernommene Einschlüsse sind, die zum Teil nach der Vektorialität des Baugrundes geregelt sein können. So zeigt Abb. 141 eine starke Perthitlamelle, welche eine Reihe schmaler, parallel gestellter Muskovitleisten enthält. Diese Muskovitleisten ragen beidseitig ein Stück in die angrenzenden Quarzstengel hinein. Die im Quarz befindlichen Teile der Muskovite sind deutlich korrodiert. Es bleibt in diesem Fall keine andere Möglichkeit, als das jüngere Alter des Quarzes anzunehmen, da bereits der die Muskovite enthaltende Perthit keinen Entmischungs-, sondern Verdrängungsperthit darstellt und als solcher einen deutlichen, wenn auch geringen Altersunterschied gegenüber dem Kalifeldspat aufweist.

An größeren primären Muskoviteinschlüssen des Kalifeldspates lassen sich noch weitere Beobachtungen und Schlußfolgerungen anschließen. Abb. 142 gibt einen Bereich aus einem Pegmatit von Kimito, Finnland, wieder, in welchem eine breite Quarzlamelle einen größeren Muskovit aus seinem Verband mit reichlich perthitisiertem Mikroklin herausgelöst und ihn unter starker Resorption, die auch Teile des Mikroklins erfaßt, in sich einschließt. Es kann hier auch bezüglich der Korngrenzen Quarz-Perthit keinem Zweifel unterliegen, daß der Quarz die jüngste Bildung ist. Angesichts des dargestellten Bereichs aber erhebt sich die weitere Frage, was aus dem resorbierten und abgetragenen Material sowohl des Muskovits wie der Feldspatanteile geworden ist (s. S. 197). —

Bei der Untersuchung des Myrmekits hatte es sich als vorteilhaft erwiesen, das Verhältnis der Myrmekit-Quarzstengel zu sehr frühen, akzessorischen Kornarten wie Apatit zu bestimmen. Da im allgemeinen die basischen Silikate Apatit in größerer Menge enthalten als die Feldspäte oder Quarz, ist für diese Studien am Schriftgranit besonders Biotit oder Hornblende geeignet. An einem Beispiel aus dem Rapakiwigranit von Rödo, Finnland, sind die gegenseitigen Kornbeziehungen gut zu übersehen (Abb. 143). Hier ist ein Hornblendekristall mit unscharfer Grenze in einen großen Kalifeldspat eingewachsen. Die Kornarten

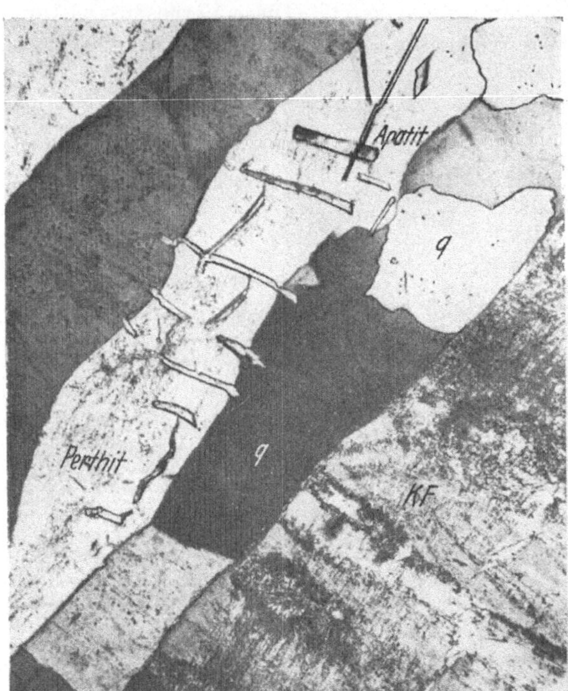

Abb. 141. Kalifeldspat enthält breite, bandartige Perthitbereiche, in denen geregelte Muskovitlamellen liegen. Schriftquarz durchsetzt in zwei breiten Bändern — zum Teil in Einzelkörner zerfallen — Kalifeldspat und Perthit. Die Muskovitlamellen des letzteren ragen beiderseits ein Stück weit in die Quarzbänder hinein. Da der Perthit bestimmt jünger als der Kalifeldspat ist, der Muskovit älter als der Perthit, so muß der Quarz jünger sein als der Kalifeldspat. Pegmatit, Tännesberg, Bayerischer Wald. Vergr. 68,5mal.

des Schriftquarzes, die den Kalifeldspat reichlich durchsetzen, greifen ohne jede Lageänderung aus dem Kalifeldspat in die Hornblende hinüber. Manche Quarzstengel liegen zum Teil im Kalifeldspat, zum Teil in der Hornblende. Die zahlreich in der Hornblende vorhandenen Apatitsäulchen werden vom Schriftquarz aufgenommen, ragen in ihn hinein oder liegen vereinzelt völlig frei im Quarz. Unterschiede in der Ausbildung der Quarzkornarten sind kaum festzustellen; im Bereich der Hornblende ist höchstens eine geringe Kornverkleinerung der Quarze sichtbar. Das Alter der Quarze ist also auf jeden Fall geringer als das von Hornblende und Kalifeldspat. Gleichzeitige Entstehung von Quarz und Wirtsubstanz nach Art eines Eutektikums kommt nicht in Frage, da der

Quarz sowohl in Hornblende *wie* im Kalifeldspat auftritt und die beiden letzteren altersverschieden sind zugunsten höheren Alters der Hornblende. Aus dem letzteren Grunde ist auch der Schluß nicht möglich, Hornblende und Kalifeldspat seien in ein Quarz-Großkorn (mit Apatitgehalt!) eingedrungen und hätten durch Verdrängung der Hauptmasse des Quarzes die stehengebliebenen Restformen erzeugt.

War schon die Feststellung des Altersverhältnisses zwischen Schriftquarz einerseits und Apatit, Glimmer und Hornblende andererseits unbedingt wichtig,

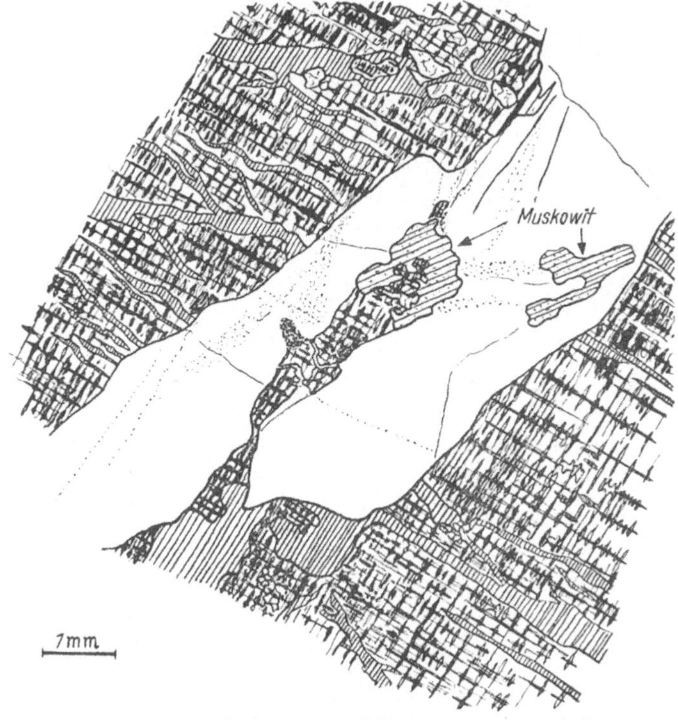

Abb. 142. Mikroklin mit kräftigen Perthitfüllungen und Einstreuungen von Muskovit. — Ein solcher wird durch die mittlere Quarzpartie aus seiner Umgebung herausgelöst. Eine dünne, korrodierte Mikroklinbrücke verbindet das Muskovit-Bruchstück mit dem umgebenden Mikroklin. Kimito, Finnland.

so ist für den der Kalifeldspatentstehung unmittelbar *voraufgehenden* Plagioklas die Kenntnis der Altersbeziehung zum Quarz von noch höherer Bedeutung. Wie bereits aus Abb. 112, S. 131 hervorging, ist in einem Feldspat-Großkorngefüge mit Plagioklas als Gefügebestandteil auch dieser unter Umständen mit typischen Quarzkornbildungen verwachsen, allerdings meistens um vieles seltener als der Kalifeldspat. Tritt der Plagioklas aber als ältere Kornart, eingeschlossen im Kalifeldspat, auf, so wird er von den Quarzstengeln des letzteren in der gleichen Weise durchwachsen, wie die Hornblende im Beispiel Abb. 143, d. h. die Quarze behalten innerhalb des Plagioklases die im Kalifeldspat innegehabte Orientierung. Abb. 145 und 146 zeigen diese Verhältnisse sehr deutlich. Die Ähnlichkeit der Quarzformen im Plagioklas und außerhalb springt in die Augen. Offenbar hat die Lage des Plagioklasgitters im Kalifeldspat auf Form und Orientierung der Quarze keinen irgendwie bedeutenden Einfluß. Auch innerhalb des Plagioklases erfolgt keinerlei Umlagerung des Quarzmaterials oder Zerfall in mehrere Kornarten neuer Lage.

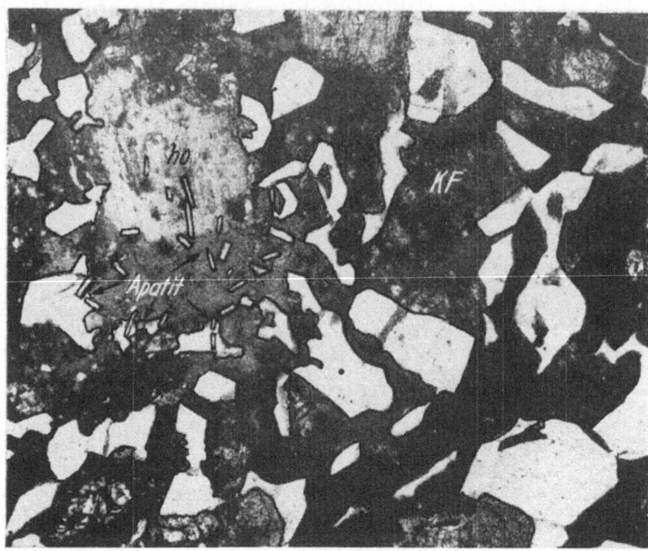

Abb. 143. Granophyrische Quarzformen in Hornblende und Kalifeldspat. Zahlreiche primäre Apatitsäulen der Hornblende werden von Quarz, der nie selbst primären Apatit führt, herausgelöst, oder liegen zum Teil gleichzeitig in Quarz und Hornblende. — Da die letztere höheres Alter als Kalifeldspat besitzt, ist der umgekehrte Schluß unmöglich, Hornblende und Feldspat seien in ein Großquarzkorn mit Apatitnadeln eingedrungen und hätten durch partielle Metasomatose die stehengebliebenen Restformen des Quarzes erzeugt (s. S. 203 ff.). — Rapakiwigranit, Rödö. Vergr. 42mal.

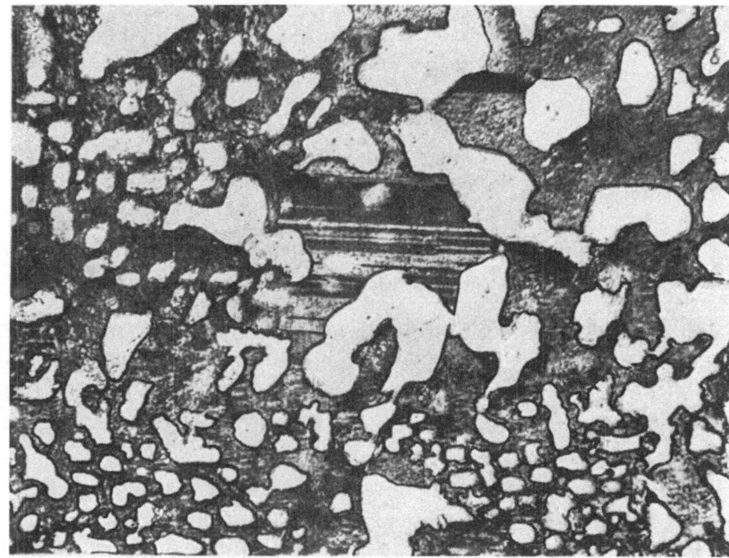

Abb. 144. Granophyrischer Quarz durchsetzt Kalifeldspat und in diesen eingebetteten primären Plagioklas unter Resorptionserscheinungen am letzteren. Damit erscheint es als sicher, daß die Quarze nicht als Bruchstücke eines ehemaligen einheitlichen Kornes angesehen werden dürfen (vgl. Abb. 185), in welches Kalifeldspatsubstanz später eingedrungen ist. Granit, Burgweg bei Harzburg. Vergr. 166mal.

Ebenso sicher läßt sich das Altersverhältnis Kalifeldspat-Plagioklas-Quarz dort bestimmen, wo die Korngrenzen zwischen beiden Feldspatarten vom Quarz benutzt werden. Da es sich hierbei, wenn die Korngrenzen wesentlich korrosiv erweitert werden, um ähnliche Vorgänge handelt, wie sie in Granitgefügen bei der Quarzbildung regelmäßig auftreten, ist bereits damit ein Merkmal gefunden,

Abb. 145. Schriftgranitquarz setzt ohne Störung in primären Plagioklas hinein. Die Unterschiede in der Ausbildung der Konvex- und Konkavseite der Quarzstengel sind beträchtlich. Pegmatit, Odenwald.

Abb. 146. Quarz vornehmlich auf den Korngrenzen zwischen primärem Plagioklas und Kalifeldspat wirt angereichert. Erweiterung der Korngrenzen durch Korrosion während der Quarzbildung. Rapakiwi, Rödö. Vergr. 23mal.

welches von den Reaktionsgefügen zu der normalen Gefügebildung granitischer Gesteine überleitet. In der Abb. 146 findet sich beides, die Benutzung der Korngrenzen durch Quarz und ihre korrosive Ausarbeitung.

Zum Abschluß aber sei noch ein Beispiel gebracht, welches das Alter des Schriftquarzes durchaus unwiderlegbar beweist. Ein Aplit eines elsässischen

Vorkommens (Abb. 147) enthält perthitisierten Kalifeldspat, der seinerseits einen korrodierten und randlich ausgelaugten Plagioklas umschließt. Dieser Plagioklas zeigt an zwei Stellen Myrmekit-Quarz-Bildung, welche die älteste Quarzgeneration innerhalb dieses Bereiches darstellt. Außer diesem myrmekitischen Quarz aber tritt eine spätere Form auf, welche eckige, ziemlich grobe Lamellen im Kalifeldspat bildet. Die Kornarten dieses Schriftquarzes greifen völlig unabgelenkt in den Primärplagioklas hinein und lassen klar erkennen, daß der Schriftquarz die jüngste Bildung dieses Bereiches, also auch jünger ist, als der Kalifeldspat. Dieses Beispiel ist einer der seltenen Fälle, wo Myrmekit- und Schriftgranitbildung auf engstem Raum nebeneinander beobachtet werden kann.

Abb. 147. Korrodierter und myrmekitisierter Plagioklas liegt allseits eingebettet in perthisiertem Kalifeldspat. Späterer Schriftquarz durchdringt Kalifeldspat, Perthit und Plagioklas. Aplit Saatschule Kirnecktal, Elsaß.

c) Die Altersbestimmung aus der Serizittrübung des Feldspates.

Das jüngere Alter des Quarzes gegenüber dem Kalifeldspat ist außer an seinem Verhalten gegen ältere Fremdeinschlüsse auch noch aus seiner Beziehung zur Serizittrübung des Feldspates in vom Quarz ringsumschlossenen Teilstücken des letzteren sowie aus dem im Quarz enthaltenen trübenden Serizitpigment abzuleiten. Wodurch die von kleinsten Serizit- oder Kaolinblättchen im Kalifeldspat hervorgerufene, mikroskopisch als bräunliche, wolkige Verfärbung sichtbar werdende Trübung entsteht, ist noch keineswegs in allen Einzelheiten geklärt. Auf die große Literatur der Feldspatumwandlung usw. kann in diesem Zusammenhang nicht eingegangen werden. Fest scheint zu stehen, daß ähnliche Trübungsvorgänge auf verschiedene Weise entstehen durch die große Zahl der Kaolinisierungs- und Serizitisierungsmöglichkeiten, u. a. auch durch Einwirkung atmosphärischer Einflüsse. Die Genese derartiger Vorgänge muß hier außer Betracht bleiben. Es wird vielmehr nur auf Bildungen eingegangen, die im engsten Anschluß an die Feldspatgenese durch „autometamorphe" Vorgänge entstehen und deren Serizitisierungen schon frühzeitig nach der Kristallisation des Feldspates eingesetzt haben dürften. Als Beispiel möge ein Pegmatitvorkommen aus Böhmen dienen (Abb. 148).

Das trübende Medium im Feldspat erscheint hier in nebelhaften, wolkigen gelblich-bräunlichen Haufen, zum Teil ganz unregelmäßig, zum Teil von Strukturebenen, Spaltbarkeitsflächen usw. andeutungsweise begrenzt. Stärkere Vergrößerung löst die Trübungsgebiete in ein Haufwerk punkt- oder fetzenförmiger Schüppchen auf von bedeutend höherer Lichtbrechung, als die gewöhnliche Feldspatsubstanz. Quarzstengel, welche den Feldspat durchsetzen, sind

aber nicht fast einschlußfrei und klar, wie die große Mehrzahl der Quarzkornbildungen im Schriftgranit, *sondern enthalten ebenfalls Trübungszonen oder stark
aufgelockerte Serizithaufen*, jedoch von höherer Korngröße des Einzelkristallits
als im Feldspat.

Aus dieser Beobachtung lassen sich folgende Schlüsse ziehen. Die Feldspat-
trübung ist auf einen Vorgang zurückzuführen, der bestimmt *nach* der Kristallisation des Feldspates, wenn auch unter Umständen in engem Anschluß an seine
Bildung, wirkte. Trübung, d. h. Zersetzung und Umbau der Feldspatsubstanz

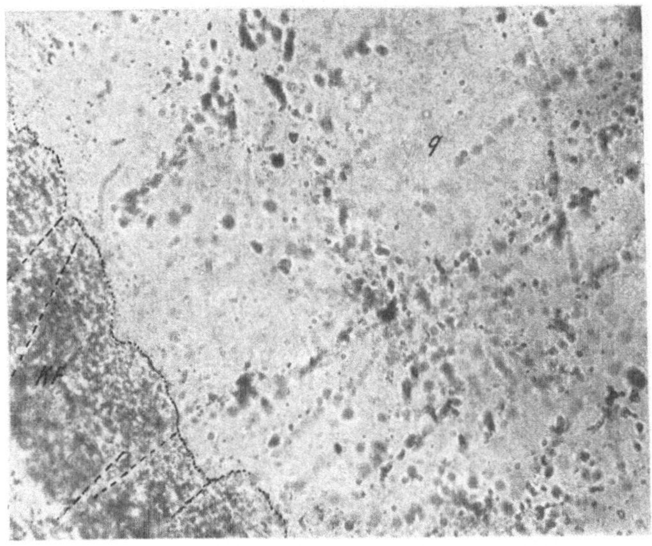

Abb. 148. Serizitisierter, getrübter Kalifeldspat wird von Quarz durchsetzt, der die trübenden Serizite des
Kalifeldspates unter teilweiser Kornvergrößerung in sich aufnimmt. — Ehemalige Strukturflächen im Kali-
feldspat sind durch Punktierung angedeutet. Die Spur dieser Flächen setzt sich in den Quarz hinein fort.
Schriftgranit, Böhmen. Vergr. 340mal.

gleichzeitig mit ihrer Entstehung ist aber ausgeschlossen; Umbildungs- und Zer-
setzungsvorgänge können nur den fertigen Feldspat betroffen haben. Wenn
nun Quarz und Feldspat gleichzeitig kristallisiert sind, so muß der Quarz im
Innern klargeblieben sein und darf keine trübende Partikeln der Feldspat-
umbildung enthalten. Ist das doch der Fall, so kann die Quarzkristallisation
nur zu einer Zeit erfolgt sein, wo der Feldspat bereits Zersetzungsprodukte ent-
hielt, die vom Quarz aufgenommen und in ihn eingebaut werden konnten. Für
das gezeigte Beispiel ist also Quarz *jünger* als der Feldspat, da jener bei eigener
Klarheit trübende Feldspatreste enthält.

Von großer Bedeutung für die Quarzgenese erscheint ferner noch die Beobachtung, daß die Abmessungen der im Quarz enthaltenen Trübungskörper erheblich größer sind, als im Feldspat. Da der Quarz später als der Feldspat ent-
stand, kann er nur durch einen irgendwie gearteten metasomatischen Vorgang
in den Feldspat hineingelangt sein. Es ergibt sich hierbei die Frage, ob bei derartigen Vorgängen die Feldspatsubstanz völlig gelöst und weggeführt wurde
und statt ihrer Quarz eingetreten sei, oder ob eine nur teilweise Abführung der
Feldspationen stattfand unter Belassung der SiO_2 des umgewandelten Bereichs

(bei vorhandener oder fehlender Gitterumlagerung). Weiter entsteht die Frage, ob die heutigen Quarzbezirke während der Umbildung Feldspat zu Quarz (d. h. während des metasomatischen Vorganges) bis zu lösungserfüllten Hohlräumen von der heutigen Quarzform abgebaut wurden, in denen dann erst der Quarz ausgeschieden wurde, die inzwischen aus der Feldspatsubstanz gebildeten Serizit-kornarten K_i in sich einordnend. Mit einem Wort, es ist notwendig, die ver-schiedenen Möglichkeiten der Raumschaffung für den Quarz zu kennen (vgl. S. 187 ff.). Es wird sich dann auch entscheiden lassen, ob die Kornvergrößerung der Trübungskörper im Quarz durch Wachstum in der den Quarzhohlraum erfüllenden Lösung oder während des sukzessiven Abbaus des Feldspatgitters durch verstärkte Lösungseinwanderung im befallenen Bereich zunächst mit Korngrößenwachstum der Serizite begann, die bei weiterem Abbau des Feld-spates bis herunter zum Quarz erhalten blieben.

d) Quarzkornbildungen schriftgranitischer Art, ihre Formen und Raumverteilung.

Mikrogranitische und granophyrische Strukturen, ihre Übergänge zu Schriftstruktur einerseits und zu normal-granitischer Strukturform andererseits.

In den vorhergehenden Abschnitten wurde die Frage nach dem Alters-verhältnis Quarz : Feldspat an einer Reihe von Beispielen zugunsten des jüngeren Alters des Quarzes entschieden.

Mit einer derartigen Feststellung, auch wenn sie sich als allgemein gültig erweist, sind aber keineswegs alle Beziehungen zwischen Quarz und Feldspat geklärt. Es ist notwendig, auch einen Blick auf die *Formen* des Schriftquarzes zu werfen, da aus ihnen nicht sowohl auf die Herkunft des Quarzmaterials, sondern vor allem auf die Art des Bildungsvorganges, im besonderen aber auf die Rolle der Intergranulare und die Richtungsabhängigkeit der metasomatisch wirksamen Diffusions- und Lösungsvorgänge geschlossen werden kann.

Eine große Anzahl von Schriftgranitvorkommen, besonders russische, finnische und norwegische Pegmatite, zeigen Quarzkornformen mit relativ geradflächiger Begrenzung, die eine gewisse Ähnlichkeit mit echten Kristall-flächen vortäuschen. Derartige Formen wurden früher wohl auch für solche ge-halten (vgl. O. MÜGGE, 1927, 5, S. 186). Bei manchen Vorkommen erreichen die Kristalle eine solche Größe, daß man von Riesenwachstum sprechen kann. FERSMANN beschreibt aus dem Ural Pegmatite, bei denen die Quarzstengel Größen von mehreren Dezimetern erreichen. Verhältnismäßig ebene Begren-zungen zeigen die Quarzformen der Abb. 4, 126, 149 und 152. Besonders das letztgenannte Beispiel (Schriftgranit von Hitteroe) hat geradlinig ausgebildete Grenzflächen der Quarze und im wesentlichen volle Formen. Sehr häufig sind nämlich die Quarzstengel (vgl. S. 124) ausgehöhlt und skelettartig struiert (Abb. 127, 145 und 150). Die eine Seite des Quarzstengels ist dann glatt und eben, die andere skelettiert und zwar für die Mehrzahl der Quarzstengel die gleiche Seite. Wie weit die Ungleichwertigkeit der beiden Seiten gehen kann und welch bizarre dendritische Formen entstehen können, zeigt Abb. 150a. Bei diesem Beispiel ist besonders auffällig, daß die in der Mitte des Quarzstengels liegende, schmale perthitisierte Scholle die erwähnte laterale Ungleichwertigkeit *nicht* oder nur an den äußeren Enden zeigt. Dagegen ist das kleine Bruchstück rechts an seiner unteren Seite deutlich stärker korrodiert. Vom Quarzstengel aus gesehen ist es die der stärkeren Korrosion des Hauptstengels entsprechende Seite. Das alles sind Verhältnisse, die sich mit der Auffassung eines gleichzeitigen Wachstums im offenen Bereich in keiner Weise vereinigen lassen und zugunsten einer späteren, metasomatischen Bildungsweise des Quarzes sprechen. Die oftmals gute flächenhafte Begrenzung der Quarzkörper widerstreitet keineswegs der Annahme metasomatischer Entstehung. Das Altersverhältnis Quarz : Feldspat und das sonstige Verhalten der Quarze (bis auf die Ausbildung der Grenzflächen) ist bei metasomatischer Formgebung der Stengel (Abb. 151) durchaus

Abb. 149. Quarzstengel mit eingeschlossenen Bruchstücken des Wirtes. (Innenkonkave Aufteilung der Stengel und Ungleichwertigkeit der lateralen Begrenzung.) Ilmenau. Vergr. 12mal.

übereinstimmend mit demjenigen geradflächig begrenzter Quarzkörper. Man geht nicht fehl in der Annahme, daß bei den beidseitig unscharf ausgebildeten Formen, wie sie später genauer beschrieben werden sollen, nur die zu skelettartiger Begrenzung führenden Vorgänge gewirkt haben. Die Anordnung solcher unregelmäßig und verästelt ausgebildeter Quarzstengel scheint, was Begrenzung, Verteilung und Variation der Abmessungen anlangt, zunächst durchaus verschieden von den geradflächig und verhältnismäßig glatt konturierten Kornformen zu sein. Das ist aber nicht so. In beiden Fällen ergeben sich bestimmte Regelmäßigkeiten, die geradezu typisch für die schriftgranitische und granophyrische Verwachsung sind, wenn sie auch bei starker Verästelung und unregelmäßiger Begrenzung der Stengel zunächst schwer erkannt werden können.

Das möge zunächst an einem Beispiel gut begrenzter Quarzkornformen gezeigt werden (Abb. 152). Die Quarzkörner dieses Beispiels sind nicht regellos, sondern in gesetzmäßiger Weise verteilt. Mißt man die Abstände eines jeden Kornes zu seinem nächstgelegenen Nachbarn, so ergibt sich als Minimalabstand 0,25 mm, als Maximalabstand 2 mm. Der Durchschnitt aus 207 gemessenen Abstandslängen beträgt 0,8 mm. Die Gleichartigkeit in der Verteilung geht besonders daraus hervor, daß etwa $^1/_4$—$^1/_5$ aller gemessenen Strecken zwischen

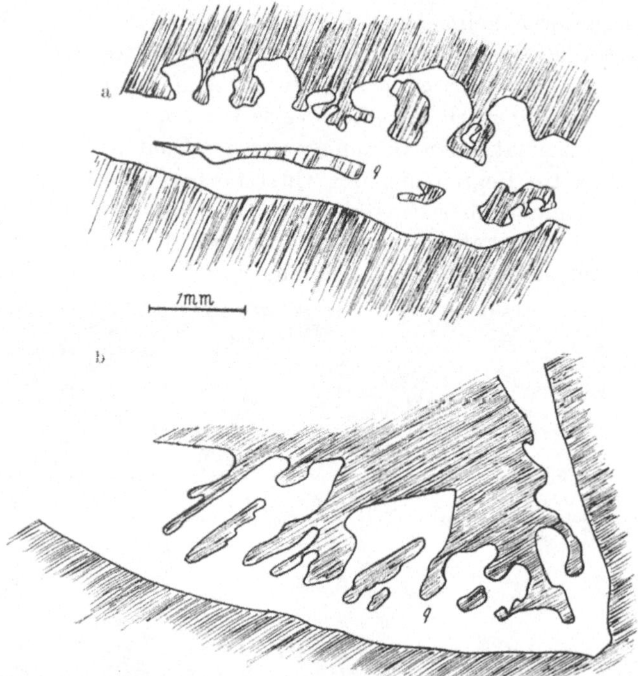

Abb. 150 a u. b. Ungleichwertigkeit der lateralen Begrenzung zweier Quarzstengelquerschnitte, welche völlig losgelöste Feldspatbruchstücke umschließen. Die Hauptrichtung des seitlichen, senkrecht auf der Stengel-längsachse stehenden Kornwachstums folgt der Richtung der Perthiteinlagerungen. Pegmatit, Amerika, bei Penig, Sachsen.

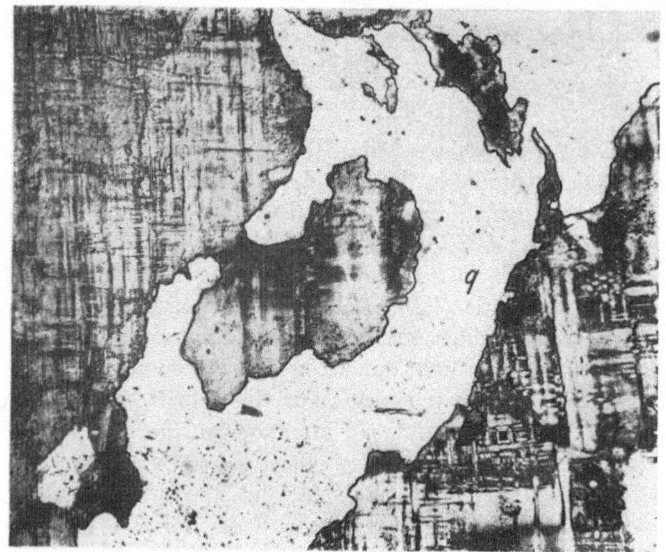

Abb. 151. Schriftquarzstengel in Mikroklin mit unscharfer Begrenzung. Klein, Bayerischer Wald. Vergr. 56mal.

0,75 und 0,80 mm Abstand liegt ($= 22,7\%$). Das ist sehr beträchtlich und scheint für den Bildungsvorgang durchaus charakteristisch (Ausbreitung der Lösung von bestimmten Zentren aus ?).

Die Gleichmäßigkeit in der Verteilung wird noch deutlicher sichtbar, wenn man nur die Mitten der Quarzkörner (Schnittpunkte der kleinsten und größten

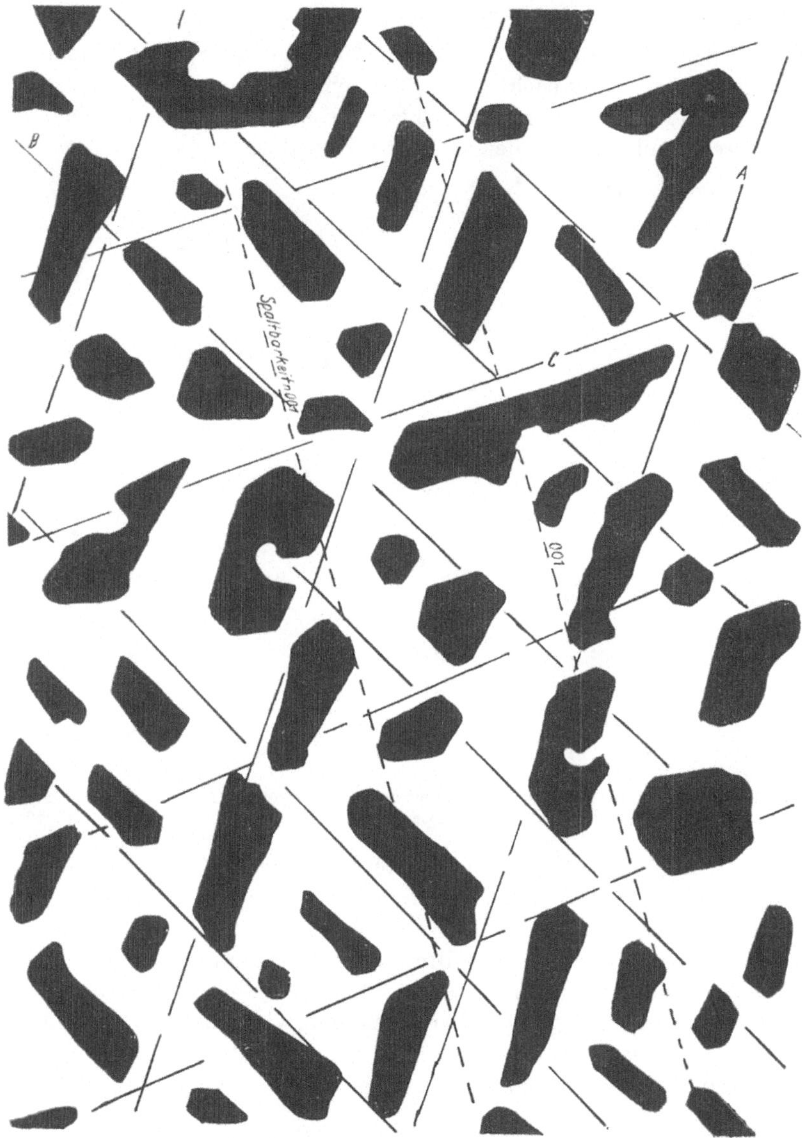

Abb. 152. Anordnung der Quarzstengel im Schriftgranit von Hitteroe. — Die Bevorzugung bestimmter Richtungen *A*, *B*, *C* ist unverkennbar, ebenso die Gleichmäßigkeit der Kornverteilung. Schriftgranit, Hitteroe. Vergr. 6mal.

Durchmesser) markiert. Das so erhaltene Punktnetz ist auffallend regelmäßig (Abb. 153).

Betrachtet man anschließend die Regelung der Quarzstengellängsachsen — nicht der optischen Achsen! — so sieht man, daß die Längsachse der Quarzkörner bestimmten Richtungen folgt und daß vor allem die an den einzelnen

Quarzstengeln gebildeten Flächen häufig eine geregelte Raumlage anstreben. Man kann zwei Hauptrichtungen (A und B, Abb. 152) unterscheiden, die etwa 60° miteinander einschließen. Eine schwach ausgebildete Richtung C, welche ebenfalls angenähert einen Winkel von etwa 60° mit den beiden andern einschließt, ist mitunter häufig zu erkennen. Die Spur der Spaltbarkeit nach (001) teilt die genannten Raumrichtungen fast symmetrisch.

Mißt man die Abmessungen der Quarzkornarten, so ergeben sich aus dem gleichen Bereich folgende Zahlen: *Größter* Korndurchmesser, mittlerer Durch-

Abb. 153. Gleichmäßige Verteilung der Quarzstengel im Schriftgranit von Hitteroe. Die Punkte stellen die Schnittpunkte des kleinsten und größten Durchmessers der Stengel dar. (Größe des Ausschnittes 22×28 mm.)

schnitt von 79 Messungen = 2 mm. Davon entsprechen 5 Strecken der genauen Länge von 2 mm = 6,3%. *Kleinster* Korndurchmesser, mittlerer Durchschnitt von 84 Messungen = 0,7 mm. Davon entsprechen 29 Strecken der genauen Länge von 0,7 mm = 34,6%. Die Breitenentwicklung der Stengel ist — trotz verschiedener Raumrichtungen — also sehr konstant und bedeutend geringer als die Längenausdehnung, deren Wert außerdem viel stärker streut. Aus allem ergibt sich, daß in den drei Richtungen, in denen die Stengellängsachsen hauptsächlich liegen, die Bildung der Quarzstengel leichter vonstatten geht, als senkrecht dazu.

Es gibt also dreierlei charakteristische Eigenschaften der Quarzstengel echter Schriftgranite und -pegmatite. Die Regelungsbereitschaft der Quarzachsen gegen das Feldspatgitter, die Bevorzugung bestimmter Raumrichtungen im Feldspatwirt und schließlich die Art der Verteilung der Quarzkornarten, Eigenschaften, welche nicht in allen Fällen in gleicher Klarheit ausgeprägt zu sein brauchen. *Die Verbindung von richtungsbedingtem Kornwachstum und gesetzmäßiger Verteilung der Kornarten aber ist eine auf die Schriftstruktur der Gesteine beschränkte Eigenschaft.* Man kann sich irgendeine Anordnung stark geregelter Kornarten

denken, bei der die Körner sehr unterschiedliche Abstände voneinander haben:
Felder mit stärkster Belegung wechseln mit solchen fast völliger Leere. Bei der
Schriftstruktur sind derartige einseitige Häufungen äußerst selten und repräsentieren, wenn sie einmal auftreten, das Anfangsstadium nicht zu Ende
verlaufener Reaktionen[1]. Das allgemeine Bestreben vielmehr ist hier die *Einhaltung eines mittleren Abstandes zwischen den Kornarten*, der zwar bei sehr unregelmäßiger, skelettartiger Ausbildung der Quarze sich mehr und mehr verwischt, im ganzen aber ungern aufgegeben wird und lange kenntlich bleibt
(vgl. hierzu S. 192).

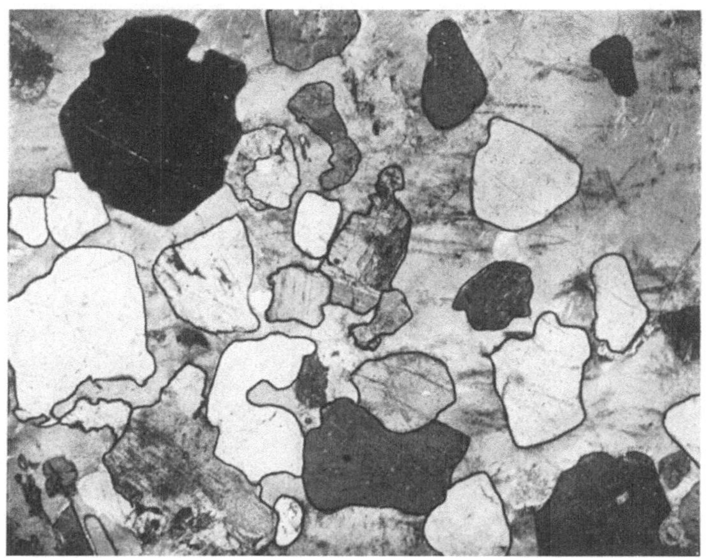

Abb. 154. Ältere Quarz- und Feldspateinschlüsse in einem Kalifeldspat-Kristalloblasten. Der Unterschied
der buchtig korrodierten Formen der — ganz verschieden orientierten — Quarz-Einsprenglinge gegen schriftgranitische Bildungen im allgemeinen ist ebenso deutlich, wie die gelegentliche Ähnlichkeit. (Hauptunterschied: der Mangel einheitlicher Orientierung.) Voitzberg, BayerischerWald, Manteuffelschacht. Vergr. 48mal.

Den Unterschied zwischen schriftgranitischer Quarzkornverteilung und
± regelloser Anordnung eines vorgefundenen Quarzkornhaufwerkes in einem
wachsenden Feldspat-Kristalloblasten — unbeschadet möglicher Einregelung bestimmter kristallographischer Richtungen in das Gitter des Wirtes — möge
Abb. 154 aus einem Grundgebirgsgneis des Bayerischen Waldes zeigen. Trotz
oberflächlicher Ähnlichkeiten mit echten Schriftquarzen — manche Quarzkörner sind buchtig korrodiert und angefressen — ist die gesetzlose Verteilung
der eingeschlossenen Quarzknauern, etwa gegenüber den echten Schriftgraniten
Abb. 4, 149 und 152, durchaus deutlich.

Es wird sich ergeben, daß die gesetzmäßige Art der Verteilung nicht nur bei
den Schriftpegmatiten mit streng ausgebildeter Schriftstruktur, sondern auch
bei den aufgelockerten und variableren *Granophyrstrukturen* Geltung besitzt,
wie aus den folgenden Beispielen hervorgeht.

---

[1] Möglicherweise hängt die Verteilung der Quarze von der Regelmäßigkeit des Inter-
truncularnetzes ab!

Die im vorstehenden erwähnte regelmäßige Verteilung der Körner, welche
in einer oder mehreren Raumrichtungen mit annähernd gleichen Abständen angeordnet sind, wird bei der Granophyrstruktur gelegentlich abgelöst von einer
Verteilungsart, bei welcher die Quarzkörper radialstrahlig um einen Punkt angeordnet erscheinen. Ihre Größe wächst mit der Entfernung von dem erwähnten
,,Zentralpunkt". (Es ist zunächst keine ausreichende Begründung dafür anzugeben, daß die Bildungsfolge von den kleinen zu den großen Körnern fortgeschritten sei und nicht umgekehrt. Wir wollen aber in Übereinstimmung mit
den Beobachtungen am Myrmekit und an den korrodierten Quarz- und Feldspat-

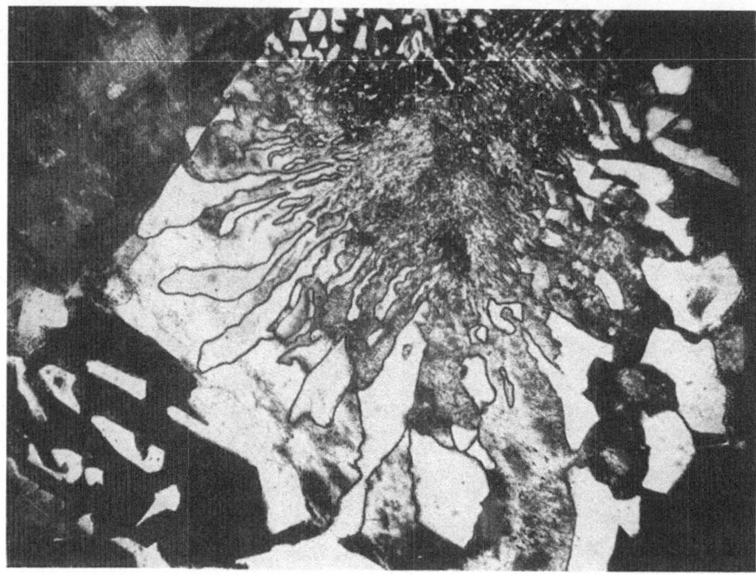

Abb. 155. Quarzrosette im Kalifeldspat. — Absetzen der Quarzstengel an benachbarten Korngrenzen.
Rapakiwi, Rödö. Vergr. 42mal.

einschlüssen der Lamprophyre [S. 95] mit ihren nach dem Kristallinnern zu
dicker werdenden Schläuchen die Ausbreitungsrichtung als vom kleineren zum
größeren Korndurchmesser fortschreitend ansehen, um damit zunächst eine
Arbeitshypothese zu gewinnen.) Bei der gewöhnlichen schriftgranitischen Verwachsung ist im allgemeinen innerhalb größerer Bereiche keine regelmäßige
Korngrößenänderung längs einer Richtung festzustellen. Die radialstrahlige Verteilung zeigt dagegen in gut ausgebildeten Formen eine Korngrößenzunahme von
innen nach außen. Abb. 155 gibt eine derartige radialstrahlige Verwachsung aus
einem Kalifeldspat des Rapakiwigranites von Rödö wieder. Der ganze, von Quarzstengeln durchwachsene Bereich ist als Kugel zu denken, in deren Mittelpunkt
die kleinsten Kornarten oder — wenn es sich um zusammenhängende Bildungen
handelt — die dünnsten Teile der keulenförmig endenden Quarzstengel liegen.
Bei diesem Beispiel kommt zweifellos nur spätere Quarzzufuhr in Frage, da die
Quarzsubstanz der Rosetten kontinuierlich in die Quarzfüllung von Spaltflächen
des Kalifeldspates übergeht.

Auf eine Schwierigkeit und mögliche Fehlerquelle bei der Beurteilung ähnlicher Strukturen, die bei völlig abweichender Genese große Übereinstimmung

mit den hier besprochenen Formen besitzen, sei hingewiesen. Solche Strukturen können durch stengelartige Zerlegung und Korrosion primärer Großquarzkörner sowie Einbettung der Reste in sekundär zugeführte Feldspatsubstanz erzeugt werden. Der Quarz ist bei solchen, hauptsächlich psammitischen Metamorphen entstammenden Vorkommen *älter* als der Feldspat.

Die vorstehend beschriebenen Beispiele aber (Abb. 155—164) haben trotz großer äußerlicher Übereinstimmung mit diesen aus psammitischen Quarzen entstandenen Formen eine durchaus andersgeartete Genese, d. h. der Quarz ist *jünger* als der Feldspat und später zugeführt. Die Gründe für diese Schlußfolgerung sind: 1. Die Quarzstengel enthalten in ihrem Innern mitunter Reste primärer Kornarten, wie Plagioklas, Biotit und Turmalin oder Hornblende (Abb. 162). 2. Die Gebiete übereinstimmend auslöschender Quarzstengelscharen sind nicht immer scharf getrennt, sondern überdecken sich, mit anderen Worten: Angehörige einer bestimmten Auslöschungsgruppe liegen im anders orientierten Nachbargebiet, ohne daß Übergangslagen vorkommen.

Weiter spricht dafür die Beeinflussung der Quarzausbreitung durch vorhandene Diskontinuitätsflächen, was nicht selten zu beobachten ist. In Abb. 155 links oben überschreiten die Quarzstengel die Korngrenze zwischen

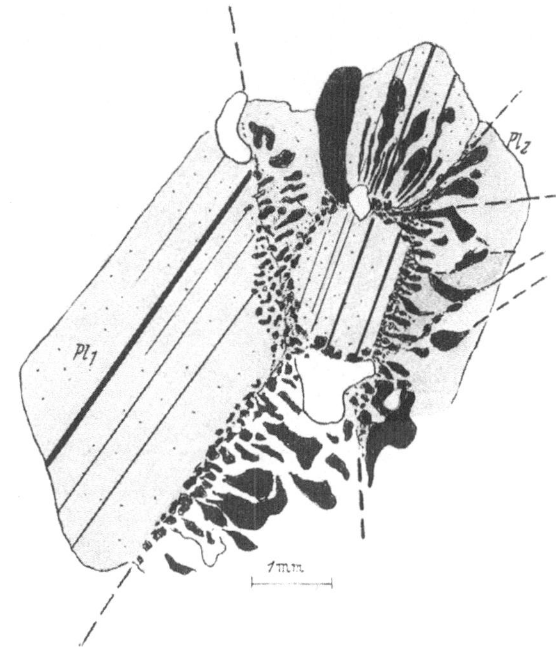

Abb. 156. Granophyrquarz siedelt sich auf kataklastischen Bruchflächen (gestrichelt) zwischen zwei Plagioklasen an und treibt von dort aus Stengel in die angrenzenden Kornhälften. — Plagioklas 1 enthält in seinem Rande kleine, gerundete Quarzinfiltrationen („Insekteneier"), die bald gewunden oder gekrümmt erscheinen und allmählich in die Quarzflammen des Granophyres übergehen. Granophyrischer Granit, Schloßberg (Waldeck).

hell- und dunkelgestelltem Feldspatkorn nicht mehr, sondern schneiden an ihr ab. Das Wachstum der Quarzstengel, das im Hornblende- bzw. Feldspatkorn „endoleptonisch", im Gitter[1], nach äußerlich nicht betonten Richtungen vor sich geht, wird hier also durch eine sich mechanisch auswirkende Fuge beeinflußt.

Mechanische Unstetigkeitsflächen können aber nicht nur zur Richtungsänderung wachsender Quarzstengel führen, sondern dienen als Ausgangsbasis für das Wachstum überhaupt. Das ist in durchaus überzeugender Weise an einem Vorkommen des Granits vom Waldecker Schloßberg nachzuweisen (Abb. 156). In diesem Gestein treten kataklastische Bruchflächen auf, welche auch die Plagioklase durchsetzen und die Teilstücke um geringe Beträge

---

[1] Der Ausdruck „endoleptonisch" = inr erfeinbaulich wurde gewählt, um eine kurze, adjektivisch verwendbare Bezeichnung für die *im Innern des feinbaulichen Bereichs* sich abspielenden Vorgänge zu haben.

verschieben. Diese Schwächezonen werden vom Granophyrquarz zur Ansiedlung benutzt. Von hier aus treibt er seine Stengel mit deutlich wachsender Korngröße in die benachbarten Kornhälften hinein. Diese Korrelation von Quarzbildung und Unstetigkeitsflächen ist ein sicheres Anzeichen für das jüngere Alter des Quarzes.

Durch welchen Vorgang die von einem *Zentralpunkt* ausgehende radialstrahlige Ausbreitung der Quarzstengel veranlaßt und gesteuert wird, ist mangels sichtbarer Veränderungen im Kristall, unterscheidbarer Teilbereiche oder Unstetigkeitsgebiete einstweilen noch offen. Man findet jedoch Beispiele, bei denen

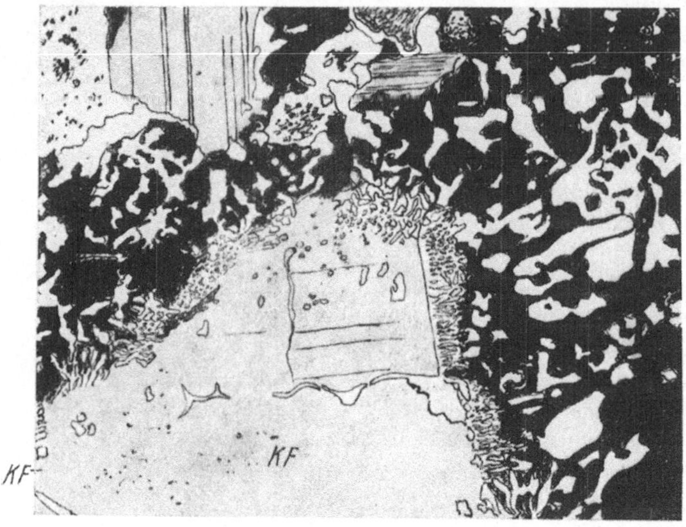

Abb. 157. Die Quarzinfiltrationen am Rande des mittleren Kristalles gehen deutlich von einer Spalte aus. Mitt im Kristall liegende Spaltflächen sind mit Quarz ausgekleidet. Diese leiten häufig kontinuierlich in die Granophyr-„Flammen" der Umgebung über. Rapakiwigranit, Rödö. Vergr. 11mal. (Sederholm 1916, 2.)

von einzelnen Korngrenzen, Fugen oder allgemein flächenhaften Bereichen im Innern eines Kristalles die Quarzausbreitung anscheinend ihren Anfang nimmt. Abb. 157 und 158 zeigen ein derartiges, und zwar einseitiges Wachstum nur in das eine der sich berührenden Körner hinein; das andere bleibt von jeder Quarzbildung völlig frei. Während die radialstrahlige Ausbreitung von *einem* Punkt aus beginnt, welcher das primäre Bildungszentrum darstellt, sind bei der „flächenbedingten" Ausbreitung die trennenden Kornflächen mit einer großen Zahl dicht nebeneinanderliegender Wachstumszentren besetzt, von denen aus, zunächst annähernd subparallel nebeneinanderliegend, Wachstumsbahnen für den Quarz in das Korn hinein vorgetrieben werden, die sich nach innen zu verbreitern. Auf Abb. 157 ist deutlich eine Spaltfläche zu erkennen, von der aus einseitiges Wachstum in das angrenzende Gebiet hinein erfolgt unter Ausbildung einer Vielzahl kleiner flammen-, wurm- oder lanzettförmiger Quarzstengel. An anderen Stellen dieses Kristalls aber werden *die gleichen oder andere Spaltbarkeitsflächen von Quarz ausgefüllt*[1], ohne daß damit ein weiteres Quarzstengel-

---

[1] Da dieser auf der Spaltfläche angesiedelte Quarz in benachbarte Quarzrosetten übergeht und mit diesen zum Teil gleiche Auslöschung hat, ist die sekundäre Bildungsweise der Quarzrosetten und Flammen sichergestellt (s. S. 167).

wachstum in den benachbarten Kristallbereich hinein verbunden wäre. Es muß
also zum Vorhandensein einer Fuge oder Ruptur noch eine weitere Voraus-

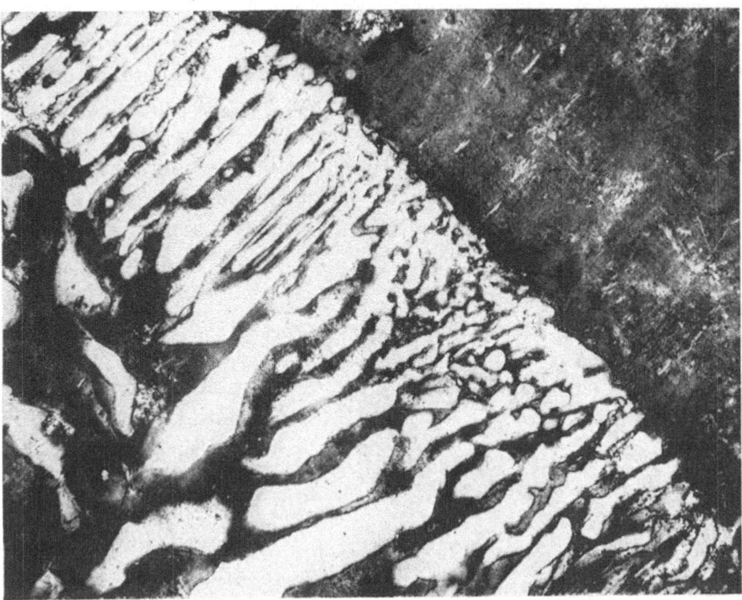

Abb. 158. Quarzstengel wachsen von einer schwach gekrümmten Blastetrix (Korngrenze) aus nach einer
Richtung ins Innere des befallenen Kornes hinein. Die Quarzbahnen verbreitern sich in Richtung des
Vordringens. Rapakiwi, Rödö. Finnland. Vergr. 130mal.

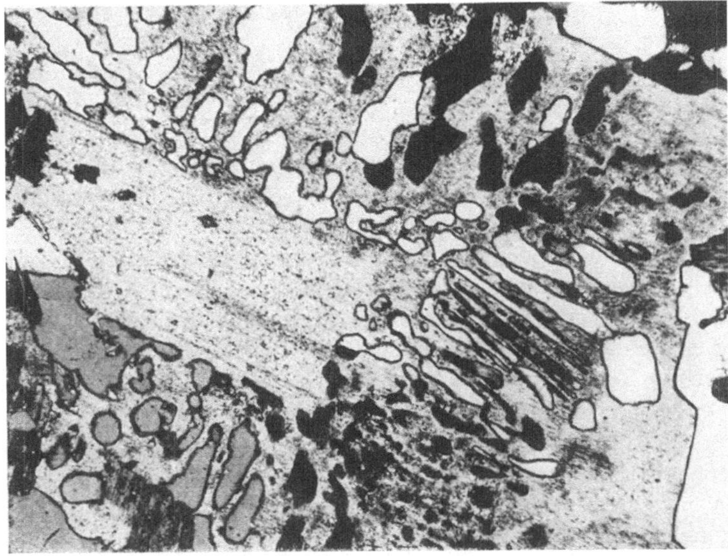

Abb. 159. Plagioklas mit verschieden orientierten, unter sich einheitlich auslöschenden Quarzstengelscharen,
die zum Teil in die Gebiete der angrenzenden Nachbarscharen übergreifen. (Vgl. S. 166 Fußnote 1.) Ein der
Plagioklastracht annähernd entsprechender Kern bleibt quarzfrei. Granit, Harzburg. Vergr. 88mal.

setzung hinzukommen, wenn schriftgranitisches oder granophyrisches Quarzstengelwachstum erfolgen soll, oder besser: eine vorhandene Fuge oder Ruptur

kann zur Ausbreitung benutzt werden, ist aber nicht Voraussetzung zur Entstehung granophyrischer Formen überhaupt. Hierzu müssen noch andere Bedingungen erfüllt sein. Denn ebenso, wie vielfach kein Grund für die Bildung eines Elementarzentrums der radialstrahligen Ausbreitungsform angegeben werden kann, ist auch für das Zustandekommen einer flächenhaften Wachstumsbasis häufig keine Ursache festzustellen. Zwar zeigt Abb. 159, daß der von der Quarzbildung verschonte rechteckige zentrale Teil des Plagioklases oben und unten von (010) — kenntlich an den Albitlamellen — begrenzt wird, die Quarzbildung also von einer solchen Fläche ausgegangen sein dürfte. Andererseits aber ist an der rechten Schmalseite des Kristalls keine Unstetigkeitsfläche

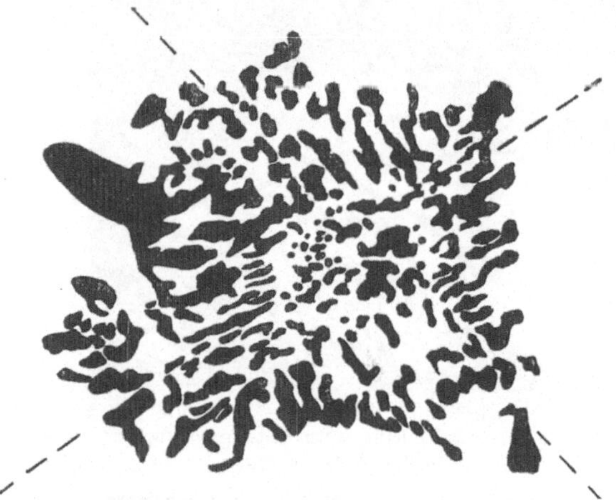

zu erkennen. Trotzdem erfolgte die Quarzausbreitung auch hier von einer imaginären Ebene aus, die zwar nicht ganz so gut eingehalten wird, wie die Flächen nach (010), aber deutlich das Bestehen einer „Ausgangsfront" erkennen läßt. Weshalb eine Bevorzugung gerade der geschilderten Flächen stattfindet, warum nicht auch im Innern des Kristalls Quarzkornbildungen in ähnlicher Weise einsetzten, wie in den Außenbereichen des Kristalls, ist einstweilen nicht sicher erklärbar. Auf die gewöhnliche

Abb. 160. Quarzkornkomplex mit radialstrahlig angeordneten Stengeln und solchen, die subparallel zueinander auf Diagonalrichtungen senkrecht stehen. (Komplexe Blastetrix?) Granit, Burgweg bei Harzburg. Vergr. 48mal.

Weise, welche den Kristall lediglich als ein durch Chemismus und Gitterbau definiertes Gebilde ansieht, ohne etwa intertrunculare Füllungen im Gitter anzunehmen, welche zusätzliche Diffusionen von außen her verhinderten, sind diese Zustände jedenfalls nicht zu deuten.

Wichtig ist hierbei noch, daß die in dem breiten Rande des Plagioklases eingesenkten Quarzkorngemeinschaften gruppenweis gleiche Orientierung zeigen, die in den überwiegenden Fällen den normalen Verwachsungsregeln folgt. Diese Korngemeinschaften besetzen im allgemeinen Bereiche gleicher Achsenlage. Übergreifen der Regelung der einen in das benachbarte Gebiet einer andern Korngruppe ist charakteristisch und wichtig für die genetische Deutung (vgl. S. 166, Fußnote sowie Abb. 112). Außerdem beobachtet man auf Abb. 159 drei Stellen, welche gemeinsame Grenzen verschieden orientierter Körner zeigen; derartiges ist selten, da meistens abweichend orientierte Körner durch Feldspatbrücken voneinander getrennt sind. Eine befriedigende Erklärung der Verschiedenheit in der optischen Orientierung, sowie des Nebeneinandervorkommens mehrerer gleichorientierter Korngruppen, wobei benachbarte Körner mit abweichender Achsenlage oft sehr nahe beieinanderliegen — oder wie hier sich sogar berühren — ist mit der bisher gültigen Auffassung von der eutektoiden Genese des Schriftgranites jedenfalls *nicht* zu geben. Die mitgeteilten Erscheinungen sind mit der

Vorstellung metasomatischer Gefügereaktionen jedenfalls viel zureichender zu erklären!

Die radialstrahlige und die flächenbedingte Ausbreitung der Quarzkornarten schließen sich keineswegs aus. Es gibt Vorkommen, wo beide Arten nebeneinander im gleichen Kristall auftreten. In Abb. 160 enthält der zentrale Teil des Feldspates einen Bereich radialstrahliger Ausbildung. Im weiteren Fortschreiten der Verquarzung aber bleibt der ursprüngliche Bereich nicht mehr Zentralgebiet. Man kann vielmehr vier von der Mitte nach den Ecken verlaufende dünne Septen unterscheiden, — am deutlichsten im rechten oberen Teil des Kristalls — zu denen die entstandenen Quarzstengel senkrecht oder schräg stehen, also nicht mehr nach der Mitte zu konvergieren. Auch hier fällt wiederum auf, daß die das Kristallinnere erfüllenden Quarzkorngruppen, obwohl voneinander getrennt, in großen Bereichen völlig einheitlich orientiert sind und daß die Partien gleicher Orientierung an bestimmten, häufig nicht näher definierbaren Grenzflächen absetzen und von anderen Bereichen mit gruppenweise gleicher Achsenlage abgelöst werden.

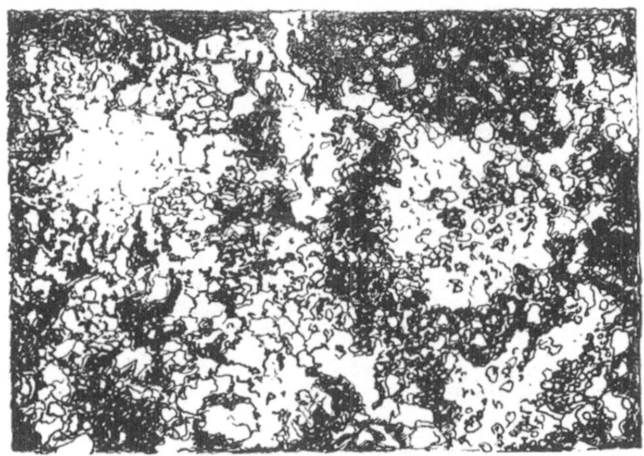

Abb. 161. Rosettenartig ausgebildete Quarzinfiltrationen, fleckenartig verteilt, im Grundgewebe des Granites. Granit aus Kulm-Konglomerat, Edersee. Vergr. 15mal.

Es ist aber keineswegs so, daß man in allen Fällen irgendwelche regelmäßigen Anordnungen der Quarze in bestimmten Richtungen oder eine Begrenzung der Quarzstengel durch ebene Flächen antrifft. Geradeso, wie der innere Bereich des radialstrahligen Wachstums niemals flächenhaft begrenzte, sondern immer $\pm$ regelmäßig gerundete, zum Teil tropfenartige Quarzkörner enthält, sind auch die größeren, außen liegenden Quarzpartien häufig zu unregelmäßig konturierten, abgerundeten Knauern geworden, die fast keine Ähnlichkeit mit schriftgranitischen Quarzformen mehr haben. Solche Knauern können schließlich in fleckenartig verteilte Verquarzungszonen übergehen, deren Quarzaggregate kugelige Bereiche bilden, in denen die nichtverdrängten Reste der primären Kornarten liegen (Abb. 161 und 162). Derartige Bildungen dürfen nicht mit *primären* Quarzknauern verwechselt werden! (s. S. 163, Abb. 154).

Daß das Altersverhältnis zwischen Quarz und Feldspat dasselbe wie im normalen Schriftgranit ist, geht aus dem Verhalten der Quarze gegen Fremdeinschlüsse hervor (vgl. hierzu Abb. 135 und 144).

Aber auch die Verquarzung selbst scheint in verschiedenen, aufeinanderfolgenden Bildungsabschnitten erfolgt zu sein. Man hat an vielen Stellen den Eindruck, daß die meist völlig runden und sehr kleinen Quarzkanäle die *ersten*

Bildungen sind, die von den späteren, abwechslungsreicher gestalteten Formen umfaßt und zum Teil selbst wieder verdrängt werden können, bis schließlich größere, $\pm$ einheitliche Quarzrosetten daraus entstehen mit vorhandenen oder fehlenden Korrosionsresten des primären Gefüges im Innern (Abb. 162 und 163). Im erstgenannten Beispiel liegen nur noch Fetzen des ursprünglichen Kalifeldspatkornes in den zu einem einheitlichen Gebilde zusammengewachsenen Quarzen. Vom rechten Rande her ragt ein zerfasertes Turmalin-Großkorn in das Innere des Quarzkomplexes hinein. Hieraus sowie aus dem beobachteten sukzessiven Aufbau der Quarzzonen ist am jüngeren Alter des Quarzes sowie an

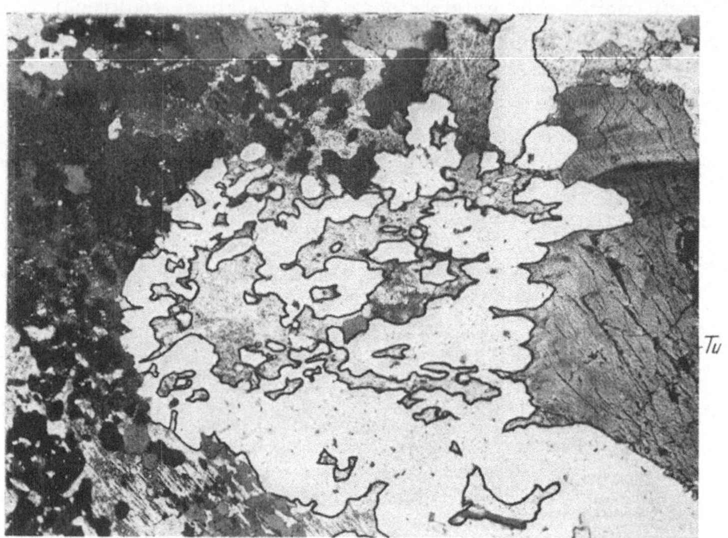

Abb. 162. Aufzehrung von Kalifeldspatsubstanz durch fortschreitende Quarzinfiltration. Der Feldspat liegt nur noch in kleinen Fetzen im Quarz, der auch Turmalin (rechts) anfrißt und verdrängt. (Internes „Feldspat-in-Quarz"-Gefüge.) Granit, Burgweg bei Harzburg. Vergr. 48mal.

seiner infiltrativen Zufuhr wohl ebensowenig zu zweifeln, wie der enge Zusammenhang mit schriftgranitischen Strukturen geleugnet werden kann.

Diese Strukturen — und das ist von ganz besonderer Bedeutung — finden sich nicht allein im Plagioklas oder Kalifeldspat als Wirtkristall. Sie treten in völlig gleicher Form auch in den, gegenüber dem Kalifeldspat fraglos älteren, nicht als Einschlüsse, sondern als selbständige, primäre Kornarten anzusprechenden Hornblenden auf, und zwar teilweise so, daß die granophyrischen Quarzstengel teils im Kalifeldspat, teils in der angrenzenden Hornblende verlaufen (Abb. 143). Für die später zu besprechende Genese des Quarzes ist diese Beobachtung besonders wichtig, da *die entstandenen Formen in der Hornblende wie im Kalifeldspat fast völlig identisch sind.* Es bleibe zunächst dahingestellt, ob die Verquarzung der Hornblende durch einen selbständigen Vorgang oder durch Übergreifen der Infiltration aus dem flächenhaft berührenden Kalifeldspat über die Korngrenze hinweg erzielt wurde.

Der Übergang von der Schriftstruktur und ihrer granophyrischen Abart zu kokarden- oder rosettenartigen Komplexen ist aber nicht die einzige Entwicklungsform schriftgranitischer Strukturen. Man kann häufig beobachten,

daß die sich in einem größeren Wirtkristall (Feldspat, Hornblende) entwickeln-
den groben Quarzstengel vom Rande aus zwischen die übrigen Gemengteile des

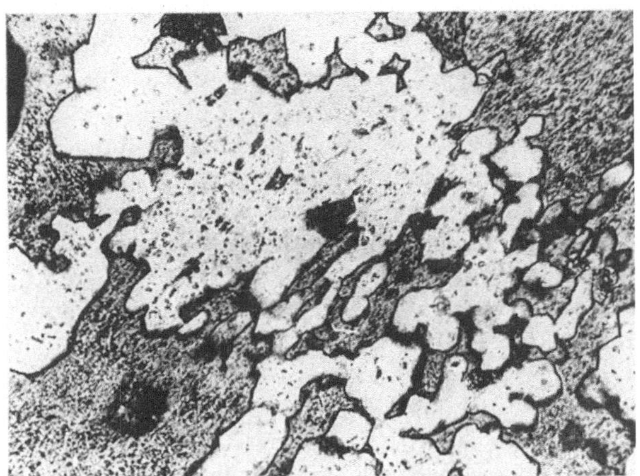

Abb. 163. Partialinfiltrationen eines Feldspates schließen sich zu Quarzrosetten zusammen. Granit, **Burgweg**
bei Harzburg. Vergr. 166mal.

Abb. 164. Feinkörniger Nebengesteinseinschluß (linker Bildteil) in der Gangmasse des Pegmatites von Naundorf, Sachsen. — Im Innern des Einschlusses sind Neubildungen von Feldspat und Quarz erkennbar, die sich
nach rechts zu granophyrischen Feldspat-Großkörnern entwickeln. — Deutlicher Übergang von normaler
Strukturform des Quarzes im Grundgewebe des Einschlusses zu schriftgranitischen Formen. — Die granophyrische Quarzbildung — zugleich auch die Umkristallisation des Grundgewebes — hat im wesentlichen
nach der Bildung der großen Feldspäte begonnen, deren postkristalline Deformationsflächen zum Teil mit
Quarzstengeln besetzt sind. Pegmatit, Naundorf. Sammlung Schreiter. Vergr. etwa 30mal.

Gesteins hineingreifen und dort die normalen Quarzgefügeformen der gewöhnlichen Granitstruktur erzeugen.

Ein solcher Übergang in normale Granitstruktur ist aus dem Vorkommen
von Naundorf in Sachsen, Abb. 164 (1942, 2), bekannt. Es handelt sich um

einen klein-mittelkörnigen Orthoklaspegmatit, in dem stellenweise Bruchstücke
von Gneisschollen eingebettet liegen. Der Hauptteil des Pegmatits zeigt die
übliche schriftgranitisch - granophyrische Struktur mit charakteristischen
schlanken, lanzettförmigen Quarzstengeln, die mit gruppenweis gleicher Achsenlage innerhalb der Kalifeldspat-Großkornarten des Gefüges angeordnet sind.
Die optische Orientierung der Quarze folgt den üblichen Regeln.

Diese Struktur geht unter Vergröberung und Abrundung der Quarzkonturen
über in die normale Struktur granitischer Gesteine. Die Quarze zeigen dabei
die gleiche Ausbildung und Formbegrenzung, wie sie sonst in „Tiefengesteinen"
angetroffen wird. Es ist auch hier wieder zu beobachten, daß die Gebiete mit
gut ausgebildeter Schriftstruktur nicht mit einer scharfen Grenze enden, sondern
unscharf in die Bereiche normaler Tiefengesteinsgefüge übergehen oder kleine
Enklaven in diesen bilden.

In diesem Zusammenhang muß das Verhalten des Quarzes als Gefügebestandteil normaler Tiefengesteine besonders besprochen werden. Die verbreitetste
Ansicht der Petrographen ist die, daß der als Gefügebestandteil immer xenomorphe Quarz, zwischen den andern Kornarten liegend, mit den „freigebliebenen"
Räumen des Gefüges vorlieb nehme.

Bei genauerer Betrachtung zeigt sich aber, daß dem nicht so ist. Schon die
Vorstellung, daß es zwischen den andern Komponenten freie Räume gäbe,
welche auf Ausfüllung durch einen letzten Gefügegenossen warten, ist beim
heutigen Stande unserer an den Eigenschaften metamorpher Gefüge geschulten
Einsicht nicht mehr haltbar. Der Quarz hat gar nicht nur freistehende Räume
benutzt! Wäre das zutreffend, so müßten die den Quarz begrenzenden Kornarten gerade Flächen und *unangegriffene Konturen* tragen (Abb. 210). Das ist
aber, wie beinahe jeder Schliff eines granitischen Gesteins beweist, fast niemals
der Fall. Im Gegenteil, vor allem die Konturen der Glimmer, der Plagioklase und
Kalifeldspäte, in geringerem Maße diejenigen der Augite und Hornblenden, zeigen
sehr deutlich, daß sie keinesfalls mit ihren heutigen, unregelmäßig begrenzten,
oft zerfaserten Formen gewachsen sein können, sondern daß ihre, heute nicht mehr
sichtbare, primäre Flächenbegrenzung einer zum Teil recht weitgehenden Umformung durch Wiederauflösungs- und Korrosionsvorgänge zum Opfer gefallen
ist, durch welche eine partielle Mobilisierung bereits fixierter Atome und Atom-
gruppen unter Abwanderung in Gesteinsbereiche der Umgebung veranlaßt
wurde. Diese Korrosionsvorgänge sind also sichere Tatsache. Sie haben aber
keineswegs immer in der gleichen Weise gewirkt, sondern lassen ganz charakteristische Unterschiede erkennen. Solche Korrosionen der gewöhnlichen Gesteinsgefüge gehen in erster Linie von der Korngrenze aus und bauen die ihr
benachbart liegenden Kornanteile ab unter vielfacher Erweiterung des intergranularen Netzes. Da wir aber am Beispiel des Naundorfer Gesteins (Abb. 164)
und an demjenigen des Granites aus dem Kulmkonglomerat vom Edersee
(Abb. 161) widerspruchsfrei Übergänge von der granophyrischen Schriftstruktur
zur gewöhnlichen normalen Tiefengesteinsstruktur der Granite feststellen konnten, so ist mit abklingender Stärke des Verquarzungsvorganges zu rechnen, der
zunächst im Gitter „endoleptonisch" wirksam ist, unter Umständen das Innere
des Kristalls durch Diffusionsvorgänge völlig verändert, später aber nur noch
von der Intergranulare aus ± geringfügige Beträge der angrenzenden Kornarten

abzubauen vermag. Die Abb. 165—167 sollen diesen Zusammenhang erläutern.
Das erste Beispiel aus dem Bergeller Granit stellt ein feinkörniges Gefüge dar, in
welchem Biotit, Plagioklas und Kalifeldspat durch endoleptonische Metasomatose
zum Teil wie gespickt mit rundlichen Quarzinfiltrationen erscheinen, ohne Erkennbarkeit irgendwelcher Zuführungswege. Daneben aber treten gröbere Quarzpartien längs der Korngrenzen auf, besonders dort, wo mehrere Kornarten zusammenstoßen. Die Form solcher Zwickelfüllungen ist bedeutend eckiger und
zeigt schärfere Konturen, als die im Innern der Kristalle liegenden Quarze. Im
nächsten Beispiel, Abb. 166 (Granit von Ramsta), hat die Besetzung der Korn-

Abb. 165. Korrosion einer ganzen Gefügegemeinschaft und Auffüllung der Defekte durch Quarz. Korrodiert werden Plagioklase in verschiedenen Körnern und Biotit. Die Quarzbildung geht im Innern der Kristalle, untergeordnet auch auf der Korngrenze vor sich. Bergeller Granit, Fornogebiet. Vergr. 130mal.

grenzen durch Quarz weiter zugenommen. Zwar kommen noch kleine Quarztropfen
und längliche, hantelförmige Gebilde im Innern der Feldspäte vor, doch treten
diese sehr zurück gegenüber den starken Quarzwucherungen auf den Korngrenzen,
die von stärkster Korrosionswirkung begleitet sind und breite Defekte zwischen
den Feldspatkornarten erzeugen. Im dritten Beispiel Abb. 167 (Hornfels von
Werningerode) ist innerhalb der Feldspatkörner überhaupt keine Quarzbildung
mehr zu sehen. Die Plagioklase sind im Innern vollständig unangegriffen und
auch nicht durch Serizitbildung getrübt. Die nur von außen angreifende Korrosion hat von den Korngrenzen aus große Massendefekte an den benachbarten
Gefügekörnern hervorgerufen. Schon auf Grund der Plagioklaskonturen ist es
wohl ohne weiteres einzusehen, daß die Quarzaggregate nicht offene Hohl-
räume im vorhandenen Korngefüge ausfüllten, sondern durch weitgehenden
Abbau der vorhandenen Korngemeinschaft an ihren heutigen Ort gelangten.
Dabei sind folgende Einzelbeobachtungen besonders wichtig. Aus verschiedenen
Plagioklasen sieht man dünne Apatitprismen in die Quarzmasse hineinragen.
Im Quarz liegende Apatitbruchstücke allein sind hier nicht beweisend. Die
Tatsache jedoch, daß unverletzte Apatitnadeln zum Teil im Plagioklas, zum Teil

im Quarz liegen, macht die Annahme von Hohlräumen an diesen Stellen höchst unwahrscheinlich. Einmal ist die Erhaltung dünner, aus den Plagioklasen in

Abb. 166. Weiterbildung des Gefügetypus der Abb. 165. — Quarzanreicherung auf den durch Metasomatose erweiterten Korngrenzen eines Plagioklas-Biotit-Gefüges. Im Innern der Feldspäte kommt schriftgranitischer oder granophyrischer Quarz nur noch selten vor. Granit, Ramsta. Vergr. 48mal.

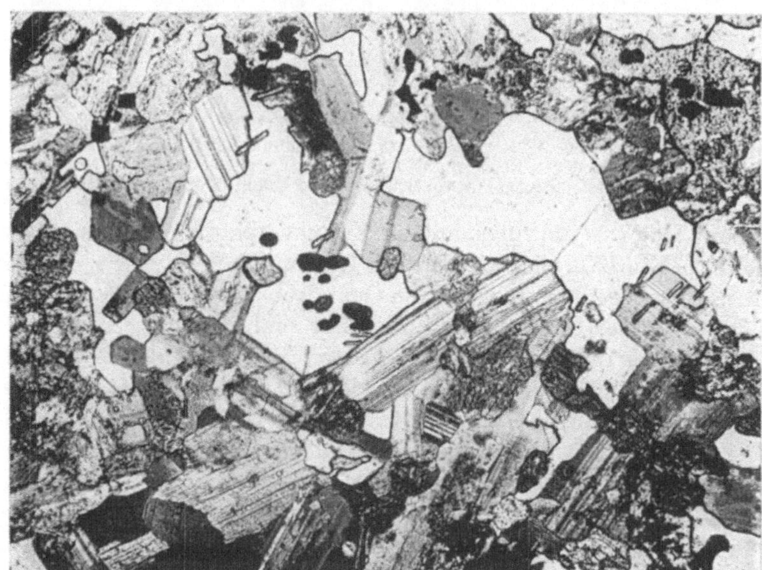

Abb. 167. Weiterbildung des Gefügetypus der Abb. 166. — Plagioklas-Biotit-Gefüge eines Hornfelses ohne jede Quarzbildung im Korninnern; Beschränkung des Quarzes auf die stark erweiterten Korngrenzen. — Starke Korrosion der Kornarten. — Erzkörner inmitten des Quarzes. — Apatitnadeln aus Plagioklasen ragen seitlich in Quarz hinein. Hornfels vom linken Ufer der Holtemme, Werningerode. Vergr. 48mal.

einen benachbarten Hohlraum hineinragender Apatitprismen rein mechanisch nicht glaubhaft. Eine spätere, postplagioklase Bildung des Apatit kommt ebenfalls nicht in Frage, da dieser in solchem Fall auf der den Hohlraum begrenzenden Plagioklasoberfläche aufgewachsen sein würde. Außerdem wären dann die zahlreichen im Plagioklas allseits eingebetteten Apatite nicht deutbar. Nimmt man dagegen an, die Apatite seien bereits im Biotit und Plagioklas enthalten gewesen und durch metasomatische Vorgänge unter Erhaltung von Form und Zusammenhang partiell herauspräpariert worden, so löst sich dieser Widerspruch. Ein weiterer Gegenbeweis gegen die Annahme von Hohlräumen ist das Verhalten des Erzes (Abb. 167 Mitte) das in seiner heutigen Lage und Verteilung niemals aus einem sonst leeren Hohlraum in die Mitte der Quarzfüllung gelangt sein kann. Das Erz findet sich aber nicht nur inmitten des Quarzes, sondern (mit schärferer Flächenbegrenzung und weniger abgerundeten Konturen!) innerhalb von silikatischen Gefügekörnern, wie Biotit, Pyroxen und Plagioklas. In diesen Silikaten war das Erz primär eingebettet. Durch metasomatische Verdrängung wurde der Hauptteil dieser Silikate fortgeführt, das Erz verblieb in dem ersatzweise gebildeten Quarz. Eine andere genetische Erklärung zu geben ist bei den vorgefundenen Verbandsverhältnissen kaum möglich, da ja noch die folgenden Tatsachen auf den gleichen Entstehungsvorgang hinweisen. Die Zwickel füllenden Quarze liegen nämlich an Stellen, die — wie aus dem Grenzverlauf der anliegenden Kornarten ersichtlich — in einem früheren Zustand des Gefüges durch Biotit, Augit oder Plagioklas, unter Umständen von allen drei zusammen, eingenommen wurden.

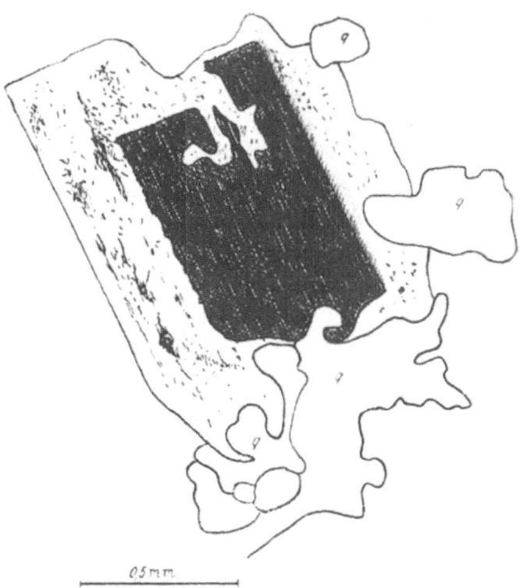

Abb. 168. Plagioklas mit älterem in einer früheren Entstehungsperiode korrodierten Kern (oben). Der anschließend gebildete Mantel wird in einer späteren Bildungszeit von jüngerem Quarz korrodiert, der sich bis in den inneren Kern hineingefressen hat. Steinberggranit, Naasdorf (bei Neiße), Schlesien.

Das heißt aber nichts anderes, als daß diese drei Kornarten metasomatisch etwa gleich angreifbar sind, denn keine von ihnen wurde besonders leicht gelöst. Die Tatsache, daß eine große Zahl der genannten Kristallarten überhaupt nicht beeinflußt wurde, kann damit erklärt werden, daß es diesen Komponenten unmöglich war, mit dem auf der Intergranulare vorbeipassierenden Lösungsmittel in Berührung zu kommen. Damit aber ist die Frage selektiven, metasomatischen Kornabbaues im wesentlichen auf die *Wegsamkeit des Intergranularnetzes* zurückgeführt, während die Angreifbarkeit der Kornarten, also die *Löslichkeit des Baugrundes* — wenigstens unter den in dieser Phase der Kornumbildung herrschenden ptx-Bedingungen — erst in zweiter Linie Bedeutung besitzt.

Daß es sich bei diesen Vorgängen wirklich um metasomatische Einwirkungen von der Intergranulare aus handelt, möge Abb. 168 erläutern. Hier ist der ehemalige — in einer früheren Entstehungsperiode in seinem oberen Teil bereits korrodierte — Kern infolge schützender Mantelbildung noch mit seiner ursprünglichen Flächenbegrenzung erhalten geblieben. Die alten Kristallflächen, kenntlich an dem Verlauf der inneren zonaren Grenzen, sind scharf und gerade.

Beides, Kern und Mantel, wird nun von Quarz durchwachsen und zwar unter Erscheinungen, welche die spätere Infiltration von der nächstgelegenen Grenzfläche aus beweisen. Wäre nämlich die Quarzbildung nicht *nach* der vollständigen Feldspatkristallisation einschließlich des Mantels erfolgt, so könnte nicht älterer Kern und jüngerer Mantel (*vor* dessen Bildung wegen der Korrosion des Kerns ebenfalls ein zeitlicher Hiatus angenommen werden muß) *zugleich* vom Quarz durchsetzt und andererseits der Mantel allein von Quarzneubildungen durchwuchert werden. Es sind das die gleichen Quarzfüllungen, welche im wesentlichen auf Korngrenzen liegend, sich zwischen die andern Kornarten hineindrängen und sie in ähnlicher Weise auflockern und anfressen, wie das abgebildete Plagioklaskorn. Dabei ist es bemerkenswert, daß die übrigen Quarzfüllungen gelegent-

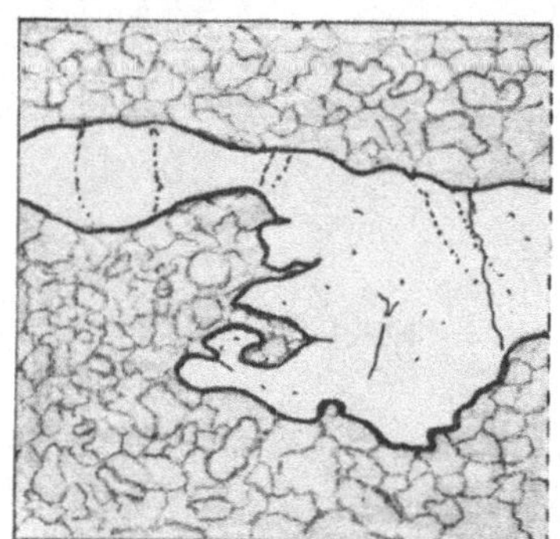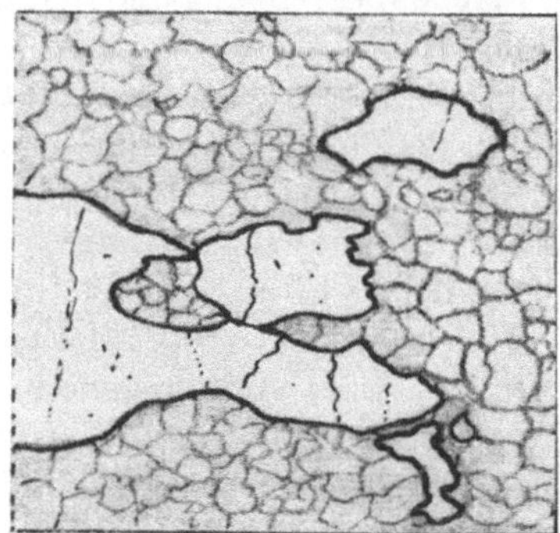

Abb. 169. Neubildung von Quarzstengeln in einem grönländischen Plagioklasgneis. Holstensborg. Vergr. 12mal.

lich Anklänge an schriftgranitische Formen zeigen, trotzdem es sich um einen normalen Granit (Steinberggranit des Friedeberger Massivs, Schlesien) handelt.

Schriftgranitische Formgebung der Quarze ist aber keineswegs allein auf das Zweikorn-Reaktionsgefüge Quarz und Kalifeldspat beschränkt. Es gibt, allerdings seltener, Vorkommen, bei denen schriftartige Quarzstengel, die normalerweise in einem einheitlichen Kristallkörper eingebettet sind, in dem heterogenen Substrat eines kleinkörnigen Gneisgefüges liegen. Hier kann es sich weder um Hohlraumfüllungen noch um gleichzeitige Kristallisation handeln. Das Grundgewebe ist vielmehr verdrängt worden. Seine Reste liegen, noch gut erkennbar, häufig rings von Quarzsubstanz umschlossen, in fremder Umgebung (Abb. 169, Feldspatgneis Holstensborg, Grönland).

Das Quarzmaterial der Stengel wurde entweder neu zugeführt oder entstammt — ganz oder teilweise — dem Grundgewebe. Die Neubildungen an Quarz sind recht erheblich. Das Gestein erhält durch die zahlreichen, schon makroskopisch erkennbaren grauen Quarzflammen auf dem hellen Grund einer feinkörnigen, anorthositischen Grundmasse ein sehr charakteristisches Aussehen; es bildet konkordante Bänke mittlerer Mächtigkeit bis zu einem und mehr Meter im Wechsel mit anderen Gneislagen des grönländischen Grundgebirges.

Dieses Beispiel ist besonders deswegen wichtig, weil die Genese der Quarzstengel große Übereinstimmung mit der Bildungsweise im Schriftgranit zeigt, da in beiden Fällen das Quarzstengelwachstum rein statisch vor sich ging. Das ergibt sich im Falle des Holstensborger Gneises aus der Unverändertheit des

Grundgewebes sowie der völligen Übereinstimmung der in den Quarzflammen eingeschlossenen Reste mit den Kornarten des Grundgewebes, welche beide keinerlei mechanische Beeinflussung aufweisen. Die langgestreckte Form der Quarzstengel ist im wesentlichen also kein Ergebnis eines Walzvorganges, sondern des metasomatischen Austausches nach der Wegsamkeit. Diese folgt der Hauptschieferungsebene. Der strukturelle Aufbau des Gesteins wird durch prä- und parakristalline Bewegungen geschaffen, welche das Gefüge für die späteren statischen Umformungen vorbereiteten. Wie groß der zeitliche Abstand der Großkorn-Quarzbildung von der letzten kinetischen Phase war, ist einstweilen nicht sicher zu entscheiden. Es ist durchaus denkbar, daß der letzte parakristalline Akt langsam, unter Erstarren der Bewegung, in eine Phase statischer Kristallisation überging, wobei die metasomatisch wirksamen Lösungen im wesentlichen noch unter Bewegung eindrangen und tätig waren, die eigentliche Kristallisation aber in einem bereits starr gewordenen Gefügegerüst erfolgte.

Auf die Frage der Herkunft des Quarzmaterials, die für das letztgenannte Beispiel, wie auch für alle andern schriftgranitischen Strukturen von höchster Bedeutung ist, wird besonders eingegangen werden.

e) Quarzkornbildungen nicht-schriftgranitischer Art, die den Kalifeldspat und seine älteren Gastkornarten durchsetzen. Parallelstrahlige Spindelgefüge.

Auf Grund der bisherigen Beobachtungen läßt sich jetzt schon sagen, daß das Kernproblem der Quarz-Feldspat-Reaktionsgefüge in der Bildungsweise des Quarzes zu sehen ist. Um diese wiederum deuten zu können, ist die Kenntnis aller irgendwie erreichbaren Quarzkornarten notwendig und zwar ohne Beschränkung auf die schriftgranitische, von Pseudoflächen begrenzte Kornform. Denn gerade durch die Kenntnis der verschiedenen Erscheinungsformen der im Feldspat auftretenden Quarzkornarten, ihrer Beziehung zu Primäreinschlüssen, Rupturen und schließlich allgemein zu wichtigen Gitterrichtungen des Wirtes, ist die Frage nach der Entstehung des Quarzes zu beantworten oder wenigstens der Umfang ihrer derzeitigen Beantwortbarkeit festzulegen. Aus diesen Gründen sollen im folgenden Quarz-Feldspatstrukturen besprochen werden, die mit der eigentlichen Schriftstruktur äußerlich nichts mehr gemeinsam haben, aber bei abweichenden geometrischen Formen die gleichen Altersbeziehungen der auftretenden Komponenten aufweisen.

Hierher gehört außer einem Teil der mikrogranitischen und granophyrischen Verwachsungen eine Strukturform, welche bisher noch nicht eingehender bearbeitet wurde, aber gerade für die Beziehung zum Schriftgranit große Bedeutung besitzt. Da bei dieser Verwachsungsart die Quarzstengel in langen, dünnen, subparallelen Spindeln den Feldspat durchsetzen, könnte man sie als *parallelstrahliges Spindelgefüge* bezeichnen und dieses der gekrümmten, von der Randbegrenzung des Feldspatträgers abhängigen myrmekitischen und der von Flächen begrenzten schriftgranitischen Verwachsungsform gegenüberstellen.

Eines dieser Vorkommen, dasjenige von Schwarzwasser südlich Neiße in Schlesien, 1853 von Kenngott aufgefunden, von Neminar als blumiger Albit beschrieben, wurde von Rosiwal (1906, 5) als Mikroklin-Granophyr erkannt. Ein zweites ähnliches Vorkommen von Johanngeorgenstadt in Sachsen ähnelt dem ersten bis in Einzelheiten. Es ist bisher noch nicht näher untersucht worden.

Beiden Vorkommen gemeinsam ist eine sehr regelmäßige, garbenähnliche
Struktur der Mikroklinkornarten, die entfernt an Eisblumen erinnert und den

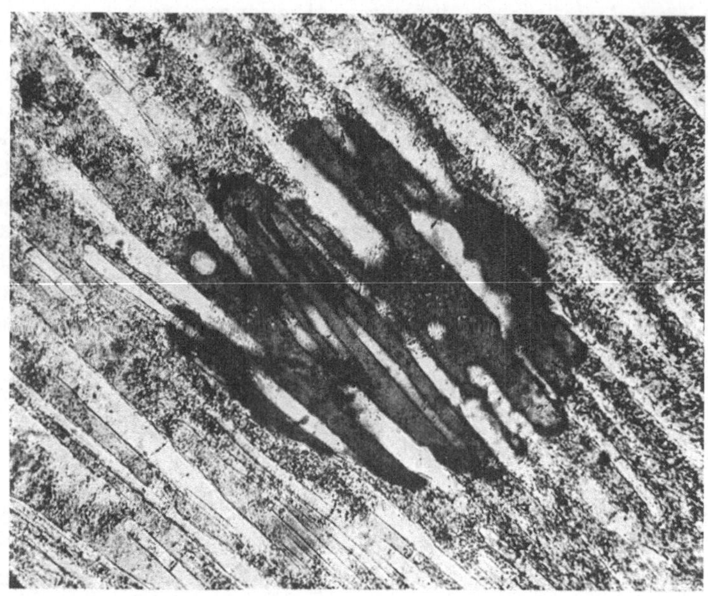

Abb. 170. Quarzspindeln durchsetzen einen durch Serizitbildung schwach getrübten Kalifeldspat und ein
in diesen eingeschlossenes, stark korrodiertes Plagioklas-Primärkorn. Die Spindeln sind in dessen Innern
teilweise keulenartig verbreitert. Pegmatit, Johanngeorgenstadt. Vergr. 129mal.

Abb. 171. Scharen von Quarzstengeln (schwarz) durchtrümmern Kalifeldspat und in diesen eingebettete
Plagioklase. — Die Quarzstengel setzen mitunter an der Grenze Plagioklas-Kalifeldspat ab. (Rechte Grenze
des dunkel gestellten Plagioklases.) Vergr. etwa 75mal.

ersten Bearbeiter des Schwarzwasservorkommens, NEMINAR, zur Bezeichnung
„blumiger" Albit veranlaßte. Die Mikroklin-Großkörner werden von langen,
ganz dünnen Spindeln durchwachsen, welche meistens lang ausgezogen, manchmal
auch kurz abgesetzt, in subparallelen Scharen den Feldspat durchdringen

(Abb. 170, 171). Die Richtung dieser Quarzspindeln wird im wesentlichen durch die Ausgangslage des Wirtes bestimmt, denn in verschieden orientierten, sich berührenden Feldspatkörnern findet man die Richtungen der Spindeln ebenfalls voneinander abweichend. Damit ist aber nicht gesagt, daß die Quarzspindeln immer nur in einer einzigen Richtung den Wirtkristall durchziehen müssen. Außer den Gitterverhältnissen des Feldspatwirtes spielen Zustand und Lage der Grenzfläche, überhaupt das Verhalten der Intergranularen und ihrer Füllung eine wichtige Rolle für die Ausbreitungsrichtung der Quarzspindeln. Es ist bisher nicht gelungen, eine einfache Relation zwischen Spindelrichtung und Wirtgitter aufzufinden. Ja es kommt vor, daß in ein und demselben Wirtkorn zwei oder mehr verschiedene Spindelscharen auftreten, deren Individuen scharenweise einheitlich optisch orientiert, ganz verschiedenen Richtungen im Gitter des Wirtkristalls folgen. Beim echten Schriftgranit stand die Richtung der Stengel häufig senkrecht auf den begrenzenden Kristallflächen, im vorliegenden Beispiel scheint den allgemeinen *Grenzkonturen* der Körner eine entsprechende Bedeutung zuzukommen.

Der Unterschied zwischen diesen parallelstrahligen Spindelgefügen und den Quarzformen des Schriftgranites ist im übrigen beträchtlich. Größere Ähnlichkeit scheint zunächst zum Myrmekit zu bestehen, doch sind gegenüber diesem die Quarze fast immer langgestreckt, unter sich $\pm$ parallel und nicht gekrümmt.

In den Wirtfeldspäten liegen primäre Kornarten, Plagioklase und helle Glimmer, eingebettet, welche randlich stark angefressen und korrodiert, zum Teil durchaus „amöboide" Formen zeigen. Diese abgelaugten und sehr unregelmäßig gestalteten Reste primärer Einschlüsse werden von den Quarzspindeln *ebenso durchsetzt, wie der umgebende Wirtfeldspat; d. h. die Spindelquarze müssen jünger sein als die Feldspatgrundmasse.* Um diese Deutung kommt man nicht herum, so schwer verständlich eine solche Schlußfolgerung bei der Länge und Dünne der Spindeln anfänglich auch erscheint. Eine nähere Betrachtung ergibt jedoch, daß die Quarzspindeln, welche ohne abzusetzen aus dem Mikroklin in die älteren Plagioklasreste eintreten, hier im Innern des Plagioklases, charakteristische Veränderungen, meist Verdickungen zeigen. Manchmal werden sie in den Plagioklasen unterteilt oder treten als dicke, zylindrische Gebilde auf. Häufig wird auch die Grenze Plagioklas-Mikroklin vom Quarz benutzt, oder es findet beim Eintritt in den Plagioklas ein deutlicher Richtungswechsel der Spindeln statt. Auch stoßen einzelne Quarzschläuche an der Plagioklaswand ab (Abb. 171, 172). Die letztere Abbildung läßt die Anhäufung des Quarzmaterials um und im Plagioklas deutlich erkennen und zeigt, daß die Stengel in seinem Innern dicker sind als diejenigen der Umgebung. Die starke Belegung der Grenzfläche Plagioklas-Mikroklin mit Quarz läßt den Eindruck entstehen, als ob der Plagioklas eine Art „Lösungsstau" bewirkt hätte. Hieraus ergibt sich mit Sicherheit, daß der Plagioklas schon vor der Quarzgenese vorhanden gewesen ist.

Die optische Orientierung der Achsen der Quarzspindeln im Mikroklin zeigt nichts von den Regeln des Schriftgranits Abweichendes. Die im Diagramm Abb. 174 gebrachten Messungen entsprechen bereits bekannten Lagen. Auffallend ist, daß eng nebeneinanderliegende Scharen von Spindeln mitunter ganz verschiedene Achsenlagen aufweisen. So folgen die optischen Achsen der

Stengel *a* und *b* im Korn I der Abb. 174 den Regeln *Rose* und *Baveno links*. Die unmittelbar benachbarte Spindelschar *c* des gleichen Mikroklinkristalls

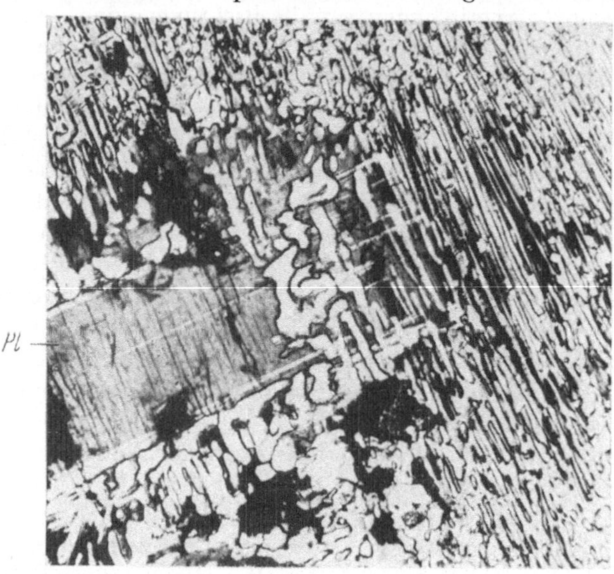

Abb. 172. Primärplagioklas, kenntlich an Spaltbarkeit und einigen dünnen Zwillingslamellen, liegt eingebettet in Mikroklin, der seinerseits von stengeligen Quarzneubildungen durchwuchert wird. Die spätere Zuführung dieser Quarzphase wird durch ihr Verhalten gegenüber dem Plagioklaseinschluß bewiesen. (Durchwucherung des Plagioklaskornes, Benutzung seiner Grenzfläche zur Quarzausbreitung.) Schwarzwasser, Altvater-Vorland. Vergr. 72mal.

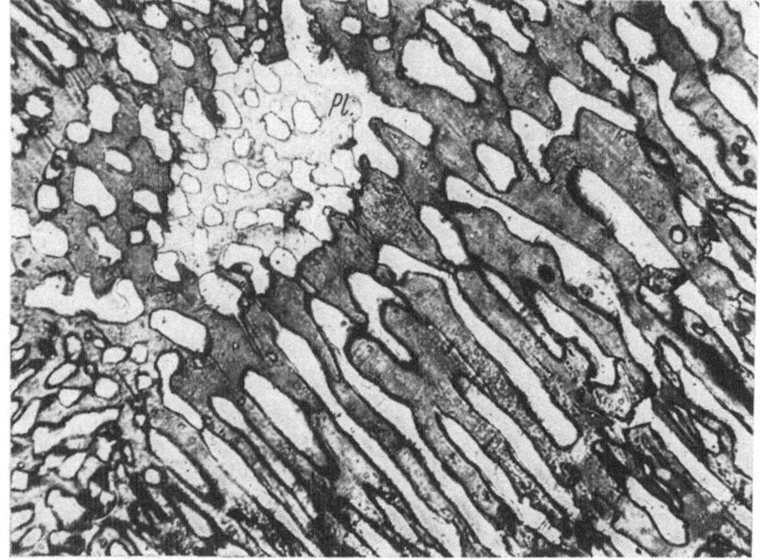

Abb. 173. Zwischen zwei Gebieten verschiedener Spindelrichtung liegt eine schmale, quarzfreie Zone. Ein korrodierter Primäreinschluß (Plagioklas) wird von den Quarzspindeln durchsetzt. Pegmatit Schwarzwasser, nördliches Altvatergebiet. Vergr. 166mal.

folgt mit der Lage der optischen Achse aber der Schar *a*, trotzdem die Richtung der Spindellängsachsen fast senkrecht auf derjenigen der Schar *a* steht! *Die*

Richtung der Spindeln kann also keinen Einfluß auf die Lage der optischen Achse haben. Auch durch die Primäreinschlüsse scheint keine wesentliche Beeinflussung der Achsenlage zu erfolgen. In den meisten Fällen behalten die in Plagioklaskristalle eintretenden Spindelscharen die optische Orientierung bei; nur selten findet eine Änderung statt und dann auch niemals so, daß der in den Plagioklaseinschluß hineinreichende Teil der Spindel anders orientiert wäre, als der im Mikroklin befindliche. Die einzelnen Spindeln löschen in *jedem* Falle einheitlich aus; gelegentlich weichen einzelne selbständige Spindeln oder kurze Stengel im Innern der Plagioklase von ihrer Umgebung ab. Dies wird jedoch auch im Mikroklin beobachtet, — ohne daß dafür ein Grund anzugeben ist — so daß dem Plagioklas kein selbständiger Einfluß auf die Gitterorientierung des Quarzes zugeschrieben werden kann.

In welcher Weise ist nun die Platznahme des Quarzes zu denken? Zubringerwege für die Füllungen, wie Korngrenzen, Rupturen, Korrosionsflächen usw. sind im allgemeinen nirgends zu sehen. Dagegen liegen häufig Gebiete optisch verschieden orientierter Spindelscharen oder solcher, deren Längsachsen eine abweichende Richtung einhalten, — was nicht gleichbedeutend zu sein braucht —, dicht nebeneinander (Abb. 174 I) oder sind durch eine quarzfreie Zone getrennt (Abb. 173).

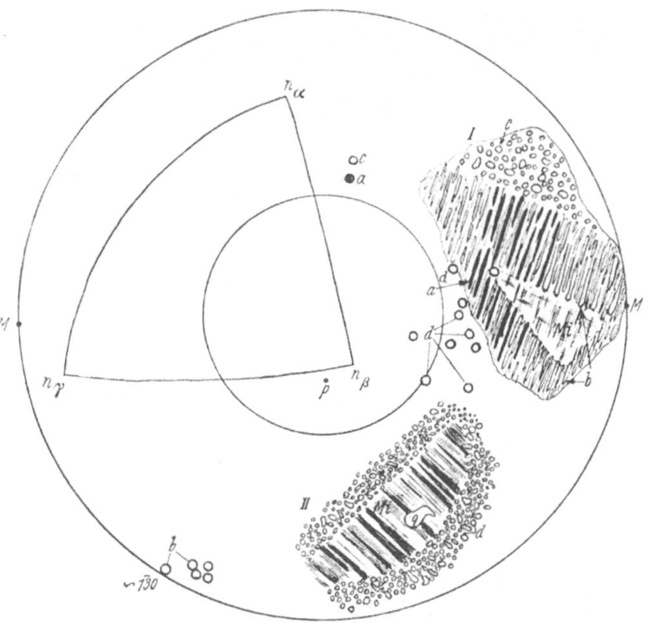

Abb. 174, *I* und *II*. — *I a, b* Quarzröhrchen im Mikroklin (Längsschnitt). *c* Röhrenquerschnitte. *a* und *c* hat gleiche, *b* trotz benachbarter Lage völlig verschiedene Achsenorientierung ($\perp 1\bar{3}0$), Regel Baveno. — Die Stengelrichtung hat also keinen Einfluß auf die Achsenlage. — *II* Stengelquerschnitte eines anderen Bereiches mit Orientierung der Achsen nach der Regel vom Rath und Woitschach. Schwarzwasser.

Genaue Betrachtung zeigt jedoch, daß derartige Bereiche trotzdem nicht „leer" sind, sondern häufig von ganz dünnen Kapillaren durchlaufen werden, welche — etwa $^1/_{20}$ des Durchmessers der Spindeln betragend — diese miteinander zu verbinden scheinen. Auffallend ist, daß die Grenzflächen zwischen zwei Gebieten unterschiedlicher Spindelscharen häufig durch nichts anderes markiert sind, als durch gleichzeitiges Aufhören und Wiederbeginnen der Spindeln (Abb. 173 und 174).

Sucht man nach mechanisch ausgezeichneten Ebenen, welche irgendeinen Einfluß auf die Anordnung und Platznahme der Quarzspindeln ausgeübt haben könnten, so bieten sich die Grenzflächen zwischen Primäreinschlüssen und Mikroklinwirt dar. Vielfach zeigen sie keinerlei Besonderheit; die Spindeln setzen ohne weiteres durch sie hindurch ohne irgendeine Beeinflussung erkennen zu lassen.

Auch Abmessungen und Anzahl der Spindeln ändert sich im Bereich der Grenzzone nicht oder nur unwesentlich. In Einzelfällen aber sind doch charakteristische Ausnahmen zu beobachten.

Während die Plagioklaseinschlüsse immer von den Quarzspindeln durchsetzt
werden, machen die letzteren an eingelagerten primären Glimmerlamellen halt.
Nur randlich sind geringe Korrosionen des Glimmers sichtbar, der in äußersten,
ganz dünnen Partien einmal von einer Quarzspindel beeinflußt wird (Abb. 175).
Der Glimmer bildet also für die Ausbreitung der Quarzstengel ein starkes Hinder-

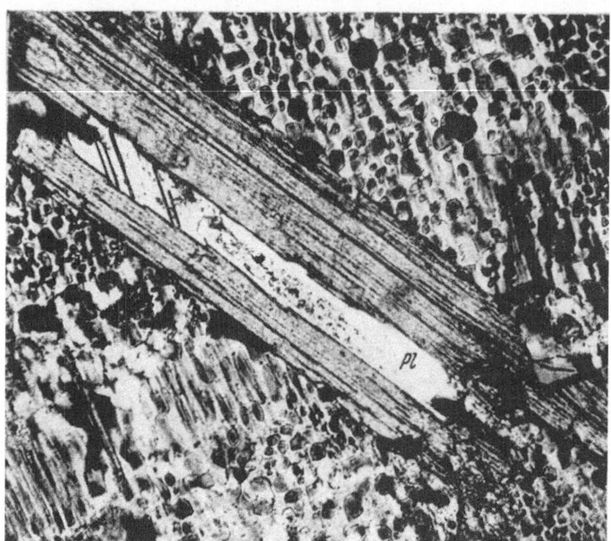

nis. Seine *Verschlußwir-
kung* ist so nachhaltig,
daß eine in ihn einge-
schaltete Plagioklaslamel-
le vor jedem Quarzan-
griff völlig bewahrt wurde
und auch nicht eine Quarzspindel in den vom Glim-
mer geschützten Plagio-
klasbereich hineingelangt.
Nur an den freiliegen-
den Schmalseiten, wo die
Schutzwirkung aufhört,
dringen Quarzspindeln in
den Plagioklas ein. Wei-
tere Quarzanreicherungen
auf oder in der Nähe der
Glimmergrenzfläche feh-
len. Betrachtet man da-
gegen das ebenfalls von
geraden Flächen begrenzte
Plagioklaskorn der Ab-
bildung 172, so fällt so-

Abb. 175.   Primärbiotit, in Kalifeldspat eingebettet, wird von der
Quarzstengelbildung verschont.   Auf den in der Mitte eingelagerten
Plagioklas wirkt der Biotit anscheinend schützend, da dieser Plagio-
klas im Gegensatz zu den anderen, frei im Kalifeldspat liegenden
Feldspäten keine Quarzspindeln enthält. Schwarzwasser.
Vergr. 166mal.

gleich die Vergröberung der Quarzspindeln im Innern und die Anreicherung
von Quarzsubstanz längs der Grenzfläche auf, besonders dort, wo das Plagio-
klasinnere frei von Quarzstengeln ist. Der Unterschied gegen das Glimmerkorn
springt in die Augen. Dieses wird in seiner derzeitigen Umgebung überhaupt
nicht angegriffen. Es wirkt also als Fremdkörper. (Andere Vorkommen zeigen
jedoch sehr wohl, daß auch zwischen Glimmer und Quarz Reaktionsgefüge möglich sind, wenn die Lösungsenergie der verfügbaren Lösungen dazu ausreicht.)

Die Quarzanreicherung des großen Plagioklaskornes der Abb. 172 scheint im
Gegensatz zum Fehlen des Quarzes in und um das Glimmerkorn darauf hinzudeuten, daß auch die Einschlußkornarten als Quarzlieferanten in Frage kommen,
wenn sie der Korrosion anheimfallen. Auch die Verbreiterung der Quarzspindeln in anderen Plagioklaseinschlüssen dürfte so zu erklären sein. Es ist
auch nicht ausgeschlossen, daß besonders ausgebildete Grenzflächen, wie im
vorliegenden Beispiel die Plagioklas-Mikroklin-Grenze, als *lösungsstauende* Un-
stetigkeitsebenen wirken und damit eine lokale Quarzanreicherung hervorrufen
können.

Wenn auch wie anfangs betont, zunächst keine Gründe für die Ausbreitung der Quarzspindelscharen im Gitter der einzelnen Kalifeldspat-Großkörner angebbar sind, so finden sich doch Beispiele, wo mechanisch differenzierbare Grenzbereiche zum Anlaß verschiedenartiger Quarzstengelbildung werden können. (Wie später anschaulich werden wird, bestehen Übergänge von den *endoleptonischen* Reaktionen zu solchen, die innerhalb mechanisch differenzierbarer Kleinbereiche und schließlich auf Unstetigkeitsflächen vor sich gehen.)

Ein Beispiel hierfür gibt die Abb. 176. Hier stoßen verschiedene Kalifeldspat-Großkörner zusammen, welche Quarzspindelscharen mit für jedes Korn charakteristischer und einheitlicher optischer Orientierung enthalten. Auf der Grenzfläche, besser im eigentlichen, durch Spannungen mechanisch differenzierten und von der Intergranulare aus leichter von Lösungen erreichbaren Grenzbereich, erscheinen die Formen der Quarze gröber, bilden keine langen Spindeln mehr und sind in ihrer Ausbildung deutlich durch die Nähe des Kapillarsystems beeinflußt.

Im allgemeinen sind im endoleptonischen Geschehen genetisch bedeutsame Strukturflächen nicht sichtbar hervortretend. Das ergibt sich aus dem Verhalten einer typisch schriftgranitischen Kornart (Abb. 177), welche in den beschriebenen Schwarzwasservorkommen als letzte Bildung angetroffen wurde. (Die Spindel-

Abb. 176. Die Quarzlamellen der Kalifeldspat-Großkörner sind verschieden orientiert. Innerhalb eines Kornes ist die Orientierung im allgemeinen sehr einheitlich und bleibt bis hart an die Korngrenze die gleiche. — Längs der Korngrenzen entstehen abweichende Formen der Quarzstengel (andere Wegsamkeitsverhältnisse!), welche die Grenze zwischen den beiden Großkörnern begleiten. Auch aus diesem Grunde muß der Quarz jünger sein als Kalifeldspat. Johanngeorgenstadt, Längsschnitt, + Nicols. Vergr. 40mal.

quarze sind also nicht die jüngsten Kristallisationen dieses Pegmatites!) Das Alter dieser schriftgranitischen Kornarten ist zweifelsfrei zu bestimmen, da sie *Bruchstücke der Wirtfeldspäte nebst den darin liegenden Quarzspindeln allseitig umschließen.* Diese Quarz-Großkornarten, deren Durchmesser etwa das Hundertfache der Spindeldicke beträgt, können unmöglich gleichzeitig mit dem Wirtfeldspat gewachsen sein, denn dieser wurde ja, wie die eingeschlossenen Plagioklase beweisen, nachträglich von den Quarzspindeln durchsetzt, die sich wiederum in den Einschlußbruchstücken des schriftgranitischen Quarz-Großkornes der Abb. 177 vorfinden. Das Altersverhältnis dieser Bildungen bietet also der Deutung keine besondere Aufgabe. Um so schwieriger aber ist die Platznahme der verschiedenen Quarzgenerationen zu erklären, mangels sichtbarer Hinweise auf Zufuhrwege für neu herangeführte und Abfuhrwege für die mobilisierten Ionen. Gerade im vorliegenden Beispiel sind nicht allein die Komponenten des Feldspates abzubauen, an dessen Stelle Quarz tritt, sondern auch die Quarzspindeln im Feldspatinnern fallen der Umlagerung in den Bestand des großen Quarz-kornes zum Opfer.

Hier zeichnen sich bereits Verhältnisse ab, die durch weitere Beobachtungen noch deutlicher belegt werden können und welche die Ansicht festigen, daß die verschiedenartigen Formen der Reaktionsgefüge im wesentlichen vom physikalischen Zustand der wirksamen hydrothermalen Lösungen abhängen, welche mit abklingendem Energiegehalt zu immer schwächeren Eingriffen anfänglich noch im Gitterinnern (endoleptonisch), schließlich nur noch von Fugen und Rupturen aus (oberflächenkorrosiv) befähigt sind.

Abb. 177. Schriftgranitquarz (schwarz) in Mikroklin-Quarzspindelgefüge. Da er Mikroklin-Quarzbruchstücke allseitig umschließt, muß er jünger sein als die primären Quarzspindeln des Mikroklins. Schwarzwasser. Vergr. 50mal.

f) Jüngerer Quarz auf Fugen und Rupturen.

Das zeigt sich deutlich, wenn man die Unterschiede in den Erscheinungsformen von älteren und jüngeren Quarzfüllungen in ein und demselben Bereich betrachtet. Da nur selten endoleptonische und grenzflächenkorrosive Füllungen oder auch bloße Spaltfüllungen nebeneinander vorkommen, soll ein solches Gefüge, welches mehrere Quarzbildungen verschiedenen Alters zugleich enthält, näher beschrieben werden.

Der in Abb. 178 wiedergegebene Pegmatit zeigt eine ganze Reihe altersverschiedener Bildungen. Die älteste gehört einer randlich stark korrodierten Plagioklaskornart an, welche in zwei Individuen im dunkel gestellten Kalifeldspatkorn KF_1 liegt. Das untere, kleinere Plagioklaskorn enthält Myrmekit-Quarzstengel; das obere wird von der Grenzfläche zwischen den beiden Kalifeldspat-Großkörnern abgeschnitten. Eine von links oben nach rechts unten verlaufende schwache Perthitlamellenschar schließt zeitlich eng an die Kalifeldspatbildung an. Die im Alter folgende sehr frühe Albitkornbildung benutzt zum Teil schärfere Rupturen, wie die Grenze zwischen KF_1 und KF_2, ist aber auch in breiten, wolkigen Zügen im Kalifeldspatinnern anzutreffen. Anschließend folgt Schriftquarz q_l, der durchaus endoleptonisch, ohne Beziehung auf irgendwelche Strukturflächen, die perthitisierte Kalifeldspatsubstanz einschließlich ihrer Plagioklaseinlagerungen verdrängt, sie zum Teil in Bruchstücken mit Perthit- und Albitkornbildung allseitig umschließt und häufig in geraden und scharfen Kanten und Flächen gegen den Kalifeldspat absetzt. Wichtig für die Altersbestimmung ist, daß ein dünner Ausläufer eines Schriftquarzkornes q_l (oben rechts) die von der älteren perthitischen Albitkornbildung bereits ausgefüllte

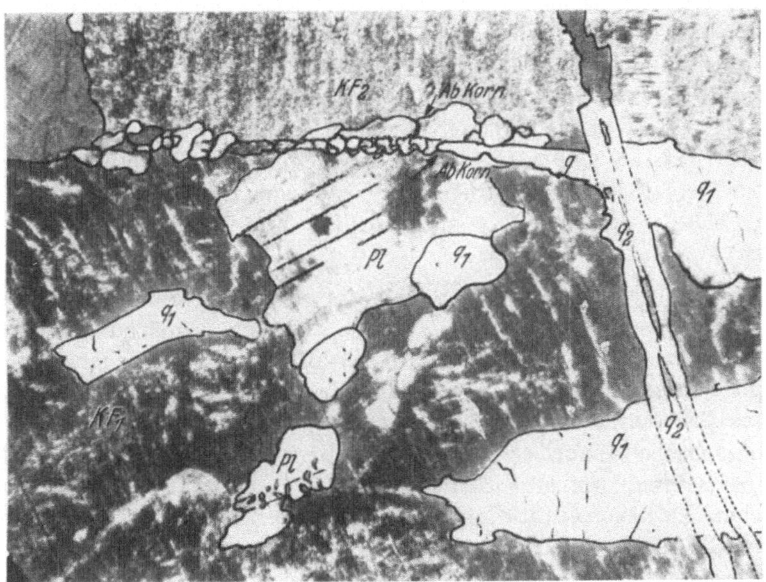

Abb. 178. Altersreihenfolge: *1* Älterer Plagioklas, zum Teil myrmekitisiert; *2* Kalifeldspat, getrübt; *3* Perthit, *4* Albit-Kornbildung auf der Grenze zwischen den Feldspäten; *5* Schriftquarz I; *6* Kluftquarz II.— q_l enthält bereits Serizitschüppchen der getrübten Feldspatsubstanz. Die Trübung muß also im Zeitabschnitt der Perthit-Albit-Kornbildung oder kurz nach dieser entstanden sein. Schriftgranit, Böhmen. Vergr. 69mal.

Grenzfläche KF_1-KF_2 zum Teil nochmals benutzt. Diese ganze Gemeinschaft metasomatischer Bildungen wird schließlich durch eine Quarzgeneration q_2 vervollständigt, welche so gut wie keinerlei Verdrängungskraft mehr zeigt, fast ganz auf Fugen und Rupturen angewiesen ist, solcherart alle anderen bisher genannten Bildungen durchschneidet und im wesentlichen nurmehr einen einfachen Füllungsvorgang darstellt. Dort, wo die jüngeren Rupturen durch die Körner des älteren Schriftquarzes hindurchsetzen, ist ein deutlicher Unterschied im Quarzmaterial infolge der abweichenden Pigmentierung sichtbar. Die Quarze der Rupturen zeigen nämlich in ihrem Innern eine schwach geregelte Durchstäubung mit Serizit, und zwar nicht bloß dort, wo sie an Kalifeldspat — dessen Serizit sie aufgenommen haben — angrenzen, sondern auch inmitten der Quarzstengel des Primärquarzes. Diese enthalten ebenfalls Serizitpigment, aber in völlig unregelmäßiger Verteilung.

Die beiden Quarzgenerationen scheinen zunächst fast übereinzustimmen, denn auffallenderweise haben die Primärquarze und die sie durchsetzenden

Rupturquarze *fast immer die gleiche optische Orientierung* und löschen zwischen + Nikols gemeinsam aus. Sie unterscheiden sich aber einmal durch die Art ihrer Grenzfläche gegen den Kalifeldspat, sodann durch die Verteilung des Serizitpigments, welches im Falle der jüngeren Quarzfüllung parallel dem Salband verläuft. Der primäre Quarz benutzt keine irgendwie vorgezeichnete, sichtbare Strukturfläche des Kalifeldspates. Er ist ein normaler „Diffusions"-Quarz mit zahlreichen Einschlüssen von Feldspatresten, die zum Teil schon stark zergangen sind und wolkige Trübungen im Quarz bilden. Der Rupturquarz dagegen benutzt häufig $0kl$-Flächen, welche verhältnismäßig scharf ausgebildet und deutlich später angelegt sind als die schriftgranitischen Primärquarze. Der Altersunterschied zwischen den beiden Quarzarten kann aber aus folgenden Gründen nur sehr gering sein. Erstens sind die beiden gut miteinander verschweißten Quarzfüllungen — man sieht nicht immer eine deutliche Grenze — optisch fast völlig gleich orientiert, so sehr verschieden sie auch in der Formbegrenzung sind. Zweitens zeigen sie übereinstimmend Pigmentierung durch Serizitstaub. Dieser, aus dem Feldspat stammend, stand also für beide Quarzarten noch gleichmäßig zur Verfügung.

Aus dem Verhältnis der beiden Quarzarten läßt sich nun ein unter Umständen sehr folgenreicher Schluß auf die Zeit der Primärquarzbildung tun. Beide Quarzarten sind eng miteinander verschweißt, der Gangquarz aber gehört einer Epoche an, in der der beherbergende Feldspat auf mechanische oder thermische Beanspruchung hin durch Spaltflächenbetätigung reagierte. In der zeitlich unmittelbar davorliegenden Bildungsperiode, in der noch höhere Temperaturen herrschten, *trat eine Spaltbarkeit nicht auf*. Dafür wirkten hier im wesentlichen Diffusionskräfte unter weitgehender metasomatischer Wechselwirkung. Die Schriftquarzbildung scheint daher allgemein recht früh angenommen werden zu müssen, etwa kurz nach der frühesten Perthitkristallisation.

Die Beziehung Kalifeldspat—Serizittrübung—Quarz I und II erlaubt nun weiterhin eine recht genaue Datierung der Serizitisierung. Da schon der Primärquarz q_1 Serizit enthält (Abb. 178), ist letzterer beim Eindringen des Primärquarzes im Kalifeldspatgitter bereits vorhanden gewesen. Da der Primärquarz q_1 aber als verhältnismäßig frühe Bildung angenommen werden mußte — Beziehung zum Rupturquarz — so bleibt für *die Serizitbildung nur die Zeit unmittelbar nach dem Wachstum des Kalifeldspates* übrig, in der noch höhere Temperaturen herrschten. Ob diese frühe Zeit für die Serizitbildung für alle in dieser Weise getrübten Feldspäte angenommen werden muß, bedarf noch der Nachprüfung.

Über die Herkunft des jüngeren Quarzes sind vorderhand nur Vermutungen zu äußern. Da er im beobachteten Bereich keine metasomatischen Wirkungen zeigt, ist kaum damit zu rechnen, daß bereits einmal eingebaute und dann wieder mobilisierte Kieselsäure erneut im selben Nahbereich als Auskleidung von Rupturen abgesetzt wurde. Einstweilen dürfte die Vorstellung ausreichen, daß es sich bei derartigen späten Verquarzungen um Absätze aus letzten Lösungsresten handelt, die im granitischen Gestein und seinen Gangbildungen zirkulierten.

IV. Genetische Fragen. — Reaktionsgefüge und Metasomatose.

1. Die Bildungsweise der Quarzstengel.

Wanderungsvorgänge der Lösung im Gefüge und im Einzelkristall. — Anwendbarkeit der FERSMANNschen Theorie. — Die laterale Unsymmetrie der Quarzstengel. — Intergranulares und endoleptonisches Wachstum als Wirkung der Metasomatose.

In den bisherigen Kapiteln wurden die im Gebiet der Quarz-Feldspat-Reaktionsgefüge gemachten Beobachtungen zusammengestellt. Die Kernfragen, die sich dabei ergaben, waren diejenigen nach der Bildungsweise des Quarzes im Feldspatgitter, d. h. seine Platznahme, die Herkunft des Stoffes und die Art und Weise seiner Zuführung. Mit der Annahme des gleichzeitigen, eutektoiden Wachstums beider Kornarten konnte man lange Zeit die bis dahin bekannten Beobachtungen ausreichend erklären. Die inzwischen besser untersuchten. Altersbeziehungen zwischen Quarz, Primäreinlagerungen und Perthitbildungen brachten jedoch starke Zweifel an der Eutektikumsnatur der Quarz-Feldspat-Verwachsungen und machen eine kritische Neubehandlung der genetischen Beziehungen notwendig.

Die an vielen Beispielen der vorliegenden Untersuchung immer wieder aufgefundenen gegenseitigen Durchwachsungen der Kornarten dienten zur Bestimmung ihres Alters. Die Durchdringung von Kalifeldspat zugleich mit seinen älteren Einschlüssen durch Quarz galt als vollgültiger Beweis für dessen jüngeres Alter gegenüber dem Kalifeldspat.

Dagegen könnte geltend gemacht werden: Wenn in einem kristallisierenden System zweier gleichzeitig wachsenden Kornarten eine dritte, *ältere* Kornart vorkommt, so ist es prinzipiell möglich, daß in dieser, wenn sie gegen die neuen Lösungen instabil ist, Korrosionskanäle entstehen, die nur von *einer* der beiden anderen gleichzeitig wachsenden Kristallarten ausgefüllt werden. Über deren gegenseitiges Alter ist damit noch nichts ausgesagt, der Schluß auf jünge es Alter der ausfüllenden Kornart gegenüber der bisher als gleichaltrig angesehenen Begleitkornart vielmehr keineswegs zwingend. — Wollte man hier einwenden, nur der Quarz durchwachse die älteren Einschlußkristalle, ebenso wie den Feldspat, dieser aber niemals die Primärkornarten — was für höheres Feldspatalter spräche — so könnte darauf wieder entgegnet werden, daß ja immerhin die Möglichkeit einer besonders starken Korrosionswirkung in der Umgebung des wachsenden Quarzes bestehen könnte, wodurch, unbeschadet gleichzeitigen Wachstums, das höhere Alter des Feldspates nur vorgetäuscht werde.

Gegenüber solchen theoretischen Meinungen stehen unbestreitbar als Beobachtungen: Die randliche Korrosion und Auslaugung der älteren Einschlüsse in den Feldspäten, die Korrosionsschläuche und deren Ausfüllung durch Quarz, häufig unter Benutzung der gemeinsamen Grenzfläche Primäreinschluß-Feldspat. Und diese Tatsache der späteren partiellen Ausfüllung durch Quarz — *vor* der Einbettung waren die Einschlüsse ja quarzfrei und können nur während oder nach der Übernahme in den Feldspat ihre Quarzfüllung erhalten haben — ist es, welche zum Ausgangspunkt aller genetischen Erwägungen gemacht werden muß.

Wenn man trotzdem das jüngere Alter des Quarzes gegenüber dem Feldspat mit Hilfe der Einschlüsse allein nicht als streng beweisbar ansieht, so gibt es noch andere Beobachtungen, die dieses ihrerseits sicherstellen. (Durchwachsung verschieden alter, nebeneinanderliegender Kornarten mit einheitlich orientierten Quarzbildungen, Vorkommen von Trübungsserizit des Feldspates im Quarz, Einschließung von Perthitbruchstücken im Quarz usw.)

Die FERSMANNsche Hypothese vermag diese Tatsachen nicht zu erklären. Es ist auch kaum denkbar, daß sie bei entsprechender Erweiterung dieses vermöchte; denn ihr Hauptbestandteil, das im einzelnen zwar oszillatorische, im großen aber doch gleichzeitige Wachstum von Feldspat und Quarz, ist eben auf keine Weise mit den erwähnten Kennzeichen ungleichen Bildungsalters in Übereinstimmung zu bringen. Es bliebe höchstens die Möglichkeit übrig, *eine gleitende Quarzausscheidung* derart anzunehmen, daß in hochtemperierten Pegmatitgebieten, in welchen sehr grobkörnige Quarz-Feldspat-Verwachsungen erzeugt werden, das Kristallwachstum beider Komponenten nahezu gleichzeitig erfolgt, während bei abnehmender Temperatur und Korngröße — bis hinab zu Gesteinsgefügen, eine deutliche Verzögerung der Quarzkristallisation gegenüber dem Feldspat eintritt.

Dem steht aber wiederum entgegen, daß auch bei grobkörnigen Großkornpegmatiten das gleiche Altersverhältnis Perthit:Quarz angetroffen wird, wie in allen anderen kleinkörnigen oder granophyrischen Vorkommen.

Man wird daher nicht umhin können, *die nachträgliche Bildung des Quarzes im fertigen Feldspatgitter anzunehmen.* Wenn es auch beim augenblicklichen Stand unserer Kenntnisse kaum erwartet werden kann, die Einzelheiten dieser wenig bekannten Vorgänge erschöpfend darzustellen, so ist es vielleicht doch möglich, vor allem aus den gegenseitigen Raumbeziehungen der Komponenten, Anhaltspunkte für die Deutung des wirklichen Geschehens zu erhalten.

Wenn, wie aus den Altersbestimmungen hervorging, der Quarz in früher Bildungszeit dem Feldspat fehlte, heute aber in verschiedensten Formen in ihm angetroffen wird, so wurde er „später" an die heute von ihm eingenommenen Stellen des Feldspatgitters gebracht unter Abbau der entsprechenden Feldspatsubstanz. Diese Vorgänge sind nur auf dem Wege der Diffusion denkbar, und zwar müssen, da die ausgebauten Feldspationen K und Al sich nicht in der unmittelbaren Umgebung des veränderten Feldspatkornes vorfinden, diese in entferntere Bereiche abtransportiert worden sein. Dafür kommen aber, worauf ich schon wiederholt hinwies, nur Lösungen als Transportmittel in Betracht, da Transporte im festen Zustand durch zahlreiche Gitter anderer Kornarten hindurch und über Korngrenzen mit Intergranularfüllungen hinweg auf größere Entfernungen hin einfach undenkbar sind. Solche müssen aber angenommen werden, weil sich in der unmittelbaren Umgebung der schriftgranitischen Verwachsungen keine neuen Mineralbildungen, in denen die aus dem Feldspat entnommenen Ionen wieder eingebaut werden konnten, vorfinden. Zum Transport über größere Entfernungen hin muß also eine irgendwie geartete Lösung gedient haben.

Nun sind aber nur in wenigen Fällen Zufuhrkanäle, Haarrisse, oder sonst geeignete Spalten vorhanden, auf denen Zu- oder Abführung des Stoffes erfolgen konnte. Entweder also sind die den Austausch vermittelnden Kapillaren von solcher Kleinheit, daß sie sich der direkten Beobachtung entziehen, oder der Ionenaustausch ist nicht auf mechanischen Trennungsflächen, sondern durch das Gitter hindurch bewerkstelligt worden. Solche Lösungstransporte durch das Feldspatgitter hindurch werden z. B. auch von ESKOLA durchaus für möglich gehalten. Die Abb. 55, 132, 135, 144, 173 usw. zeigten ringsum eingeschlossene Quarzkornarten, deren Bildung auf die letztgenannte Weise, „endoleptonisch" sehr wahrscheinlich ist.

Ein weiteres besonders klares Beispiel möge hier abschließend erwähnt werden. In einer Pegmatitfüllung des Diorits von Roßbach, Oberpfalz (Abb. 179), besteht die äußerste, älteste Kristallart aus Kalifeldspat, gefolgt von weißem Albit, dem dicke Krusten eines grünlich pigmentierten Quarzes aufgesetzt sind.

Die stark korrodierten Feldspäte enthalten Schläuche und Kanäle gefüllt mit dem überlagernden grünlichen Quarz. Neben diesen Kanälen sind in den beiden, verschieden alten Feldspatarten (*KF* und *Pl*) Flecken und Einschlüsse von Quarz enthalten, die keinerlei Verbindung mit dem außen liegenden Quarz haben, *aber die gleiche grünliche Pigmentierung* zeigen wie dieser. Da der Albit bestimmt jünger ist als der Kalifeldspat, beide aber gleichmäßig vom Quarz durchsetzt werden, muß dieser ebenfalls jünger sein als Kalifeldspat. Das Auftreten des pigmentierten Quarzes auch im Innern der Feldspäte ist nach den geschilderten Beobachtungen gar nicht anders als durch metasomatischen Austausch mit Hilfe der durch das Gitter einwandernden Lösungen zu deuten.

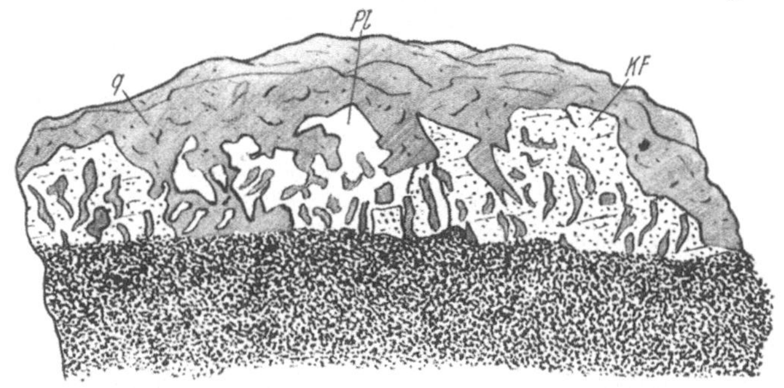

Abb. 179. Pegmatitfüllung aus Kalifeldspat (weit gepunktet), Albit (weiß) und Quarz (schraffiert) im Diorit. Der jüngere Quarz hat die vorgefundenen Feldspäte (Kalifeldspat und Albit) stark korrodiert und durchsetzt sie in dünnen Kanälen und Schläuchen. Zahlreiche Quarzstengel und schlauch- oder wurmartige Interpositionen im Innern des Feldspates sind ohne Verbindung mit den äußeren Quarzmassen. (Intern- und Extern-Quarz.) Beide Quarzformen sind durch trübendes Pigment grünlich gefärbt und gehören somit zusammen. Drusenfüllung im Diorit von Roßbach, Oberpfalz. (Sammlung HEGEMANN.)

Wanderungen des *Lösungsmittels* in den Kristall hinein können künstlich an geeigneten Steinsalzvorkommen mit Wasser bei gewöhnlicher Temperatur und Normaldruck nachgeahmt werden[1]. Es entstehen dabei von Würfelflächen begrenzte Hohlformen im Steinsalz, die eine gesättigte Kochsalzlösung enthalten (Abb. 180; s. F. K. DRESCHER-KADEN 1942, *2*). Sie haben niemals eine sichtbare kapillare Verbindung untereinander oder mit den Außenflächen des Steinsalzkörpers. Jeder einzelne lösungserfüllte kleine oder große Hohlraum ist ringsum von festem Steinsalz umgeben und kann nur durch Erzeugung einer Spaltfläche zur Abgabe seiner flüssigen Füllung gebracht werden. Die Zwischengebiete lassen nicht die geringsten Einwirkungen des Lösungsmittels erkennen! Die Einwanderung der Lösung ist also durch das NaCl-Gitter hindurch erfolgt, denn wären kapillare Sprünge oder Risse benutzt worden, so müßten diese durch die lösende Wirkung des Wassers, wenn auch nur in geringem Maße, erweitert und wenigstens in ihrem Beginn sichtbar geworden sein. Eine größere Tiefenwirkung ist hierbei kaum zu erwarten, da die Sättingskonzentration sehr schnell erreicht wird. Umso bemerkenswerter ist, daß die lösungserfüllten Hohlräume bis tief in den Kristall hinein angelegt werden unter offenbarer Schonung der unangegriffenen Zwischengebiete. Es muß also im Kristallgitter Bereiche

---

[1] Keineswegs alle Steinsalzvorkommen nehmen Wasser in sichtbarer Form auf. Messungen über die Wasseraufnahme von NaCl durch Bestimmung der Absorption im Ultraroten s. bei R. W. POHL, 1941, *1*, § 111.

größerer und geringerer Abbauarbeit geben. Die Vorstellung der „Blockstruktur" des Realkristalls trug diesem Rechnung, wobei den zwischen den „Blöcken" liegenden „Intertruncular"-Bereichen der höhere Energiegehalt, also die geringere Abbauarbeit zukommt. Da die geschilderten Lösungs- und Umbauerscheinungen im Innern des Kristalls gegenüber einer gesättigten Kochsalzlösung vor sich gehen, ist damit erwiesen, daß in den „Lockerstellen" des Gitters völlig andere Löslichkeitsverhältnisse herrschen, und es sogar zweifelhaft ist, ob *der normale Begriff der Löslichkeit hier im endoleptonischen Gebiet überhaupt noch Bedeutung besitzt!*

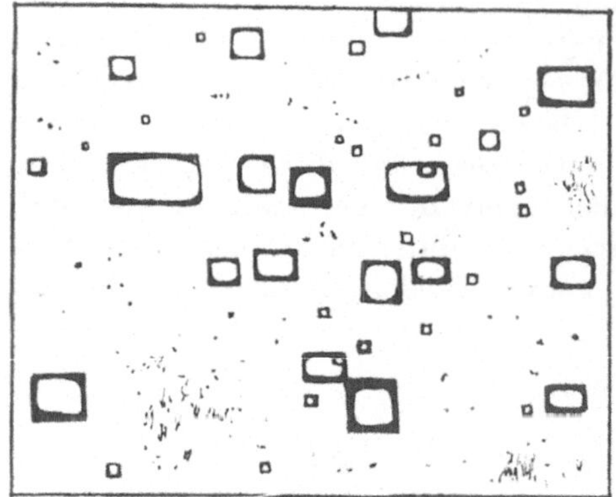

Abb. 180. Steinsalzkristall mit lösungserfüllten, würfeligen Hohlräumen, welche durch Einwanderung von Wasser künstlich erzeugt wurden. — Nach Photographie. Vergr. 5mal.

Die im Beispiel des Steinsalzes entstandenen Hohlräume werden, auch wenn es nur kleine an der Sichtbarkeitsgrenze liegende sind, von ebenen Würfelflächen begrenzt. Vergleicht man damit die Formen der Quarzeinschlüsse in den Feldspäten, so findet man, daß die kleinsten Quarze immer gerundet sind und keinerlei Flächen tragen (Abb. 5, 135, 144, 156, 158 u. a.). Erst von einer gewissen Größe ab — welche bei den einzelnen Vorkommen, ja innerhalb einzelner Bereiche des gleichen Gesteins verschieden sein kann — werden mehr oder weniger gut ausgebildete Ebenen angelegt, die bei den größeren Quarzstengeln des Schriftgranits die besprochenen „Pseudoflächen" bilden.

Diese, mit treppenartig angeordneten Oszillationsstreifen bedeckten Quarzkörper wurden, wenn es auch Kompromißflächen sind, von FERSMANN durch den S. 114 erläuterten *Wachstumsvorgang* erklärt. Die geschilderten Tatsachen scheinen aber vielmehr auf einen *rhythmischen Abbau* hinzudeuten, der mit dem Vorgang der Ätzgrubenbildung noch die meiste Ähnlichkeit hat und der durch die Erzeugung langer Kanäle und die Richtungsbeständigkeit des Abbaues besonders charakterisiert ist. Während jedoch die Entstehung der gewöhnlichen Ätzgruben von

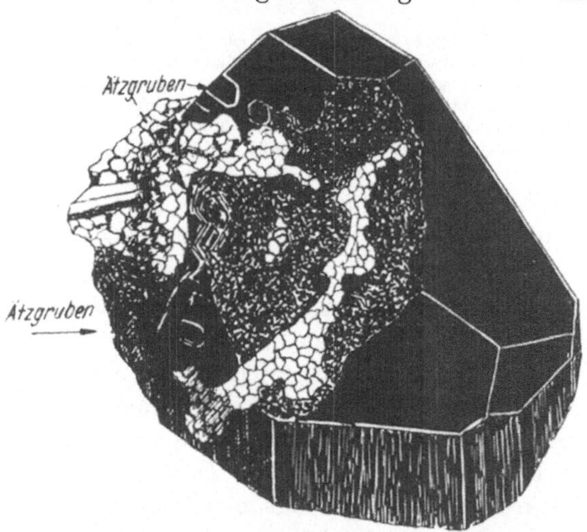

Abb. 181. Turmalinkristall wird von sekundärem, metasomatischen Quarzkorngefüge durchfressen. Der gestricheltpunktierte Raum in der Mitte des Kristalls war ursprünglich ganz von Quarz erfüllt, der im Turmalinuntergrund zahlreiche Ätzgruben gebildet hat. Außer diesen — großenteils wegpräparierten — Quarzkornaggregaten waren auf den Pyramidenflächen des Kristalls kleine Quarzkristalle aufgewachsen, welche an ihrer Aufwachsstelle ebenfalls Ätzgruben im Turmalin erzeugten. Elba.

einer Oberfläche aus erfolgt, kann diese Art der Quarzkornbildung auch von
geeigneten Stellen im Innern eines fertigen Kristalls vor sich gehen. Es ist
dieses jedoch keineswegs Voraussetzung, denn man findet auch hier einwandfreie Beispiele für die Benutzung von Korngrenzflächen als Ausgangsbereiche
der zur Stengelbildung führenden Tiefätzung (Abb. 146, 156, 157, 158). Auch der
von der Grenzfläche benachbarter Kornarten ausgehende Korrosionsvorgang, bei
welchem zwar keine getrennten Ätzgruben mehr entstehen, sondern größere zusammenhängende Teile der angrenzenden Kornarten mehr oder weniger von

Quarz verdrängt werden
(Abb. 165—167), dürfte
nur die Fortbildung
eines *mit echten Ätz-
gruben beginnenden Ab-
baues sein.*

Den Zusammenhang
von schlauchartiger Tief-
ätzung und flachen Ätz-
gruben bietet das Bei-
spiel eines Elbaner Tur-
malins (Abb. 181, 182).
Dieser enthält zwei grö-
ßere Quarztrümer, die
aus einer großen Zahl
xenomorpher Körner be-
stehen und sich tief in
die Kristallmasse ein-
gefressen haben. Da
Anordnung und Verlauf
der Quarztrümer durch-
aus unregelmäßig sind

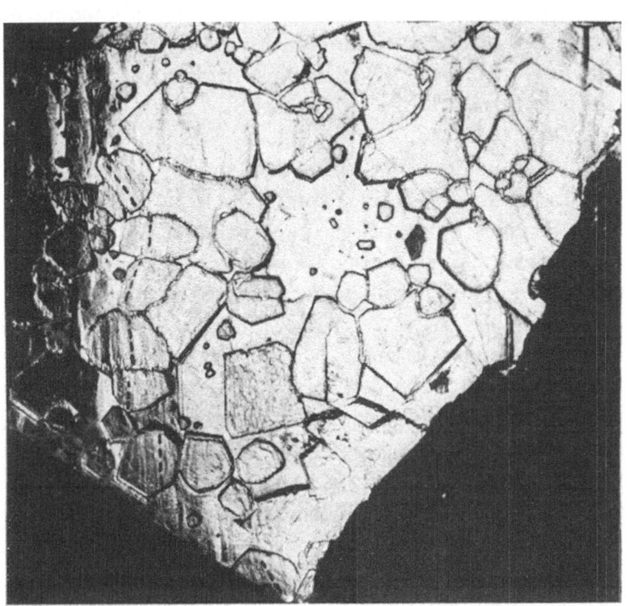

Abb. 182. Pyramidenfläche des Turmalinkristalls Abb. 181 mit zahlreichen, durch aufgewachsene Quarzkristalle erzeugten Ätzgruben. Elba.
Vergr. 8mal.

und die Art, wie der Quarz die Flächen des Turmalins durchsetzt, deren Vorhandensein verlangt, ist die Annahme gleichzeitigen Wachstums der Quarzfüllung *und* des Turmalins auszuschließen.

Diese Feststellung zieht aber einschneidende Folgerungen nach sich. Die
Flächen des Turmalin sind zum Teil mit zahlreichen Quarzkriställchen bedeckt,
welche um Millimeterbruchteile in die Turmalinmasse hineinragen. Löst man sie
ab, so zeigen sich ätzfigurenartige Vertiefungen im Turmalingrund, deren randliche Begrenzung nach innen laufende, treppenartig angeordnete Flächen
bilden. Diese Ätzerscheinungen finden sich sowohl *unter* den Körnern des
aderartigen sekundären Quarztrums, wie unterhalb der frei gewachsenen Quarz-
einzelkristalle (Abb. 182). Es dürfte also völlig sicher sein, daß die gezeigten
Formen dieses Beispiels *keine Wachstumsformen sind, sondern als echte
Ätzformen* — hervorgerufen durch das sekundäre Wachstum des späteren
Quarztrums wie der parasitären Einzelquarze — *angesprochen werden müssen.*

Weiterhin finden sich derartige Ätzgruben auf den Grenzflächenkapillaren
übereinandergewachsener Quarzkristalle mancher Drusenfüllungen. Bricht man
solche Kristalle auseinander, so kann man häufig auf der Verwachsungsfläche

zahlreiche Ätzgruben beobachten, welche den eigentlichen Kristallflächen, die im freien Raum des Druseninnern kristallisierten, fehlen.

Die Löslichkeitsverhältnisse im Innern einer Kapillare müssen infolge der gegenüber dem Inhalt vielfach größeren Oberfläche andere sein als in der freien Lösung. Wenn in dieser Gleichgewicht zwischen bereits gebildeten Kristallen und Lösung herrscht, braucht dieses nicht für Kapillaren zu gelten. So ist das Auftreten von Ätzgruben auf Grenzflächenkapillaren durchaus wahrscheinlich und erklärbar, wenn auch im einzelnen noch weitgehend unerforscht.

Welche Verhältnisse im Innern des metasomatisch, „endoleptonisch" oder durch Tiefätzung veränderten Kristalls herrschen, ist noch schwieriger zu klären, da wir hier keinerlei Bezugsflächen oder ausgezeichnete Raumrichtungen haben, welche wir mit dem Vorgang des Stoffaustausches in Verbindung bringen können.

Wenn die Bildung des Quarzes im Feldspat durch austauschende Lösungen erfolgte, so entsteht ähnlich wie beim Myrmekit die Frage, weshalb nicht die vorrückende Front einer einheitlichen Quarzmasse, sondern viele Einzelkörner oder Stengel gebildet werden, welche einen mittleren seitlichen Abstand zueinander einhalten und sich fast nie berühren: eine dünne Scheidewand des Feldspatwirtes bleibt wohl immer zwischen den Quarzen erhalten (vgl. die Abb. 4, 5, 145, 151, 155 usw.). Die gleiche Beobachtung ergab sich bei den künstlichen Lösungsräumen des Steinsalzes. Es müssen sich daher in den Räumen zwischen den Gebieten des metasomatischen Abbaues Hindernisse befinden, welche ein Übergreifen des Lösungsvorganges und eine Verschmelzung der benachbarten Quarzstengel unmöglich machen.

Über die wahren Vorgänge in diesen „Sperrgebieten" und den zweifellos in ihnen vorhandenen „Lösungsschutz" lassen sich einstweilen noch keine sicheren Angaben machen. Man kann aber versuchen, sich diese Verhältnisse durch hypothetische Vorstellungen etwas verständlicher zu machen, in der Annahme, daß es sich bei der Erzeugung von Schriftquarzstengeln um einen mit Ätzvorgängen unter Bildung *ebener Flächen* vergleichbaren Abbau handelt (s. das Beispiel am Turmalin Abb. 181/182) und daß ferner das in den Sperrgebieten wirksame Hindernis im wesentlichen in einer flüssigen Restphase besteht. In dieser Restphase wurden die den Reaktionsablauf bedingenden Ionen entweder verbraucht oder andere das Fortschreiten des Ätzvorganges hemmende Bestandteile angereichert. Senkrecht zur Hauptwachstumsrichtung der Stengel sind infolge der Nachbarschaft des nächsten Stengels mit seinem Hof von reaktionsfeindlicher, flüssiger Phase die Möglichkeiten für weiteres Breitenwachstum beschränkt. Gegenüber der Front der in den Wirtkristall hineinwachsenden Ätzschläuche aber befindet sich freies, das Fortschreiten des Ätzvorganges begünstigendes Gebiet ohne hindernde Ionenarten. In dieser Richtung vermag sich also die Front der Ätzschläuche zu verschieben, deren Ausfüllung die Quarzstengel ergibt. Ihre Streifung könnte durchaus als Abdrücke des durch Ätzflächen rhythmisch abgebauten Feldspatmaterials gelten im Sinne der vorgetragenen Ätzhypothese[1].

---

[1] Auf jeden Fall ist daher die Ubiquität der Oszillationsstreifung der Quarzkörper (= „Abgußformen" von Ätzschläuchen) leichter zu erklären, als durch Wachstumswirkung. Beim Abbau der Kristallsubstanz erwartet man von vornherein rhythmisch gegliederte Formen — etwa gestufte Ätzpyramiden. Beim *Aufbau* eines Kristalls dagegen sind streng rhythmische Substanzabscheidungen etwas Unerwartetes und bedürfen — solange es sich nicht um erkannte Lösungsschübe handelt — eingehender Sonderbegründung!

Die Einhaltung bestimmter Abstände zwischen den Quarzstengeln kann auch auf folgende Weise erklärt werden. Beim Myrmekit hatten wir versucht, die Genese der Quarzstengel auf Abbauvorgänge in den „Lockerstellen" des Gitters zurückzuführen (s. S. 102). Das erscheint beim Schriftgranit ebenfalls durchführbar, wenn auch nicht verkannt werden darf, daß den großen Ähnlichkeiten in der Erscheinungsweise beider Reaktionsgefüge unleugbare Unterschiede gegenüberstehen, wie in der Größe und äußeren Form der Stengel, der Verteilung, SiO_2-Zufuhr, dem Vorhandensein von Überschußquarz usw. (s. S. 202). Alle diese Vorgänge sind aber nicht ohne die Teilnahme von Lösungen denkbar. Wir können daher auch für den Schriftgranit annehmen, daß in den infiltrierten Lockerstellen ein Totalabbau der Ionen erfolgt, wobei die Kationen weggeführt und in anderen Lockergebieten fixiert werden, diese zu „Blöcken" auffüllend, welche weiterem Angriff widerstehen. („Geschützte Blockgebiete" S. 103, 190.)

Nun war es aber schon beim Myrmekit mit seinen, oft nur Bruchteile eines Millimeters im Durchmesser betragenden Quarzstengeln nötig geworden, eine Erweiterung der — die Lockerstellen berücksichtigenden — Bildungstheorie der Quarzstengel vorzunehmen. Das ist beim Schriftgranit erst recht notwendig. Denn hier umfaßt ein einzelner Quarzstengel ein Gebiet in der Größenordnung mehrerer Quadratmillimeter (in Riesenpegmatiten unter Umständen von Quadratzenti- und Dezimetern!), in welchem Lockerstellen mit konsolidierten Blockbereichen vielmals abwechseln. Wollte man hier die Quarzstengelbildung nur in Fehlstellengebieten für möglich halten, so müßten diese in den erwähnten Dimensionen der Quarzstengel ehemals den Kristall durchzogen haben, was schlechterdings unmöglich ist. Sind jedoch Fehlstellen und Blockgebiete in submikroskopischen Dimensionen miteinander abwechselnd und statistisch isotrop verteilt, so kann zwar in einem solchen Gebiet der Um- und Abbau seinen Anfang nehmen. Es können sich unter den bisherigen Voraussetzungen aber niemals Quarzkörper von makroskopischen Dimensionen entwickeln; das ist erst möglich, wenn auch Blockgebiete selbst abgebaut werden können. Die Voraussetzung dazu würde sein, daß sie allseits von Lockerstellen umgeben *und* hinreichend klein sind. Die in solchen Bezirken abgebauten Kationen verstärken auf ihrer Wanderung senkrecht zur Stengelachse schließlich einmal die Lockerstellenumgebung eines Blockgebietes, das **dann** nicht mehr *allseits* von Fehlstellen umgeben und dazu hinreichend groß ist, so daß es der Auflösung Widerstand leistet und der Abbau zum Stillstand kommt.

Bezüglich der erforderlichen SiO_2-Menge zur Bildung der Quarzstengel sei auf S. 196 verwiesen.

Da die Kalifeldspäte wenig oder gar nicht korrodiert sind, fällt hier die Möglichkeit fort — abgesehen von dem viel höheren SiO_2-Bedarf der durch den ganzen Kalifeldspat verteilten Quarze — die Kieselsäure etwa aus abgebauten Randschichten der Kalifeldspäte herzuleiten. Es muß daher noch zusätzlich von außen weitere SiO_2 zugeführt werden, um in den Umlagerungsgebieten die SiO_2 zur beobachteten Menge aufzufüllen.

Ganz übereinstimmend mit der Annahme metasomatischer Austauschvorgänge kann nun auch die so häufig zu beobachtende Ungleichwertigkeit der lateralen Begrenzung der Quarzstengel gedeutet werden, was für die Wachtumstheorie einstweilen überhaupt noch unmöglich ist. Diese verlangt allseitig ebene Flächenbegrenzung, gerade weil es sich bei den auftretenden Flächen um Kompromißebenen handelt. Mit der Ätztheorie kann diese Ungleichwertigkeit in der lateralen Ausbildung der Quarzstengel leichter in Übereinstimmung gebracht werden, da es keineswegs gefordert werden muß, daß der Abbau durch den Ätzschlauch in allen Richtungen gleichmäßig erfolgt. Hohle, „dendritenartige" Bildungen sind bei derartigen metasomatischen Abbauvorgängen jedenfalls

nichts Unerwartetes und leichter zu deuten als bei Wachstumsvorgängen das
Zusammenvorkommen von flächenhaftem und skelettierendem Wachstum auf
kleinstem Raum[1].

Allgemein ist die Einhaltung bestimmter Hauptrichtungen des Abbaues
mit der Vorstellung hydrothermalen Lösungsangriffs durchaus verträglich.
Bei *zusammenhängenden* Quarzstengeln ist dieses Verhalten auch mit Hilfe der
Wachstumstheorie erklärbar. Sobald es sich jedoch um in einer Richtung angeordnete — etwa in der Größe gesetzmäßig zunehmende — unzusammen-
hängende Körnergruppen, von denen jedes einzelne Korn für sich im Feldspat
eingebettet liegt, handelt, ist die Wachstumstheorie mit Voraussetzungen
stärker belastet, als die metasomatische Deutung. Im Sinne der ersteren müßte
nämlich angenommen werden, daß nach völligem Aufhören des Quarzwachstums
und längerer, ausschließlicher Feldspatbildung eine erneute Wachstumsperiode für
Quarz einsetzt, aber dergestalt, daß die neugebildeten Kornarten in Verteilung
und Wachstumsrichtung auf die bereits vorhandenen Quarzkörner — von denen
sie doch durch mitunter starke Feldspatwände getrennt sind — derart Rücksicht nehmen, daß doch trotz vielfacher Wiederholung dieses Vorganges einheitlich
gerichtete Quarzkornscharen mit übereinstimmender Gitterorientierung entstehen! Es ist zweifellos einfacher, diesen Tatsachenkomplex durch die einheitliche Erzeugung metasomatischer Kornformen zu erklären: der in einer Richtung
des Feldspates fortschreitende Abbauvorgang schafft die gerichtete Anordnung
der Kornarten — wenn er auch infolge des gegen Lösungsangriff wechselnden
Widerstandes in einzelnen Teilbereichen des Wirtkristalls nicht überall zu gleichmäßiger Wirkung kommt und somit oftmals keine zusammenhängenden Formen
entstehen. Dabei erfordert die Tatsache des in einer bestimmten Richtung fortschreitenden Abbau- und Lösungsvorganges innerhalb eines Gitters keinen
größeren Aufwand an zunächst nicht voll beweisbaren Voraussetzungen, als
der für das Beispiel des Schriftgranits von FERSMANN in Anspruch genommene
Wachstumsprozeß!

Man darf sich nun keineswegs darüber hinwegtäuschen, daß den bisher
mitgeteilten theoretischen Vorstellungen einstweilen noch etwas sehr Vor-
läufiges anhaftet angesichts der Tatsache, daß keine Beobachtung vorliegt,
welche uns die Mechanik der Abbauvorgänge deutlich zeigt. Beim Myrmekit
waren die äußeren Plagioklasschichten immer derart korrodiert und abgetragen,
daß vom ersten Anfangszustand offenbar niemals etwas erhalten geblieben
war. Ja, gerade diese Tatsache führte zu dem Schluß, die Kieselsäure der
Quarzstengel als von dem Abbau der Randschichten herrührend anzusehen,
eine Deutung, welche durchaus nicht identisch sein muß mit der Auffassung,
die Quarzstengel beständen aus Rückstandsquarz (vgl. das folgende Kapitel

---

[1] Es möge hier daran erinnert sein, daß die Ungleichwertigkeit der Quarzstengelquerschnitte keineswegs etwa regellos auftritt. In Schnitten senkrecht zur Stengelachse sind
alle konvexen oder von geraden Flächen begrenzten Teile der Querschnitte überwiegend
nach der einen Seite, die konkaven und unregelmäßigen, mitunter zerfetzt aussehenden
Teile nach der anderen Seite gerichtet (Abb. 150). Wenn, wie es die beim Myrmekit erwähnte Arbeitshypothese darlegt, die Stengelbildung auf metasomatischen Austausch in
den Lockerstellen des Gitters beruht, so müssen diese eine irgendwie geartete (symmetrie-
abhängige?) *Regelmäßigkeit in ihrer Anordnung* zeigen oder auch nur den abbauenden
Lösungen in der einen Richtung größeren Widerstand entgegensetzen als in der anderen.

und S. 71). Beim Quarz der Randschichten handelt es sich um dislozierte, beim Rückstandsquarz um am Ort gebliebene Kieselsäure. Dagegen führten uns Beobachtungen am Schriftpegmatit, speziell am Turmalin, Abb. 182, dazu, die Entstehung der Quarzstengel mit Hilfe von Ätzvorgängen zu deuten, da hier die primäre Fläche als Ausgangsort des Abbaues noch vorhanden war. Der eigentliche Ätzvorgang geht offenbar so vor sich, daß in der Grenzkapillare (S. 192) an der Basis des aufsitzenden Quarzkristalles die unterlagernde Wirtsubstanz gelöst, die Kationen abgeführt und die SiO_2 an der Unterseite des Quarzkristalles abgesetzt wird, ein Vorgang der zur Bildung langer Stengel führen kann, die sowohl als gestufte Ätzformen wie auch als gerundete Zapfen auftreten.

Die Einzelheiten derartiger Lösungsvorgänge mit endoleptonischer Austauschwirkung im Gitter kennen wir nicht. Wir wissen aber, daß es einerseits frühzeitige, lösungsbedingte Bildungen gibt, welche von der Oberfläche des Kristalls als Korrosionsschläuche nach innen getrieben werden und daß andererseits späte, metasomatische Erweiterungen der Korngrenzen mit nachfolgender Auskleidung durch Quarz häufig sind (Abb. 146, 165—167). Beide Erscheinungen stehen in engstem wechselseitigen Zusammenhang mit Kornarten, die zusammengehörige und gleichorientierte Scharen bildend, ohne Außenverbindung im Innern der Feldspäte vorkommen. Die Ähnlichkeiten im Auftreten dieser drei Formen sind so groß, daß sie als genetisch zusammengehörig betrachtet werden sollten, in Abhängigkeit von der Wanderungsfähigkeit der transportierenden Lösungen im Gitter, in gefüllter Intergranulare oder von benetzbarer Oberfläche aus. Welcher Grad der Metasomatose erreicht wird, scheint bei gegebenen Kornarten im wesentlichen von der Temperatur abzuhängen. An manchen Beispielen ist eine zeitliche Aufeinanderfolge verschiedener Quarzkornbildungen nachweisbar, so daß mit sinkender Temperatur die einzelnen Erscheinungsarten metasomatischer Tätigkeit mehr oder weniger gut voneinander unterscheidbar durchlaufen werden.

2. Die Arten des metasomatischen Ersatzes. Die Herkunft des Quarzes.

Wir waren nach den bisherigen Beobachtungen berechtigt, die Formen der Quarzschläuche innerhalb der Feldspäte auf ionaren Austausch während einer endoleptonischen Gitterresorption zurückzuführen. Betrachtet man unter diesem Gesichtspunkt eine Reihe von Primäreinschlüssen in den Kalifeldspäten, sowie diese selbst und ihre eingeschlossenen Reste in den Quarzstengeln, schließlich die Grenzkonturen zwischen Kalifeldspat und Quarz, so ergeben sich angesichts der stark korrodierten und angefressenen Formen sowie der Schlierenzüge und Auflösungsbahnen im Quarz folgende Fragen: 1. Erfolgen die Lösungs und Ausfüllungsvorgänge in unmittelbarer Abhängigkeit voneinander? 2. Woher stammt das die Resorptionsräume erfüllende Quarzmaterial? 3. Was geschieht mit der aufgelösten und mobilisierten Feldspatsubstanz?

Wird eine freigewachsene Kristallart — z. B. in einer Druse — durch eine andere pseudomorph verdrängt, so ist es bei völligem Ersatz des ursprünglichen Stoffes ohne weiteres klar, daß Stoffabbau und -aufbau wechselseitig, Zug um Zug, erfolgt sein muß, da die Erhaltung der Form sonst nicht möglich gewesen wäre. Ist der pseudomorphosierte Kristall jedoch zwischen andere Kornarten eines Gefüges oder in einer einheitlichen Materie eingebaut, so daß seine ursprünglichen Grenzflächen „im Abdruck" erhalten bleiben, auch wenn sein Material völlig fortgeführt wurde, so ist der Schluß auf Ab- und Aufbau Zug um Zug nicht mehr bindend. In diesem Fall können nämlich beide Vorgänge zeitlich weit voneinander getrennt abgelaufen sein: die primäre Auflösung des Kristalls mit folgender Materialabfuhr schaffte einen von den ursprünglichen Kristallflächen begrenzten Hohlraum, der „später", zu irgend einer Zeit durch eine neue Kristallphase ausgefüllt wurde.

Bei *im Gefüge* fest eingebauter pseudomorphosierter Kornart ist also der Schluß auf einaktige Metasomatose ohne die Kenntnis neuer Tatsachen nicht eindeutig. Solche entscheidende Beobachtungen aber sind das Vorkommen von Bruchstücken der angrenzenden Gefügekomponenten oder von Primäreinschlüssen im Kristall, welche *allseits* in der fraglichen Kristallart eingebettet liegen und *durch ihre Lage noch den ehemaligen Zusammenhang mit ihren Ursprungskornarten* erkennen lassen.

Derartige, orientiert angeordnete oder noch im Zusammenhang mit der angrenzenden Kornart befindliche Bruchstücke sind ein untrügliches Zeichen für Metasomatose Zug um Zug. Wäre der erste Kristall vollständig gelöst und statt seiner ein Hohlraum entstanden, so könnten die übriggebliebenen Primärkristalle oder Reste der angrenzenden Kornart nicht im ursprünglichen Verband angetroffen werden, sondern müßten regellos irgendwo am Grunde des Hohlraumes liegend von der späteren Neufüllung überdeckt worden sein.

Dieselbe Schlußfolgerung ist nun auch möglich, wenn es sich nicht um Pseudomorphosierung bestimmter selbständiger Kornarten, sondern um *partiellen Abbau* innerhalb eines Wirtkristalls handelt. Finden wir hier im Quarz zergehende Reste des umgebenden Feldspates oder ältere Einschlüsse in ursprünglicher oder nur wenig geänderter Orientierung, so ist die Wegführung des Feldspatmaterials im heutigen Quarzbereich und die Ausfüllung durch Quarz einaktig vor sich gegangen. Da sich diese Merkmale in den Quarzeinlagerungen des Schriftgranits vorfinden, muß bei diesem die Platznahme des Quarzes durch atomaren Austausch Zug um Zug erfolgt sein.

Zu demselben Ergebnis gelangt man durch Beobachtung des Serizit-Pigments, das häufig in feinsten Körnchen und Schüppchen im Quarz auftritt. Da es bereits im Feldspat in bestimmten Richtungen angeordnet vorkommt, die im Quarzinnern in ähnlicher Weise fortsetzen, ist ohne Störung des Zusammenhanges nur ein behutsamer atomarer Ersatz des Feldspatmaterials durch Quarz denkbar, bei welchem dieser die Serizitschüppchen in der alten Anordnung aufnimmt und fixiert.

Lösung und Wiedereinbau müssen also auch aus diesem Grunde in gegenseitiger Abhängigkeit erfolgt sein.

Bei dieser Sachlage erhält zugleich auch die zweite Frage, diejenige nach der *Herkunft des Quarzmaterials*, erhöhte Bedeutung. Zwar hat die Vorstellung, daß die zum Aufbau des Quarzes benötigte Kieselsäuremenge von außen durch Diffusionsvorgänge unter erhöhter Temperatur in das Feldspatgitter hineingebracht wird, nichts Befremdliches. Bei den Ein- und Verkieselungserscheinungen größerer Gesteinsbereiche, wie sie für andere, oberflächennahe Bildungen z. B. von E. Kaiser und M. Storz aus der Namib beschrieben wurden (1926, *8*), sind die durch die Einwirkung von außen angreifender kieselsäurereicher Lösungen entstandenen Verdrängungsbilder in den Gefügekomponenten der Tiefengesteine trotz aller Unterschiede im einzelnen nicht so verschieden von schriftgranitischen Formen, daß bei diesen nicht auch auf Zuführung der benötigten Kieselsäure von außen geschlossen werden dürfte. Hierbei ist jedoch zu fragen: Beim Abbau der Feldspatsubstanz wird Kieselsäure verfügbar; was geschieht mit dieser ? Es kann nicht angenommen werden, daß alle Kieselsäure, welche bereits im Feldspatgitter eingebaut war und mobilisiert wurde, quantitativ entfernt und im gleichen Entstehungsakt die an ihrer Stelle zur Quarzbildung benötigte Menge von außen zugeführt wurde. Es ist vielmehr als sicher anzusehen, daß zwar K_2O und Al_2O_3 ionar entfernt und SiO_2 zugeführt wurde, der Einbau im Quarz aber unter Verwendung der aus den abgebauten Silikatteilen anfallenden, *zusätzlich* der von außen hinzugebrachten, Kieselsäure geschah. Welche Transportwege die SiO_2-Teilchen des Feldspates zurücklegten, ob bei diesen mit völliger Ionisierung gerechnet werden kann, oder ob eine nur unwesentliche Verlagerung im Feldspatgitter genügte, muß späterer Untersuchung vorbehalten bleiben. An und für sich sind die Unterschiede zwischen der Feldspat- und Quarzstruktur nicht so groß, daß nicht bei der räumlichen Vernetzung der SiO_2-Tetraeder durch verhältnismäßig geringfügige Umlagerung aus dem Feldspat- ein Quarzgitter unter zusätzlicher Auffüllung von außen der am Soll noch fehlenden SiO_2-Menge entstehen könnte. Ein Vergleich der BRAGGschen Quarzstruktur mit der SCHIEBOLD-TAYLORschen Feldspatstruktur zeigt, daß die Elementarabstände beider Bauformen nicht gegen diese Möglichkeit sprechen[1].

Wenn, wie im vorstehenden ausgeführt, der Quarz unter Verdrängung größerer Feldspatbereiche seinen Platz im Kalifeldspatgitter erhält, so müssen nicht unerhebliche Mengen ehemals fixierter Ionen des Feldspates statt seiner freigeworden sein. Es ergibt sich damit die dritte Frage; *was geschieht mit der aufgelösten und mobilisierten Feldspatsubstanz* und *wie groß ist der Anteil der wieder in Freiheit gesetzten K- und Al-Ionen*, bezogen auf das Gesamtgestein ? Eine überschlagsmäßige Berechnung der Quarzanteile — des am Ort gebliebenen und des zugeführten Anteils — zeigt folgendes.

Der ungefähre Durchschnitt des Feldspat-Quarz-Verhältnisses im Schriftgranit beträgt $\sim$ 75 : 25[2]. Damit besteht $^1/_4$ des Schriftgranites aus später gebildetem Quarz, für den die entsprechende Menge Feldspat wieder gelöst und weggeführt wurde.

In 100 g Feldspat sind enthalten (theoretisch): 64,7 g SiO_2, 18,4 g Al_2O_3 und 16,9 g K_2O. Wird davon $^1/_4$ wieder mobilisiert, so gehen in Lösung: 16,2 g SiO_2, 4,6 g Al_2O_3 und 4,2 g K_2O.

Bezogen auf 1 t Pegmatit-Feldspat ergibt das die beträchtliche Menge von 42 kg K_2O, welche bei der Quarzbildung wieder in Freiheit gesetzt wird, mit anderen Worten: Unter Berücksichtigung der Häufigkeit mikropegmatitischer Struktur könnte die gesuchte Kaliquelle für die späteren Phasen der Metamorphose — Biotitisierung der Amphibole, Serizitisierung der Feldspäte u. a. m. — hiermit gefunden sein, denn aus einer Tonne Gestein mit 33% Feldspat würde

---

[1] Die Orientierung des Quarzgitters würde in diesem Fall in Abhängigkeit vom Feldspatgitter, also gesetzmäßig gegen dieses erfolgen (s. die Bevorzugung des 42°-Kreises durch die optischen Achsen des Quarzes S. 110).

[2] Vgl. die Einschränkungen hierzu S. 108.

bei einer granophyrischen Strukturumwandlung eine Kalimenge von 14 kg K_2O zur Abwanderung ins Nebengestein zur Verfügung stehen.

Für die überschlagsmäßige Berechnung der zur Schriftgranitbildung benötigten und von außen zuzuführenden Quarzmenge — unter der Annahme, daß die im Feldspatgitter vorhandene SiO_2 *mitverwendet* wird — läßt sich folgendermaßen verfahren: Ein Viertel der Feldspatmasse wird von Quarz verdrängt. In diesem Viertel — in Volumenteilen ausgedrückt — ist 1. der SiO_2-Anteil des Feldspates vorhanden (den wir ja als „Restquarz" mitverwendet ansehen wollen) und 2. der — unbekannte — SiO_2-Anteil des neu zugeführten Quarzes.

Es ist also nur notwendig, die Gesamtquarzmenge in Volumteilen zu bestimmen und von ihr die im Feldspat vorhanden gewesene SiO_2 als Quarz abzuziehen, um die SiO_2-Menge zu erhalten, welche zugeführt werden muß.

Das Volum von 100 g Feldspatsubstanz[1] ist $100/2,55 = 39,2$ cm³; dementsprechend beträgt das Volum von 25 g Feldspatsubstanz (die fortgeführt und durch Quarz ersetzt wurde) $= 9,8$ cm³. In diesen 25 g Feldspatsubstanz sind 16,2 g SiO_2 *gewichtsmäßig* enthalten, welche $16,2/2,65 = 6,1$ cm³ Quarz[1] entsprechen. Die Differenz $9,8—6,1$ cm³ beträgt 3,7 cm³ oder in Gramm ausgedrückt rund 9,8 g, welche *zugeführt* werden müssen, um die nötige Quarzmenge zu erhalten.

Mit anderen Worten: auf 1 t Pegmatit-Feldspat müßte zur Erzeugung von Schriftgranit (im Verhältnis $75:25$ oder $72:28$) fast 100 kg Quarz zugeführt werden unter der Voraussetzung, daß die im Feldspatgitter eingebaute SiO_2 mitverwendet wird. Diese Menge erscheint sehr hoch; man muß aber bedenken, daß ja $1/4$ des Schriftgranits (bei 1 t also 250—280 kg) aus Quarz besteht, von dem bei Annahme der Mitverwendung von Feldspatkieselsäure fast $2/3$ aus vorhandenem Bestand gedeckt und nur ein gutes Drittel (98 kg) zugeführt wird.

Diese „von außen" in den betreffenden Gesteinsbereich hinzugebrachte Kieselsäure bietet, nimmt man magmatische Schmelzlösungen als Ursprung an, der Erklärung keine besonderen Schwierigkeiten. Daher wurde in der Frage nach der Herkunft des Quarzmaterials bisher auch kein besonders akutes Problem gesehen. Man glaubte im allgemeinen noch wie bisher, übereinstimmend mit der ROSENBUSCHschen Regel, daß Quarz als typischer Gemengteil der Erstarrungsgesteine immer an letzter Stelle kristallisiere, in jedem Fall aber als Primärbestandteil der magmatischen Lösung zu gelten habe und damit in der ursprünglichen Gesamtmasse des gesteinsaufbauenden Magmaanteils von Anfang an enthalten sei. Die zur Quarzbildung erforderliche SiO_2-Menge war hiernach nicht erst an anderer Stelle eingebaut, sondern wurde dem Stoffbestand der ehemaligen magmatischen Lösung entnommen. Sobald man sich aber im Gebiete der Metamorphose — wozu ich nach den gemachten Erfahrungen sämtliche granitische Gesteine rechne — befindet, ist die Herkunft des Quarzes nicht mehr ohne weiteres aus benachbarten magmatischen Schmelzlösungen her zu erklären. Denn häufig fehlen diese oder liegen so weit ab, daß eine Zufuhr von außen überhaupt ausgeschlossen und die zugeführte Kieselsäure als dem eigenen deformierten Gesamtgesteinsbereich entstammend anzusehen ist. Man wird daher auf Grund der bis heute vorliegenden Beobachtungen die Möglichkeit

---

[1] Dichte des Kalifeldspates 2,55, des Quarzes 2,65.

von SiO_2-Einwanderungen in die unter geringer Spannung stehenden Einzelbereiche eines Deformationsgebietes aus maximal beanspruchten Einzelfeldern
des unter Spannung stehenden *Gesamtgebietes* berücksichtigen müssen.

3. Petrogenetische Schlußfolgerungen.

Allgemein ist zu sagen, daß besonders auf Grund der letzten Darlegungen die
mitgeteilten Vorgänge eine tiefgreifende Bedeutung für die Entstehungsgeschichte
granitischer Gesteine besitzen. Bei der Realität der beschriebenen Altersver-
hältnisse läßt sich zwischen Primärgemengteilen, Kalifeldspat und Quarz einerseits, dem Auftreten von Quarz als sekundäre Hohlraumfüllung in Kalifeldspäten, der mikropegmatitischen Verwachsung sowie verwandter Bildungen,
dem Übergang derartiger Strukturformen in solche normaler Gesteinsgefüge
andererseits eine genetische Erklärung allein von den beiden Partnern Feldspat
und Quarz aus nicht mehr geben. Die gesamte Schriftgranitgenese ist vielmehr
durch Einbeziehung in den großen Kreislauf gesteinsbildender Vorgänge zu erklären, wie sie in jeder gesteinserzeugenden Mineralparagenese am Werke sind.
Damit ist zwar der Schriftgranit eine besondere, durch charakteristische Verwachsung der Gemengteile bedingte Strukturform, aber nicht mehr wesens-
verschieden von anderen sekundär entstandenen Strukturarten metasomatischer
Prägung, wie sie in jedem granitischen Gestein unter verschiedenen Formen zu
finden sind. Das Wesentliche dabei ist, daß sich alle diese Umbildungen in einem
± fertigen Gefüge abspielen, in welches Lösungen „von außen" her einwandern.
Mag man es „Aufstieg einer Migmatitfront" nennen — (und damit zunächst noch
auf eine Begründung des eigentlichen Vorganges verzichten) — mag man
porenvolumvergrößernde Deformationen unter erhöhter Durchflußgeschwindig-
keit für Lösungen annehmen, immer sind es stoffliche Einwirkungen, die dem
betreffenden, nicht zu groß anzunehmenden, Gesteinsbereich zusätzlich von außen
aufgezwungen wurden, im wesentlichen von Räumen ausgehend, die eine De-
formationseinheit miteinander bilden — mithin als im Zusammenhang miteinander stehend angenommen werden müssen.

Schon jetzt ergibt sich aus dem umfangreichen Beobachtungsmaterial,
welches wir der Gefügelehre verdanken, daß die Lösungsmittel vielfach in direkt
erweisbarer Abhängigkeit von Deformationsbeanspruchungen „belteropor"
zugewandert sind, also im betrachteten Teilbereich primär nicht vorhanden waren.
Es ist daher notwendig, daß die eingehend begründeten Gefügeuntersuchungen
SANDERs und seiner Mitarbeiter nun auch in ihren Ergebnissen nach der *stofflich genetischen Seite* stärker beachtet werden. Die Feststellungen der prä-
para-postkristallinen Deformation, der mechanischen Durchbewegungen, gefolgt oder begleitet von kristalliner Neubildung, besagt ja nichts anderes, als daß
hier mehrfache Mobilisierung des Stoffes, in Kleinbereichen summiert, zu Gesteinen führen kann, die früher als einheitliche und einaktig gebildete Tiefengesteine gedeutet wurden. Gerade die granitischen und dioritischen Typen
liefern hierzu gute Beispiele, wo sie als Fortentwicklung älterer Gesteinsbildungen
mit noch erkennbaren Strukturresten auftreten. (Diorite des Bayerischen
Waldes, entstanden aus Hornfelsen, ebenso Diorite und Granite des Odenwaldes,
der Sudeten usw., DRESCHER-KADEN 1930, 7 u. a.)

Die Merkmale metamorpher Umbildung und „magmatischer" Erstarrung fließen ohne scharfe Grenze ineinander, und es ist notwendig, gerade hier nochmals zu betonen, daß das Wort „Magma" ein *Zustands-*, kein *Stoffbegriff* ist und *jeder* Gesteinsbereich der Erdkruste bei gegebenen äußeren Umständen $\pm$ schnell über den metamorphen in den magmatischen Zustand übergehen kann. Einen ausgezeichneten Ausdruck für die Einheitlichkeit dieser Erscheinungen von der stofflichen Seite aus gesehen, ist Backlunds Begriff der *Reometamorphose*. Mit diesem höchst anschaulichen und weitgefaßten Ausdruck werden die gesamten Prozesse der thermalen (partiellen oder gänzlichen) Verflüssigung eines präexistierenden Gesteins unter Zuschuß von kleinen oder größeren Mengen zugewanderten neuen Materials zusammengefaßt.

Der partielle Feldspatabbau liefert Stoffe zur Reometamorphose benachbarter Gesteinsbereiche. Für unser Beispiel des Schriftgranits und verwandte Strukturen würde das bedeuten, daß die in einem abgeschlossenen, der Reometamorphose unterworfenen Bereich befindlichen Kalifeldspäte bei einer (tektonisch veranlaßten) Lösungsinvasion durch ihren partiellen Abbau Alkalien, außerdem K_2O, und Al_2O, zur Verfügung stellen. Diese Stoffe werden in die Umgebung transportiert und vergrößern dort, wo sie auf verfügbare Kieselsäure treffen, *den Bereich der Neubildung von Feldspäten*. Man kann als sicher annehmen, daß sich dieser Vorgang wiederholt. Es entstehen schließlich an K_2O und Al_2O_3 verarmte, an Quarz angereicherte Gesteine, welche ihrerseits SiO_2-Material an die Umgebung abgeben können. Damit würden also bei längerer Dauer der umformenden Einflüsse mehrere verschieden alte Quarzbildungen auftreten, die für manche Vorkommen bereits nachgewiesen wurden (Abb. 169, Plagioklasgneis Holstensborg). Auch in den mikropegmatitischen und granophyrischen Gesteinstypen — wie in normalen Granitgesteinen und Granitisationsprodukten — wurden solche verschieden alte Quarzbildungen angetroffen. Die erforderlichen Spezialuntersuchungen darüber fehlen noch.

Die zyklische Natur der metamorphen und reometamorphen Vorgänge, ist jedenfalls gesteinsgenetisch von größter Bedeutung. Es ist zu erwarten, daß sie mit Hilfe der granitischen Reaktionsgefüge auf Grund der Altersbeziehungen der Kornarten weiter aufgeklärt werden können.

4. Vergleichung der schriftgranitischen mit der myrmekitischen Kristallisation.

Die Feststellung periodisch auftretender, zyklischer Metasomatosen und Verdrängungsvorgänge verlangt, alle derartigen das Gesteinsgefüge gestaltenden Erscheinungen in einen entwicklungsgeschichtlichen Zusammenhang zu bringen und insbesondere die verschiedenen Arten der Reaktionsgefüge zueinander in Beziehung zu setzen, ihre Bildungszeiten und -bereiche gegeneinander abzugrenzen und auf möglicherweise vorhandene Kausalbeziehungen zu prüfen.

Dazu ist zunächst eine Gegenüberstellung der Eigenschaften myrmekitischer und schriftgranitischer Kristallisation nötig.

Die auf S. 156 gebrachte Abb. 147 (Aplit, Saatschule Kirnecktal, Elsaß) ist für diesen Zweck besonders geeignet. Sie zeigt das Altersverhältnis zwischen Plagioklas, Myrmekit, Kalifeldspat, Perthit und Schriftquarz, sowie die Unterschiede in den Erscheinungsformen. Drei Merkmale sind als besonders charakteristisch auf die Myrmekitbildung beschränkt: 1. Die Beziehung der Quarzstengel zu der Plagioklas-Kalifeldspat Grenze. 2. Die sekundäre Natur dieser Grenzfläche, welche durch Korrosionsvorgänge ihre heutige Form erhielt und 3. der völlige Mangel irgend welcher ebenen Begrenzung der Quarzstengel, sei es durch echte oder Pseudoflächen.

Demgegenüber ist die Quarzkornbildung des Schriftgranits im allgemeinen äußerlich unabhängiger. Sie tritt in großen, zum Teil geradlinig begrenzten Kornarten auf, die frei von erkennbarem Einfluß irgendwelcher Strukturflächen, aber in bestimmter Verteilung (Abb. 152) und deutlicher Beziehung zu Kristallrichtungen und Gitterbau den Wirtkristall durchziehen. Der Plagioklaseinschluß, auf den sie treffen, bietet kein Hindernis. Er wird in derselben Weise korrodiert und die Korrosionsröhren mit Quarz ausgefüllt, wie der Kalifeldspat. Im Hinblick auf die Bildung schriftgranitischer Formen verhalten sich also Plagioklas und Kalifeldspat gleich (vgl. Abb. 112, welche für Plagioklase wie Kalifeldspäte die gleiche Schriftquarzverwachsung zeigt). Gerät daher ein Feldspatgefüge unter die Bedingungen metasomatischer Reaktionsbereitschaft einer schriftgranitischen Bildungsperiode, so entstehen in Kalifeldspäten *und* Plagioklasen übereinstimmende oder wenigstens generell ähnliche Formen.

Wenn man dagegen an den Plagioklasrändern einer Korngemeinschaft Quarzstengelbildung beobachtet, so ist, auch ohne Auffindung derart eindeutiger Verbandsverhältnisse wie in Abb. 147 der Schluß gerechtfertigt, daß man sich in der myrmekitischen Reaktionsperiode befindet, welche der Schriftquarzbildung in gleicher Weise zeitlich vorausgeht wie die Plagioklaskornbildung eines granitischen Gefüges der Kalifeldspatkristallisation.

Jeder Feldspatkornbildung folgt demnach — spätestens zu Beginn der neuen Kornkristallisation — ein eigener metasomatischer Reaktionsvorgang, der zur Bildung von Korrosionsgefügen führt oder nicht führt, je nach dem Zustand der vorhandenen Restlösungen. Beim Plagioklas scheint der zum Ablauf metasomatischer Reaktionen notwendige Zustand der Lösung fast unmittelbar vor dem Erscheinen der Kalifeldspatkomponente erreicht zu werden. Die Plagioklase werden zwar randlich korrodiert und ausgelaugt, sie enthalten auch oftmals reichlich Quarzstengel; diese stehen aber immer in Beziehung zu der durch die vorausgegangene Reaktion durchaus veränderten Begrenzungsfläche und sind im wesentlichen senkrecht zu ihr angeordnet unter Bildung einer weitverzweigten Intergranulare mit großer warziger Oberfläche. Dabei ist es — im Gegensatz zum Schriftgranit — besonders charakteristisch, daß alle diese Reaktionen *überwiegend* auf die Außenzonen der Plagioklase beschränkt sind und auch häufig nur einzelne Flächen oder Teilzonen befallen. Gleichmäßige Durchwachsungen des Feldspatinnern mit Quarzstengeln, wie sie beim Schriftquarz der Kalifeldspäte verbreitet sind, kommen ganz selten vor. Ebenso charakteristisch ist das Fehlen von Übergangsbildungen zwischen der Myrmekitstruktur und einem ähnlichen granophyrartigen Typus, wie sie beim Schriftgranit auftreten. Dem Myrmekit der normalen Granit-Plagioklase mangelt das Äquivalent der mikrogranitischen oder Granophyrstruktur des Kalifeldspates durchaus;

ebenfalls selten finden sich Myrmekitvorkommen, bei denen die Quarzstengel auf Spaltbarkeitsflächen liegen, oder Korngrenzen benutzen. Übergänge des Myrmekitquarzes in normale Quarzkornstrukturen, wie es bei mikropegmatitischer Struktur häufig der Fall ist (Abb. 164), sind bisher überhaupt nicht beobachtet worden, wie ja auch der Zerfall der Myrmekit-Quarzstengel in ein Kleinkorn-Quarzaggregat, das beim Schriftquarz nicht allzu selten ist, niemals vorkommt. Damit scheint auch zusammenzuhängen, daß beim Myrmekit niemals Überschußquarz festzustellen ist. Aller Quarz, der *in der Zeit der Stengelbildung* im Gefüge entsteht, bleibt auf die Stengel beschränkt, und hat kein gleichaltriges Äquivalent in den Kornarten außerhalb der Plagioklase. — Dies war ja auch der Grund, weshalb man geneigt ist, die SiO_2 der Stengel aus dem zugehörigen Plagioklas — bzw. dessen zerstörten Randschichten — abzuleiten, im Gegensatz zum Schriftgranit, bei welchem einmal die SiO_2-Bilanz eine Zufuhr verlangt, und dem außerdem häufig eine jüngere Quarzkornbildung im Gefüge folgt oder mit ihm durch mikro-pegmatitische oder granophyrische Strukturformen verbunden ist.

Ein weiterer wichtiger Unterschied betrifft die vorhandene oder fehlende Abhängigkeit von der Bildung einer anderen Kornart des Gefüges. Der Myrmekit entsteht nur in Verbindung mit Kalifeldspat. Demnach müssen kurz vor der Kristallisation des letzteren innerhalb des Plagioklasgefüges Lösungen zirkulieren, gegen welche dieses nicht mehr bestandfähig ist. — Ob die bloße CaO-Freiheit dieser Lösungen bei Kaliüberschuß genügt oder noch andere Veränderungen notwendig sind, ist einstweilen nicht zu entscheiden; auch die Beschaffenheit der Korngrenzflächen mit ihrer Intergranularfüllung, von denen die Resorptionen ihren Ausgang nahmen, können eine ausschlaggebende Rolle gespielt haben, die aber wegen der völligen Zerstörung des ursprünglichen Zustandes nicht mehr nachzuprüfen ist. — Eine solche Abhängigkeit von den Bildungsvorgängen einer anderen Kornart besteht beim Schriftgranit nicht. Es ist die Frage, ob sich hierin nicht ein tiefgreifender Unterschied zwischen den Bildungsarten der beiden Feldspatreaktionsgefüge dokumentiert, dem durch den Ausdruck „Ein- und Zweikorngefüge" zunächst rein beschreibend Rechnung zu tragen ist. Dieser Unterschied verliert jedoch seine Schärfe, wenn es sich zeigen sollte, daß die abbauenden Lösungen überwiegend „leere" Lösungen sind, welche an neuen Stoffen außer höchstens SiO_2 nichts hinzubringen, sondern nur auf Grund ihres physikalischen Zustandes z. B. höheren Gasgehaltes, Tief-Raum-Korrosionen[1] im Feldspatinnern und anschließend auf den Korngrenzen des Gefüges mit folgender oder gleichzeitiger Quarzausfüllung hervorrufen. In diesem Fall könnte für die Myrmekitgenese die Einwirkung einer ähnlich gearteten Lösung angenommen werden, welche als Vorläufer der kalifeldspatbringenden Lösungen zunächst korrodierend einsetzt und, ihre Stofführung nach und nach verstärkend, im gleichen Maße ihre Resorptionsfähigkeit verringernd, die neue Kornart der Kalifeldspäte im Gefüge erzeugt.

Daß es sich bei den in Frage stehenden metamorphen Vorgängen um Lösungsschübe stofflich und physikalisch wechselnder Aktivität handelt, kann auch aus den Gefügebildern geschlossen werden, die ein korrodiertes und anschließend „gefeldspatetes" *Quarz*gefüge bietet.

---

[1] Im Gegensatz zum flächenhaften Angriff auf der Außenhaut der Kristalle.

V. Die Feldspatisierung des Quarzes und die Entstehung granophyrischer Strukturen.

Bei allen bisher besprochenen Reaktionsgefügen — mit Ausnahme derjenigen der Fremdeinsprenglinge in Gängen — war Quarz jünger als Feldspat. Das ließ sich durch Einzelbeobachtungen — Korrosion von Primäreinschlüssen, Benutzung von Vorzeichnungen usw. — in jedem Falle sicher erweisen. Diese Feststellung galt für echten Schriftgranit wie für granophyrische Abarten.

Aber schon bei der Besprechung der Korrosionsphänomene der Quarz-Fremdeinschlüsse in Lamprophyren zeigte es sich, daß Strukturformen von typisch granophyrischem Gepräge durch Korrosion eingeschlossener Fremdquarze und Ausfüllung der Korrosionskanäle durch Chlorit oder Grundmassebestandteile gebildet werden können.

Gerät ein Paragestein mit größeren Quarzkörnern unter die Bedingungen hydrothermaler Metamorphose, so können bei einsetzender Feldspatisierung diese Primärquarze in einer Weise korrodiert und umgestaltet werden, daß die so entstandenen Strukturarten bis in alle Einzelheiten den durch spätere Quarzzufuhr gebildeten, bereits besprochenen Formen gleichen. Die Ähnlichkeit kann bis zu völliger Ununterscheidbarkeit gehen. Die Abwesenheit von Primäreinschlüssen im Quarz — die ja im Falle von primären

Abb. 183. Großes, granitisches Quarzkorn wird längs Sprüngen, aber auch ohne erkennbaren mechanischen Anlaß, von Kalifeldspatsubstanz infiltriert. Andlaugranit, Vogesen. Vergr. 23mal.

Quarzkornarten gar nicht zu erwarten ist — kann als rein negatives Merkmal nicht entscheidend sein, desgl. das Fehlen der Quarzausfüllung von Spaltflächen im benachbarten Kalifeldspat. Dasselbe gilt von fast allen bei der Altersbestimmung von Quarz bisher angewendeten Verfahren.

Es gibt jedoch ein Merkmal, das mit ausreichender Sicherheit zur Bestimmung des Alters der auftretenden Quarzkornarten benutzt werden kann: die Zerlegung eines Kornes, welches sich damit als Primärkorn erweist, in Einzelbruchstücke ± gleicher Raumlage mit korrespondierenden Grenzen, *verbunden mit Übergang* eines oder mehrerer der entstandenen Teilstücke in Quarzstengel granophyrischen Charakters. Als Füllmasse kommen in diesem Fall Feldspäte in Frage, wie es umgekehrt bei den bisher betrachteten Typen der Quarz war. Man kann diesen Verhältnissen in der Bezeichnungsweise gerecht werden, indem man die durch den Ablauf der gefügebildenden Reaktion — also später — entstandene Kornart in der Wortzusammenstellung voransetzt und einen ,,Quarzgranophyr'' von einem ,,Feldspatgranophyr'' unterscheidet. Die bisherige Erfahrung ist, daß die letztere Strukturform seltener auftritt, in Übereinstimmung mit der wohl richtigen Annahme, daß einmal die zur Metamorphosierung von quarzreichen Gesteinen benötigten K_2O und Al_2O_3-Mengen nicht überall zur Verfügung stehen, wenn aber einmal vorhanden, zur granophyrischen Korrosion der Quarze noch zusätzlich besondere *ptx*-Bedingungen und geeignete Intergranularzustände

vorliegen müssen. Beide Voraussetzungen zusammen sind aber nur selten verwirklicht. Da wir seinerzeit bei der Erklärung der Quarzherkunft im Schrift-

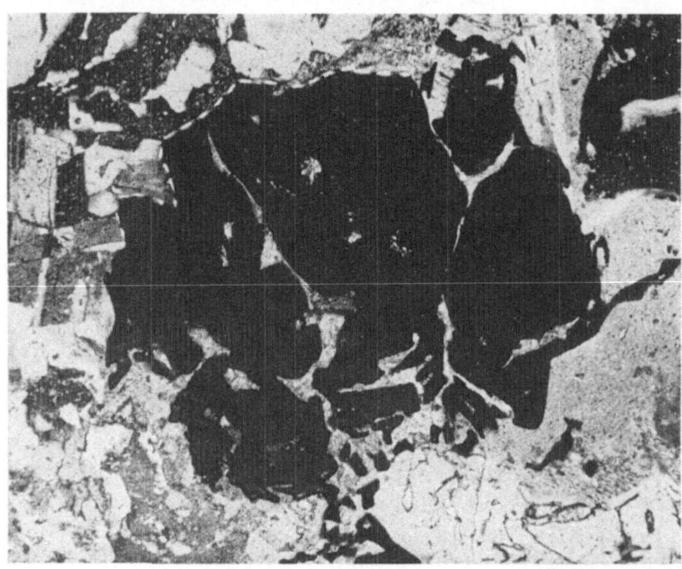

Abb. 184. Großes zersprungenes Quarzkorn (schwarz) wird von jüngerem Kalifeldspat infiltriert. Die Bruch-
stücke des Quarzes können schriftquarzähnliche Formen annehmen. Mit anderen Worten: Internes ,,Quarz-in-
Feldspat-Gefüge'' täuscht internes ,,Feldspat-in-Quarz-Gefüge'' vor. Granit, Kulm-Konglomerat, Edersee.
Vergr. 48mal.

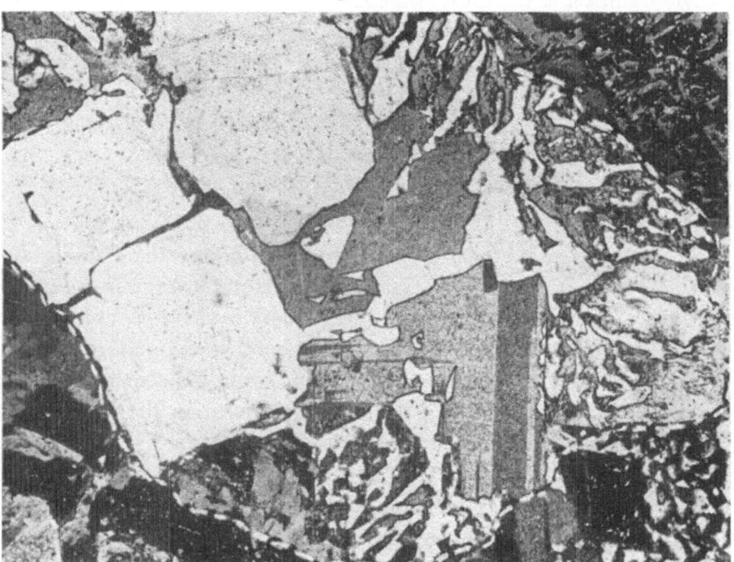

Abb. 185. Wie Abb. 189. Die Einzelteile des Quarzkornes sind stärker gegeneinander versetzt, zum Teil
bestehen noch Quarzbruchstücke zwischen den Teilkörnern. Die Aufteilung ist lokal sehr weit geführt. Die
hierbei entstandenen Quarzstengel gleichen normalen schriftgranitischen Formen. Die Raumlage der Quarzbruchstücke ist im allgemeinen nur wenig verändert. Granit, Kulm-Konglomerat, Edersee. Vergr. 48mal.

granit die benötigte SiO_2 aus dem korrodierten und abgebauten Feldspatmaterial herleiteten, so dürfte es auch im vorliegenden Fall zutreffend sein,

die zum Aufbau des Feldspates benötigte SiO_2 aus den korrodierten Quarzkornarten abzuleiten, deren Reste im neugebildeten Feldspat liegen. Die Annahme
der Zufuhr einer wesentlichen SiO_2-Menge in das von der Metamorphose erfaßte Gebiet ist in diesem Falle unnötig.

Beispiele für diese Verhältnisse geben die Abb. 183—187, welche mehrere
Korrosionsformen der in Feldspatgrundmasse liegenden Quarz-Großkörner
zeigen. Die resorbierenden und abbauenden Wirkungen der Lösungen sind dabei,
wie die unterschiedlichen, zum Teil schriftgranit- oder granophyrartigen Verwachsungen erkennen lassen, deutlich ungleichartig. So gibt Abb. 183 die Verhältnisse eines großen Quarzkornes im
Andlaugranit, Elsaß, wieder, welches sowohl auf schmalen, nur durch geringe
Resorption erweiterten Rissen infiltriert
wird, — also Benutzung vorhandener mechanischer Trennungsflächen — außerdem
aber keulenartig erweiterte Infiltrations-
buchten enthält. Diese liegen charakteristischerweise häufig an Stellen des Kristalls, die keine mechanische Beeinflussung
irgendwelcher Art erkennen lassen. Auch
Abb. 184 zeigt ein großes Quarzkorn,
welches in mehrere Anteile mit korrespon-
dierendem Grenzverlauf zersprungen, unleugbare Ähnlichkeit mit Porphyrquarzen
aufweist. Das Hauptkorn ist in Stücke
zerfallen, die größtenteils noch die gleiche
optische Orientierung haben. Die Zerlegung längs Sprüngen und deren Ausfüllung durch Feldspatsubstanz ist für
diese Körner aber nicht die einzige Art der

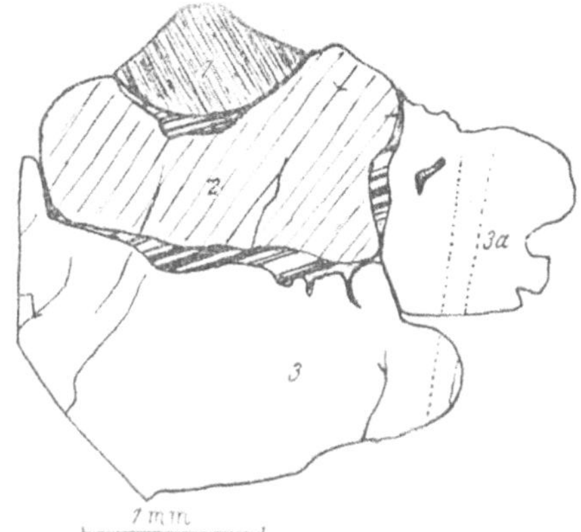

Abb. 186. Die Teilkörner 1, 2 und 3 haben gegeneinander verschiedene Orientierung, 3a dieselbe
wie 3. Die Porenzüge zwischen 3 und 3a sind
durchgehend, ebenso zwischen 3 und 2, trotz
etwas abgeänderter Orientierung. — Die Schraf-
fen bezeichnen die verschiedenen Helligkeitsver-
hältnisse der Teilkörner. Die Risse zwischen den
Teilkörnern sind mit einheitlicher Feldspatmasse
angefüllt. Granit aus Kulm-Konglomerat,
Edersee (Waldeck).

Beeinflussung. Größere Teile des Quarzkornes fallen einer weitgehenden Korrosion
zum Opfer, welche die einzelnen Bruchstücke in ein unzusammenhängendes Haufwerk meist lanzettförmiger und scharfkantig gewinkelter, großer und kleiner
Körner aufteilt, die ebenfalls *fast immer gleiche optische Orientierung* haben. Dabei
zeigt sich, daß keineswegs nur eine fortschreitende Korngrößenverkleinerung der
abgesprungenen Teile oder im ganzen eine Auflösung nach Art mancher Porphyrquarze eintritt, sondern daß ein septenartiger Abbau vorgenommen wird, der
Formen von überraschender Ähnlichkeit mit normalem Mikropegmatit ergibt.
Der Beweis, daß es sich auch in den Gebieten granophyrartiger Struktur tatsächlich um *Lösungsformen* handelt, läßt sich, abgesehen von der Oberflächen-
konturierung, einmal durch die gleiche Orientierung des Lamellengefüges zu der
Hauptmasse des Kristalls, sodann durch den häufigen Zusammenhang der
lanzettförmigen Quarze mit dem Hauptkorn (Abb. 185) führen. Schließlich
spricht die Auffindung von Porenzügen, welche mehrere voneinander getrennte
Teilkörner noch in der gleichen Richtung durchsetzen (Abb. 186), oder im weitgehend aufgelösten Haufwerk eines ehemaligen Großkornes in gleicher Orientierung — mitunter in kleinsten Auflösungsresten — noch zu erkennen sind, mit

Wahrscheinlichkeit für den ehemaligen Zusammenhang aller derartigen Korn-reste (Abb. 187).

Es ergibt sich also aus diesen Beobachtungen mit genügender Sicherheit, daß ältere Quarzgefüge von jüngeren Kalifeldspatbildungen weitgehend korro-diert werden können unter Ausbildung von Strukturformen, die sich äußerlich fast in nichts von typischer Mikropegmatitstruktur mit *jüngerem* Quarz unter-scheiden. Es kann sogar hierbei schließlich zur Bildung massiger Quarzkorn-formen kommen, welche — bei ähnlichen Auslöschungslagen der Teilindividuen — eine ehemalige Zusammengehörigkeit zu einem einheitlichen Quarz - Großkorn gerade noch erkennen lassen.

Werden daher im Anschluß an diese Vorgänge durch saure Lö-sungen in den entstandenen Kali-feldspäten erneut echte Schrift-quarzstengel erzeugt, so kann es im einzelnen zu schwer deutbaren Formen kommen, besonders, wenn die Teilstücke des Großkornes in-folge stärkster Korrosion keinen übereinstimmenden Grenzverlauf mehr zeigen oder überhaupt zu einem unzusammenhängenden Lamellenwerk geworden sind. Hier kann zur Festlegung des Quarzalters unter Umständen das Verhalten zu Primäreinschlüssen weiterhelfen. Wie schwierig in manchen Fällen die sichere Unter-scheidung der beiden möglichen Granophyrarten werden kann, ist aus den folgenden Beispielen ersichtlich.

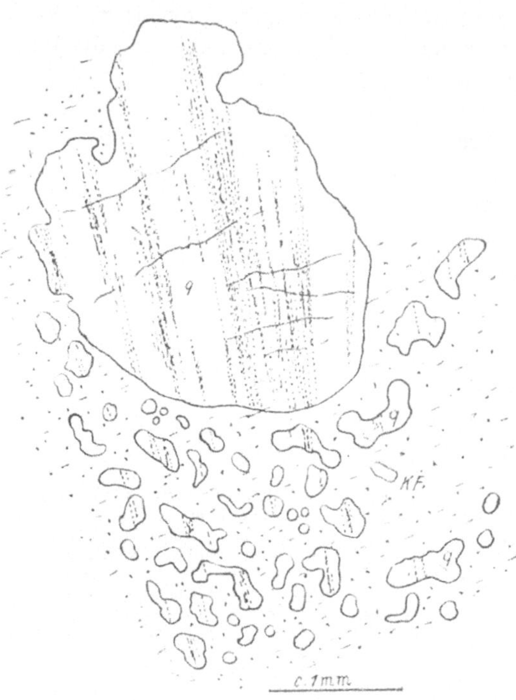

Abb. 187. Abbaureste eines großen Quarzkornes liegen stark korrodiert in jüngerem Kalifeldspat. Die Porenzüge des Hauptkornes durchsetzen in gleicher Ausbildung und Rich-tung die optisch völlig gleichartigen Restkörner. Aus dem Verlauf der Porenzüge ist der ehemalige Zusammenhang der Restkörner mit dem Hauptkorn zu ersehen. Granit vom Schloßberg in Waldeck. Sammlung STÖCKE.

Zunächst einmal ist es durchaus sicher, daß wie Abb. 156—158 zeigte, die Bildung granophyrischen Quarzes von mechanischen Grenzen, Scherflächen, Zerrüttungszonen usw. ausgeht und daß von derartigen Schwächezonen als Ba-sis Infiltrationen in die benachbarten Großkörner (zum Teil mit wachsender Korngröße in Richtung der sich vorverlegenden Infiltrationsfront) erfolgt. Besonders Abb. 156 läßt die Korrelation von Infiltration und kataklastischen Bruchzonen im Korngefüge mit aller Deutlichkeit erkennen.

Daneben aber finden sich Vorkommen, bei denen eine klare Entscheidung einstweilen noch nicht möglich ist, da auf kleinstem Bereich (im extremen Fall innerhalb eines Dünnschliffes) sich anscheinend widersprechende Beobachtungen zu machen sind. So wird man bei dem Granit von Herzhausen (Abb. 188) wohl sicher die zentralen Großkörner als zu einem ehemaligen einheitlichen Korn

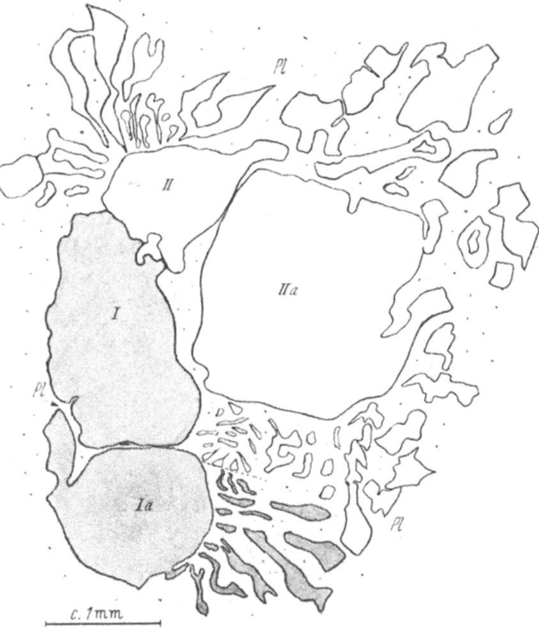

Abb. 188. Großquarzkorn erscheint in mehrere Teilstücke zerlegt, deren Grenzkonturen noch miteinander korrespondieren. — Teilstück I und II haben verschiedene Orientierung, während I und Ia, II und IIa in der Auslöschung völlig übereinstimmen. — Die flammenartigen granophyrischen Kornarten in der Umgebung der Großkörner löschen scharf zusammen mit dem zugehörigen Hauptkorn aus. Die Füllmasse zwischen den Quarzkörnern besteht aus Plagioklas. Granit, Herzhausen, Waldeck. Blatt Fürstenberg. Sammlung STÖCKE.

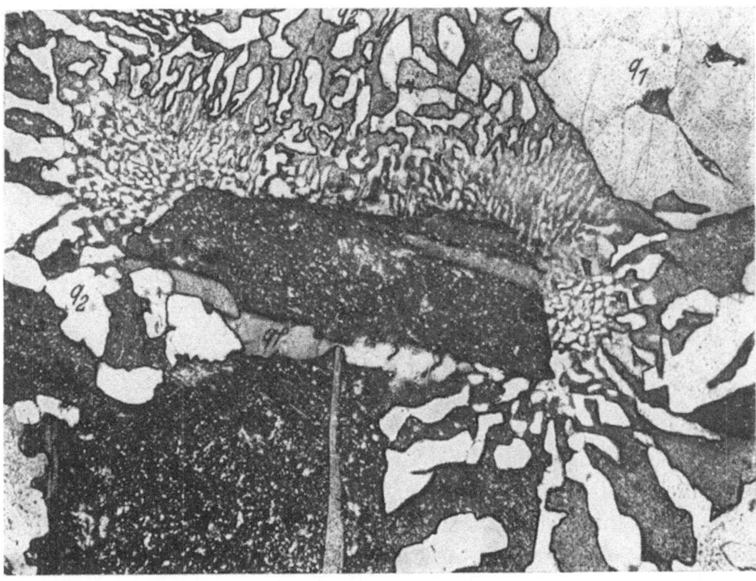

Abb. 189. Granophyrische Füllung in der äußeren Zone eines serizitisierten Plagioklases (q_2). Das Quarzkorn in der Ecke rechts oben (q_1) zeigt zwar innen und außen starke Korrosionsspuren und ein scharfkantiges, lanzettförmiges Septum in Auflösung begriffen, steht aber in keinem genetischen Zusammenhang mit den Quarzstengeln des Granophyrs. Eine Spaltfläche des Plagioklases enthält abweichend orientierte Quarzfüllung (Bildmitte). Granit, Herzhausen, Waldeck. Sammlung STÖCKE.

gehörig betrachten und auch die peripheren, granophyrischen Kornarten auf Grund ihrer scharf übereinstimmenden Orientierung als Teilstücke des früheren Großkorns ansehen. Aber schon der nächste Kornverband (Abb. 189) ruft berechtigte Zweifel hervor, da das Quarz-Großkorn q_1 in der rechten oberen Ecke zwar stark korrodiert ist, aber keinerlei Beziehung zu den granophyrischen Quarzstengeln q_2 der Grundmasse erkennen läßt. Diese erscheinen vielmehr wieder von Unstetigkeitsflächen ausgehend in eine bereits vorhandene Feldspatmatrix infiltrativ einzuwachsen. Diese Ansicht erhält besondere Stütze durch die Beob-

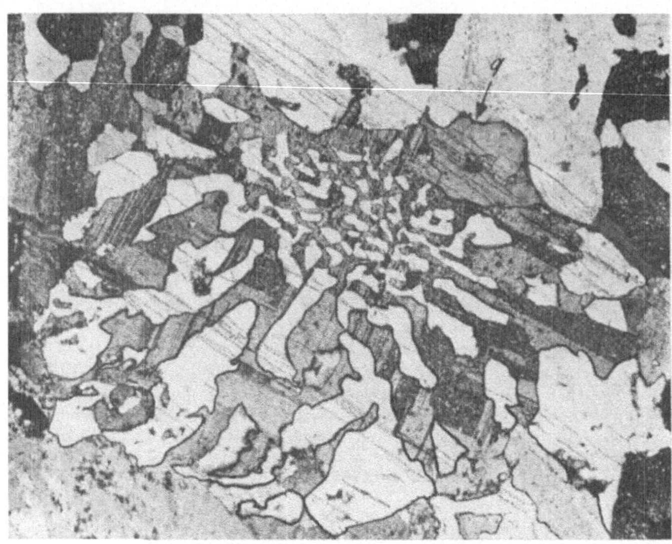

Abb. 190. Plagioklas- und Quarz-Großkorn in gegenseitiger Durchdringung und jeweils einheitlicher Orientierung der Teilkörner. — Deutungsmöglichkeiten: 1. Infiltration eines Plagioklas-Großkornes von einem Zentrum aus. Größenzunahme von innen nach außen. Kugelförmige, zentrale Blastetrix. Daher gleiche Orientierung der gewachsenen Quarzstengel. (Internes ,,Feldspat-in-Quarz-Gefüge".) 2. Auflösung und Verdrängung eines primären Quarz-Großkornes durch Plagioklas. (Internes ,,Quarz-in-Feldspat-Gefüge".) Zu beachten für die genetische Deutung sind die völlig einheitlich verlaufenden Porenzüge der Quarzkörner, sowie das einzige, abweichend orientierte Quarzkorn bei q, das ebenfalls gleichsinnig verlaufende Porenzüge enthält. — Primäreinschlüsse zur Altersfeststellung fehlen in beiden Kornarten! Granit, Herzhausen, Blatt Fürstenberg. Sammlung STÖCKE. Vergr. 48mal.

achtung, daß von der rechten unteren Ecke des mittleren Kristalls sich nach links eine Quarzpartie zieht, die als typische Füllung einer vorgegebenen Spalte erscheint und sich sehr eindeutig aus dem radialstrahlig struierten Quarzkorn-Mosaik der rechten Ecke herausentwickelt.

   Auch die Abb. 190 vom gleichen Vorkommen bringt noch keine klare Entscheidung. Zwar ist eine gewisse Abhängigkeit der Quarze von Spaltflächen unverkennbar, und auch die Form der Stengel wie ihre augenscheinliche Beziehung zu einem Infiltrationszentrum zeigt Übereinstimmung zu echten quarzgranophyrischen Bildungen. Dagegen aber steht die offensichtliche Zugehörigkeit der — gleich orientierten — Quarzstengel zu dem oberen Quarzkorn, als dessen Bruchstücke sie aufgefaßt werden können, vor allem aber das Verhalten der Porenzüge, die mit großer Einheitlichkeit alle Quarzkörner in der gleichen Richtung durchziehen. Da sich in mehreren voneinander getrennt wachsenden Infiltrationsquarzen wohl kaum gleich orientierte Scharen von untereinander subparallelen Porenflächen bilden können, erscheint die Annahme, daß alle derartigen Quarze zu einem ehemals einheitlichen Großkorn gehörten, am wahrscheinlichsten zu sein.

Es gibt also Grenzfälle, bei denen noch nicht mit Sicherheit bestimmt werden kann, ob Quarz oder Feldspat die jüngere Kornart ist. Hierzu gehört auch das bereits früher (1942, 2) beschriebene Beispiel aus dem Granit des Kulmkonglomerates vom Edersee. Zwar ist die Abb. 162 gar nicht anders zu deuten, als daß Turmalin (rechts) und Plagioklas (Mitte) korrodiert und vom wachsenden Quarz eingehüllt wurden. Andererseits aber enthält nach neueren Untersuchungen das Gestein zum Teil grobe Quarze, die den besprochenen Primärquarzen mit ihrer knauerartigen Beschaffenheit und Zerteilung in mehrere zusammengehörige Bruchstücke weitgehend gleichen. Nach allem scheint beim augenblicklichen Stand der Beobachtungen die Annahme nicht abwegig zu sein, daß beide Strukturformen nebeneinander vorkommen können derart, daß durch die Korrosion der Primärquarze genügende Mengen an Kieselsäure verfügbar werden, um bei Fortdauer der Metamorphose nunmehr die inzwischen gebildeten Feldspäte zu infiltrieren.

Eine wirklich eindeutige Zuordnung derartiger Grenzfälle wird erst dann möglich sein, wenn neue Beobachtungsergebnisse insbesondere über die Beziehung von Quarz und Feldspat zu altersmäßig datierbaren Kornarten auch aus anderen Gebieten vorliegen.

B. Die Kristalloblastese und ihre Beziehung zu Reaktionsgefügen.

Überschaut man rückblickend die an den Reaktionsgefügen des Plagioklases und Kalifeldspates gemachten Beobachtungen und die daraus in den vorigen Kapiteln gezogenen Schlußfolgerungen, so wird man immer wieder auf die nachkristalline Tätigkeit metasomatisch wirksamer Lösungen hingewiesen, welche den bereits vorhandenen Bestand fertiger Kristalle in charakteristischer Weise verändern.

Zu der solcher Art gegebenen Lösung mit ihrer Wanderungsbereitschaft muß als weitere wesentliche Bedingung für das Zustandekommen von Reaktionsgefügen eine als Ausgangsbasis geeignete *Intergranularfläche*, außerdem aber eine irgendwie geartete, erkennbare oder nicht erkennbare Durchlässigkeit des Kristallgitters gegenüber den angreifenden Lösungen hinzukommen.

Da es bei dem heutigen Stand unserer Kenntnis durchaus nicht klar ist, ob dem Zustand des Gefüges und seiner Intergranularen, den Gitterverhältnissen der betroffenen Einzelkristalle, den *ptx*-Bedingungen der Lösung, oder vielmehr allen drei Faktoren gemeinsam die entscheidende Wirkung zuzusprechen ist, sollen im folgenden zu Vergleichszwecken weitere wichtige silikatmetasomatische Gefügeänderungen besprochen werden, bei denen 1. durch Lösungen veranlaßte Austauschvorgänge eine Rolle spielen (wobei der Stoffwechsel des Austausches quantitativ erfaßt werden kann), und welche 2. in nähere Beziehung zur Reaktionsgefügebildung gebracht werden können. Die Existenz solcher Vorgänge wird für die genetische Deutung der Feldspat-

Reaktionsgefüge wichtig sein, da mit der Auffindung vergleichbarer Prozesse die Einheitlichkeit des genetischen Ablaufs im gesamten Gesteinsgeschehen anschaulich wird.

Hierher gehörige Beispiele der Wirksamkeit von Lösungen sind im Gebiet der Kristalloblastese zu finden. Daher sollen in den folgenden Abschnitten bestimmte Eigenschaften des kristalloblastischen Wachstums im Hinblick auf Beziehungen zu Reaktionsgefügen besprochen werden.

Es gibt zwei beschreibend betrachtbare charakteristische Grenzfälle sekundären Kornwachstums in einem Gefüge: die Kristalloblastese und die Bildung eines Rekristallisationspflasters. Sie unterscheiden sich im Regelungsgrad kleiner Teilbereiche, in der Oberflächenentwicklung, im Energieinhalt, vor allem aber in der Entstehungsweise, indem die kristalloblastische Kornart aus dem Gefügebereich unter Verdrängung von dessen Korngemeinschaft als *völlig neue Kristallart* mit zumeist abweichendem Chemismus entwickelt wird, während das Rekristallisationsgefüge aus der Umlagerung von unter Deformationsspannung stehenden Gitterbereichen in unverspannte größere oder kleinere Kornkomplexe, aber von *der gleichen Art,* wie das Ausgangsgefüge, hervorgeht. Sie stimmen überein in der nach der primären Gefügebildung einsetzenden postkinetischen Bildungsperiode, d. h. sie wachsen im Innern eines bereits fertigen Gefüges, stellen also eine sekundäre Um- und Weiterbildung eines stationär gewordenen kristallinen Zustandes dar.

Während aber beim Rekristallisationspflaster die Entstehungsursache (mechanische Deformation *und* nachfolgende Temperaturerhöhung) sowie der Zweck seiner Bildung (Spannungsausgleich durch Zerfall eines verspannten, einheitlichen Kristallgitters in verschieden orientierte spannungsfreie Teilbereiche und damit Verringerung des Energieinhaltes des Systems) durchaus bekannt ist, lassen sich die zur Kristalloblastese notwendigen Bedingungen noch nicht klar übersehen. Insbesondere fehlt die sichere Kenntnis darüber, ob mechanische Deformationen den Gefügebereich an der Stelle später gewachsener Kristalloblasten getroffen haben, und wie weit solche Deformationen — unter Umständen auch gerichtete Pressung eines Starrgefüges — an geeigneten Kleinbereichen der Grundmasse Löslichkeitsänderungen der Gefügekornarten hervorbrachten. Ebensowenig läßt sich der Zeitpunkt des Beginns der Kristalloblastenbildung mit ausreichender Genauigkeit feststellen; es ist durchaus möglich, daß die Kristalloblastese in engem Anschluß an die Gefügebildung des Grundgewebes eintritt, so daß ein unmittelbarer Übergang von normaler ± gleichkörniger Gefügeformung zu kristalloblastischer Struktur entsteht.

I. Die Raumfrage des wachsenden Kristalls.—Chemische Umformung des Korngefüges.

Um hier jeden Zweifel ausschließende Beobachtungsbedingungen zu haben, muß man die Verhältnisse von Gesteinen betrachten, welche sowohl in ursprünglichem wie später blastisch verändertem Zustand zugänglich sind. Im Granit eingeschlossene Reste von Paragesteinen sind hierfür besonders brauchbar. Man kann in solchen Fällen das blastische Wachstum jüngerer Kornarten, vor allem der Feldspäte, in Einzelheiten gut verfolgen. Hierdurch wird man in den

Stand gesetzt, über die Platznahme der neugebildeten Kristallarten Anhaltspunkte zu gewinnen. Da bereits im ursprünglichen Gestein eine mit Ausnahme
des Porenvolumens der Intergranulare und ihres Inhaltes den Raum völlig aus-
füllende Korngemeinschaft vorhanden war und Hohlräume fehlten, kann *der
Platz für später kristallisierende Kornarten nur durch Aufzehrung der vorhandenen
Gefügekörner, an deren Stelle sich die neue Kornart bildete, gewonnen werden.* Dieser
Schluß ist bindend; fraglich ist nur, was mit dem abgebauten Material der primären Kornarten geschieht, ob und wieweit dasselbe zum Aufbau des neuen
Kristalloblasten verwendet oder in toto abgeführt und durch neue Substanz von
außen her ersetzt wird. In vielen Fällen läßt sich diese Frage mit Hilfe stark
korrodierter Reste der alten Korngemeinschaften im Innern des Kristalloblasten
und ihrem Mengenverhältnis zu den Kornarten des Grundgewebes beantworten.
Die Verhältnisse des Stoffaustausches bei der Bildung von Reaktionsgefügen
und Kristalloblasten dürften prinzipiell ähnlich sein; man könnte sogar bestimmte
Reaktionsgefüge als einen Sonderfall „endoleptonischer" — metasomatischer —
Kristalloblastese betrachten.

Während bei den Reaktionsgefügen die metasomatischen Vorgänge durchaus statisch
vor sich gehen, braucht das bei der Kristalloblastenbildung keineswegs immer der Fall zu
sein. Man wird sogar häufiger mit einer Blastese unter Deformation des fraglichen Gesteinsbereichs rechnen müssen, da z. B. für das blastische Wachstum eines metamorphen Schiefers,
der mit Lösungen sparsamer versorgt wird als im Granit eingebettete Einschlüsse und Schollen,
eine durch parakristalline Deformation verstärkte Wegsamkeit notwendig erscheint. Trotzdem soll im folgenden besonders auf solche Beispiele zurückgegriffen werden, bei denen die
Blastese im wesentlichen unter statischen Verhältnissen erfolgte, also vornehmlich in Einschlüssen granitischer Gesteine oder bei postkinetischer Kristallisation eines Gneiskomplexes.
Die mit einer solchen Blastese verbundene oder ihr unmittelbar folgende Bildung eines
Reaktionsgefüges ist wohl in allen Fällen auf statischem Wege vor sich gegangen.

Es gibt zahlreiche Beispiele, bei denen wir aus strukturellen Gründen die
spätere Bildung kristalloblastischer Kornarten in einem bereits fertigen Gefüge
annehmen müssen. Ihr geringeres Alter sowie ihr Wachstum auf Kosten älterer
Gefügegenossen steht fest. Das letztere wurde mit Sicherheit bisher nur für die
Reaktionsgefüge angenommen, während das Kristalloblastenwachstum nach
der herrschenden Meinung wohl fast immer im wesentlichen als unter Zufuhr
erfolgt angesehen wurde.

Ob und wie weit über die Neuzufuhr gelöster Substanz bei der Kristalloblastese
bindende Aussagen gemacht werden können, soll im folgenden untersucht
werden. Ein schlüssiger Beweis ist vielleicht in der Zukunft möglich, wenn es
gelingen sollte, Vorkommen aufzufinden, wo von einem bestimmten und einheitlichen Liefergebiet — etwa einem Granit — ausgehend, in verschiedenen
Nebengesteinsarten die gleichen oder andere, vom Charakter dieses Nebengesteins abhängige, Kristalloblasten auftreten. Die bisher beobachtete Kalifeldspatblastese scheint mehr für ersteres zu sprechen.

Keine sicheren Vorstellungen haben wir — was schon in der Einleitung zu
diesem Kapitel erwähnt wurde — über die Gründe, welche zur Kristalloblastenbildung in einem bestimmten Bereich geführt haben und über den Weg,
der zur Beweisführung eingeschlagen werden muß. W. SCHMIDT (1934, *2*) meint,
daß die Bildung von Porphyroblasten in mechanisch besonders beanspruchten
Teilbereichen des Gefüges auf Scherflächen oder Schnittgeraden mehrerer

Scherflächenscharen erfolge. H. BACKLUND läßt Holoblasten durch inhomogene Druckverteilung im Gefüge entstehen, ein sicherlich fruchtbarer Gedanke. Die Festlegung der *örtlichen* Bedingungen der Kristalloblastese, also die Beantwortung der Frage, weshalb sich der Kristalloblast gerade an dem von ihm eingenommenen Ort gebildet habe, ist aber beim derzeitigen Stande unserer Einsicht nur in wenigen Sonderfällen möglich.

Vielleicht läßt sich aber durch die Betrachtung der Stoffbilanzierung zwischen Gefüge und Kristalloblast weiterkommen, denn die Frage nach den eingetretenen Stoffverschiebungen in einem Gefüge ist wesentlich sicherer zu beantworten als diejenige nach den Gründen für das kristalloblastische Wachstum. Rein stofflich-materialmäßig betrachtet könnte die Platznahme der neuen Kornart auf folgenden beiden Wegen erzielt werden: 1. Der dem Rauminhalt des Kristalloblasten entsprechende Grundgewebsbereich kann völlig entfernt und das zum Neuaufbau des ersteren benötigte Material von außen — d. h. aus dem Porenvolumen des umgebenden Gesteinsbereichs — zugeführt worden sein. 2. Das zum Aufbau des Kristalloblasten erforderliche Material kann den umgelagerten Grundgewebskornarten ganz oder teilweise unter Zuführung noch fehlender Stoffmengen entstammen.

Man kann nun rein rechnerisch durch Vergleichung des Stoffbestandes von Grundgewebe und gewachsenem Kristalloblast wahrscheinlich machen, ob die zum Aufbau des Kristalloblasten nötigen Stoffmengen durch Umlagerung der Grundgewebskomponenten oder allein durch Zufuhr von außen erklärt werden können.

Hierzu sollen zwei Beispiele natürlicher Gesteine mit einfachem Mineralbestand dienen. Es sind metamorphe, hornfelsartige Quarz-Biotit-Gesteine, welche durch Kristalloblastese stark umgeformt wurden. Die Blastese erzeugte in dem einen Gestein Kalifeldspäte, im anderen Plagioklase als Neubildung. Zur Beantwortung der Frage nach dem wirklichen Ablauf der Reaktionen soll 1. auf völlige Wegführung des Grundgewebsmaterials im Bereich des Kristalloblasten, 2. auf Umbau der vorhandenen Grundgewebskornarten zu einem einheitlichen Großkristall geprüft werden.

Für 1. ergeben sich folgende Erwägungen. Zusammensetzung des Ausgangsgesteins (stark vereinfacht): 40% Quarz, 25% Biotit, 25% Oligoklas. — Ersetzt man diese Kornarten in dem vom Kristalloblasten eingenommenen Bereich durch Kalifeldspat, so erhält man folgende Zahlenwerte:

Tabelle 1.

	SiO_2	Al_2O_3	Fe_2O_3	FeO	MgO	CaO	Na_2O	K_2O	H_2O
40% Quarz	40,0								
35% Biotit	14,3	5,1	1,3	5,9	4,0			3,3	1,1
25% Oligoklas	15,5	6,0				1,3	2,2		
= 100% Grundmasse (abgeführt)	69,8	11,1	1,3	5,9	4,0	1,3	2,2	3,3	
Dafür im gleichen Bereich 100% Kalifeldspat zugeführt	64,8	18,3						16,9	

Es sind demnach in dem vom Kristalloblasten eingenommenen Bereich 40% Quarz, 35% Biotit und 25% Oligoklas verschwunden und dafür 100%

Kalifeldspat neu zugeführt worden. Damit aber laufen zwei Vorgänge, bei denen großenteils die gleichen Stoffe in Zu- und Abführung verwendet werden, gleichzeitig nebeneinander her, woraus der Schluß zu ziehen ist, daß sich der Vorgang kaum in dieser Form abgespielt haben dürfte. Es ist nämlich durchaus nicht einzusehen, weshalb z. B. die zum Aufbau des Kristalloblasten benötigte Kieselsäure, die ja durch die Auflösung der Grundgewebskornarten im Überschuß (5%) zur Verfügung steht, *nicht* benutzt, sondern weggeführt und dafür fast die gleiche Menge fremder Kieselsäure *neu* hinzugebracht wurde. Man wird sich umsonst nach Transportwegen im Gestein umsehen, auf denen derartige Stoffmengen gleichartiger Ionen getrennt voneinander über größere Entfernungen hin und her transportiert werden können[1].

Daß der Kristalloblast sehr wahrscheinlich Grundmassematerial zu seinem Aufbau verwendet hat, geht aus folgendem hervor: 1. Der Kristalloblast befindet sich an der Stelle, an welcher sich früher Grundgewebe befand. 2. Hohlräume, in welche Kristalloblasten hineinwachsen konnten, waren nicht vorhanden. 3. Der Kristalloblast umschließt häufig größere Mengen von Grundmassekornarten, deren Einzelkörner zum Teil stark korrodiert sind und an Größe verloren haben. Daß Bestandteile dieser Kornarten in den neuentstandenen Kristalloblast eingebaut und nicht weggeführt wurden, zeigen Feinkorn-Restbestände und „Lösungswolken", die mitunter an Stellen, wo ehemals Grundgewebseinschlüsse lagen, im Kristalloblasten sichtbar werden (Abb. 202, 203).

Diese Beobachtungen, welche im Einklang mit dem Fall 2 auf eine Mitverwendung des aus dem Grundgewebe mobilisierten Materials beim Aufbau des Kristalloblasten schließen lassen, werden durch die folgenden Zahlenwerte (Tabelle 2 und 3) unterstützt.

Bei der Berechnung waren folgende Erwägungen maßgebend. Alle chemischen Bestandteile, welche sowohl in den Kornarten des Grundgewebes wie in den entstehenden Kristalloblasten vorkommen, werden als am Ort geblieben angesehen. Bestandteile, welche in der Grundmasse in größerer Menge vorhanden sind als im Kristalloblasten, werden aus dem Raum der Kristalloblastenbildung als *abgeführt* (—), Bestandteile, welche im Grundgewebe nicht vorhanden, zur Kristalloblastenbildung aber benötigt sind, als *zugeführt* (+) angesehen. Die Vergleichung erfolgt auf der Grundlage der Mol-Prozente.

Aus den hierbei erhaltenen Zahlen ergibt sich, daß bei der Kalifeldspatbildung 81,3% der Grundgewebsbestandteile am Ort geblieben sind und zum Aufbau des Kristalloblasten verwandt wurden. Weiterhin waren zur Feldspatbildung notwendig, aber nicht vorhanden — und mußten infolgedessen zugeführt werden — 18,7%, wofür die entsprechenden Mengen nicht verwendbarer Bestandteile — Fe und Mg aus Biotit, Ca und Na aus Plagioklas — entfernt wurden.

---

[1] Bei im Granit eingesunkenen Nebengesteinsschollen und der Kürze der Transportwege ist die eben erwähnte radikale Wegführung der Grundgewebskornarten vielleicht doch nicht völlig auszuschließen. Man findet häufig, daß Schollen verschiedenen Ausgangsmaterials unterschiedslos die normalen Feldspäte des Massivgranits zeigen. Diese werden anscheinend durch den gleichen Wachstumsvorgang in Einschlüssen durchaus abweichenden Ausgangsmaterials übereinstimmend erzeugt, ein Umstand, der unter anderem die Intensität der die mineralfazielle Gleichartigkeit erzwingenden Vorgänge beweist.

Vergleicht man schließlich die Gesamtbilanz der *leichtlöslichen* mit derjenigen der *schwerlöslichen* Bestandteile, so zeigt diese ein Überwiegen der ersteren um rund 3%. Bei der Kristalloblastese herrscht also im Endeffekt eine Vermehrung

Tabelle 2. *Plagioklas-Kristalloblast im Grundgewebe.*

	SiO_2	Al_2O_3	Fe_2O_3	FeO	MgO	CaO	Na_2O	K_2O	H_2O
100% Plagioklas (28% An)									
in Gew.-%	61,53	24,30				5,68	8,49		
Mol-Quotienten	1025	238				101	137		
in Mol.-%	**68,3**	**15,9**				**6,7**	**9,1**		
100% Grundgewebe[1] in Gew.-%									
davon: 40% Quarz . .	40,0								
20% Biotit[2] . .	8,2	3,4	1,0	2,9	2,3			1,6	0,6
40% Plagioklas[2]	24,0	10,1				2,8	3,1		
(34% An)									
Grundgewebe, Gesamtbestand									
in Gew.-%	72,2	13 5	1,0	2 9	2,3	2,8	3,1	1,6	0,6
Mol.-Quotienten . . .	1202	132	6	41	57	50	50	17	33
in Mol.-%	**75,7**	**8,3**	**0,4**	**2,6**	**3,6**	**3,1**	**3,1**	**1,1**	**2,1**
Differenz Plagioklas gegen Grundgewebe									
in Mol.-%	**—7,4**	**+7,6**	**—0,4**	**—2,6**	**—3,6**	**+3,6**	**+6,0**	**—1,1**	**—2,1**

			Leichtlösliche Bestandteile ($CaO \cdot Na_2O \cdot K_2O$)	Schwerlösliche Bestandteile ($SiO_2 \cdot Al_2O_3 \cdot Fe_2O_3 \cdot FeO \cdot MgO$)
Vom Stoffbestand des Grundgewebes am Ort der Kristalloblastenbildung geblieben und im Plagioklas *eingebaut*	SiO_2 Al_2O_3 CaO Na_2O	68,3 8,3 3,1 3,1		
		82,8		
Zur Plagioklasbildung nötig und *zugeführt* (da nicht im Grundgewebe enthalten)	Al_2O_3 CaO Na_2O	7,6 3,6 6,0	3,6 6,0 } 9,6	7,6
		17,2		
Dafür Grundgewebsbestandteile aus dem Raum der Plagioklasbildung *abgeführt*	SiO_2 Fe_2O_3 FeO MgO K O H_2O	7,4 0,4 2,6 3,6 1,1 2,1	1,1 2,1 } 3,2	7,4 0,4 2,6 3,6 } 14,0
		17,2	+6,4	—6,4

[1] Bei dieser Berechnung ist zu berücksichtigen, daß die Raumerfüllung von Grundgewebe und Kristalloblast bei Annahme gleich großer Bereiche nicht völlig übereinstimmt, da die Raumerfüllung des Grundgewebes um das Porenvolum — bei unausgefüllter Intergranulare — kleiner sein muß, als diejenige des Kristalloblasten.

[2] Zur Berechnung des Biotit- und Plagioklasanteils verwendete Analysen:

	SiO_2	Al_2O_3	Fe_2O_3	FeO	MgO	CaO	Na_2O	K_2O	H_2O
Biotit . . .	41,1	16,8	5,1	14,7	11,3	—	—	8,1	2,9
Plagioklas .	60,0	25,4				6,9	7,8		

der leichtlöslichen Komponenten vor auf Kosten der schwerlöslichen Bestandteile. (Die Plagioklas-Kristalloblasten erfordern in dem gewählten Beispiel
[Tabelle 2] die nicht unbeträchtliche Zufuhr von rund 6,5% an leichtlöslichen
Komponenten.) Wenn auch die Gesamtverschiebung an Material nicht sehr erheblich ist, da jedesmal über 80% des vorhandenen Stoffbestandes in der neu-
entstehenden blastischen Kristallart untergebracht werden kann, so deutet
gerade das Überwiegen der leichtlöslichen Komponenten in der Endbilanz auf
hydrothermale Einflüsse bei der Metamorphose, welche den Stoffbestand des

Tabelle 3. *Kalifeldspat-Kristalloblast im Grundgewebe.*

	SiO_2	Al_2O_3	Fe_2O_3	FeO	MgO	CaO	Na_2O	K_2O	H_2O
100% Kalifeldspat									
in Gew.-%	64,8	18,3						16,9	
Mol.-Quotienten	1079	180						180	
in Mol.-%	**75,0**	**12,5**						**12,5**	
100% Grundgewebe in Gew.-%									
davon: 40% Quarz	40,0								
35% Biotit	14,3	5,1	1,3	5,9	4,0			3,3	1,1
25% Plagioklas (26% An)	15,5	6,0				1,3	2,2		
Grundgewebe, Gesamtbestand									
in Gew.-%	69,8	11,1	1,3	5,9	4,0	1,3	2,2	3,3	1,1
Mol.-Quotienten	1162	109	8	82	99	23	36	35	61
in Mol.-%	**72,3**	**6,8**	**0,5**	**5,1**	**5,7**	**1,4**	**2,2**	**2,2**	**3,8**
Differenz Kalifeldspat gegen Grundgewebe									
in Mol.-%	**+2,7***|	**+5,7**	**—0,5**	**—5,1**	**—5,7**	**—1,4**	**—2,2**	**+10,3**	**—3,8**

			Leichtlösliche Bestandteile ($CaO \cdot Na_2O \cdot K_2O$)	Schwerlösliche Bestandteile ($SiO_2 \cdot Al_2O_3 \cdot Fe_2O_3 \cdot FeO \cdot MgO$)
Vom Stoffbestand des Grundgewebes am Ort der Kristalloblastenbildung geblieben und im Kalifeldspat *eingebaut*	SiO_2 Al_2O_3 K_2O	72,3 6,8 2,2		
		81,3		
Zur Kalifeldspatbildung benötigt und *zugeführt*	SiO_2 Al_2O_3 K_2O	2,7 5,7 10,3	10,3	2,7 5,7 $\}$ 8,4
		18,7		
Dafür Grundgewebsbestandteile aus dem Raum der Kalifeldspatbildung *abgeführt*	Fe_2O_3 FeO MgO CaO Na_2O H_2O	0,5 5,1 5,7 1,4 2,2 3,8	1,4 2,2 $\}$ 7,4 3,8	0,5 5,1 $\}$ 11,3 5,7
		18,7	+2,9	—2,9

* Zugeführte oder abgeführte Bestandteile in Tabelle 2 und 3 erhalten Plus- oder Minus-
zeichen.

ursprünglichen Materials durch die Abfuhr schwerlöslicher Anteile dem Eruptiv-gesteins-Chemismus annähert.

Betrachten wir nun nach den mitgeteilten überschlägigen Rechnungen die verschiedenen Möglichkeiten die für die Platznahme der Kristalloblasten im Gefüge in Betracht kommen.

1. Der Kristalloblast wächst gewissermaßen als Einzelfall eines rekristalli-sierten Kornes durch Aufzehrung des unter Spannung stehenden Gefügebe-reiches, hierdurch dessen Energieinhalt verringernd (Sonderfall der Rekristalli-sation, Umlagerung des vorhandenen Stoffbestandes, keine Zufuhr). Es bleibt die Art der Beanspruchung zu erklären sowie die regelmäßige Verteilung der „Spannungsfelder" im Grundgewebe.

2. In dem unter Spannung stehenden Bereich — im „Spannungsfeld" — ist die Löslichkeit der vorhandenen Korngemeinschaft größer als in dem an-grenzenden spannungsfreien Gefüge mit geringerem Energieinhalt. In diesem Gebiet können daher die Kornarten abgebaut und metasomatisch unter Stoff-zufuhr durch einen einheitlichen Großkristall ersetzt werden.

Die unter Fall 1 und 2 geschilderten Möglichkeiten verlangen für das kristallo-blastische Wachstum ebenso wie Rekristallisationsgefüge das Vorhandensein von Spannungsfeldern, welche in Deformationsvorgängen irgendwelcher Art begründet sind. Demgegenüber steht als weitere Möglichkeit:

3. Die Kristalloblastenbildung ist *nicht* vom Deformationszustand der Einzelbereiche abhängig, sondern geht auf eine von außen eingedrungene, das Porenvolumen des Gesteinsgefüges erfüllende Lösung höherer Temperatur und deren Einwirkung auf das vorgefundene Gefüge in strenger Abhängigkeit von der Wegsamkeit zurück.

Der Vorgang nach Fall 3 kann folgendermaßen gedeutet werden. Der neuent-stehende Kristalloblast enthält — wie soeben wahrscheinlich gemacht wurde — wesentliche Mengen des Stoffbestandes der Grundgewebskornarten. Ein Teil dieses Materials wurde also von der eingedrungenen Lösung — welche ihrerseits wichtige Stoffe mitbringt — durch Auflösung der Grundmassekomponenten mobilisiert. Er kann bei sinkender Temperatur an geeigneten Stellen des Gefüges wieder aus-gefällt werden. Der mittlere Abstand der auf diese Weise entstandenen Kristallo-blasten voneinander kann durchaus glaubhaft dadurch erklärt werden, daß der ionare Gehalt der Lösung bezirksweise, zentrisch, um die Keimpunkte der neu-entstehenden Kristallart herum zu deren Aufbau verbraucht wird. Damit tritt eine vom Keimpunkt radial nach außen abnehmende Verarmung der Lösung ein, bis nach Durchschreiten des verarmten Gebietes wieder ein Bereich einer zu weiterem Kristallwachstum genügenden Konzentration erreicht ist. Der hierdurch bedingte mittlere Abstand der Kristalloblasten steht in direktem Zusammenhang mit der Konzentration der das Porenvolum des Gefüges er-füllenden Lösung. Der ganze Vorgang mit Auflösung und Wiederauskristalli-sation ist einer partiellen *Pseudomorphosierung* des Gefüges zu vergleichen und dürfte als „Lösungs-Fällungs-Ablauf" auch deswegen Wahrscheinlichkeit für sich beanspruchen, weil die Annahme so regelmäßig verteilter Spannungsfelder, wie sie die Beobachtung mittlerer Abstände bei den Kristalloblasten eines Ge-steins ergibt, einstweilen nicht ausreichend begründet werden kann. Haben wir schließlich mit der soeben entwickelten Darstellung der Genese eines Kristalloblasten auf die Annahme von präkristalliner Verformung als entscheidender Grundlage der Blastese im wesentlichen verzichtet, so ist damit *eine klare Abgrenzung gegenüber der Rekristallisation* erreicht, bei welcher die vorhergegangene Deformation die notwendige Bedingung darstellt.

Mit der unter 3. geschilderten Bildungsmöglichkeit soll nicht behauptet werden, daß auf die vorgetragene Weise lösungserfüllte Hohlräume etwa von der Größe der späteren Kristalloblasten entständen. Wie im nächsten Kapitel gezeigt wird, ist es sogar sehr wahrscheinlich, daß keine derartigen Hohlräume vorkommen können, das blastische Wachstum vielmehr in einer relativ schmalen Zone zwischen dem wachsenden Großkorn und dem Grundgewebe stattfindet. Auflösung des Grundgewebes und Neubildung des Kristalloblasten erfolgt Zug um Zug annähernd gleichzeitig. Der Abbau wird eingeleitet von einer vergrößer-

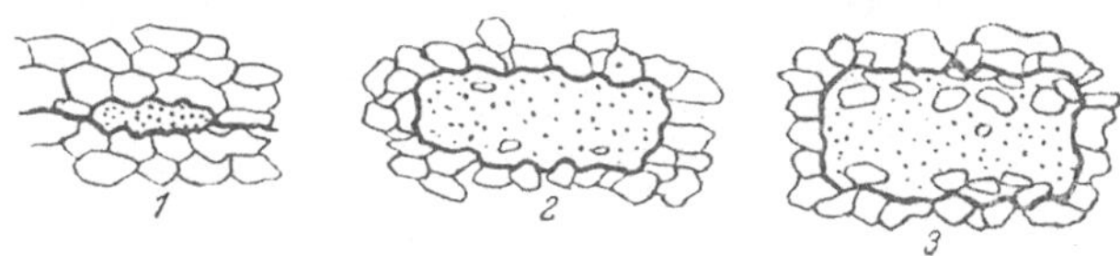

Abb. 191. Wachsende Porphyroblasten im Innern eines Gefüges, schematisch. Das Wachstum erfolgt auf Kosten der vorhandenen Kornarten gleichaktig mit deren Abbau. Die Intergranularen vermitteln den Stoffverkehr. Wahrscheinlicher Vorgang kristalloblastischen Wachstums. — Andere Deutung: Das Wachstum erfolgt in einem lösungserfüllten Bezirk, in welchem die Reste des abgebauten Gefüges erhalten geblieben sind. Die Kristallisation beginnt im Innern und schreitet nach außen fort. Die eingeschlossenen Kornarten werden eingebaut oder nach dem Rande zu angereichert. — Die Füllung muß hohe Viskosität besitzen oder ein ähnliches spezifisches Gewicht wie die eingeschlossenen Kornarten, da diese sonst absinken und am Grunde des Hohlraumes ein „Kristallitensediment" bilden würden, was bisher nie beobachtet wurde. — Hypothetisch.

ten, wegsamen Intergranulare aus, einem *aktiven Teilbereich* (Abb. 191), dessen Dimensionen den ehemaligen Intergranularraum um das Vielfache übertreffen können. Diese Ausdehnung des Teilbereiches, in welchem das kristalloblastische Wachstum erfolgt, läßt sich nachweisen durch die Beobachtung von Ortsveränderungen umschlossener Grundgewebskomponenten in der Außenhaut des Kristalloblasten, welcher diese zu rotieren oder radial zu verschieben (Autokatharsis) vermag, was wiederum nur möglich ist, wenn der jeweils wachsende Teilbereich mindestens die Abmessungen der bewegten Kornarten besitzt.

Die in den folgenden Kapiteln mitgeteilten Beobachtungen werden zeigen, wie weit die besprochenen Hypothesen mit den erkennbaren Vorgängen vereinbar sind. —

Unabhängig davon, ob gemäß Punkt 2 regelmäßig verteilte Spannungsfelder, welche durch sich schneidende Scherflächenscharen, einseitige Pressung eines Starrgefüges usw., zustande kommen, das Wachstum des Kristalloblasten bedingen, oder ob auf Grund der unter 3. geschilderten „Lösungs-Fällungs-Theorie" blastisches Wachstum erfolgt, kann ein Schema für die Energiebilanz aufgestellt werden. Es wird nicht allzu schwer gelingen, die hier gegebene allgemeine Fassung durch Feststellung der reellen Werte der Einzelgrößen in diskutierbare Teilergebnisse zu überführen.

Der Energieinhalt eines Gefügebereichs läßt sich allgemein durch summierbare Teilgrößen ausdrücken. Solche Teilgrößen bestehen unter anderem aus: den Oberflächenenergien Ω der vorhandenen Kornarten[1], den spezifischen Gitterenergien U_{K_1}, U_{K_2}, U_{K_3} usw. nebst

---

[1] ω ist die molare Oberflächenenergie eines Stoffes und als solche $= V^{2/3} \cdot \gamma$, worin V das Mol.-Volumen und γ die Oberflächenspannung darstellt. Die Gesamt-Oberflächenenergie Ω aller Einzelkörner einer Kornart ist daher die molare Oberflächenenergie ω bezogen auf die Oberfläche dieser Kornart, $\Sigma\Omega_{GK}$ also die Oberflächenenergie aller Gefügekörner GK. (Die Oberflächenenergie eines Gefüges mit verschiedenen Kornarten K_1, K_2, K_3 usw. ist dann entsprechend $\Sigma\Omega_{K_1, K_2, K_3 \cdots}$)

den dazugehörigen Massen m_{K_1}, m_{K_2}, m_{K_3} usw. der verschiedenen Kornarten (in Mol.), sowie der Verformungsgröße S dieser Körner [1]. Dazu kommen die gleichen Größen für die Intergranulare, also Oberflächenenergie Ω_J, Gitterenergie U_J [2] Masse m_J und Verformungsgröße S_J.

Formuliert man den Energieinhalt eines Kristalloblasten, welcher den gleichen Raum wie der eben besprochene Gefügebereich einnimmt, so fällt der gesamte Energiebetrag der Intergranulare fort und die Summe der Oberflächenenergie aller Gefügekörner verringert sich zur weit kleineren Oberflächenenergie des einheitlichen Kristalloblasten. Es treten hier nur folgende Teilgrößen auf: Oberflächenenergie Ω_{Kbl}, spezifische Gitterenergie U_{Kbl} und Masse des Kristalloblasten m_{Kbl}.

Als Gleichung geschrieben, erscheint auf der rechten Seite der Energieüberschuß bei der Umwandlung in Form der Wärmetönung W_P.

$$\underbrace{\sum\Omega_{K_1,\,K_2}\ldots \; + \; \sum(U_{K_1,\,K_2}\ldots\cdot m_{K_1,K_2}\ldots) \; + \; \sum S_{K_1,\,K_2}\ldots}_{\text{Primärgefüge}} \; + \; \underbrace{\Omega_J + U_J\cdot m_J + S_J}_{\text{Intergranulare [3]}} =$$

$$\underbrace{\Omega_{Kbl} + U_{Kbl}\cdot m_{Kbl}}_{\text{Kristalloblast}} + \; W_P$$

Dieser Energieüberschuß des Primärgefüges und der Intergranulare über den Kristalloblasten kann sehr hohe Beträge erreichen, besonders wenn stark verspannte Gefüge mit hohen Zug- und Druckbeanspruchungen mit verspannungsfreien Kristalloblasten verglichen werden.

Für die Beurteilung der Art der Raumgewinnung des in einem Gefüge wachsenden Feldspat-Kristalloblasten ergibt sich, daß zwar der Stofftransport aus weiter entfernten Bereichen nicht bedeutend ist, die Umwandlungsvorgänge aber mit ihren zum Teil sehr verwickelten und komplexen Verhältnissen der Teilnahme hydrothermaler Lösungen weitgehend bedürfen. Bei diesen Vorgängen scheinen die Reaktionsgefüge eine bestimmte Entwicklungsstufe darzustellen. Denn damit ein Kristalloblast entsteht, muß ein nicht unbeträchtlicher Teil des Gefüges abgebaut werden, und dieser Abbau erfolgt eben nicht allein durch einfache Auflösung und Korrosion, sondern auch mit Hilfe neuentstehender Reaktionsgefüge. Dafür zeugen die in den Kalifeldspäten als Reste des ehemaligen Gefüges enthaltenen, durch Reaktionsvorgänge oft stark verunstalteten und skelettierten Plagioklase. Diese Periode der Bildung von Reaktionsgefügen geht dem eigentlichen blastischen Wachstum voraus und ist, wie bei dem Zweikorn-Reaktionsgefüge, dem Myrmekit, auch zeitlich äußerst eng mit jenem verbunden [4].

Es wird zwar einstweilen noch nicht gelingen, eine klare Kausalverbindung zwischen Blastese und Reaktionsgefügen aufzufinden, immerhin schärfen die Beobachtungen an blastischen Gefügen und ihren Umwandlungsstufen den Blick für die engen Beziehungen, ja den Zusammenhang beider Erscheinungen. Es

---

[1] S rückläufige Verformung (Zug- und Druckspannungen) der einzelnen Gefügekörner.

[2] Die Gitterenergie U_J gilt für Intergranularen mit kristalliner Füllung. Handelt es sich, wie wohl in der Mehrzahl der Fälle, um amorphe Intergranularfilme, so ist statt der Gitterenergie die Wärmetönung Q_J (als Schmelz- oder Verdampfungsenthalpie) einzusetzen.

[3] K_1, K_2 usw. Kornarten des Primärgefüges; J Intergranulare; Kbl Kristalloblast.

[4] Das schriftgranitische Kristallwachstum bildet dabei keineswegs eine Ausnahme. Denn das metasomatische Wachstum des Quarzes in den Kalifeldspäten kann als ein Sonderfall der Blastese aufgefaßt werden. Ob nämlich Teile des Grundgewebes an einer bestimmten Stelle entfernt werden und dafür eine neue Kristallart entsteht, oder ob in einem einheitlichen Kristall gewisse Bereiche abgebaut und durch die neue Kristallart Quarz mit Hilfe endoleptonischer Blastese ersetzt werden, ist generell durchaus das gleiche.

soll daher in den nächsten Abschnitten an Hand entsprechenden Beobachtungsmaterials eine kurze Übersicht über die Art der Beeinflussung von Gefügekomponenten beim Einbau in Kristalloblasten und die sich daran anschließenden Vorgänge versucht werden.

II. Das Verhalten des wachsenden Kristalloblasten gegen die Kornarten des Grundgewebes.

Die Darlegungen des vorhergehenden Kapitels bedürfen noch weiterer Ausgestaltung, wenn es auch sicher ist, daß alle Aussagen über den eigentlichen

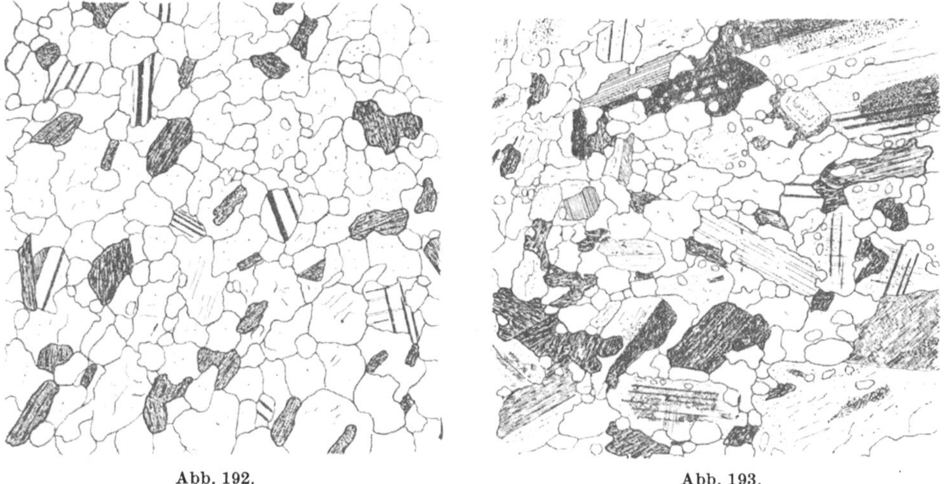

Abb. 192.   Abb. 193.

Abb. 192. Plagioklas-Biotit-Quarzit aus vergneistem Nebengestein des Friedeberger Granits. — Bruch am Steinberg bei Naasdorf, südlich Neiße, Schlesien. Vergr. 32mal.

Abb. 193. Bruchstücke des gleichen Quarzites in jüngerem Granit eingebettet. Blastisches Wachstum granitischer Komponenten im Grundgewebe des Quarzits, dessen Kornarten zwischen den neugebildeten blastischen Gemengteilen noch gut erkennbar sind. Fundort wie Abb. 192.

Vorgang der Platznahme des Kristalloblasten zunächst noch hypothetisch sein müssen.

Ein im Gefüge sprossender Kristalloblast erfordert, wie wir sahen, gleichgültig welche Genese man für ihn in Anspruch nimmt, die Anwesenheit einer Lösung, in der er wächst. Diese Lösung, die das Porenvolum des Grundgewebes erfüllt und sich auf den Intergranularen, soweit sie passierbar sind, bewegt, ist normalerweise nicht im Gleichgewicht mit den bereits vorhandenen älteren Kornarten eines Externgefüges, welche aus einer Lösung anderer Zusammensetzung und Konzentration, wahrscheinlich auch bei geänderten pt-Bedingungen auskristallisierten. Die vorhandenen Grundgewebskornarten sind also gegenüber der neuen Lösung unbeständig und können daher noch vor Erscheinen einer weiteren kristalloblastischen Kornart wieder angegriffen und ganz oder teilweise aufgelöst werden. Andererseits wird die Verdrängung des Grundgewebes auch auf streng metasomatische Weise erfolgen können durch atomaren Platzwechsel Zug um Zug; ja es ist denkbar, daß überhaupt jede irgendwie geartete Blastese in solcher Weise vor sich geht.

Als etwas schematisiertes Beispiel kristalloblastischer Umformung eines vorhandenen Gefüges mögen hier Abb. 192—194 dienen. Sie zeigen den Kornverband eines primären Quarzites, welcher als „Trägergefüge" wirkend, durch die blastische Kristallisation mehrerer Hauptgemengteile zu einem komplexen Sekundärgefüge umgeformt wird. Die Abbildungen lassen mehrere Stufen der Umformung erkennen. —

Es ist für die Beurteilung der Wachstumsvorgänge innerhalb eines Gefüges ebenso schwierig wie bedeutungsvoll, über den Ablauf und das gegenseitige Verhältnis der sich bedingenden Lösungs- und Kristallisationsvorgänge Näheres zu erfahren. Daß von wegsamen, nicht blockierten Intergranularen aus die angrenzenden Körner angegriffen und bis zu einem gewissen Grade gelöst werden können, ist ohne weiteres zuzugeben. Anders wird es indessen, wenn man sich diesen Vorgang weiter fortgeführt denkt. Geht nämlich die Auflösung der Grundgewebskornarten innerhalb des betrachteten Bereiches ohne neuerliche Auskristallisationen weiter, so entsteht mit dem Abbau derselben schließlich ein lösungserfüllter Bezirk, offenbar überall dort, wo später einzelne Kristalloblasten auftreten. Das Gestein müßte danach zu einer bestimmten Zeit aus lösungserfüllten Teilbereichen von der Größe der späteren Kristalloblasten (Abb. 197, Kristallgneis, Fornogebiet) bestanden haben. Das dürfte aber auf Grund folgender Beobach-

Abb. 194. Noch stärker verarbeitete Quarzitbruchstücke im Granit. Das Wachstum der Komponenten des Granits ist auf Kosten des quarzitischen Grundgewebes weiter fortgeschritten. Ehemalige Quarzitbestandteile sind selten, von geringer Größe und oft schwer erkennbar. Fundort wie Abb. 192.

tungen unwahrscheinlich sein. Es gibt wohl in allen Granitmassiven Nebengesteinseinschlüsse von bandartigen Abmessungen, die bei großer Länge eine nur geringe Breitenausdehnung besitzen. Derartige Schollen sind oft ganz erfüllt von großen Kalifeldspäten auch dort, wo sie gebogen, gefaltet oder sonstwie deformiert erscheinen. Wären diese Einschlußbänder von größeren, flüssigkeitserfüllten Teilbereichen durchsetzt gewesen, so wären diese an den Umbiegungs- und Faltungsstellen sichtbar deformiert, ausgequetscht oder sonstwie verändert worden. Die Ausbildung der Kalifeldspäte aber zeigt an diesen Stellen keinerlei Abweichung von der Normalform. Selbst wenn man aber diese Beobachtung nicht für beweisend hält mangels genauer Kenntnis der mechanischen Gesteinsfestigkeiten während der Metamorphose und der zeitlichen Beziehung zwischen Deformation des Bandes und Kristallisation der großen Feldspäte, so bleibt mindestens eine Tatsache übrig, die gegen die Annahme von größeren, *leichtbewegliche* Lösungen enthaltenden Gesteinshohlräumen spricht. Wären nämlich die Orte der späteren Kristalloblasten lösungserfüllte Teilbereiche von vakuolenartigem Charakter gewesen, so müßten sich die übriggebliebenen und nicht abgebauten Grundgewebskornarten, der Schwer-

kraft folgend, am Grunde des Lösungsraumes angesiedelt haben, also heute
an einer Stelle des Kristalloblasten in besonderer Menge angereichert sein.
Derartige Vorkommen sind mir aber trotz aller darauf verwendeten Aufmerksamkeit nie bekannt geworden. Wir müssen daher von der Möglichkeit, größere,
mit leichtbeweglichen Lösungen erfüllte Teilräume in den Gesteinen als Vorläufer blastischen Wachstums im allgemeinen wohl absehen. Andererseits ist
eine Lösungswirkung mit ihren unverkennbaren Korrosionsspuren — häufig
schon zu Beginn der blastischen Periode auf den Grenzflächen der benachbarten
Kornarten feststellbar — nicht zu leugnen.

Man kann daher ohne die Annahme eines irgendwie gearteten Lösungs-
zustandes, d. h. eines Zustandes, welcher einen merklichen Unterschied in der
inneren Reibung zwischen der festen Kristallphase und dem umgebenden Medium
voraussetzt und zur Bildung von kristallonomisch definierten Oberflächen
führt, nicht auskommen. Entscheidend für das Vorhandensein zweier im Visko-
sitätsgrad unterscheidbarer Phasen spricht die Beobachtung, daß der wachsende
Kristalloblast häufig Kornarten des Grundgewebes parallel zu seinen Kristallflächen einbaut und jene zu diesem Zweck oft um namhafte Winkelbeträge
rotieren muß. Solche Rotationen können nicht im festen Zustand vorgenommen
werden. Um den wachsenden Kristalloblasten muß eine, $\pm$ dünne Flüssigkeitsschicht liegen, die ihn von den umgebenden Kornarten des Grundgewebes
trennt. Diese Flüssigkeitsschicht ist der eigentliche Vermittler der metasomatischen Austauschvorgänge; in ihr kann sich der Flächenvorschub des wachsenden Kristalloblasten so auswirken, daß die beobachteten Drehungen der in der
Flüssigkeitsschicht liegenden Grundgewebskomponenten sowie kürzere radiale
Verschiebungen möglich sind.

Nach dieser Anschauung würde also Wachstum und Raumschaffung eines
Kristalloblasten vermittelst der dünnen Flüssigkeitsschicht vor sich gehen,
welche den wachsenden Kristalloblasten von den Grundgewebsarten trennt.
Das Vorhandensein dieser Schicht — sie entspricht der zwischen Kristall und
Lösung liegenden Schicht molekulardisperser Anreicherung des gelösten Stoffes
bei normaler Kristallisation — gibt uns auch zwanglos die Erklärung für das
Verhalten des Kristalloblasten gegen die vorgefundenen Einschlüsse auf Grund
der verschiedenen Benetzbarkeit, unter anderem auch durch die Belegung der
Korngrenzen mit Filmsubstanz von wechselnder Ausbildung. Einbau ins Gitter
oder Hinausschieben der Kristallite nach dem Rande wird (neben der Löslichkeit
des Einschlusses) vom Grade der Benetzbarkeit bei gegebenen ptx-Zuständen der
Lösung sowie untergeordnet von der Kristallisationsgeschwindigkeit des Kristalloblasten abhängen[1]. —

---

[1] Eine wichtige Beobachtung teilte, wie schon auf S. 52 erwähnt, A. MAUCHER aus einem
Syenit-Porphyr von Keban-Maden, Türkei, mit (Abb. 26). Die dort vorkommenden Kalifeldspäte enthalten Plagioklase, die im Kalifeldspatindividuum unter allgemein geringer
Resorption eingebaut, an solchen Stellen aber aufs stärkste angegriffen oder völlig abgebaut erscheinen, wo sie die Zwillingsgrenze überschreitend, in den benachbarten Kali-
feldspatkristall hineinragen.

Dieses Vorkommen ist auch deshalb von Bedeutung, weil hier zwar geregelter Einbau der
Grundmassekörner vorliegt, die großen Feldspäte aber nicht rein blastisch gewachsen sind.
Sie kristallisierten vielmehr zu einer Zeit, wo ein großer Teil der Grundmassekomponenten
schon vorhanden war — besonders die Plagioklase — allgemein jedoch noch kein festes

Wenn man die Existenz größerer, lösungserfüllter Teilbereiche (enthaltend die nicht abgebauten Reste der Grundgewebskornarten) mit Hilfe der vorererwähnten Gründe ausschließen will, so gerät man scheinbar in Widerspruch mit *den* Beobachtungen, welche den Vorgang der randlichen Anreicherung von Grundgewebskomponenten durch den wachsenden Kristalloblasten wahrscheinlich machen. Diese „autokathartischen Anreicherungsgefüge" (s. S. 85) sind in manchen Fällen bestimmt als reell anzusehen, wenn auch ähnliche Formen, welche aber durch den im Zentrum des Kristalloblasten herrschenden stärkeren Abbau des Grundgewebes und nicht durch „Autokatharsis" erzeugt wurden, eine solche randliche Anreicherung vortäuschen können. In letzterem Fall ist die Korngrößenabnahme von der Mitte nach außen (= Einschlußfreiheit im Innern, bei Anreicherung kleiner Korngrößen am Rande) mit der nach außen geringer werdenden lösenden Kraft des Kristalloblasten zu erklären.

Grundsätzlich könnte also eine so starke Anreicherung der Kornarten an den Korngrenzen des wachsenden Kristalloblasten eintreten, daß in diesen Außenzonen die Unterscheidung zwischen echtem Grundgewebe und herangeschobenem Material auf den ersten Blick schwierig wäre. Korrosionszustand, Verband und Orientierung von Intern- und Externgefüge ermöglichen die Zuordnung.

Betrachtet man wiederum den bereits geschilderten Vorgang annähernd gleichzeitigen Abbaues und Wachstums, so ist gerade hier die Möglichkeit der Vortäuschung einer randlichen Anreicherung von Grundgewebsresten gegeben. Nimmt nämlich die Abbaufähigkeit der Lösungen ab, so wird der zunächst noch weiter wachsende Kristalloblast die immer unvollständiger resorbierten Grundgewebskornarten gegen das unangetastete Grundgewebe hin in immer größerer Menge einbauen — d. h. stehenlassen, bis sein weiteres Wachstum an völlig unangegriffenem Grundgewebe zum Stillstand kommt (Abb. 195, *3*; 202/03). (Es wäre denkbar, diesen Vorgang an der nach außen abnehmenden Korrosion der eingeschlossenen Kornarten nachzuweisen.)

Hierbei können die Grundgewebskörner durchaus ihre ehemalige Lage beibehalten; ihre mengenmäßige Abnahme im Kristalloblasten würde dessen verringerter Lösungskraft entsprechen, die ganze Erscheinung aber „autokathartisches" Verhalten des Kristalloblasten vortäuschen. Die Auffindung von (im allgemeinen seltenen) Feinkorn-Restbeständen (Abb. 202) im Innern des Kristalloblasten könnte hier eine Entscheidung bringen, wenn in ihrer Anordnung radiale Bewegungen innerhalb des wachsenden Kristalloblasten zum Ausdruck kommen. —

Daß nun aber überhaupt ein Abbau der Grundgewebsbestandteile erfolgen kann, scheint im wesentlichen auf der hohen Löslichkeit in dem zwischen der Oberfläche des Kristalloblasten und dem Grundgewebe gebildeten Kapillarraum zu beruhen und — die, so ununtersucht sie im einzelnen auch ist — dennoch auf Grund von Beobachtungstatsachen als bedeutend angesehen werden

---

Gefüge vorlag, sondern eine ± viskose Schmelzmasse mit ausgeschiedenen Kornarten, in welcher Verschiebungen und Drehungen der Kristallite ohne weiteres möglich waren. — Die gleiche Regelungsart, diesmal für Biotit findet sich aber auch in einer dunklen Hornfelsscholle des Fornogebietes (Abb. 25). Die gelegentlich geäußerte Meinung, solche Regelungen seien nur auf in echten Schmelzen wachsende Kristalle beschränkt, ist hiernach nicht mehr haltbar.

muß. Wie bereits auf S. 192 ausgeführt wurde, müssen, da die Löslichkeiten in Kapillaren (infolge des geänderten Verhältnisses Lösungsmittel : gelöster Stoff) andere sind als in der freien Lösung, in den Intergranularen eines Gefüges andere Wirkungen angenommen werden, als sie von der gleichen Lösung, etwa innerhalb einer Druse, zu erwarten sind.

Die Konzentration an gelöstem Stoff ist ganz allgemein im Innern einer Lösung eine andere als in ihrer Oberfläche (und den von ihr gefüllten Kapillaren). Man unterscheidet demgemäß Stoffe, welche die Oberflächenspannung von Lösungen

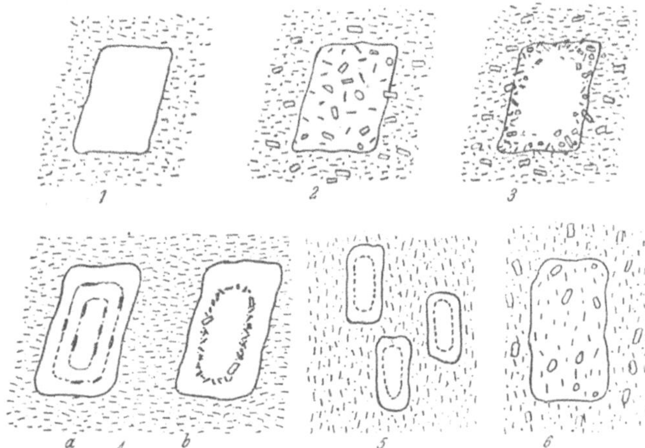

Abb. 195. Einige wichtige kristalloblastische Typen rein statisch gewachsener Feldspäte (statisches Intern-gefüge). *1* Kristalloblastisches Wachstum unter völliger Aufzehrung der primären Gefügekörner. *2* Teilweise Aufzehrung primärer Kornarten; Einbau des verbliebenen Restes unter völliger Desorientierung der ur-sprünglichen Gefügeregel. *3* Einbau der primären Gefügekornarten an den Randteilen des Kristalloblasten.— Es ist zu unterscheiden zwischen autokathartischer Anreicherung und Beschränkung der Aufzehrung auf die Mitte des wachsenden Kristalloblasten; beide völlig verschiedene Vorgänge können zu gleichen Resultaten führen. *4* Lage des Kristalloblasten quer zur Gesteinsschieferung; Einbau nicht aufgelöster Kornarten in Hauptzonen des wachsenden Kristalles, *a* innerhalb der Wachstumszonen geregelt, *b* ungeregelt. *5* Lage des Kristalloblasten parallel zur Gesteinsschieferung. Straffe Regelung! Trotzdem Anordnung der nicht abgebauten Kornarten auf Hauptzonen des wachsenden Kristalls. *6* Wie *5*, aber Beibehaltung der Regelung *si* für die eingebauten Grundgewebskornarten. — Hauptzonen des wachsenden Kristalls bleiben unbelegt.

erhöhen = *kapillarinaktive Stoffe*, und solche, welche sie erniedrigen = *kapillar-aktive Stoffe*. Die ersteren sind in der Grenzschicht in geringerer, die letzteren in höherer Konzentration enthalten, als in der freien Lösung (vgl. G. BAKKER, 1928, *6*). Je nachdem, ob der gelöste Stoff oder auch das Lösungsmittel mit der Kapillarwand reagieren, können kapillaraktive oder -inaktive Stoffe den Abbau der Intergranularwand fördern. Nähere Untersuchungen des Verhaltens von Oberflächenschichten bei höherer Temperatur und Druck fehlen im allgemeinen noch völlig. So bleibt einstweilen nur der Hinweis, daß beim Eindringen von Lösungen die Möglichkeit für den wachsenden Kristalloblasten besteht, mittels der in der Kapillare zwischen seiner eigenen Oberfläche und den Kornarten des Grundgewebes bestehenden erhöhten Löslichkeit die letzteren (zum Teil unter Erzeugung von Reaktionsgefügen) beschleunigt abzubauen.

Daß auf Kapillaren andere Löslichkeitsverhältnisse herrschen als in der freien Lösung (da sich bei merklichem Einfluß der Oberflächenspannung die Gesamtlöslichkeit ändert [VALETON]), wird auch noch durch die Beobachtung gestützt, daß auf gemeinsamen kapillaren Berührungsflächen durcheinander gewachsener Quarz-Drusenkristalle sich häufig zahlreiche Ätzgruben finden, während die eigentlichen, freien Kristallflächen ungeätzt geblieben sind.

Der in einem Grundgewebe vorgegebener Kornarten wachsende Kristalloblast kann nun nicht, wie der in einer freien Lösung entstehende Kristall, den benötigten Raum durch Verschieben gegen die Lösung hin gewinnen, da er gegen die Korngemeinschaft des Grundgewebes wachsen muß. Trotzdem gelingt auch hier in vielen Fällen die Herausbildung einheitlicher Kristallflächen und — besonders bei den Feldspäten — ähnlicher, wenn auch vereinfachter Trachten,

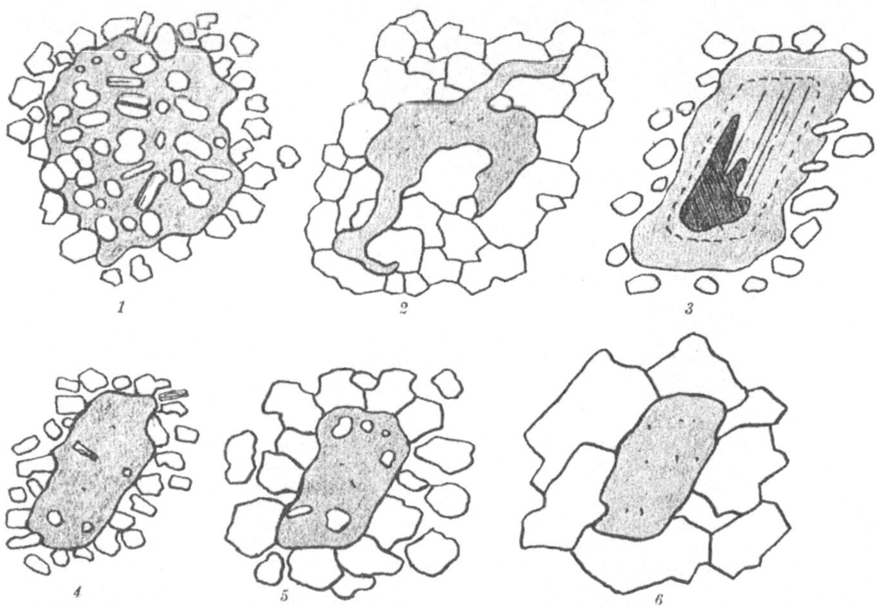

Abb. 196. *1* Der wachsende Kristalloblast erscheint als formlose Zwischenklemmungsmasse mit regellos angeordneten korrodierten Kornarten im Innern. *2* Dünne Filmbildung zwischen den Gefügekörnern. *3* Plagioklas-Kristalloblast mit zwei Wachstumsperioden. Nach der ersten erfolgte starke Resorption — dunkler, gezackter Teil — mit anschließendem erneutem Wachstum. *4—6* Bei diesen drei Beispielen erfolgte kristalloblastisches Wachstum; aber nur bei *4* und *5* ist infolge der Kleinheit des Grundgewebskornes der Kristalloblast mit Sicherheit ohne weiteres von den anderen Kornarten zu unterscheiden.

wie sie aus dem Drusenwachstum bekannt sind. Häufig findet man aber auch eine gestaltlose Zwischenklemmungsmasse (Abb. 196, *1*, 203), in welcher der neue Kristalloblast erscheint. Derartige schlecht oder gar nicht kristallographisch begrenzte Neubildungen sind fast immer stark mit Grundgewebskomponenten erfüllt, als Hinweis auf nahe Übereinstimmung in der Oberflächenspannung zwischen dem Kristalloblasten in seiner Schmelzlösung und den Grundgewebskornarten.

Die Fähigkeit zur Herausbildung eigener kristallographischer Formen tritt also bei den Kristalloblasten in verschiedenem Grade auf. Außer den Feldspäten zeigt innerhalb der granitischen Korngemeinschaft auch der Titanit ein oftmals sehr erfolgreiches Streben nach Idiomorphie gegenüber älteren Gemengteilen, was um so bedeutungsvoller ist, da der Titanit auf Kosten älterer granitischer

Gemengteile rein kristalloblastisch — und zwar zu einem sehr späten Zeitpunkt der Granitgenese wächst[1] (Abb. 201).

Schärfe in der Ausbildung kristallographischer Flächenbegrenzung und Einschlußmenge fremder Kornarten scheinen also in bestimmter gegenseitiger Beziehung zu stehen. Nicht näher bekannt sind dagegen die Gründe für eine allgemeine Abhängigkeit zwischen kristallographischer Ausbildung, und Einregelung der eingeschlossenen Gefügekomponenten. Es hat den Anschein, als ob gute kristallographische Flächenbegrenzung mit einer Einregelung der Kornarten auf den kristallographischen Hauptebenen des Wirtkristalls verbunden ist.

In welchen verschiedenen Formarten der wachsende Kristalloblast die Komponenten des Grundgewebes in sich anordnet, soll an Hand einiger Haupttypen kurz dargestellt werden (Abb. 195, *1—6*).

Der in vielen Graniten und ihren dunklen Einschlüssen häufige Fall, daß ein Kalifeldspat-Kristalloblast fast ganz frei von Einschlüssen im Grundgewebe liegt, zeigt Beispiel 1. Das an der Stelle des heutigen Kristalloblasten ehemals vorhandene Grundmassematerial ist fast vollständig abgebaut worden; nur wenige Reste der resistentesten Kornart sind übriggeblieben. Der Fall, daß alle Kornarten des Grundgewebes verschwunden sind, ist selten und hauptsächlich auf Granite beschränkt.

In der Mehrzahl der Fälle werden die Komponenten des Grundgewebes nicht gleichmäßig, sondern unter „Lösungsauslese" angegriffen. Ein Teil des schwer löslichen Materials bleibt übrig und wird a) unter völliger Desorientierung (*2* und *3*), b) unter Umregelung auf den wachsenden Flächen des Kristalloblasten (*4, 5*), oder unter Beibehaltung der primären Regelung im Gitter des Kristalloblasten angeordnet (*6*).

Die Desorientierung kann verschiedene Grade erreichen, von der „Auflockerung" der vorhandenen Gefügeregel bis zur völligen Aufgabe jeder Ordnung. Die dabei erreichte Verteilung der Kornarten wird sehr unterschiedlich sein: Gleichmäßige Verteilung über das ganze Innere des Kristalloblasten hin bis zur Anreicherung fast aller Komponenten in den Randgebieten (*2, 3*) mit Unterbesetzung des Zentrums. (Da immer ein Teil der Grundgewebskornarten abgebaut ist, können die übrigen am Rande angereichert werden, ohne daß es dort zu einer „überfüllten Packlage" kommt.)

In vollkommenstem Gegensatz zur Desorientierung des Grundgewebes stehen diejenigen Fälle, bei welchen eine Neuordnung einzelner Komponenten nach bestimmten kristallographischen Flächen des einbauenden Wirtkristalls erfolgt. Da es sich hierbei um die zwangsweise Einordnung fremder Kornarten handelt, deren eigene Regelung erst überwunden werden muß, bevor der Einbau auf den Kristallflächen des Wirtes erfolgen kann, ist zur kurzen begrifflichen Kennzeichnung dieser wirkenden Kraft des Kristalloblasten eine spezielle Bezeichnungsweise, etwa der Ausdruck „*krateroblastisch*" („kräftig wachsend") am Platze[2]. Es sind zwei Formen zu unterscheiden: 1. Parallelstellung flächenhafter Kornarten mit der wachsenden Kristallfläche (*4a*). 2. Anreicherung der eingeschlossenen Kornarten in einer elliptischen Zone ohne scharfe Einregelung der Einzelkörner (*4b* und Abb. 197). Es ist bisher noch unaufgeklärt, weshalb im allgemeinen nur wenige mit fremden Kornarten besetzte untereinander parallele Zonen auftreten[3], während doch jede Stelle des wachsenden Kristalloblasten für den Einbau der eingeschlossenen Kornarten gleich geeignet sein müßte[4].

----

[1] Diese Fähigkeit mancher junger blastischer Gefügebestandteile, ihre Form zur Geltung zu bringen, sollte mit einem aktiveren Ausdruck bezeichnet werden, als es der beschreibende Begriff „Idiomorphie" zuwege bringt; ich schlage dafür das Wort *Morphokratie* vor, welches die Fähigkeit oder Stärke betont, die eigene Form durchzusetzen. Demgemäß sind stärker oder schwächer „morphokrate" Minerale zu unterscheiden.

[2] *Κρατερός* stark, kräftig gewalttätig.

[3] An einem Klaifeldspat-Kristalloblasten aus dem Murgtalgranit waren sieben mit Biotit besetzte konzentrische Zonen zu unterscheiden.

[4] Manche hergehörige Vorkommen legen die Vermutung nahe, daß die zonar angeordneten fremden Kornarten nicht aus der Grundmasse entnommen wurden, sondern erst

Jedenfalls geht aus derartigen Beweisen für die Unstetigkeit des Wachstumsvorganges hervor, daß sich die Lösungs- und Konzentrationsverhältnisse im Laufe des Wachstums mehrfach rhythmisch geändert haben müssen.

Noch intensivere Schwankungen innerhalb einer blastischen Periode sind bei den Plagioklasen gewisser Gneisgranite oder in Schollen und schlierenartigen Einlagerungen echter Granite nicht selten zu beobachten. Das Schema dieses Vorganges zeigt Abb. 196, *3*. Ein primärer, stark resorbierter Rest eines Frühplagioklases ist in einer späteren Wachstumsperiode ausgeheilt worden und ebenfalls zonar weitergewachsen. Einzelheiten zeigt die Photographie Abb. 198 auf der es besonders deutlich ist, daß die Korrosion auch hier im wesentlichen mit schlauchartigen Lösungskanälen begann. Der unscharfe Übergang zwischen dem Material des primären Kerns und seiner Umhüllung ist nur möglich, wenn der Kern wenigstens teilweise zum Aufbau der neuen blastischen Phase verwendet wurde. An diesem

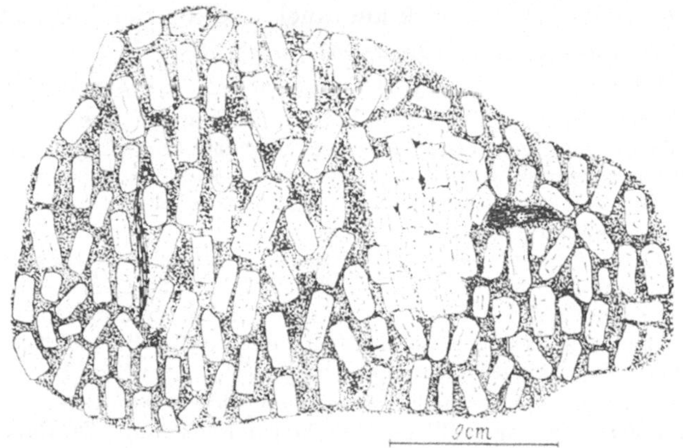

Abb. 197. Infiltrationswachstum von Kalifeldspäten in dunklem, feinkörnigem Hornfels. Die Kristalloblasten bauen die Kornarten des Grundgewebes, vorherrschend Biotit, auf ihren Kristallflächen ein, jedoch nicht wahllos; nur eine, höchstens drei Zonen sind umlaufend mit Biotiten belegt. Kristallgneis, loser Block aus der Moräne des Forno-Gletschers. Ges. M. STORZ 1923.

Beispiel ist der Abbau primärer Kornarten als Raum *und* Material schaffender Vorgang sekundärer Blastese besonders sinnfällig.

Die Orientierung des Kristalloblasten nach Hauptrichtungen des Gefüges scheint bei diesen Vorgängen ohne besondere Bedeutung zu sein. Man findet rhythmische Anreicherungszonen in übereinstimmender Ausbildung in Quer- oder Längskristalloblasten (Abb. 195, *4, 5*). Die Lage der Deformationsebene hat auf den Wachstumsvorgang selbst offenbar keine Einwirkung gehabt. Schicht-Schieferungsflächen, Scherflächenscharen usw. spielen hier nur eine Rolle als Zubringerebenen für Lösungen; ein weiterer Hinweis auf die überwiegend statische Natur des Wachstumsvorganges, welche durch die Belegung kristallographischer Hauptebenen mit Fremdkornarten besonders betont wird.

Es bleibt für die Zukunft noch zu untersuchen, inwieweit der Einbauvorgang der Fremdkornarten eine Unterbrechung oder Verlangsamung des Wachstumes für den Kristalloblasten bedeutet. Einzelbeispiele zeigten, daß die in einem Kristalloblasten eingebauten Biotite einer neuen, jüngeren Generation angehörten, deren Bildung dem Wachstumprozeß des Kristalloblasten eingeschaltet, die — oft mehrmalige — Änderung des Stoffgehaltes der Lösungen während der blastischen Hauptphase bewies. Inwieweit diese jüngere Biotitgeneration mit den Biotiten des eigentlichen Grundgewebes zusammenhängt, ob gleichzeitig mit der Bildung der jüngeren Einbaubiotite in einer Zone des Kristalloblasten auch eine Wachstumsphase der Grundgewebsbiotite mit blastischer Ausgestaltung ihres

---

später, auf dem Wege der Diffusion, in geeignete Gebiete des Wirtes zonar von außen einwanderten. (Abweichende Größe gegenüber den Grundgewebskornarten, Fehlen von Korrosionsspuren usw.) — Weitere Beispiele nachkristalliner, parasitärer Einwanderung fremder Kornarten bilden die Protogine (S. 231), bei welchen als spätere Neubildung in den Plagioklasen Muskovit-Zoisit erscheint.

Gefüges einsetzte, müssen künftige Untersuchungen lehren. Auf jeden Fall sind hier noch wichtige Ergebnisse für die Kenntnis kristalloblastischen Wachstums granitischer Gesteinstypen zu erwarten.

Dieser Art von Wachstum, das sich besonders an Kalifeldspäten vieler Gneis- und Granitmassive findet, steht die Bildung einheitlicher Holoblasten gegenüber, welche nur einen Teil der Grundgewebskornarten abbauten, die übrigen ohne merkliche Lageänderung in sich aufnahmen (Abb. 195, 6). Hier machen sich Wachstumsrhythmen nicht geltend. Beispiele dieser Art liefern die fein-mittelkörnigen Schollen und Nebengesteinsreste mit nur schwach ausgebildeten Strukturflächen, wie sie in allen varistischen Graniten vielfach vorkommen.

Geht bei diesen Wachstumsformen die gute Erkennbarkeit der äußeren Flächenbegrenzung verloren, so entsteht ein Gebilde, welches im Extremfall einer amöboiden, mit

Abb. 198. Plagioklas-Hemiblast mit altem, korrodiertem Kern, der nach der Korrosionsperiode erneut blastisch weitergewachsen ist. Die Korrosion begann auch hier im wesentlichen mit schlauchähnlichen Lösungskanälen. Basische Lösungsschliere im Bergeller Granit, Fornogebiet. Vergr. 42mal.

Grundgewebskomponenten erfüllten Zwischenklemmungsmasse gleicht (Abb. 196, 1). Form, Platznahme im Gefüge und Beziehung zur Orientierung des Grundgewebes zeigen rein statische Verhältnisse an. Solche Formen mit durchaus unregelmäßiger Begrenzung sind keineswegs etwa nur auf kleinkörnige, hornfelsartige (biotit-amphibolitische), zum Teil massige Einlagerungen in granitisch-dioritischen Gesteinen beschränkt, sondern kommen auch in echten Gneisgefügen vor (Abb. 196, 2). Vgl auch hierzu Abb. 9, 10 und 24.

Daß die blastischen Feldspatbildungen besonders bei erheblichen Korngrößenunterschieden gut erkennbar sind, bei übereinstimmenden Dimensionen von Kristalloblast und Grundgewebe aber nicht ins Auge fallen, und sicherlich häufig übersehen werden, möge das Schema Abb. 196, 4—6 zeigen. Außerdem geht daraus hervor, daß aus raumgeometrischen Gründen nur dann die Kristalloblasten Einschlüsse fremder Kornarten in sich aufnehmen können, wenn die letzteren wesentlich kleiner sind als sie. Dabei ist zu berücksichtigen, daß durch Korrosions- und Wiederauflösungsvorgänge eine oftmals sehr starke Kornverkleinerung bewirkt wird. In dem Beispiel Abb. 199 (Gneisband, Naasdorf) beträgt die Korngröße des Grundgewebes $^1/_{10}$—$^1/_{40}$ der Größe der Kristalloblasten. Nähert sich die Korngröße des letzteren derjenigen des Grundgewebes, so kann er verständlicherweise keine Grundgewebskomponenten einschließen, sondern sich nur an ihre Stelle setzen durch Abbau eines Grundgewebskornes oder teilweiser Resorption so viel angrenzender Kornarten, als seiner Masse entspricht. Es wird daher nicht immer leicht sein, in einem solchen Kornverband blastisches Wachstum mit Sicherheit zu erkennen.

15*

Zwischen vollständiger Auflösung einer Kornart und ihrer unberührten Aufnahme im Innern des Kristalloblasten bestehen alle Übergänge. Dabei

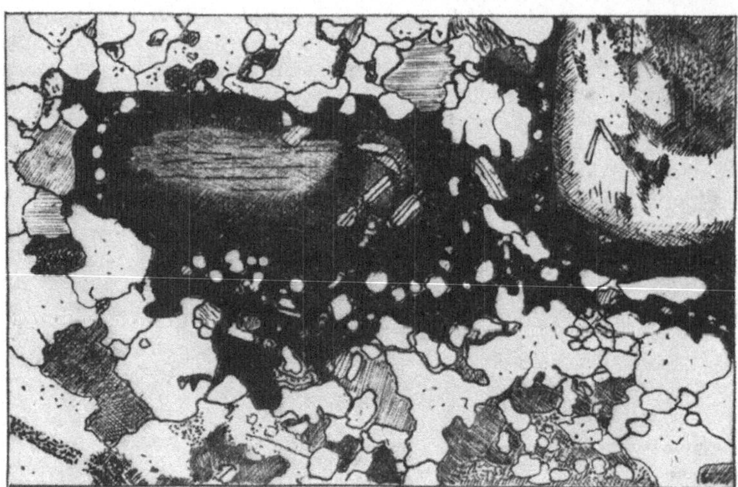

Abb. 199. Plagioklas-Kristalloblasten mit Grundgewebseinschlüssen. (Internes ,,Quarz-in-Feldspat-Gefüge".) Die Quarze im Innern sind bedeutend kleiner als diejenigen des Grundgewebes, randlich korrodiert und schwach zonar angeordnet. Die Korngröße des Grundgewebes beträgt ungefähr $^1/_{10}$ des linken Kristalloblasten. Gneisband im Granit, Steinberg bei Naasdorf (Neiße.)

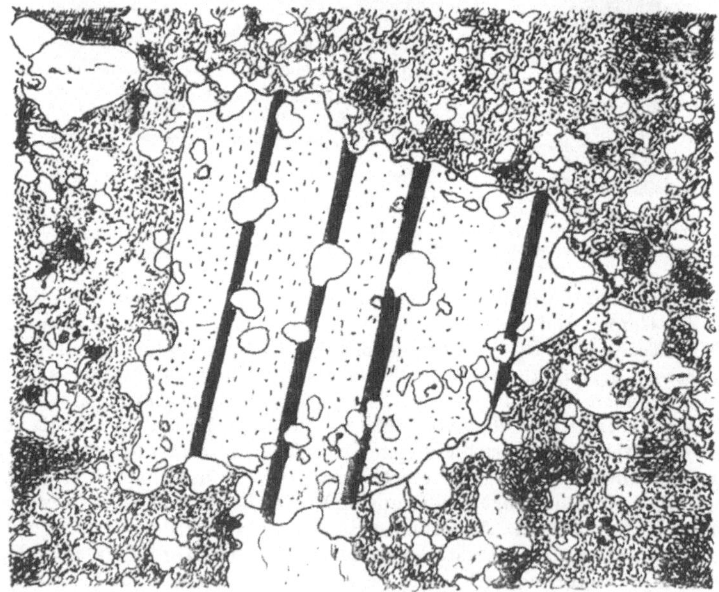

Abb. 200. Plagioklas-Kristalloblast wächst in hornfelsartigem Grundgewebe; die eingeschlossenen Kornarten sind nicht zonar angeordnet und nur wenig kleiner als diejenigen des Grundgewebes. Großscholle von Kulmgrauwacke als Einschluß im Granit. Greiffensteine, Erzgebirge. Vergr. 36mal.

werden die einzelnen Kornarten eines Grundgewebes vom wachsenden Kristalloblasten — d. h. von den ab- und aufbauenden Lösungen des blastischen Gesamtvorganges — durchaus unterschiedlich behandelt. Während die eine Kornart

vollständig verschwindet, werden andere in wechselnder Stärke oder auch gar
nicht abgebaut. Ja, man kann in günstigen Fällen eine abnehmende (oder zunehmende) Reihe der „Redissolution"[1] der Kornarten feststellen. Zwar sind im
allgemeinen die im Innern des Kristalloblasten enthaltenen Kornarten wenig
zahlreich. Abb. 200 (Grauwackenscholle aus dem Granit der Greiffensteine)
zeigt einen Plagioklas-Kristalloblasten, welcher Biotit und Plagioklas völlig
verdrängte, Quarz dagegen nur wenig verkleinert und in seiner Orientierung
nicht wesentlich geändert hat. Kristallographische Hauptrichtungen bleiben
durch Einlagerungen völlig unbetont, krateroblastische Neigungen bestehen nicht.

Ähnliches ist an einem Titanit-Kristalloblasten des Bergeller Granits zu
studieren, welcher Biotit, Plagioklas und selbst Quarz stark abgebaut hat,
dagegen Apatit unverändert läßt
(Abb. 201). Das bekannte Streben
der Granit- und Diorit-Titanite nach
Idiomorphie (vgl. G.FISCHER,1926,*3*)
ist auch an diesem Beispiel erkennbar, welches zeigt, wie deutlich das
kristalloblastische Wachstum gerade
bei Graniten auftreten kann und
damit erneut den meta- oder ultra-
metamorphen Charakter der Granite
betont.

In ähnlichen Fällen eines durchaus *morphokratischen* Verhaltens
findet man die Grenzflächen des
Kristalloblasten gut und glatt ausgebildet. Demgegenüber kann man

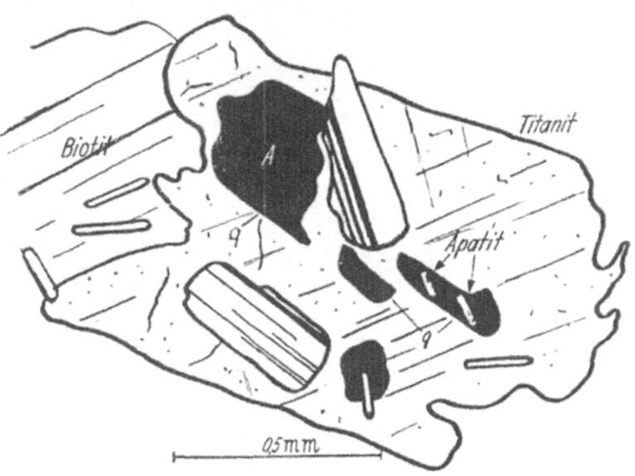

Abb. 201. Titanit-Kristalloblast mit Apatit, Plagioklas-
und Quarzeinschlüssen. Die Redissolutionsreihe ist:
Biotit, Plagioklas, Quarz; Apatit unverändert. Das
Streben des Titanits nach Idiomorphie ist unverkennbar.
Granit, Fornogebiet, Oberengadin.

bei manchen Kalifeldspäten noch deutlich den Vorgang der Wiederauflösung
und Redissolution des Grundgewebes an ihrem Außenrand unterscheiden,
wobei sich unscharfe und verwaschene Übergangszonen ergeben (Abb. 202).
Reste der aufgelösten Kornarten liegen als körnige Pigmenthaufen im Innern
des Kristalloblasten. Resistentere Komponenten, wie Sillimanitnadeln, werden
unter solchen Umständen aus ihren bisherigen Grundgewebswirten herauspräpariert und unangegriffen in das Innere des Kristalloblasten übernommen
(Abb. 22). Der Mangel an morphokratischen Eigenschaften kann soweit
gehen, daß der wachsende Kristalloblast schließlich überhaupt keine als
solche ansprechbare Kristallflächen erzeugt, sondern als echte Zwischenklemmungsmasse formlos zwischen den Grundgewebskornarten auf deren
Kosten wächst (Abb. 203). Auch in diesen Bildungen ist die Reihe des sukzessiven
Abbaues der Kornarten — die Abfolge der Redissolution — unter Umständen
deutlich zu erkennen. Wachsen schließlich die Kristalloblasten näher aufeinander zu, so können die übriggebliebenen Kornarten entweder — wegen ihrer
randlichen Lage — als nicht mehr abgebaute Reste des Grundgewebes, oder aber
als an die Korngrenze des Kristalloblasten „autokathartisch" vom Innern

---

[1] Redissolution = Wiederauflösung. Bei der Verbreitung solcher Vorgänge im Gebiet
der Metamorphose dürfte dieser nur auf metamorphe Vorgänge anzuwendende Ausdruck
nützlich sein.

herangeschoben angesehen werden (s. S. 85 und Abb. 13). Im ersten Fall sind die Kornarten im wesentlichen am Ort geblieben, im zweiten durch den

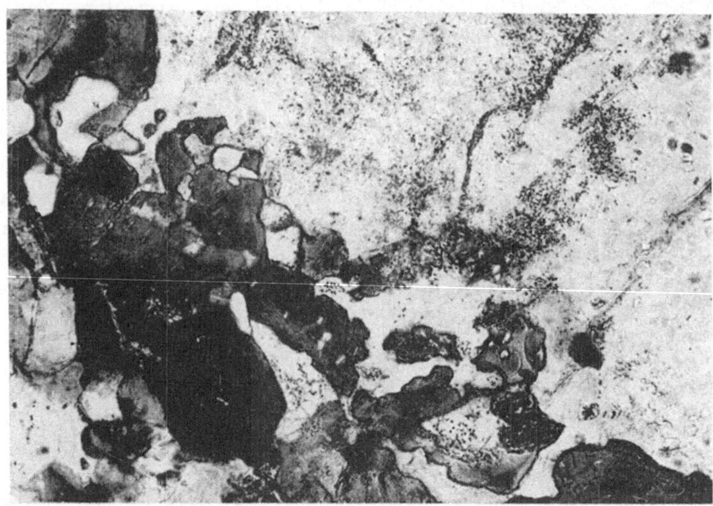

Abb. 202. Rand eines Kalifeldspat-Kristalloblasten, der sich in das Grundgewebe hineindrängt. Lösungs- und Abbaureste der verdrängten Kornarten liegen in Form von körnigen Pigmenthäuten und „Lösungswolken" im Kalifeldspat. — Sehr unscharfe Grenzbildung Kristalloblast: Grundgewebe. Hinter manchen Einschlußkörnern sind Bewegungsbahnen sichtbar. Kepernikgneis, Gr. Ullersdorf, Sammlung BEDERKE. Vergr. 129mal.

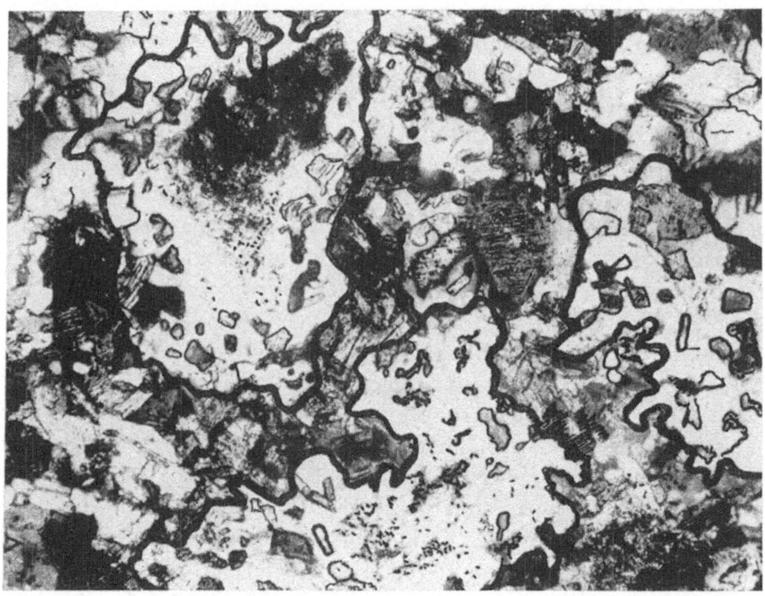

Abb. 203. Plagioklas-Kristalloblasten im Grundgewebe eines Hornfelses. Die eingeschlossenen Kornarten sind durchwegs viel kleiner als solche des Grundgewebes; sie sind häufig zu wolkigem Kleinstkornpigment zergangen. Gstöcket bei Fürstenstein, Bayerischer Wald. Vergr. 68,5mal.

Vorgang der Herausschiebung über kürzere oder längere Strecken hin bewegt und dabei in verschiedenem Grade desorientiert worden.

Mit den hier geschilderten Einzelheiten sind die an gewachsenen Kristalloblasten bekannten Beobachtungen nicht annähernd erschöpft. Es wurden hier
nur einige wesentliche Erscheinungen besprochen, welche die zum Teil sehr
komplexen und vielgestaltigen Vorgänge der Blastese in enge Beziehung zu den
Reaktionsgefügen bringen. Die blastische Periode in der Entwicklung eines
metamorphen Gesteins ist sicherlich die bedeutungsvollste. Daher müssen alle
späteren Gefügeveränderungen eingehend daraufhin geprüft werden, wie weit
in ihnen ein blastischer Vorgang zu Worte kommt.

Die physikalisch-chemischen Voraussetzungen, unter denen der Gesamtvorgang der
Blastese einschließlich der Bildung von Reaktionsgefügen abläuft, waren einmal die Anwesenheit hydrothermaler Lösungen zum anderen die Durchlaßfähigkeit des Kristallgitters
für bestimmte (noch näher kennenzulernende) Lösungsanteile, wodurch es zur Ausbildung
„endoleptonischer", blastischer Bildungen im Innern der Kristallkörner kam, ohne daß
kapillare Verbindungen mit der Außenseite des Kristalls als notwendig und unbedingt er-
forderlich angenommen werden mußten.

Ein solcher und zwar sehr bedeutungsvoller Vorgang, der zwar äußerlich
und stofflich andersartige Gebilde erzeugt, als es die Quarz-Reaktionsgefüge
der Feldspäte sind, bei dem aber ebenfalls hydrothermale Lösungen wirksam
waren und endoleptonische Blastesen (*„leptoblastisch"*) hervorbrachten, ist
die Muskovit-Zoisit-Bildung der Plagioklase, wie sie besonders deutlich in den
Protoginen der Alpen auftritt.

Ob diesen verhältnismäßig weit verbreiteten (s. O. H. ERDMANNSDÖRFFER,
1943, 2) Strukturen ein ganz bestimmter, zwangsweise durchlaufener metamorpher Zustand entspricht, und wenn ja, ob er in einem bestimmten kausalen
Verhältnis zur Bildung der Reaktionsgefüge steht, ihnen folgt, oder auch, wie es
bis jetzt scheint, im wesentlichen vorausgeht, muß weiterer Untersuchung vorbehalten bleiben. Auf jeden Fall aber ist die genetische Verwandtschaft mit den
Reaktionsgefügen so deutlich, daß wir zum näheren Verständnis dieses ganzen
hydrothermalen Zyklus und seiner Produkte näher auf die Muskovit-Zoisit-
Metamorphose eingehen wollen.

III. Der Muskovit-Zoisit-Zerfall der Feldspäte
am Beispiel der Protogine.

Sein Verhältnis zu den Reaktionsgefügen. — Die Altersbeziehungen zwischen Quarzstengeln und Silikateinschlüssen. Die Rückführung des Muskovit-Zoisit-Zerfalls auf Einwanderung von Lösungen ins Feldspatgitter.

Das auffallendste Merkmal der Protogingranite ist der Gehalt ihrer Plagioklase an Muskovit-Zoisit-Mikrolithen, deren Verbreitung übrigens nicht nur auf
alpine Vorkommen beschränkt ist. O. H. ERDMANNSDÖRFFER hat in einer sehr
gehaltvollen Studie (1943, 2) auf die Häufigkeit solcher Bildungen in den granitischen Gesteinen hingewiesen und Beispiele aus dem Odenwald, Schwarzwald,
der Lausitz, Finnland, Kanada u. a. beschrieben. Die wohl verbreitetste der
bisherigen Ansichten über die Entstehung dieser „gefüllten" Feldspäte der
granitischen Gesteine ist nach dem Vorgange E. WEINSCHENKs diejenige eines
Feldspatzerfalls[1] unter erhöhter hydrostatischer Druckbeanspruchung („Piezo-

---

[1] Man sollte diese Umbildung der Plagioklassubstanz zu verschiedenen kristallinen An-
teilen nicht als Entmischung bezeichnen, sondern den umfassenderen Ausdruck „Zerfall"

kristallisation"). Es entstehen hierbei in den Plagioklasen kalkhaltige und kalkfreie Silikate, Muskovit-Serizit-Bildungen und Epidot-Zoisit-Aggregate in Form von Körnern, Sträuchern und Besen („Füllungskristallite").

E. Christa hat sich in seiner eingehenden Übersicht über das Gebiet des oberen Zemmgrundes in den Zillertaler Alpen (1931, *1*) betreffs der Entstehung der geschilderten Gefügeform ebenfalls die Weinschenksche Deutung zu eigen gemacht. Folgt man der Weinschenk-Christaschen Auffassung, so sind die durch den Zerfall der Plagioklassubstanz entstandenen Kristallite unter hydrostatischer Druckwirkung gebildet worden als Korrelat zu einer Faltungsphase des paläozoischen alpinen Orogens. Bei hydrostatischen Vorgängen — die von Christa sehr nahe an die Plagioklasgenese selbst herangerückt werden — sind Druckwirkungen mechanischer Art unter Erzeugung kinematischer Bewegungsbilder nicht zu erwarten. Alle granitischen Gesteine aber haben passive Deformationen durchgemacht, und es erhebt sich die Frage, weshalb nicht alle durchbewegten Plagioklasgefüge, bei deren Entstehung neben den mechanischen Deformationsvorgängen in jedem Fall auch unter Druck stehende Lösungen mitgewirkt haben, die Muskovit-Zoisit-Paragenese zeigen. Daß der „Druck" eine ausschlaggebene Rolle gespielt hat, scheint einstweilen nicht erweisbar. Man muß daher fragen, ob angesichts dieser Lage und bei der Notwendigkeit, bestimmte Aussagen durch möglichst große Reihen immer gleicher Beobachtungen zu erhärten, nicht andere Deutungen mit besserer Nachprüfbarkeit näher liegen. Nehmen wir die Vorgänge des Plagioklaszerfalls als im wesentlichen durch hydrothermale Lösungen bedingt an, so dürften die Erscheinungen des Feldspatzerfalls durch die *ptx*-Zustände der Lösungen in ihrer Beziehung zur endoleptonischen Wegsamkeit und Durchlaßfähigkeit des Feldspatgitters in Zukunft nicht weniger gut erklärt werden, als durch „hydrostatischen Druck".

Die Beobachtungen, welche Erdmannsdörffer (l. c. 1943, *2*) mitteilt, beweisen die hydrothermale Natur der Vorgänge unter Widerlegung der Ansicht, *daß allein die chemische Zusammensetzung der Plagioklase* für den partiellen Zerfall ihrer Substanz verantwortlich sei. (So sind z. B. die Füllungsringe keineswegs nur auf Wachstumszonen beschränkt, sondern können diese auch durchschneiden; jedoch ist nicht selten eine Rücksichtnahme der Zerfallsbildungen auf Diaklasen oder auch Wachstumsgrenzen zu beobachten.) Jedenfalls ist der Plagioklaszerfall nach Erdmannsdörffer sowohl in metamorphe wie in rein magmatische Perioden eingeschaltet.

Auch andere Autoren denken beim Plagioklaszerfall an hydrothermale Vorgänge, unterscheiden sich aber durch die Art, wie sie diese mit dem Erstarrungsvorgang verknüpfen oder für spätere metamorphe oder diaphtoritische Wirkung erklären. So rückt Eskola (1939, *4*) die Bildung gefüllter Feldspäte in die Abkühlungsphase von Erstarrungsgesteinen („autometamorphe" Umwandlungen). Die Umrahmung gefüllter durch füllungsfreie Teile ist nach ihm durch Wieder-

---

wählen. Der Begriff „Entmischung" setzt im allgemeinen die Bildung von mindestens zwei Phasen aus Schmelze, Lösung oder festem Zustand voraus, wobei das Material der neuen Kornarten völlig dem Stoffbestand des ursprünglichen, einheitlichen Kristalls entnommen, „entmischt" wird und weder Zu- noch Abfuhr von Material stattfand. Sobald Zu- oder Abfuhr — auch Zufuhr von Lösungsmitteln! — nicht ausgeschlossen werden kann, ist der allgemeinere Ausdruck „Zerfall" vorzuziehen.

aufleben der Plagioklaskristallisation infolge Temperatursteigerung zu deuten. Kölbl glaubt (1932, *1*), daß nach Bildung der Plagioklase hydrothermale und pneumatolytische Restlösungen der Eruptiva metasomatische Wirkungen erzeugten, Vorstellungen, wie wir sie ähnlich bei Christa fanden, der ja ebenfalls den Zerfall der Plagioklase sehr nahe an ihre Entstehungszeit heranrückte und im wesentlichen als liquid-magmatischen Vorgang deutete. Dagegen halten Angel (1930, *4*) und auch Cornelius (1935) den Plagioklaszerfall für einen metamorphen Vorgang, bei dem besonders Diaphtorese, also die Wirkung der Änderung der Tiefenstufe, Bedeutung besitzt. Die dabei benötigten H_2O- und K_2O-Mengen brauchen nicht notwendigerweise magmatischer Herkunft zu sein.

Betrachtet man den Übergang zwischen den — auf Grund der Struktur — eindeutig magmatischen Gesteinen, etwa den der Zentralgranite in das metamorphe Gebiet hinein, so ist es nach Erdmannsdörffer begreiflich, wenn man hier enge Beziehungen zwischen magmatischen und metamorphen Bereichen antrifft. In diesen Beispielen bleibt das Füllmaterial der Plagioklase nicht auf diese beschränkt, sondern geht als selbständige blastische Phase in den Bestand des schiefriger werdenden Gesteins ein, wo es mit den anderen Gemengteilen am Aufbau eines normalen Grundgewebes teilnimmt. Die *ptx*-Bedingungen mancher magmatischer und metamorpher Bereiche sind häufig durchaus übereinstimmend und können zu identischen Formen führen. An dieser Stelle möge eindringlich auf B. Sander hingewiesen werden, der (1934, *1*) schrieb: der Ausdruck Erstarrungsgestein gelte entweder für Granit *und* kristalline Hülle gleichzeitig oder sei für beide fallen zu lassen. Bei genügender Tiefe jedenfalls sei der Unterschied zwischen Erstarrungsgestein und metamorphen Gliedern sowohl mineralfaziell wie gefügekundlich aufgehoben.

Im allgemeinen herrscht also bei den neueren Autoren Übereinstimmung in der Erklärung dieser Strukturen als Produkte hydrothermaler Vorgänge, wobei nur Differenzen in der Zuordnung zu magmatischer oder metamorpher Bildungsweise bestehen (vgl. hierzu auch Drescher-Kaden, 1936, *1*).

Im folgenden sollen nun zu den bisher bekannten Beobachtungen einige neue Einzelheiten gebracht werden, welche dieses „Entweder-Oder" übereinstimmend mit Sander nicht mehr als bedeutungsvoll erweisen und die vielfachen Veränderungen und Umwandlungen, welche die bereits ausgeschiedenen Kornarten granitischer Gesteine betreffen, als zusammengehörige Erscheinungen (einschließlich der Bildung blastischer Großkornarten) bestimmen. Hierzu das folgende Beispiel. Ein feinkörniges, schwach schiefriges Biotit-Plagioklas-Quarz-Gestein der Aiguille du Midi, Montblanc-Gebiet, enthält große Mikroklin-Kristalloblasten. Die Plagioklase sind stark mit Muskovit-Zoisit-Mikrolithen durchsetzt und zwar sowohl die Plagioklase des Grundgewebes wie auch die stark korrodierten Einschlüsse der Mikroklin-Kristalloblasten (Abb. 204). Von den letzteren kommen zwei verschiedene Typen vor. Ein gewöhnlicher, holoblastischer Typ mit verhältnismäßig guter Begrenzung und immer nach dem Karlsbader Gesetz verzwillingt. Er enthält die korrodierten und mit Zerfallsprodukten erfüllten Plagioklase des Grundgewebes, ist also zweifellos jünger als diese. Auf Grund dieses Verbandes wird man sich unschwer entschließen, den Zerfall der Plagioklase für älter als deren Einbettung in den Mikroklin anzusehen, besonders wenn man — was schon Erdmannsdörffer (1943, *2*, S. 288) beobachtete — an manchen Stellen herausgelöste Muskovit-Zoisit-Mikrolithen frei im Mikroklin schwimmend antrifft (Abb. 204, 205).

Daneben, im gleichen Gesteinsbereich, tritt ein zweiter, zusammengesetzter, blastischer Typ von etwa der gleichen Größe auf, der sich aus einem stark korrodierten, verzwillingten Mikroklinkern — ebenfalls Plagioklaseinschlüsse enthaltend — und einer Albitrinde aufbaut. Der Albit dringt in $\pm$ breiten Buchten, Kanälen oder längs dünner Haarrisse in den Mikroklin ein. *Einschluß-plagioklase und äußere Albitzone sind trotz ihres verschiedenen Alters völlig mit*

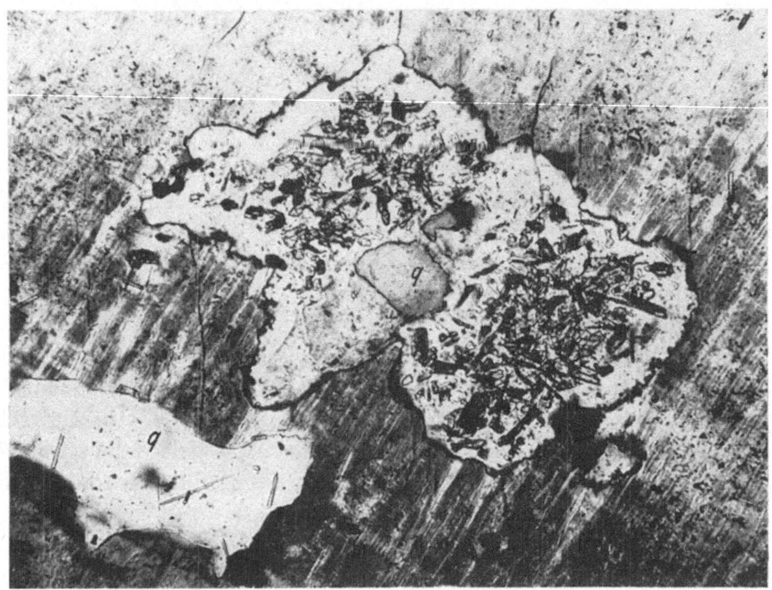

Abb. 204. Älterer Plagioklas, amöboid korrodiert, in Kalifeldspat, mit zahlreichen Muskovit-Zoisit-Zerfalls-produkten im Innern, die auch im jüngeren schriftgranitischen Quarz, wenn auch seltener, auftreten. Aiguille du Midi, Montblanc-Gebiet. Vergr. 166mal. Sammlung LAVES, ebenso Abb. 205—208.

Zerfallsprodukten erfüllt, die sich bis in die feinsten Verzweigungen hinein verfolgen lassen. Der Mikroklin ist häufig mit Perthitspindeln durchwachsen. Auch diese zeigen Muskovit-Zoisit-Mikrolithe, so daß also die drei verschiedenen Plagioklasbildungen: *Einschlußplagioklase, Perthitspindeln und Albitrand die gleichen Zerfallsprodukte enthalten* (Abb. 205 und 206).

Zur Erklärung kommen zunächst zwei Möglichkeiten in Betracht. Man kann erstens eine einzige Zerfallsperiode annehmen, die allen drei Plagioklasbildungen gemeinsam ist; die Entscheidung dürfte auch hier mit Hilfe des Perthitzerfalls zu gewinnen sein. Wenn nämlich auch die rings von Mikroklinsubstanz umgebenen, jüngeren Perthitspindeln zerfallen sind, so müssen — will man nicht den Zerfall völlig gleichlaufend mit der Primärkristallisation des Plagioklases ansetzen[1], die den Zerfall hervorrufenden Lösungen durch das Gitter des Mikro-

---

[1] Es würde im Gegensatz zum Energieprinzip stehen, wenn ein wachsender Kristall zugleich mit seinen mehrphasigen Zerfallsprodukten im Gleichgewicht wäre. Außerdem aber zeigen zahlreiche Beobachtungen, daß die Mikrolithenneubildungen den fertigen Plagioklas-kristall voraussetzen, dessen Struktur- und Spaltebenen sie öfters zur Ansiedlung benutzen (vgl. O. H. ERDMANNSDÖRFFER 1943, *2*, S. 289, Abb. 7).

klinwirtes hindurchgewandert sein, um ihre Tätigkeit an den eingelagerten Perthitlamellen zu beginnen. Was aber beim Perthit möglich ist, kann auch für die Plagioklas-Primäreinschlüsse gelten, so daß man mit der Annahme eines einzigen, den Zerfall hervorrufenden Einwanderungsvorganges auskommt, welcher *nach* der Perthitbildung eingetreten sein muß.

Der Zeitpunkt für das Wirksamwerden der Lösungen wird aber durch folgende Beobachtung eingeschränkt. Einzelne der Mikroklin-Kristalloblasten enthalten Quarzkörner von schriftgranitisch-granophyrischer Formgebung und dem typischen Aussehen echten Schriftquarzes in wechselnder Menge. Mitunter findet

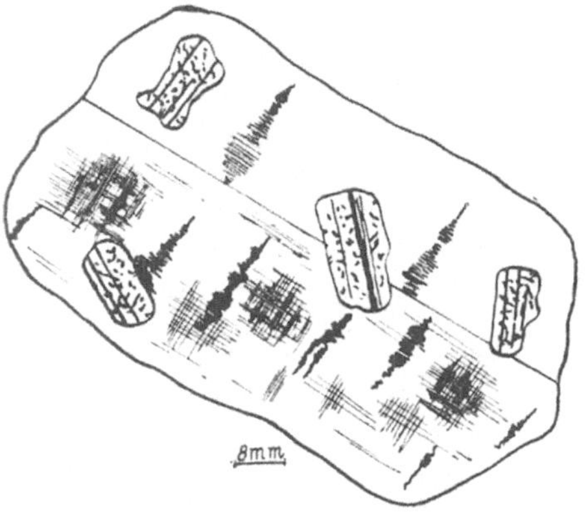

Abb. 205. 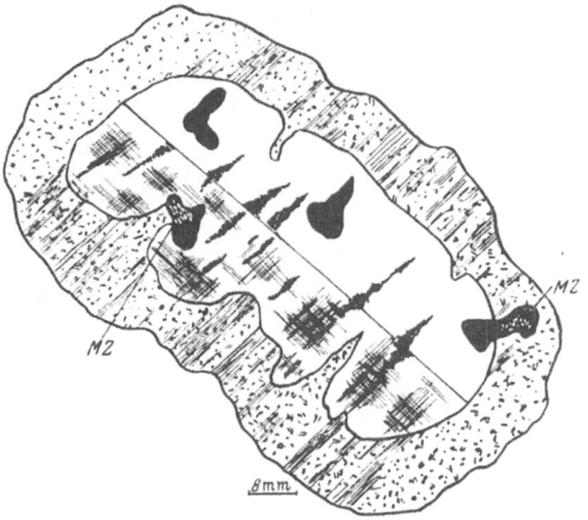   Abb. 206.

Abb. 205. Kalifeldspat aus Protogin. — Dunkler Einschluß. — Normaltyp: Ältere Muskovit-Zoisit-erfüllte Plagioklase im Innern des Kristalloblasten. Aiguille du Midi, Montblanc-Gebiet.

Abb. 206. Kristalloblast aus Protogin. — Dunkler Einschluß. — Kalifeldspatkern, stark korrodiert, wird von einem breiten, mit Zerfallsprodukten erfüllten Albitsaum umgeben. Kern und Mantel enthalten jüngeren Schriftgranit, der seinerzeit *MZ*-Zerfallsprodukte in sich aufgenommen hat. — *MZ* = Muskovit-Zoisit-Mikrolithen. Aiguille du Midi, Montblanc-Gebiet.

man sie als gekrümmte und gewundene Stengel, auch als geschwänzte, zum Teil „außenkonkave" (Popoff) Körner (Abb. 208), als gedrungene, keilartige und gewinkelte Stengelquerschnitte (Abb. 206), schließlich als „amöboide" Kornformen mit mehreren Fortsätzen (Abb. 207). Alle drei Ausbildungsarten aber enthalten sowohl losgelöste Teile des umgebenden Mikroklins (Abb. 208) wie *Zerfallsprodukte des Plagioklases* in Form von Muskovitschüppchen und Zoisitprismen.

Nun ist zwar die Schriftquarzbildung altersmäßig keine sehr frühe Kornform. Sie ist aber, wie seinerzeit ausgeführt (S. 171), auch nicht die letzte Quarzkornart, sondern diejenige, welche der an Korngrenzen gebundenen metasomatischen Quarzbildung unmittelbar vorausgeht (vgl. S. 172 und Kapitel Gangbildung S. 244). Sie folgt, wenn sie auftritt, in geringem zeitlichen Abstand der kristalloblastischen Mikroklinbildung, deren Albitumrandung damit zwischen die Genese des Mikroklins, seine randliche Resorption und die Schriftquarzkristallisation fallen muß. Da aber der Schriftquarz Zerfallsprodukte allseitig einschließt (Abb. 204—208), ist auch noch die Zerfallszeit des Albites, der als Umrandung des Mikroklins wie auch in der Form eingelagerter Albitspindeln auftritt, *vor* dem Schriftquarz einzuordnen, was die Einzelphasen von statischen Auf- und Abbauvorgängen im Gefüge fraglos näher aneinanderrückt.

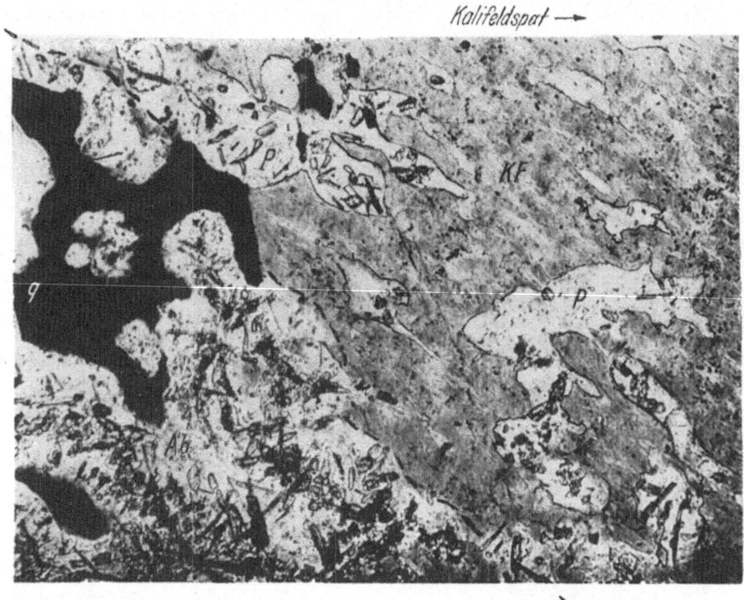

Abb. 207. Kalifeldspat mit breitem, zerfallenen Albitrand (links unten). Die Perthitflecken *P* des Kalifeldspates sind ebenfalls in Muskovit und Zoisit zerfallen. — Links Schriftgranitquarz (schwarz), welcher ein Stück des zerfallenen Albitrandes in sich aufgenommen hat. Der Quarz ist damit jünger als der Albitzerfall. Aiguille du Midi, Montblanc-Gebiet. Vergr. 166mal.

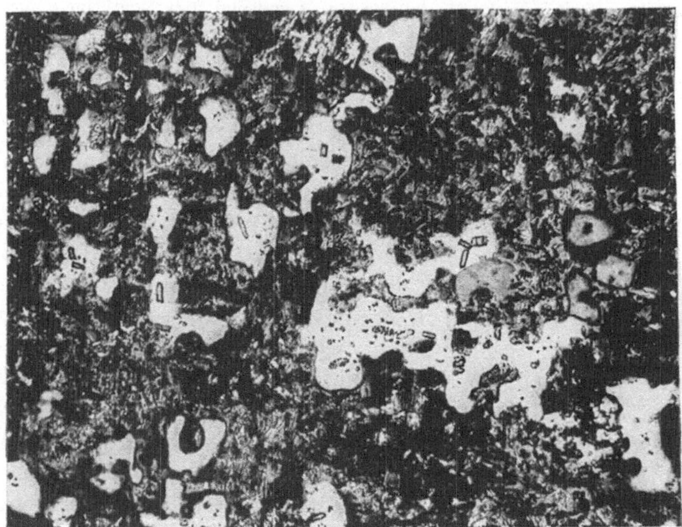

Abb. 208. Schriftquarz im Albitrand eines Mikroklin-Kristalloblasten enthält zahlreiche Plagioklas-Zerfallsprodukte. Protogin. Aiguille du Midi, Montblanc-Gebiet. Vergr. 129mal.

Der äußerlich völlig übereinstimmende Zerfall der Plagioklassubstanzen verschiedenen Alters stellt sich mithin als einheitlicher Vorgang dar, der zeitlich *nach* der Mikroklin- aber *vor* der Schriftquarzkristallisation einsetzte. Die hierbei gemachte Annahme metasomatischen Austausches durch das Mikroklingitter hindurch wurde durch die Beobachtung gefüllter Perthitspindeln im Mikroklin gefordert. Wenn aber für den Zerfall *einer* Plagioklasart — wie hier der Perthitspindeln — Wanderungsvorgänge durch das Mikroklingitter hindurch angenommen werden mußten, so ist dieses auch für die älteren Primäreinschlüsse mit der gleichen Berechtigung möglich. —

Ein anderes Verfahren, die Altersbeziehungen der blastischen Bildungen dieses Gesteins aufzuklären, besteht darin, *jeder* Plagioklasgeneration eine *eigene* Muskovit-Zoisit-Zerfallsperiode zuzuordnen, die in wechselnder Stärke offenbar in jedem granitischen Gestein wirksam war. Damit ist auch das Hineinragen der Muskovit-Zoisit-Mikrolithen aus Primäreinschlüssen in die umgebende Mikroklin-Wirtsubstanz gedeutet und das Vorkommen von Zerfallsprodukten in dieser selbst, was bei der Annahme späterer, nach der Einbettung im Mikroklin erfolgter Umwandlung auf einige Schwierigkeiten stößt. Im Sinne der Annahme mehrerer Zerfallsperioden folgt jeder Plagioklasart ein K_2O-liefernder Lösungsschub, welcher kalihaltige Minerale erzeugt unter teilweiser Aufzehrung der vorgefundenen Kornarten. Diese kaliliefernde Entwicklungsphase des Gesteins findet ihre höchste

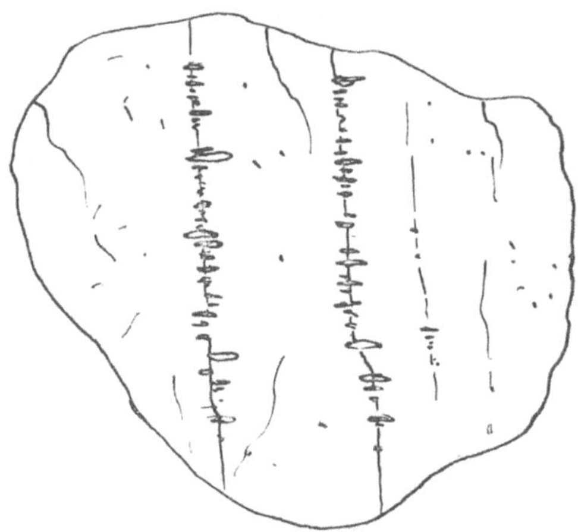

Abb. 209. Quarzkorn mit Serizitneubildungen, welche von Rissen ausgehen und senkrecht zu diesen in den Quarz hineinsetzen. Protogin. Montblanc-Gebiet. Vergr. 12mal.

Steigerung im kristalloblastischen Wachstum der großen Kalifeldspäte auf Kosten der vorhandenen Grundgewebskornarten, deren unverarbeitete, teilweise kalisierte Reste sie enthalten. Nach Na_2O- (und CaO-) Einbruch, welcher Perthitspindeln oder bei längerer Dauer auch Albitumrandungen liefert — häufig aber auch ganz fehlt — erstarkt wieder die Kalikomponente in den Lösungen und führt zu weiteren Zerfallserscheinungen der zuletzt gebildeten Plagioklasgeneration. Mit der Schriftquarzbildung könnte dieser Turnus schließen, doch scheint auch dann noch ein Wiederaufleben kalibringender Lösungsschübe stattzufinden, da man aus dichten Serizitlagen des Grundgewebes heraus nicht selten ein Einwandern von Muskovit auf Rupturen benachbarter Quarze beobachtet. Daß es sich hierbei ebenfalls um echte Metasomatose handelt, geht aus der Anordnung der Muskovite im Quarz hervor. Diese sind keineswegs immer parallel den Bruchflächen des Quarzes angeordnet, sondern liegen mitunter quer dazu. Es muß also Quarzsubstanz gelöst worden sein, da eine solche Lage der Muskovite nur durch Verdrängung von Quarzmaterial zu erreichen ist (Abb. 209). Die beiden hier gegebenen Erklärungen für das Zustandekommen des Zerfalls verschieden alter Plagioklasarten scheinen im Augenblick noch gleichberechtigt nebeneinander zu bestehen. Möglicherweise kommt der ersten Erklärungsweise die höhere Wahrscheinlichkeit zu.

Überblickt man die Erscheinungen bei den Protoginen in dem soeben geschilderten Beispiel, die Beziehungen zwischen Plagioklaszerfall und Mikroklinblastese, so ergeben sich die folgenden Zusammenhänge mit der Genese der Reaktionsgefüge, insbesondere mit der Myrmekitbildung.

Der Myrmekit entsteht durch metasomatischen Angriff auf Kalknatronfeldspäte, in dessen Folge kalihaltige Lösungen den Kalifeldspat als neue blastische Kornart aufbauen. Die Form, unter welcher der metasomatische Abbau erfolgte, ist: allgemeine Korrosion der Grenzen — daher der Schluß auf Lösungstätigkeit gegenüber Reaktionen im festen Zustand — Auslaugung vom Rande her und gerichteter Abbau in warziger Intergranulare mit Ausfüllung der Korrosionskanäle durch Quarz.

Abgesehen von der stofflichen Verschiedenheit ist das Vorhandensein einer Grenzfläche irgendwelcher Art, von welcher randliche Auslaugung und Quarzstengelbildung — kenntlich an deren Beziehung zur ehemaligen Grenzkontur — ausgeht, für den Myrmekit entscheidend. Wie weit eine Kapillarwirkung der lösungsdurchflossenen Intergranulare bei der Erzeugung der Ätzschläuche in Frage kommt, wurde bereits S. 223 erörtert. Die gleiche Beziehbarkeit der Richtung der Quarzkörperlängsachsen auf eine Ausgangsfläche findet sich beim Schriftgranit in der häufig senkrechten Stellung des „Ichthyo" zur zugehörigen Kristallfläche.

Auch bei den Protogin-Plagioklasen sind einwandernde kalihaltige Lösungen die Veranlassung zur Bildung der neuen Kornarten. Die entstandenen Formen sind jedoch durchaus verschieden von denjenigen der Reaktionsgefüge Myrmekit und Schriftgranit. Der Hauptunterschied zwischen den Zerfallsformen der Protogin-Plagioklase und den myrmekitisch-granophyrischen Formen ist darin zu sehen, daß die ersteren zum Teil von Flächen begrenzte, über einen größeren Bereich im Innern des Wirtes verteilte Einzelkristalle liefern, die letzteren aber nur quarzerfüllte, bestenfalls von Pseudoflächen begrenzte Lösungsschläuche, die in Abhängigkeit von einer Grenzfläche stehen.

Bei der Protoginumwandlung erfolgt die Kristallisation der neuen Phasen infolge einer völligen Durchdringung des Plagioklasgitters mit einwandernden Lösungen, welche vorgefundene Ionen umlagerten oder zur Neubildung der Füllmineralien benötigte mitbrachten. Die Protogin-Plagioklas-Umwandlung ist demnach eine „*endoleptonische*" oder „*Gitterblastese*", d. h. die Neubildung der Kornarten geht nicht in einem Korngefüge als Reaktionsraum, sondern in den vielmals geringer dimensionierten Gitterbereichen eines Großkornes vor sich, wo die Neubildung kristalliner Phasen — soweit bis jetzt erkennbar — unabhängig von Grenz- und Oberflächen stattfindet.

Hierbei erhebt sich die wichtige Frage nach der Herkunft der Ionen, welche die im Plagioklas enthaltenen Füllungsmineralien aufbauen. Drei Fälle sind möglich: 1. Die Ionen des Wirtkristalles werden umgelagert. 2. Neue, bisher im Plagioklasgitter nicht vorhandene Ionen werden zugeführt. 3. Sowohl vorhandene wie zugeführte Ionen nehmen am Aufbau der Füllungskristallite teil.

Nach einer Feststellung von CORNELIUS (1935) enthalten die Protogine als Grundplagioklas durchgängig Albit oder Albit-Oligoklas. In diesem Falle kann der vorhandene Kalkgehalt zum Zoisitaufbau nicht genügen: es müssen Ca-Ionen in das Plagioklasgitter eingeführt werden. Da jedoch nach den Untersuchungen ERDMANNSDÖRFFERS (1943, 2) und meinen eigenen Beobachtungen auch anorthitreichere Plagioklase Füllungskristallite zeigen, muß man annehmen, daß der Ca-Anteil des Grundplagioklases in diesen Fällen in das Gitter der neuentstehenden Kalksilikatkristallite übernommen wird.

Der Vorgang eines Plagioklaszerfalles unter Annahme der Verwendung vorhandener Ionen (Fall 1) würde dann etwa folgendermaßen ablaufen, indem zunächst aus dem Anorthitanteil des Plagioklases unter Wasseraufnahme Zoisit entsteht:

$$\text{Anorthit} \qquad\qquad \text{Zoisit}$$
$$8[CaO \cdot Al_2O_3 \cdot 2\,SiO_2] + 2\,H_2O = 2[H_2O \cdot 4\,CaO \cdot 3\,Al_2O_3 \cdot 6\,SiO_2] + \overline{2\,Al_2O_3 + 4\,SiO_2}. \quad (1)$$

Wird neben dem Zoisit auch Muskovit gebildet, so ist der Rest aus dieser Gleichung (Fall 2, 3) entsprechend zu ergänzen:

$$\text{Muskovit}$$
$$\overline{2\,Al_2O_3 + 4\,SiO_2} + K_2O \cdot Al_2O_3 \cdot 2\,SiO_2 + 2\,H_2O = [K_2O \cdot 3\,Al_2O_3 \cdot 6\,SiO_2 \cdot 2\,H_2O], \quad (2)$$

d. h. die notwendige Ergänzung aus zugeführten Ionen entspricht etwa einer Kalifeldspatzusammensetzung mit um etwa 66% zu geringer SiO_2.

Der in Zerfall befindliche Plagioklas ist aber niemals reiner Anorthit. Der Wirklichkeit besser entspricht ein Oligoklas von der Zusammensetzung Ab_{80} An_{20}.

Legen wir die obige Rechnung, welche zu 2 Mol Zoisit führte, nun der Plagioklasberechnung zugrunde, so ist bei der rund vierfachen Menge des Albitmolekels gegenüber der Anorthitkomponente im Oligoklas die Zusammensetzung:

$$8\,(CaO \cdot Al_2O_3 \cdot 2\,SiO_2)$$
$$34\,(Na_2O \cdot Al_2O_3 \cdot 6\,SiO_2).$$

Aus diesem Molekel würde bei der Zoisitbildung aus Anorthit und Wasser die *ganze Albitkomponente* zuzüglich $2\,Al_2O_3 + 4\,SiO_2$ übrigbleiben, aus welcher durch K_2O-Zufuhr Muskovit $K_2O \cdot 3\,Al_2O_3 \cdot 6\,SiO_2 \cdot 2\,H_2O$ entsteht nach folgender Gleichung:

$$\text{Albit}$$
$$34\,[Na_2O \cdot Al_2O_3 \cdot 6\,SiO_2] + 2\,Al_2O_3 + 4\,SiO_2 + 12\,K_2O + 24\,H_2O$$
$$\text{Muskovit} \qquad\qquad\qquad\qquad\qquad\qquad\qquad\qquad\qquad (3)$$
$$= 12\,[K_2O \cdot 3\,Al_2O_3 \cdot 6\,SiO_2 \cdot 2\,H_2O] + \underline{34\,Na_2O + 136\,SiO_2}.$$

Es werden also 12 K_2O zur Muskovitbildung verbraucht, wogegen 34 Na_2O und 136 SiO_2 ausgebaut und weggeführt werden. Für vorkommende Schriftgranit- oder Granophyrbildung in der näheren Umgebung stände also genügend SiO_2 zur Verfügung, ebenso wie durch das freiwerdende Na_2O manche jungen Albitbildungen im Gefüge benachbarter Gesteinsbereiche erklärt werden können.

Der Gesamtvorgang ähnelt dem chemischen Umsatz bei der Myrmekitbildung mehr als der stofflichen Umgruppierung des Schriftgranits. Denn beide Vorgänge, Plagioklaszerfall der Protogine und Myrmekitbildung werden hervorgerufen durch das Eindringen K_2O-haltiger, im letzten Abschnitt der Metamorphose wirksam werdender Lösungen in die Plagioklase. In beiden Fällen wird also die Natronkomponente wieder frei. Beim Schriftgranit der Kalifeldspäte dagegen entsteht umgekehrt wiederum K_2O, das zu weiterer Neubildung kalireicher Komponenten im Grundgewebe erneut zur Verfügung gestellt wird und damit den Kreislauf der Alkalien noch eine Weile fortsetzt. Mit anderen Worten:

Natronisierung (Perthit-Albitkornbildung usw.) und Kalisierung bedingen sich gegenseitig. Bei der Bildung granitischer Gesteine erfolgt eine wechselseitige Verdrängung der Alkalien, die solange anhält, als Lösungsmittel bei geeigneten *pt*-Bedingungen vorhanden sind. Plagioklaszerfall der Protogine und Reaktionsgefüge der Feldspäte aber unterstreichen gerade bei der Verwandtschaft ihrer Genese in ihrer Gegenüberstellung die Eigenart der Reaktionsgefüge, die in ihrer Abhängigkeit von intergranularen Grenz- und Oberflächen in Verbindung mit Gitterdiffusionen und Lösungsdurchwanderung einen ganz besonderen Typ statischer Gefügebildung darstellen.

Die Kristalloblastese erwies sich also auch nach den vorangegangenen Darlegungen in ihrer speziellen Form der endoleptonischen Muskovit-Zoisit-Bildung als in enger Beziehung stehend zu den Reaktionsgefügen. Sie ist jedoch nicht das einzige Mittel, um derartige Gefüge zu erzeugen oder ihre Entstehung zu erleichtern; die Bildung der Schriftstruktur in Drusenfeldspäten, welche mit den blastischen Vorgängen in einem Gefüge keinen direkten Zusammenhang mehr hat, läßt hierüber keinen Zweifel. Der übergeordnete Vorgang, welcher die Entstehung aller Neubildungen, der Reaktionsgefüge, Kristalloblastesen und ihrer endoleptonischen Umwandlungen verursacht, *ist der Lösungsumlauf bei der Genese granitischer Gesteine mit seinen metasomatischen Wirkungen*. Diese werden je nach den Umständen in den verschiedensten Erscheinungsformen auftreten und Granit und Umgebung in gleicher Weise in Mitleidenschaft ziehen, was mit der zitierten Anschauung SANDERs von der Gleichheit des Zustandes von Erstarrungsgestein und umgebender kristalliner Hülle auf das beste übereinstimmt.

C. Schlußbetrachtungen.

Die Myrmekit- und Schriftquarzbildung als Ergebnis der oszillierenden Hydrothermalperioden granitischer Gesteinsgenese.

I. Der Gegensatz von Erstarrungsgesteins- und Granitstruktur.

Nahmen MICHEL-LÉVY, FOUQUÉ und andere französische Autoren noch im wesentlichen zwei unterscheidbare Verfestigungsphasen des Granites an, so müssen wir uns heute auf Grund der vorliegenden Beobachtungen mit einem viel häufiger abgestuften Bildungs- und Umbildungsprozeß, der in eine ganze Reihe von Einzelvorgängen zerfällt, vertraut machen.

So schilderte ERDMANNSDÖRFFER hydrothermale Zwischenstufen, kenntlich an bestimmten Mineralgemeinschaften, welche die häufigen Schwankungen der *ptx*-Bedingungen im Ablauf des Kristallisationsvorganges deutlich machen. Solche Gemeinschaften sind: die Muskovit-Zoisit-Paragenese in den gefüllten Feldspäten, die Klinozoisitlinsen und -lagen in Biotiten, die Muskovit-Serizit-Ringe, schließlich Myrmekit- und Korrosionsbildungen in den Rändern der Plagioklase.

Wenn wir die im Laufe der Untersuchungen sich darbietenden Beispiele hydrothermaler Gefügeumbildung aneinanderreihen, so haben wir mindestens so viel verschiedenartige Vorgänge vor uns, als das betreffende granitische Gestein Mineralkomponenten — mit Ausnahme der Akzessorien — besitzt. Denn

keine dieser Komponenten ist in ihrer äußeren Gestalt so geblieben, wie sie zuerst gebildet wurde. Jede zeigt vielmehr deutliche Spuren späteren Lösungsangriffs, mag dieser nun auf Instabilwerden der ausgeschiedenen Kristalle gegen
die durch Auskristallisation einer weiteren Kristallphase in ihrer Zusammensetzung geänderten „Mutterlauge" oder auf Eindringen neuer Lösungen aus
Nachbarbereichen auf Grund des weiter fortschreitenden Deformationsvorganges
zurückgehen.

Betrachtet man daher vergleichend das Gefüge eines normalen Erstarrungsgesteines gegen dasjenige eines Granites, so fällt sogleich der tiefgreifende Unterschied zwischen beiden Strukturen ins Auge. Das Schmelzgestein besteht im
wesentlichen aus einer zuletzt erstarrten Grundmasse einiger weniger Kleinkornarten, in der größere idiomorphe Einzelkristalle liegen. Diese sind mitunter
randlich resorbiert, teilweise aber auch durchaus glatt und unangegriffen.
Zwischen den Bildungsbedingungen von Grundmasse und Einsprenglingen
besteht ein gradueller Unterschied der *ptx*-Zustände und damit auch der Zeitabstände der Kristallisation, welche zwischen den verschiedenen Arten der Einsprenglinge unter sich sowie zwischen den Kornarten der Grundmasse viel
geringer sind als zwischen Einsprenglingen und Grundmasse selbst — und vor
allem bei letzterer — nicht immer mit wünschenswerter Klarheit bestimmt
werden können. Altersunterschiede der Einsprenglinge sind in günstigen Fällen
durch die Art des Verlaufs der Korngrenzen und die Umschließung einer Kornart durch die andere festzulegen. Das Gesamtbild eines *Erstarrungsgesteins
der Norm* aber ist — abgesehen von seltener vorkommenden Spezialbildungen,
bei welchen entweder die Entwicklung der Einsprenglinge oder der Grundmasse im Gefügebild vorherrscht — dasjenige einer echten erstarrten Schmelze,
welche zu einem frühen Zeitpunkt ihrer Entwicklung ganz verflüssigt war und
deren Komponenten sich in gesetzmäßiger Abfolge nacheinander aus ihrer
Mutterlauge abschieden, ohne im weiteren Verlauf des Erstarrungsvorganges
größere randliche Wiederauflösung (trotz an sich vorliegender Unbeständigkeit
gegen die Schmelzzusammensetzung eines späteren Zeitpunktes der Erstarrung)
zu erfahren. Bei diesem Gesteinstyp wird im allgemeinen die Korngröße der
Komponenten mit abnehmendem Alter der Kristalle immer geringer (wichtige
Unterscheidung gegenüber zahlreichen blastischen Gesteinen!), in Übereinstimmung mit der sinkenden Temperatur des Systems. Alles in allem ergibt
sich das Bild eines einheitlich ablaufenden, in sich geschlossenen Entstehungsvorganges, *stofflich* gekennzeichnet durch den einmal gegebenen, von späterer
Zu- und Abfuhr (mit Ausnahme von Entgasungsvorgängen) nicht veränderten
Stoffbestand, *kinetisch* gekennzeichnet durch den Mangel von Durchbewegungsvorgängen des Gesamtbereichs — mit Ausnahme para-postkristalliner Fluidalbewegungen — und durch das Fehlen von ausgearbeiteten Scher- und Schieferungsflächen, die als Zirkulationsbahnen für späteren Lösungsdurchgang im erstarrten
Gestein hätten dienen können.

Das Bild des Gefüges normaler *granitischer Gesteine* ist demgegenüber durchaus verschieden. Zunächst erscheint beim normalen Granit — ohne blastische
Spätlinge — die Korngrößendifferenz zwischen Einsprenglingen und Grundmasse viel verwischter und undeutlicher als bei den Erstarrungsgesteinen.
Die großen, einsprenglingsartigen Feldspäte vieler Granite sind zudem nicht

frühgebildete Einsprenglinge, sondern späte Kristalloblasten. Von den übrigen
Kornarten des granitischen Grundgewebes sind häufig nicht einmal zwei als
sicher gleichzeitig entstanden bestimmbar. Sie sind auch niemals von primären
Flächen begrenzt, sondern zeigen, solange es sich nicht um blastische Formen
handelt, die buchtigen, geschwungenen oder zerfetzten Konturen erworbener
Xenomorphie — wie bei Hornblende und Glimmern — oder sind randlich in
bizarren Kleinformen korrodiert, welche besonders im Falle der Feldspäte bei
der Bildung der Reaktionsgefüge entstehen.

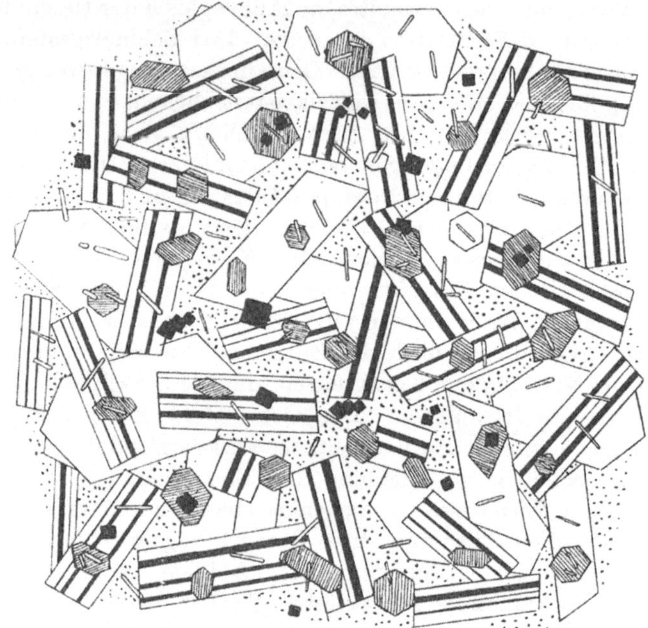

Abb. 210. Hypothetische Granitstruktur in naiver Darstellung unter der Annahme, daß 1. sich die Gemengteile im Sinne der Rosenbusch-Regel hintereinander kristallisierend ausgeschieden haben und 2. keine Wiederauflösung der bereits ausgeschiedenen Komponenten stattfand, so daß ein panidiomorpher Kornverband
entsteht. — Quarz (punktiert) füllt als letzter die übriggebliebenen Hohlräume.

Das scheint mir, ganz abgesehen von den mehrfach eingeschalteten hydrothermalen Zwischenstufen wie Muskovit-Serizit-Paragenese oder Klinozoisit-
bildung der Biotite, das Hauptcharakteristikum der granitischen Struktur zu
sein. Aus ihr ist zu schließen, daß die Bildungsgeschichte des Granits nicht annähernd so einheitlich verläuft wie diejenige der Schmelze eines Erstarrungsgesteins, sondern in eine Reihe verschiedener Wachstums- und Auflösungs-
vorgänge der Kornarten zerlegt werden muß. Wäre das nicht so und bestände
strukturelle Ähnlichkeit mit Erstarrungsgesteinen, so müßte die Granitstruktur
— in Übereinstimmung mit der streng durchgeführten ROSENBUSCHschen Regel —
etwa das Aussehen der Abb. 210 haben, welche die Altersbeziehungen der entstandenen idiomorphen Kornarten ohne Resorptionserscheinungen in naiver
Darstellung zeigt. Solche Strukturen mit klarer Ausscheidungsreihenfolge der
idiomorphen Komponenten kommen jedoch bei Massivgraniten niemals vor.
Nur einige Granitporphyre, also echte Gangfüllungen vom Charakter einer
Schmelze, zeigen derartiges in geringem Grade.

Es ist nun durchaus bedeutsam, daß Gefügebilder, welche wir durch Reaktion unter statischen Bedingungen ableiten konnten, bei den Erstarrungsgesteinen nur ganz selten einmal auftreten. Zwar werden auch hier, besonders bei einigen Diabasen, granophyrische Strukturen beobachtet, im großen und ganzen aber sind die Erstarrungsgesteine frei von derartigen Zwischenbildungen. Die in Kapitel I, 5 dieser Arbeit geschilderten Formen stehen hierzu nicht im Widerspruch, denn sie entstanden an Fremdeinschlüssen, welche die Schmelze bei ihrem Wege in höhere Teufen in sich aufgenommen hatte.

So große Unterschiede im allgemeinen aber auch zwischen der Struktur von Graniten und Erstarrungsgesteinen bestehen, so finden sich jedoch Fälle, welche eine unbestreitbare Übereinstimmung erkennen lassen. Gangförmig auftretende Granitporphyre, diskordante jüngere Massivgranite und verwandte Gesteine können in ihren Strukturbildern deutliche Beziehungen zu den Strukturen der Erstarrungsgesteine zeigen, ein Hinweis darauf, daß sie sehr wahrscheinlich teilweise[1] verflüssigt waren und ähnliche Zustände durchliefen wie ein Erstarrungsgestein. Bei letzterem kommen späte Wachstumsformen einsprenglingsartiger Kristalle vor, welche bereits ausgeschiedene Kornarten in sich einbauen und damit eine Parallele zu dem im festen Gefüge gewachsenen Kristalloblasten granitischer Gesteine darstellen. Der Unterschied ist graduell und liegt wesentlich im physikalischen Zustand des Bereichs, in welchem der Kristall wächst: der *Kristalloblast* bildet sich in einem festen Gefüge, — wobei partielle Verflüssigungen des Grundgewebsbereichs vorhanden sein oder fehlen können —, der *Einsprengling* in einer flüssigen Schmelzlösung mit schon vorhandenen oder noch fehlenden Kornarten. Daß diese bei der Einbettung in den wachsenden Einsprengling — der also ihnen gegenüber als Kristalloblast anzusehen ist — randlich zum Teil stark resorbiert werden, ist hinsichtlich des flüssigen Zustandes der Restlauge, in der sie und der wachsende Einsprengling sich befinden, bemerkenswert und läßt Übereinstimmung mit dem blastischen Wachstum erkennen. Hier sei nochmals auf das sehr überzeugende Beispiel des Syenits von Keban-Maden (s. A. MAUCHER, 1943, 2) hingewiesen. Aber auch dieses zeigt in den eingebetteten Plagioklasen zwar Resorptionserscheinungen, doch niemals Myrmekitquarz oder auch nur randliche Auslaugung. Da auch sonst an den Plagioklasen der Erstarrungsgesteine — wenn es sich um Frühausscheidungen, nicht um die später gebildete Mesostasis einer Intersertalstruktur handelt — im allgemeinen keine Myrmekitbildungen beobachtet werden, scheint dies ein weiterer Hinweis auf *ihre Entstehung im festen Korngerüst* zu sein, wobei der Kapillarenergie der Intergranulare eine wichtige Rolle zufällt[2].

Während bei den Erstarrungsgesteinen die Zirkulation hydrothermaler Lösungen in einem bereits verfestigten Gefüge sehr zurücktritt (mit Ausnahme früher metamorpher Vorgänge) und jedenfalls fast nie unter Bedingungen erfolgt, welche metasomatische oder blastische Vorgänge (die fleckenartige Analcim-

---

[1] Eine gleichzeitige Verflüssigung des gesamten Stoffbestandes scheint bei echten Graniten mit Sicherheit ausgeschlossen werden zu können.

[2] So zeigen manche Quarzdiabase (z. B. Kongadiabas, Diabase von Schonen, Russisch-Karelien und Tasmanien) in den Rändern der sparrenartig verteilten Gerüstplagioklase von der Mesostasis ausgehend granophyrische Strukturformen, so daß auch bei diesen Granophyräquivalenten ein vorhandenes geschlossenes Korngefüge als eine der Voraussetzungen zu ihrer Bildung anzusehen ist.

Nephelin-Bildung der Sonnenbrennerbasalte könnte hierher gehören, (vgl. ERNST und DRESCHER-KADEN, 1940, *2*) zur Folge haben, ist dieses bei der Metamorphose granitischer Gesteine mehrfach möglich, da es sich, wie soeben ausgeführt, bei dieser nur in Einzelfällen um Kristallisationen aus einer homogenen Schmelze handelt. Weitaus überwiegend sind die metasomatisch wirksamen Lösungen, welche das zwischenzeitlich entstandene Gefüge erneut umwandeln.

Es ist daher im Gegensatz zu den Erstarrungsgesteinen von ganz besonderer Bedeutung, daß die in einem *festen Gefüge* zirkulierenden, metasomatisch wirksamen Lösungen granitischer Gesteine *nicht zu dem ursprünglichen polynären System einer erstarrenden Schmelze gehört haben können, sondern von angrenzenden Bereichen aus in wechselnden Mengen und Zuständen (daher die abweichenden Strukturformen der einzelnen Granite) zugeführt wurden.*

Diese Verhältnisse sollen im folgenden an einem bestimmt nicht einheitlich und gleichmäßig, sondern durchaus unstetig erzeugten Gesteinstyp, demjenigen der granitischen Gänge, also der Aplite und Pegmatite, nachgeprüft und anschaulich gemacht werden, weil diese nicht nur in ihrem, im allgemeinen primitiveren, Gefüge die Einzelphasen granitischer Strukturbildung häufig gut erkennen lassen, sondern auch zum granitischen Muttergestein und seinen gefügebildenden Reaktionen in engster genetischer Beziehung stehen und durch den — unstetigen — Vorgang ihrer Füllung Rückschlüsse auf die den einzelnen Bildungsphasen der Gangmasse zuordenbare Zustände des Muttergesteins erlauben.

II. Der genetische Zusammenhang zwischen der Gangbildung der Granite und ihrer Muttergesteinskristallisation.

Die Allverbreitung kristalliner Umformung im Gesamtablauf eines granitischen Zyklus.

Granitische Gänge im engeren Sinne, Pegmatite und Aplite, sind allseitig begrenzte Hohlraumfüllungen des zugehörigen Granitkörpers[1]. Sie durchsetzen häufig ihr Muttergestein auf weite Entfernung hin geradlinig; keilen aber vielfach nach allen Seiten aus und bilden damit flache, scheibenartige Gebilde, besonders deutlich an gut aufgeschlossenen Flanken großer Massive zu beobachten. Es gibt zwei Deutungsarten der Gangbildungen granitischer Gesteine. Entweder entstammen die $\pm$ gashaltigen Lösungen mit ihrem Stoffgehalt dem Nebengestein der Spalte, also dem gefüllten Intergranularnetz der im wesentlichen erstarrten Hauptgranitmasse, oder aber die Gangfüllungen sind granitische

---

[1] Die im folgenden gegebene Darstellung der Genese granitischer Gänge im engeren Sinne gilt nicht für Granitporphyre und Lamprophyre. Wie weit besonders die erstgenannten selbständige Magmen repräsentieren oder sich wesentlich aus aufgenommenem Fremdmaterial aufbauen, ist häufig nur fallweise — man denke an Malchite und Alsbachite — zu entscheiden (vgl. hierzu F. ANGEL, 1928, *10*).

Im allgemeinen muß man in granitischen Massiven zwischen zwei verschiedenen Arten von Gängen und ihrer Füllungen unterscheiden. Lateralsekretionäre, saure Füllungen aus dem Stoffbestand des Nebengesteins, deren Spalten nach unten auskeilen, und Tiefenfüllungen lamprophyrischen Charakters, deren Spalten sich nach unten öffnen und von dort aus gefüllt werden. Die Ergebnisse der Helgoland-Sprengungen sowie die geophysikalischen Untersuchungen des Nördlinger Rieses, welche übereinstimmend eine Tiefe der Granitschale von nur 27 km wahrscheinlich machen und somit die seichte Lage des Simas bestätigen, sprechen nicht gegen diese Auffassung (G. A. SCHULZE, 1948).

Nachschübe tiefer liegender Restschmelzen. Gegen die letztgenannte Annahme spricht die allseitige Begrenztheit der granitischen Gangspalten, nicht weniger aber auch die Schwierigkeit der Füllung eines solchen Gangsystems aus der Tiefe[1]. Die Gangspalte müßte durch den verfestigten oberen Gesteinsanteil hindurch hinabreichen in ein Tiefengebiet von breiiger Konsistenz, das den aziden Rest der Ausgangsgranitschmelze enthält. Weshalb die Unterfläche der mit dem Restbad in Berührung stehenden, verfestigten Granitmasse bestandfähig bleibt, die Restschmelze von ähnlicher Zusammensetzung aber so flüssig, daß sie, nicht erstarrend, kilometerlange Förderwege längs enger Spalten zurücklegt, ist durch nichts beweisbar und bildet eine starke Belastung des Vorstellungsvermögens, ganz abgesehen von der Fragwürdigkeit tiefliegender saurer Restherde überhaupt, worauf ich bereits 1936 hinwies. Ich schrieb damals:

„Zur Behandlung der Frage nach der Stoffherkunft des Injektionsmaterials in Faltengebirgen lassen sich allgemein folgende Erwägungen anstellen. Schon die Vorstellung von den in der Tiefe vorhandenen basischen Magmen ergibt für den Bereich unserer Kontinentalblöcke mit einem Tiefgang von rund 60 km (W. H. PICKERING, A. und S. MOHOROVIČIĆ) einen außerordentlichen Widerspruch, sobald man die Gneisbildung durch Injektion saurer Schmelzen bei der Orogenese im tiefen Niveau betrachtet. Das Injektionsmaterial für die tiefsten Katainjektionsgneise unserer Grundgebirgssockel ist ja nach den geltenden Anschauungen ein noch tieferen Zonen entstammendes, dem injizierten Gestein *neu zugeführtes*, seinem Stoffbestand addiertes Magma ... Da wir annehmen müssen, daß die Gneisgesteine der salischen Partien der Erdkruste weitaus die Hauptmasse des Grundgebirgsanteils der Erde ausmachen, so müßten — selbst bei Schätzung einer nur geringen Mächtigkeit — in den unterlagernden Teilen der Erdkruste gewaltige saure Injektionsmassen in großen Magmenbehältern vorhanden und für die Möglichkeit zur Injektion gleichsam bereitgestellt sein, die aber nirgends, selbst bei noch so tiefem Aufschluß durch axiales Einfallen der zentralen Achsen im Faltengebirge, zur tatsächlichen Beobachtung kommen. Diese ultrasauren Magmen müßten also sehr tief liegen. Wie verträgt sich das mit der landläufigen Anschauung von der Gliederung der oberen Krustenteile? Wie wäre die Beziehung solcher saurer Magmen zu den gar nicht mehr so weit entfernten *simatischen Schichten* (60 km!) oder den dazwischen angenommenen peripheren Magmenbassins zu denken, welche in der Tiefe vorhanden sein sollen? Müßten nicht die simatischen Schmelzen der Tiefe bei ihrem Hochdringen in diese ultrasauren Zonen geraten?"

Diesen Schwierigkeiten gegenüber erscheint es mir viel wohlbegründeter, die granitischen Gänge im engeren Sinne als begrenzte Hohlraumfüllungen aufzufassen, welche das zur Füllung nötige Material nicht aus der Tiefe, sondern in der Art echter „Exsudate" aus dem durch die Gangspalte angeschnittenen Intergranularnetz des Gesteins und seiner beweglichen Anteile entnehmen, welche in die von Klüften und Scherflächen geöffneten klaffenden Schnitte des „ausblutenden" Gesteinskörpers entleert wurden. Solche Gänge sind nach dieser Deutung eng mit der Genese ihres Nebengesteins verbunden. Ihre Hohlformen stellen die Sammelräume dar, in die hinein die letzten, flüssiggebliebenen Lösungsanteile, die das Muttergestein durchzogen, einwanderten.

Mit dieser Auffassung von der Genese der Gänge befinde ich mich durchaus in Übereinstimmung mit H. CREDNER, der in seiner Arbeit über „Die granitischen Gänge des sächsischen Granulitgebirges" (1875) zu folgenden Ergebnissen kam: die granitischen Gänge des Granulit-

---

[1] In diesem Zusammenhang weist mich Prof. RÜGER darauf hin, daß in den Massiv-Apliten sehr selten granitische Schollen, niemals aber Fremdschollen der Unterlage, also Gneise, kristalline Schiefer usw., die nachweislich nicht aus dem Granit stammen, angetroffen werden, im Gegensatz zu Lamprophyren, die ja oft sehr zahlreiche Fremdschollen enthalten. — Vgl. auch die Hybridnatur der Lamprophyre bei E. BEDERKE, 1947.

gebietes — und analoge Ganggebilde aus anderen Gegenden — sind 1. *hydrochemischen Ursprungs.* Denn es steht fest, daß ihre Bestandteile unter Beteiligung des Wassers von einem Ort zum andern wandern können, 2. *verdanken sie ihr Material der Auslaugung ihres Nebengesteins,* denn sie sind erstens an bestimmte Gesteinsarten, und zwar an den echten Granulit gebunden, während *andere* Gesteine wieder *andere* Gangausscheidungen erzeugen; sie besitzen meistens nesterartige Ausbildung, keilen mit anderen Worten nach allen Richtungen aus, können also nicht in genetischer Beziehung zu aus der Tiefe emporsteigenden Mineralquellen gestanden haben. 3. Ihre Bildung ist von den Wandungen der Spalten aus vor sich gegangen durch Auskristallisation der in Lösung zugeführten Gangmineralien usw.

Auch STERRY HUNT kommt in seinen Untersuchungen über die granitischen Gänge der laurentischen Gneise Kanadas 1871 und 1872 zu dem Schluß, daß diese Gänge hydrothermalen Ursprungs und wie die Erzgänge in Spaltenräumen durch allmähliche Auskristallisation aus Lösungen entstanden seien. In ähnlicher Weise erklärt GERHARD VOM RATH (1870) die turmalinführenden granitischen Gänge von Elba, die zu Tausenden im normalen Elbagranit aufsitzen. Ihre Wachstumserscheinungen mit deutlicher Füllungssymmetrie sowie die Strukturverhältnisse zeigten große Ähnlichkeit mit den von CREDNER geschilderten Gangbildungen des sächsichen Granulitgebirges. Eine Auffassung der Elbaner Gänge als Injektionsgebilde oder als „Nachgeburten derselben Granitformation, in deren Bereich sie vorkommen" (NAUMANN) kommt nach GERHARD VOM RATH keinesfalls in Betracht. Er deutet sie vielmehr als Absätze aus aszendenten Lösungen, welche nicht dem unmittelbaren Nebengestein entstammen sollen, verhehlt sich jedoch nicht die Bedenken, welche gegen eine Verallgemeinerung dieser Ansicht zu erheben sind dort, wo rings geschlossene, mit der Erdtiefe nicht in Zusammenhang stehende Nester oder linsenartige, nach allen Seiten auskeilende Vorkommen auftreten. — Ich erwähne hier absichtlich die älteren Autoren, da ihre auf der beobachteten Symmetrie der Füllungen, der Wachstumsrichtungen randständiger Kristalle u. a. beruhenden Schlüsse bisher nicht widerlegt sind und eine Ergänzung durch die von mir mitgeteilten mikroskopischen Verhältnisse erfahren.

In den pegmatitischen *Drusenfüllungen* der Granite sind ähnliche Mineralgemeinschaften vorhanden, wie in den Gängen. Da der Drusenhohlraum aber nicht von Nachschüben der Tiefe, sondern nur von Restlösungen des umgebenden Muttergesteins gefüllt worden sein kann, erscheint — gerade wegen dieser stofflichen Übereinstimmung — auch für die Gangfüllung der Beweis ihrer Herkunft aus Restlösungen des umgebenden Gesteins erbracht[1]. Die sauren, granitischen Gänge stehen also in scharfem Gegensatz etwa zu lamprophyrischen Gängen, welche lange Zeit nach der Verfestigung des Granits auf tektonischen Spalten hochkamen und auf eine neue Mobilisation basischen Materials $\pm$ unabhängig von der Granitbildung zurückgehen.

Wie bei der Ausfüllung einfacher Zugrisse nicht plötzlich maximale Öffnung und Ausfüllung des zur Verfügung stehenden Lumens sondern vielmehr die langsame Verschiebung einer Blastetrix, welche in der Fläche des Zugrisses ihren Ausdruck findet, aus dem Korngefüge des angrenzenden Gesteinsbereichs heraus erfolgt, so ist auch bei der Entstehung der granitischen Gänge im engeren Sinne die Ausfüllung des Ganglumens *nur* durch Stofftransport gelöster Anteile

---

[1] Es ist übrigens keineswegs sicher, daß die Hohlräume pegmatitischer Drusen immer auf eingeschlossene Gase — den Mandelhohlräumen in Melaphyren vergleichbar — zurückgehen. In diesem Falle müßten diese Hohlräume deformierte ellipsoidische Gebilde, höchstens linsenartig abgeplattet, darstellen. Da aber häufig eckige, von breiten Flächen und scharfen Kanten begrenzte Drusenräume angetroffen werden (R. SCHOLZ, Regensburg, an den Drusen des Epprechtsteins), so erhält dessen Annahme, daß es sich bei solchen Hohlräumen um eingesunkene Nebengesteins- (etwa Kalkschollen) handelt, deren Material durch hydrothermale Lösungen entfernt wurde unter Neubildung silikatischer Drusenminerale, große Wahrscheinlichkeit (vgl. auch H. BACKLUND, 1938, *1*).

aus dem Intergranularraum des angrenzenden Gesteinsbereiches — und $\pm$ sogleich anschließender Kristallisation — unter gleichlaufend fortschreitender Öffnung der Gangspalte erklärbar. Das ist überall dort der Fall, wo im Korngefüge des Ganges parallel zum Salband die ehemalige Blastetrix — als Fläche geringster Wachstumsbehinderung — noch erkennbar ist.

In Fällen dagegen, wo eine Blastetrix fehlt, dagegen Strömungserscheinungen der — plastisch gegen die bewegte Gangwand reagierenden — Füllungen sichtbar sind (und wo es feststeht, daß nicht bereits an den Gangwänden angewachsene Kristallrasen durch Deformationsbewegung abrissen und durch ihre fluidale Anordnung eine Blastetrix vortäuschten), ist anzunehmen, daß das Ganglumen während längerer Zeit konstant blieb und die aus den angeschnittenen Intergranularen austretende Lösung nicht sogleich kristallisierte, sondern das Ganginnere hohlraumfrei ausfüllte. Die Kristallisation der Gemengteile dieser Füllung erfolgte sodann etwa gleichzeitig mit dem flüssigen Restteil in den Intergranularen des granitischen Hauptgesteins, so daß die Verfestigung des Ganginhaltes begleitet wird von der Kristallisation der letzten flüssigen Intergranularfüllungen des zugehörigen Granites. Es handelt sich bei diesem Vorgang nicht nur um die Kristallisation dünnster Filme, sondern wie der Blick auf quarzerfüllte Grobkapillaren mit zum Teil vorhandener Feldspatvergesellschaftung mancher Granite lehrt, um selbständige Gefügekornbildung beträchtlichen Ausmaßes. Sie stellt die letzte wesentliche Ausgestaltung einer granitischen Struktur dar und ist etwa gleichaltrig mit dem sich aufbauenden Korngefüge des Ganges.

Gemäß der oben skizzierten Entstehungsweise saurer Gänge müssen die möglichen Gefügearten durchaus vielfältig sein. Es ist ein ausgesprochener Mangel, daß hier nur wenig einschlägige Untersuchungen vorliegen. Mögliche Gefüge granitischer (pegmatitisch-aplitischer) Spaltenfüllungen sind: Aktives Wachstumsgefüge auf den Gangwänden aufwachsender Kristallrasen, Füllungsgefüge, Fluidalgefüge, Anlagerungsgefüge, gepreßtes Starrgefüge bei bewegter Gangwand usw. In Abhängigkeit von den dem Füllungsvorgang des Ganges folgenden, tektonischen und mechanischen Vorgängen sind blastische, metasomatische und Reaktionsgefüge, sowie alle Arten der kinematischen Gefüge — gefolgt von Rekristallisationsvorgängen — möglich und zu erwarten, je nach dem die Gangwände im Laufe einer tektonischen Phase $\pm$ pressend (Starrgefüge) oder gleitend gegeneinander, mit Walzwirkung auf den Inhalt, bewegt werden.

Da genau so, wie in granitischen Gesteinen auch in Gangfüllungen zum Schluß ihres Bildungsvorganges Restlösungen wirksam sind, so werden auch hier Reaktionsgefüge[1] auftreten, allerdings sparsamer und weniger gut ausgebildet (wegen der geringen Menge vorhandener Plagioklassubstanz), denn die Gangfüllungen sind ja verarmte, einseitig gewordene Lösungsgemeinschaften, — wirkliche *Rest*laugen — deren ehemalige Hauptbestandteile in der Korn-

---

[1] Auch bei nichtgranitischen Gesteinen sind ähnliche Beobachtungen möglich. So können die Granophyrstrukturen der Kuselitaplite und diejenigen der Kuselite selbst durchaus in derartiger Weise erklärt werden. Die Füllung dieser Aplite erfolgte durch Sekretion aus dem Muttergestein, in welchem die letzte, flüssig gebliebene Intergranularfüllung synchron und gleichartig mit der Aplitfüllung granophyrisch erstarrte. — Die bisherige Auffassung sah die in den Kuseliten aufsetzenden Aplite in üblicher Weise als spätere Nachschübe an. — (Vgl. M. SCHUSTER, 1923, *4*.)

gemeinschaft des benachbarten granitischen Muttergesteins längst fixiert wurden.

Betrachten wir am Beispiel des Ganges den Ablauf gefügebildender Vorgänge, so wird es — auch betreff der Kristallisationsvorgänge im Hauptgestein — klar, daß es durchaus unrichtig ist, von primären oder sekundären Bildungen zu sprechen und den Myrmekit oder andere Reaktionsgefüge einmal zur einen, dann wieder zur anderen Art zu rechnen. Ihr Fehlen oder Vorhandensein wird durch den ionaren Stoffgehalt der umlaufenden Lösungen gesteuert, die während des Verfestigungs- oder Umbildun⁻svorganges in — häufig stark wechselnder Menge — zur Verfügung stehen. Daraus ergibt sich, daß keineswegs alle bei der statischen Gefügebildung granitischer Gesteine beobachteten Vorgänge in einer einzigen Entstehungsperiode verwirklicht sein müssen, abgesehen davon, daß bei den Gängen im allgemeinen nur bestimmte Gefügegruppen auftreten.

Durch die Vorgänge bei der Gefügebildung eines aplitischen Ganges ist man also in der Lage, über das in der letzten Verfestigungsphase eines Gesteins noch mobile Material Auskunft zu geben. Denn alles auf der Gangspalte angesammelte Sekret entstammt dem Stoffbestand des Muttergesteins ebenso wie das bei einer Drusenfüllung der Fall ist. Denkt man sich nun das Füllmaterial einer Gangspalte wiederum auf das benachbarte Muttergestein gleichmäßig verteilt, so stellt man damit gedanklich den *vor* der Gangbildung bestehenden Zustand, d. h. die Stoffzusammensetzung des ursprünglichen Gesteins wieder her, *ohne* die Stoffdifferenzierung durch die Gangbildung. Da aber niemals das ganze Feldspatmaterial und der Quarz der letzten Verfestigungsperiode des Muttergesteins in die Gangspalten einwandert, sondern die weitaus überwiegende Menge zurückbleibt[1], so wird diese unter den entsprechenden Verhältnissen und mit nur ganz geringem zeitlichen Unterschied in den Intergranularen des Muttergesteins kristallisieren wie das ausgesickerte Material in der Gangmasse.

Ob die Kristallisation der letzten mobilen Anteile, Feldspäte und Quarz, auf der Gangspalte oder auf den Intergranularen im Gefüge des Muttergesteins vor sich geht, ist also *materialmäßig* kein Unterschied. Dagegen kann nicht ohne weiteres erwartet werden, daß das Kornwachstum in den Intergranularen des Muttergesteins und auf der Gangspalte die gleichen *Gefügeformen* erzeugt, ebensowenig wie eine *vollkommene* Übereinstimmung im zeitlichen Ablauf beider Vorgänge erwartet werden kann.

Man wird aber im allgemeinen in der Annahme nicht fehlgehen, daß sich die hydrothermalen oder pneumatolytischen Wirkungen in Muttergestein und Gangfüllung mit nur ganz geringen zeitlichen Unterschieden gegenseitig entsprechen, wie es an manchen Graniten mit Drusen- und Gangfüllungen sowie diffusen Infiltrationen zu beobachten ist. (Striegau in Schlesien, Granit des Ochsenkopfes im Fichtelgebirge.)

Die das Muttergestein einschließlich seiner Gänge zuletzt durchlaufenden Lösungen werden, sobald sich in der Gangfüllung ein festes Korngerüst gebildet

---

[1] Nach einer Berechnung von H. CLOOS beträgt beispielsweise für das Riesengebirgsmassiv die Querdehnung, also der zur Aufnahme von Gangmaterial zur Verfügung gestellte Raum 4 % der Granitmasse. Dieser Raum wird ganz überwiegend von Feldspat-Quarzmaterial eingenommen. — Es ist durchaus möglich, solche Mengen aus dem Porenvolum angeschnittener gefüllter Intergranularen des Muttergesteins abzuleiten.

hat, hier wie dort in gleicher Weise wirken können. Mit welchen relativen zeitlichen Unterschieden in der Kristallisation der allerletzten Kornarten im Gefüge von Muttergestein und Gangfüllung aber gerechnet werden muß, werden erst zukünftige Beobachtungen ergeben, da die Feststellung der Gleichzeitigkeit für das Kornwachstum von Gang und Nebengestein einstweilen unsicher ist. So dürften noch völlig sichere Kriterien dafür fehlen, ob z. B. das blastische Wachstum später Kalifeldspäte im Gefüge des Muttergesteins noch mit früher Or-Bildung im angrenzenden Gang zeitlich parallelisiert werden darf, ob die myrmekitischen oder schriftgranitischen Reaktionsgefüge, als letzte Gefügeumbildung im Gang mit ihren korrelaten Bildungen im angrenzenden Granit, auf ein und denselben ursächlichen Vorgang zurückgeführt und damit zeitlich gleichgesetzt werden dürfen usw.

In jedem Fall aber ist in den Korngemeinschaften des Ganges die Geschichte der hydrothermal-pneumatolytischen Anteile aufbewahrt, welche nicht im Gefüge des *Muttergesteins* fest wurden. Für die Kenntnis der Reaktionsgefüge und ihrer Bildungsbedingungen ist daher die Gleichheit ihres Auftretens im granitischen Muttergestein, im metamorphen Grundgebirge — im Gefolge blastischer Vorgänge — und in den dazugehörigen Gängen genetisch entscheidend. Ergibt sich doch aus der — ernsthaft wohl nie bezweifelten pegmatitisch-hydrothermalen Entstehungsweise granitischer Gänge — daß *erstens in den Kornarten des benachbarten Muttergesteins ·die Reaktionsgefüge durch die Wirksamkeit hydrothermaler Lösungen* (häufig im Anschluß an eine Blastese) *erzeugt wurden und daß zweitens durch den mehrfach oszillierenden Lösungsumlauf im Muttergestein wie im Gang selbst* (bei bereits abgeschlossener Gangfüllung für beide zum Teil gemeinsam!) *die verschiedenen sekundären Strukturmerkmale entstanden*, von denen die Reaktionsgefüge zwischen Feldspat und Quarz für die zukünftige Erforschung statischer Gesteinsgefüge eine wichtige Rolle spielen werden.

Ganz allgemein aber kann man zusammenfassend sagen: Die Bildung der Korngemeinschaften im Granit stellt sich alles in allem *nicht* als Folge gesetzmäßiger Erstarrung eines polynären Systems dar, sondern ist ein typisches Beispiel *fixierter Ungleichgewichte mit periodisch wieder auflebender kristalliner Umformung*. Gerade die Erscheinungen der Reaktionsgefüge klären uns darüber auf, daß die Kornarten eines bereits abgeschlossenen granitischen Gefüges durch erneute Einwirkung zirkulierender hydrothermaler Lösungen — die jedenfalls nicht immer im gesetzmäßigen Erstarrungsablauf des Ausgangssystems vorhanden gewesen sein müssen, sondern auch dem Nachbarbereich entstammen können — umgebaut werden zu Korngemeinschaften wesentlich blastischen Charakters. Die große Ähnlichkeit, ja Übereinstimmung der Granitgefüge mit solchen der metamorphen Bildungen kann damit aus ihrer nur graduell verschiedenen, generell aber einheitlichen Genese erklärt werden.

Literatur.

1788   Hutton, J.: Theory of the earth. Royal Society of Edinburgh. 1788.

1837   Rose, G.: Reise nach dem Ural, Bd. 1 (1837) S. 445.

1839   Breithaupt, A.: Über regelmäßige Verwachsungen von Kristallen zweier und dreier Mineralspezies. N. Jb. Min. etc. (1839) S. 89.

1846/47   Durocher, J.: 1. Études sur le métamorphisme des roches. Bull Soc. géol. France (2) Bd. 3, S. 546—647. — 2. Bull. Soc. géol. France (2) Bd. 4 (1847) S. 1018.

1847   Durocher, J.: Handbuch der Mineralogie, Bd. 3, S. 501—673.

1861 1   Durocher, J.: Regelmäßige Verwachsungen von zweierlei Mineralien. Pegmatholit und Quarz (Elba). Handbuch der Mineralogie, Bd. 3, S. 1577.

    2   Bunsen, R.: Über die Bildung des Granits. Z. dtsch. geol. Ges. Bd. 13 (1861) S. 61.

1870   vom Rath, Gerh.: Geogn.-mineral. Fragmente aus Italien, Teil 3. Z. dtsch. geol. Ges. Bd. 22 (1870) S. 659.

1871   Hunt, Sterry: Notes on granitic Rocks. Amer. J., III. s. Bd. 1, S. 82, 182; Bd. 3 (1872) S. 115.

1874   Michel-Lévy, A.: Structure microscopique des roches acides anciennes. Granite porphyroide de Vire. Bull. Soc. géol. France Bd. 3 (1874) S. 201.

1875   Credner, H.: Die granitischen Gänge des sächsischen Granulitgebirges. Z. dtsch. geol. Ges. Bd. 27 (1875) S. 152.

1879   Fouqué, F. et Michel-Lévy: Minéralogie micrographique, Roches éruptives francaises. Mém. carte géol. France (1879) S. 193.

1881 1   Benecke, E. W. u. E. Cohen: Geognost. Beschreibung der Umgebung von Heidelberg, S. 45. Straßburg 1881.

    2   Woitschach, G.: Das Granitgebirge von Königshain in der Oberlausitz. Abh. Naturf. Ges. Görlitz Bd. 17, S. 141. Ref. O. Luedecke, Z. Kryst. Bd. 7 (1881) S. 82.

1882   Klockmann, F.: Beitrag zur Kenntnis der granitischen Gesteine des Riesengebirges. Z. dtsch. geol. Ges. Bd. 34 (1882) S. 381.

1883 1   Williams, G. H.: Die Eruptivgesteine der Gegend von Triberg im Schwarzwald. Diss. Heidelberg 1883.

    2   Irving, R. D.: The Copper-Bearing Rocks of Lake Superior. U. S. Geol. Surv. Monogr. Bd. 5 (1883) S. 112.

1884   Lehmann, J.: Untersuchungen über die Entstehung der altkristallinen Schiefergesteine. Bonn 1884.

1885   Lehmann, J.: Über die Mikroklin- und Perthitstruktur der Kalifeldspäte und deren Abhängigkeit von äußeren zum Teil mechanischen Einflüssen. Schles. Ges. vaterl. Kultur, Breslau, 11. Februar 1885.

1886   Broegger, W. C.: Die Minerale der Syenitpegmatite der Südnorwegischen Augit- und Nephelinsyenite. Geol. Fören. Stockholm Förh. Bd. 5 (1886) S. 326. — Z. Kryst. Bd. 16 (1890) S. 152.

1888   Mc Mahon, C. A.: On the polysynthetic structure of some porphyritic quartz crystals in quartzfelsite. Mineralog. Mag. Bd. 8 (1888) S. 10.

1890   Michel-Lévy, A.: Étude sur les roches cristallines et éruptives des environs du Mont Blanc. Bull. Service. Carte géol. France. 1890.

1891   Sabersky, P.: Mineral.-petrogr. Untersuchung argentinischer Pegmatite usw. N. Jb. Min. etc. Bd. 7 (1891) S. 394.

1892 1   Romberg, J.: Petrographische Untersuchungen an argentinischen Graniten. N. Jb. Min. etc. Bd. 8 (1892) S. 65, 314.

    2   Becke, F.: Petrographische Studien am Tonalit der Rieserferner. Tscherm. Min. Petr. Mitt. Bd. 13 (1892) S. 66, 411.

1893   Michel-Lévy, A.: Contribution à l'étude du granite de Flamanville. Bull. Carte géol. France, Nr. 30 (1893) S. 28.

1894   Futterer, K.: Über Granitporphyr von der Grießscharte in den Zillerthaler Alpen. N. Jb. Min. etc. Bd. 9 (1894/95) S. 541.

1897 *1* SEDERHOLM, J. J.: Über eine archäische Sedimentformation im südwestlichen Finnland. Bull. Com. Géol. Finlande Nr. 6 (1897) S. 11, 108.

    2 GRABER, H. V.: Die Aufbruchzone von Eruptiv- und Schiefergesteinen in Südkärnten. Jb. k. k. geol. Reichsanst. Wien Bd. 47 (1897) S. 225.

1899 *1* HALL, C. W.: The Gneisses, Gabbro Schists and Associated Rocks of Southwestern Minnesota. Bull. U.S. Geol. Surv. Bd. 157 (1899).

    2 HÖGBOM, A. G.: Über einige Mineralverwachsungen. Bull. Geol. Inst. Univ. Upsala Bd. 3 (1899) S. 436. Ref. BÄCKSTRÖM, Z. Kryst. Bd. 31 (1899) S. 314.

1900 McMAHON, C. A.: The Geology of Gilgit. Quart. J. geol. Soc., London (1900) S. 366.

1901 HOLMQUIST, P. J.: Om Rapakiwistruktur og Granitstruktur. Geol. Fören. Stockholm Förh. Bd. 23 (1901) S. 150.

1902 *1* OSANN, A.: Notes on certain Archaean Rocks of the Ottawa Valley. Geol. Survey of Canada. Part. O. Ann. Rep. Bd. 12 (1902) S. 70.

    2 WALLÉRANT, F.: Über die Gruppierungen von Kristallen verschiedener Art. Compt. Rend. Bd. 135 (1902) S. 800. Ref. BECKENKAMP, Z. Kryst. Bd. 39 (1904) S. 204.

    3 BERGT, W.: Zur Geologie des Coppename und Nickeritales in Surinam (holl. Guayana) Sammlung des Geologischen Reichsmuseums Leiden, Ser. II, Heft 2, S. 117—187. Leiden 1902.

1903 *1* MÜGGE, O.: Die regelmäßigen Verwachsungen von Mineralen verschiedener Art. N. Jb. Min. etc. Bd. 16 (1903) S. 391

    2 VOGT, J. H. L.: Die Theorie der Silikatschmelzlösungen. — Ber. V. internat. Kongr. angew. Chem. Berlin 1903. Ref. BECKENKAMP, Z. Kryst. (1906), S. 301.

1904 *1* WEBER, F.: Über den Kalisyenit des Piz Giuf und Umgebung (östl. Aarmassiv). Beitrag zur Geol. Karte der Schweiz, N. F. Bd. 14 (1904) S. 15.

    2 PETRASCHEK, W.: Über Gesteine der Brixener Masse und ihrer Randbildungen. Jb. k. k. geol. Reichanst. Wien Bd. 54 (1904).

    3 HINTZE, C.: Handbuch der Mineralogie, Bd. I/2, S. 1347. 1904.

1904/06 BYGDEN, A.: Über das quantitative Verhältnis zwischen Feldspat-Quarz in Schriftgraniten. Bull. Geol. Inst. Univ. Upsala Bd. 7 (1904/06) S. 1. Ref. MOBERG, Geol. Zbl. Bd. 9 (1907) S. 842.

1905 MILCH, L.: Über magmatische Resorption und porphyrische Struktur. N. Jb. Min. etc. Bd. 2 (1905) S. 1.

1906 *1* REINHARDT, M.: Der Coziagneis in den rumänischen Karpathen, S. 78, 79, 100. Inaug.-Diss. Bukarest 1906.

    2 BYGDEN, A.: Über das quantitative Verhältnis zwischen Feldspat und Quarz in Schriftgraniten. Bull. Geol. Inst. Univ. Upsala Bd. 7 (1906) S. 1.

    3 HOLMQUIST, P. J.: Studien über die Granite von Schweden. Bull. Geol. Inst. Univ. Upsala Bd. 7 (1906) S. 77.

    4 SHAND, I.: Über Borolanit und die Gesteine des Cnoc-na-Scroine Massivs in Nordschottland. N. Jb. Min. etc. Bd. 22 (1906) S. 5, 429.

    5 ROSIWAL, A.: Verh. k. k. geol. Reichsanstalt Wien (1906).

1907 *1* BACKLUND, H.: Über ein Gneismassiv im nördlichen Sibirien. Trav. Mus. Géol. Pierre le Grand. St. Petersbourg. Bd. 1 (1907) S. 118.

    2 LACROIX, A.: Étude minéralogique des produits silicatés de l'éruption de Vésuve. Nouv. arch. Mus. hist. nat. Paris 4. s., Bd. 9 (1907) S. 148.

    3 BECKENKAMP, J.: Über die Bildung der Zellenkalke. — Sitzb. Phys.-med. Ges. Würzbg (1907) S. 27.

    4 ROSENBUSCH, H.: Mikroskopische Physiographie, 4. Aufl., Bd. II/1. 1907.

1908 *1* BECKE, F.: Über Myrmekit. Mitt. d. Wiener Mineral. Ges. Tscherm. Min. Petr. Mitt. Bd. 27 (1908) S. 381.

    2 BARKER, TH. V.: Untersuchungen über regelmäßige Verwachsungen. Z. Kryst. Bd. 45 (1908) S. 1, 53.

1909 SCHWANTKE, A.: Die Beimischung von Ca in Kalifeldspat und die Myrmekitbildung. Zbl. Min. etc. (1909) S. 311.

1910 *1* BROUWER, H. A.: Oorsprong en Samenstelling der Transvaalsche Nephelien-syenieten. Diss. s'Gravenhage 1910, S. 40.

1910 *2* GAVELIN, A.: Om relationerna mellan graniterna, grönstenarna och kvartsit-
        leptit-serien inom Loftahammar-omradet. Sveriges Geol. Undersök., Ser. C.,
        Nr. 224 (1910) S. 56.

     3 NORDENSKJÖLD, J.: Der Pegmatit von Itterby. Bull. Geol. Inst. Univ. Upsala
        Bd. 9 (1910) S. 203.

     4 WRIGHT u. LARSEN: Quarz als geologisches Thermometer. Z. anorg. Chem. Bd. 68
        (1910) S. 338.

     5 DE LAPPARENT, J.: Sur les roches basiques Saint-Quay-Portrieux (côtes-du-Nord)
        et leurs rapports avec les filons de pegmatite que les traversent. Compt. Rend.
        150, I (1910) S. 930. — Ref. JOHNSEN, N. Jb. Min. etc. (1913) II, S. 62.

1911 *1* TSCHIRWINSKY, R. N.: Mengenmäßige mineralogische und chemische Zusammen-
        setzung von Graniten und Gneisen, S. 608. (Russ.) Herausgeg. vom Alexej-
        Donskoj Politechnischen Institut Moskau 1911.

     2 GOLDSCHMIDT, V. M.: Die Kontaktmetamorphose im Kristianiagebiet. Kri-
        stiania 1911.

     3 LUCZIZKY, W. N.: Rapakiwi im Kiower Gouvernement und die ihn begleitenden
        Steinarten, S. 60. (Russ.) Nachr. Warschauer Politechn. Inst. 1911. War
        schau 1912.

     4 ERDMANNSDÖRFFER, O. H.: Die Einschlüsse des Brockengranites. (1943) S. 9.
        Jb. Preuß. geol. Landesanst. Berlin Bd. 32 II (1911).

     5 LACROIX: Les Syénites néphéliniques de l'archipel de Los. Nouv. Arch. Mus.
        hist. nat. Paris 5. s. Bd. 3 (1911) S. 53.

     6 BASTIN, E. S.: Geology of the pegmatites and associated rocks of Maine. U. S.
        Geol. Surv. Bull. (1911) S. 445.

     7 FRIEDEL, G.: Leçon de Crist. 276 (1911).

1912 *1* GEIJER, P.: Basische Schlierengebilde in einigen nordschwedischen Syeniten.
        Geol. Fören. Stockholm Förh. Bd. 34 (1912) S. 197.

     2 GUTZWILLER, E.: Injektionsgneise aus dem Kanton Tessin, S. 29, 34, 37, 39,
        44, 52, 59. Inaug.-Diss. Lausanne 1912.

     3 BESBORODKO, N.: Zur Petrographie der Südrussischen kristallinischen Tafel I.
        Über die basischen Schlieren im Granit in der Umgebung der Stadt Tschigirin
        (Govern. Kiew). Inst. angew. Mineral. u. Geol. des Alex-Donsch. Polytechnikums
        in Nowotscherkassk (1912) S. 145 (deutsches Résumé).

     4 TRONQUOY, R.: Contribution à l'étude des gîtes d'étain. Bull. Soc. franç. Minéral.
        Bd. 35 (1912) S. 330.

     5 TRONQUOY, M. R.: Origine de la myrmékite. Bull. Soc. franç. Minéral. Bd. 35
        (1912) S. 214.

1913 *1* MÄKINEN, E.: Die Granitpegmatite von Tamela in Finnland und ihre Mineralien.
        Bull. Com. Géol. Finlande Bd. 35 (1913) S. 28.

     2 SWITALSKI, N.: Monzonite im System des Flusses Zipikana. Explor. géol. dans les
        régions aurifères de la Sibérie. Région aurifère de la Léna. Livr. Bd. 9 (1913)
        S. 137.

     3 BECKE, F.: Über Mineralbestand und Struktur der kristallinischen Schiefer.
        Denkschr. Akad. Wiss. Wien Bd. 25 (1913) S. 134.

1914 *1* KALB, GEORG: Petrographische Untersuchungen am Granit von Bornholm, S. 45.
        Inaug.-Diss. Greifswald 1914.

     2 ESKOLA, P.: Petrology of the Orijärvi Region. Bull. Com. Géol. Finlande Nr. 40
        (1914) S. 27.

1915 *1* HOLMQUIST, P. J.: Zur Morphologie der Gesteinsquarze. Geol. Fören. Stockholm
        Bd. 37 (1915) S. 681.

     2 FERSMANN, A. E.: Die Schriftstruktur der Pegmatite und die Ursachen ihrer Ent-
        stehung. Isw. Akad. Wiss. Nr. 12 (1915) S. 1211. (Russ.)

1916 *1* SEDERHOLM, J. J.: On Synantetic minerals and related phaenomena. Bull. Com.
        Géol. Finlande Nr. 48 (1916) S. 46.

     2 VAN DER VEEN, A. L. W. E.: Het schijnbare eutecticum: Kwarts-veldspaath. —
        Versl. v. d. gew. verg. d. Afd. Natuurk. v. d. Kon. Akad. d. Wetensch. te Amster-
        dam, Tl. XXIV, 1856 (1916). Ref. STERNHEUS, Geol. Zbl. Bd. 35 (1927) S. 11, 1447.

1917   DE LAPPARENT, J.: Sur le granite graphique. Bull Soc. franç. Minéral. Bd. 40 (1917) S. 11.

1920   NIGGLI, P.: Die leichtflüchtigen Bestandteile im Magma. Preisschr. Fürstl. Jablonowskischen Ges. Leipzig, Bd. 17 (1920).

1921 *1*   ESKOLA, P.: On the Eklogits of Norway. Vidensk. Selsk Skrifter I. Math.-naturw. Kl. Nr. 8 (1921).

1921 *2*   MÜGGE, O.: Über Quarz als geologisches Thermometer und die Bedeutung der Zusammensetzungsfläche von Zwillingen. Zbl. Mineral. (1921) S. 609.

3   SHUKUSUKE KÔZU and MASAT SUZUKI: Optical, chemical and thermal properties of Moonstone from Korea. The Sci. Rep. Tôhoku Imp. Univ. Bd. 1, Nr. 1 (1921) S. 19.

1923 *1*   VOGEL, R.: Über den wechselseitigen Auf- und Abbau sich berührender metallischer Kristallite. Z. anorg. Chem. Bd. 126 (1923) S. 1.

2   JOHNSEN, A.: Zur Kinematik der eutektischen Kristallisation. Sitzb. preuß. Akad. Wiss. (1923) S. 208.

3   GROSS, R. u. H. MÖLLER: Über das Kristallwachstum in röhrenförmigen Hohlräumen. Z. Physik Bd. 19 (1923) S. 375.

4   SCHUSTER, M.: Neue Beiträge zur Kenntnis der permischen Eruptivgesteine a. d. bayer. Rheinpfalz. I. Forts. Geogn. Jahresh. Bd. 36 (1923) S. 49.

1924 *1*   GORNOSTAJEW, N.: Über neue Gesetze der Quarz-Feldspatverwachsungen. Ber. Tomsk-Technol. Inst. Bd. 46 (1924). (Russ.)

2   JÉRÉMINE, E.: Granite et microgranite à structure graphique etc. Compt. Rend. Bd. 178 (1924) S. 1290. Ref. EITEL, N. Jb. Min. etc., Abt. A (1926) S. 163.

1925 *1*   BINDRICH, J.: Porphyrquarze vom Saubachtal im Vogtland etc. Zbl. Mineral., Abt. A (1925) S. 203.

2   HESS, F. L.: Nat. History of Pegmatites. Eng. Min. J. 120 (1925).

1926 *1*   FENNER, C. N.: The Katmai magmatic province. J. Geol. Bd. 34 (1926) S. 673, 750.

2   ANDERSEN, O.: Feltspat I. Feltspatmineralenes egenskaper, ferekemst og praktiske utnyttelse med särlighenblikk pa den Norske feltspatindustri. Norges Geologiske Undersökelse Nr. 128 A Oslo 1926. Ref. EITEL, N. Jb. Min. etc. (1927) S. 242.

3   FISCHER, G.: Über Verbreitung und Entstehung der Titanitfleckengesteine usw. Zbl. Mineral., Abt. A etc. Nr. 5 (1926) S. 155.

4   VOGT, J. H. L.: Magmas and igneous ore Deposits. Econ. Geol. Bd. 21 (1926) S. 215.

5   SCHALLER, W. T.: Origin of graphic granite. Amer. Mineral. Bd. 11 (1926) S. 66. Ref. EITEL, N. Jb. Min. etc., Abt. A (1926) S. 358.

6   WYCKOFF, R. W. G.: Kriterien für hexagonale Raumgruppen und die Kristallstruktur von β-Quarz. Z. Kryst. Bd. 63 (1926) S. 507.

7   TSCHIRWINSKY, P.: Anchi-stöchiometrische Typen der Biotitgranite nach ihrem theoretischen Feldspatgemisch geordnet. N. Jb. Min. etc., Abt. A, Bd. 53 (1926) S. 209.

8   KAISER, E. u. MAX STORZ: Die Diamantenwüste Südwestafrikas, 2 Bde. Berlin: Dietrich Reimer 1926.

1927 *1*   CHRISTA, E.: Über Regelungserscheinungen im Schriftgranit. Verh. physik.-med. Ges. Würzbg, N. F. Bd. 53 (1927).

2   DRESCHER-KADEN, F. K.: Über Mikroklinholoblasten mit Grundgewebseinschlüssen usw. Notizbl. Hess. Geol. Landesanst. 5. F., Bd. 1 (1927) S. 10.

3   SCHALLER, W. T.: Mineral Replacements in pegmatites. Amer. Mineral. Bd. 12, (1927) S. 59.

4   Popoff, B.: Über einige mineralogische Charakterzüge der Rapakiwigranite. Min. Zbl., Abt. A Nr. 12 (1927) S. 438. Z. Kryst. Bd. 66 (1928).

5   ROSENBUSCH-O. MÜGGE: Mikroskopische Physiographie usw. der petrographisch wichtigen Mineralien. Stuttgart: Schweizerbart 1927.

1928 *1*   POPOFF, B.: Mikroskopische Studien am Rapakiwi des Wiborger Verbreitungsgebietes; Fennia Bd. 50 (1928) Nr. 34.

2   ANDERSEN, O.: The genesis of some types of Feldspar from Granite Pegmatites. Norsk. geol. Tidsskr. Bd. 10 (1928) S. 116.

254 Literatur.

1928 *3* Eskola, P.: On Rapakiwi rocks from the bottom of the Gulf of Bothnia. Fennia
Bd. 50 (1928) Nr. 27.

4 Christa, E.: Über Myrmekit in zentralalpinen Gesteinen. N. Jb. Min. etc., Abt.A.
Bd. 57. (1928).

5 Sederholm, J. J.: On orbicular granites, spotted and nodular granites and on
the Rapakiwi texture Bull. Com. Géol. Finlande Bd. 83 (1928).

6 Bakker, G.: Kapillarität und Oberflächenspannung. Handbuch der experi-
mentellen Physik. Leipzig: Akademische Verlagsgesellschaft 1928.

7 Vogt, J. H. L.: On the graphic granite. K. Norske Vidensk Selkabs. Förh. Bd. 1
(1928) S. 67. Ref. Barth, N. Jb. Min. etc. (1931) S. 171.

8 Royer, M.: Recherches expérimentales sur l'épitaxie etc. Bull. Soc. Min. France
Bd. 51 (1920) S. 1.

9 Barth, Tom.: Zur Genese der Pegmatite im Urgebirge. N. Jb. Min. etc., Abt. A
Bd. 58 (1928) S. 385.

10 Angel, F.: Über Quarz in porphyrischen Gesteinen. N. Jb. Min. etc., Beil.-Bd. 56,
Abt. A (1928) S. 1.

1929 *1* Wahl, W.: Eutectics and the crystallisation of the igneous rocks. Compt. Rend.
Soc. Géol. Finlande Bd. 2 (1929.

2 Fersmann, A. E.: Die Schriftstruktur der Granit-Pegmatite und ihre Entstehung.
Z. Kryst. Bd. 69 (1929) S. 77.

1930 *1* Lämmlein, G.: Korrosion und Regeneration der Porphyrquarze. Z. Kryst. Bd. 75
(1930) S. 109.

2 Sander, B.: Gefügekunde der Gesteine, S. 157. Wien: Springer 1930.

3 Baier, E.: Lamellenbau und Entmischungsstrukturen der Feldspäte. Z. Kryst.
Bd. 73 (1930) S. 465.

4 Angel, Fr.: Über Plagioklasfüllungen und ihre genetische Bedeutung. Mitt.
Nat. Ver. Steierm. Bd. 67 (1930) S. 36.

5 Krokström, T.: The Breven Dolerite dike. Bull. Géol. Inst. Univ. Upsala Bd. 23
(1930/32) S. 243.

6 Schiebold, E.: Über den Feinbau der Feldspäte. Z. Kryst. Bd. 73 (1930) S. 93.

7 Drescher-Kaden, F. K.: Zur Genese der Diorite von Fürstenstein. N. Jb. Min.
etc., Abt. A Bd. 60 (1930) S. 445.

1931 *1* Christa, E.: Das Gebiet des oberen Zemmgrundes in den Zillerthaler Alpen.
Jb. geol. Bund.-Anst. Wien Bd. 81, S. 1, 533.

2 Andersen, O.: Discussions of certain Phases of the Genesis of Pegmatites. Norsk.
Geol. Tidsskr. Bd. 12 (1931) S. 1.

3 Stöber, F.: (*1*) Der kristallisierte Sandstein. Chem. d. Erde, Bd. 6 (1931) S. 357.
(*2*) Über das Wachstum der Kristalle, S. 455. Ebendort.

4 Drescher-Kaden, F. K.: Über Schriftgranit. Fortschr. Mineral., Kristallogr.
Petrogr. Bd. 16 (1931) S. 317.

5 Ebert, H.: Die Art der Verwachsung bei einigen granitischen Perthit-Feldspäten.
Fortschr. Mineral. Kristallogr. Petrogr. Bd. 16 (1931) S. 65.

6 Vogt, J. H. L.: Die Genesis der Granite, physikochemisch gedeutet. Z. geol. Ges.
Bd. 83 (1931). Ref. Christa, N. Jb. Min. etc. (1932) S. 310.

7 Gäckel, E.: Die strukturelle Bedingtheit und Kinematik des schriftgranitischen
Kristallwachstums. Diss. Greifswald. 1931.

1932 *1* Kölbl, L.: Das Nordostende des Großvenedigermassivs. Sitzb. Akad. Wiss. Wien.
Math.-naturw. Kl. I. Bd. 141 (1932) S. 39.

2 Alling, L.: Perthites. The Am. Min. Bd. 17 (1932) S. 43.

1933 *1* Hess, F. L.: Pegmatites. Econ. Geol. Bd. 28 (1933) S. 447.

2 Landes, K. K.: Origin and classification of pegmatites. The Amer. Mineral.
Bd. 18 (1933) S. 33, 95.

3 Taylor, W. H.: The structur of sanidine and other feldspars. Z. Kryst. Bd. 85
(1933).

1934 *1* Sander, B.: Fortschritte der Gefügekunde der Gesteine. Fortschr. Mineral.
Kristallogr. Petrogr. Bd. 15 (1934) bes. S. 122.

2 Schmidt, W.: Tektonik und Verformungslehre. Berlin: Bornträger 1934.

1934 *3* LANDES, K. K.: Origin and classification of pegmatites. The Amer. Mineral. Bd. 18 (1939) S. 33, 95.

4 MOLLWO, E.: Diffusion von Ca in CaF_2 und von Sr in $SrCl_2$. Gött. Nachr. Akad. Wiss., Math.-physik. Kl., N. F. Bd. 1 (1934) S. 79.

5 EBERT, H.: Das Grundgebirge im Elbtal nördlich von Tetschen. Abb. Sächs. geol. Landesanst. Bd. 14 (1934).

1935 CORNELIUS, H. P.: Zur Deutung gefüllter Feldspäte. Schweiz. mineral. petrogr. Mitt. Bd. 15 (1935) S. 15; Bd. 17 (1937) S. 80.

1936 *1* DRESCHER-KADEN, F. K.: Über Assimilationsvorgänge, Migmatitbildungen und ihre Bedeutung bei der Entstehung der Magmen usw. Chem. d. Erde Bd. 10 (1936) S. 271.

2 CHRISTA, E.: Zur Frage der Mikrolithenschwärme in Plagioklasen. Schweiz. mineral. petrogr. Mitt. Bd. 16 (1936) S. 290.

3 STASIW, O.: Diffusion von Farbzentren, d. h. überschüssigen Alkalis in Alkalihalogenidkristallen. Gött. Nachr. Math.-physik. Kl., N. F. Bd. 2 (1936) S. 131.

4 BACKLUND, H. G.: Der Magmaaufstieg in Faltengebirgen. Bull. Com. Géol. Finlande Bd. 115 (1936) S. 293.

5 SCHEUMANN, K. H.: Metatexis und Metablastesis. Z. Kryst. B (Min.-Petr. Mitt.) Bd. 48 (1936) S. 402.

1937 *1* ECKERMANN, H. v.: The genesis of the Rapakiwi granites. Geol. Fören. Stockholm Förh. Bd. 59 (1937) S. 503.

2 BACKLUND, H. G.: Die Umgrenzung der Suecofenniden. Bull. Geol. Inst. Univ. Upsala Bd. 27 (1937) S. 219.

3 WAGER, R.: Studien im Gneisgebirge des Schwarzwaldes. VI. Über Migmatite aus dem südlichen Schwarzwald. Sitzb. Heidelbg Akad. Wiss. Math.-naturwiss. Kl. Abh. 4 (1937).

4 MICHOT, P.: Contribution à l'étude des Symplectites. Ann. Soc. géol. Belgique B. Bd. 60 (1937) S. 385.

5 ERDMANNSDÖRFFER, O. H.: Studien im Gneisgebirge des Schwarzwaldes. XI. die Rolle der Anatexis. Sitzb. Heidelbg Akad. Wiss. Math.-naturwiss. Kl. 7. Abh. (1937) S. 67.

6 MOLLWO, E.: Diffusion von Halogen in Alkalihalogenidkristallen. Ann. Phys. Bd. 29 (1937) S. 394.

7 HIELSCH, R.: Diffusion von Wasserstoff in Alkalihalogenidkristallen. Ann. Phys. Bd. 29 (1937) S. 407.

8 SEIFERT, H.: Die anomalen Mischkristalle. Fortschr. d. Min. etc. Bd. 22, (1937) III, S. 428.

1938 *1* BACKLUND, H. C.: The Problems of the Rapakiwi Granites. J. Geol. Bd. 46 (1938) S. 339.

2 BUBNOFF, S. v.: Beitrag zur Tektonik des skandinavischen Südrandes. I. Das Gefüge des Hammergranits auf Bornholm. N. Jb. Min. etc., Abt. B Bd. 79 (1938) S. 274.

3 BACKLUND, H.: Zur Granitisationstheorie. Geol. Fören. Stockholm Förh. Bd. 60 (1938) S. 177.

4 ERDMANNSDÖRFFER, O. H.: Studien im Gneisgebirge des Schwarzwaldes VIII. Gneise im Linachtal. Sitzb. Heidelbg Akad. Wiss. Math.-naturwiss. Kl. 2. Abh. (1938) S. 3.

1939 *1* WAHLSTROM, E. E.: Graphic granite. The Amer. Mineral. Bd. 24 (1939) S. 681.

2 PERRIN, R. et M. ROUBAULT: Le granite et les réactions à l'état solide. Bull. Service Carte geol. l'Algerie, V. s. Pétrogr. Nr. 4 (1939).

3 TATGE, E.: Crystallisation of the Rockville granite. The Amer. Mineral. Bd. 24 (1939) S. 303.

4 ESKOLA, P.: In BARTH, CORRENS, ESKOLA: Die Entstehung der Gesteine. Berlin: Springer 1939.

5 DRESCHER-KADEN, F. K.: Granit, Magma und Stoffkreislauf in der oberen Erdkruste. Nachr. Ges. Wiss. Göttingen Bd. 106 (1939).

1940 *1* HOENES, D.: Magmatische Tätigkeit, Metamorphose und Migmatitbildung im Grundgebirge des südwestlichen Schwarzwaldes. N. Jb. Min. etc., Abt. A Bd. 76 (1940) S. 153.

2 ERNST, TH. u. F. K. DRESCHER-KADEN: Über den Sonnenbrand der Basalte. Z. angew. Mineral. (1940) H. 2, S. 73.

3 DRESCHER-KADEN, F. K.: Beiträge zur Kenntnis der Migmatit- und Assimilationsbildungen sowie der synanthetischen Reaktionsformen. I. Über Schollenassimilation und Kristallisationsverlauf im Bergeller Granit. Chem. d. Erde Bd. 12 (1940) S. 304.

1941 *1* POHL, R. W.: Einführung in die Physik. Bd. Optik, 3. Aufl. Berlin: Springer 1941.

2 ERDMANNSDÖRFFER, O. H.: Myrmekit- und Albitkornbildung in magmatischen und metamorphen Gesteinen. Zbl. Min. etc., Abt. A. Nr. 3 (1941) S. 41.

3 ERDMANNSDÖRFFER, O. H.: Beiträge zur Petrographie des Odenwaldes. I. Schollen und Mischgesteine im Schriesheimer Granit. Sitzb. Heidelbg Akad. Wiss. Math.-naturw. Kl. 1. Abh. (1941) S. 3.

4 MOLLWO, E.: Ausscheidung von Gasen bei Diffusion und Reaktion von Halogen in Alkalihalogenidkristallen. Gött. Nachr. Math.-physik. Kl. Bd. 51 (1941).

1942 *1* NIGGLI, P.: Das Problem der Granitbildung. Schweiz. mineral. petrogr. Mitt. Bd. 22 (1942) H. 1.

2 DRESCHER-KADEN, F. K.: Beitrag zur Kenntnis der Migmatit- und Assimilationsbildungen sowie der synanthetischen Reaktionsformen. II. Über die schriftgranitische Kristallisation und ihre Beziehung zur normalen Silikatmetasomatose granitischer Gesteine. Chem. d. Erde Bd. 14 (1942) S. 157.

1943 *1* ERDMANNSDÖRFFER, O. H.: Studien im Gneisgebirge des Schwarzwaldes XIII. Über Granitstrukturen. Sitzb. Heidelbg Akad Wiss. Math.-naturw. Kl. 2. Abh. (1942).

2 MAUCHER, A.: Über geregelte Plagioklaseinschlüsse in Orthoklas (Sanidin). Z. Kryst., A. Bd. 105 (1943) S. 82.

3 LUNDEGÅRDH, PER H.: The Grovstanäs Region, an Ultrabasic Gabbro Massiv and its immediate vicinity. Bull. Geol. Inst. Univ. Upsala Bd. 29 (1943).

1946 ERDMANNSDÖRFFER, O. H.: Über Intergranularsymplektite und ihre Bedeutung. Nachr. Akad. Wiss. Göttingen. Math.-physik. Kl. (1946).

1947 BEDERKE, E.: Zum Problem der Lamprophyre. Nachr. Akad. Wiss. Göttingen, Math.-physik. Kl. (1947) H. 2, S. 53.

1948 SCHULZE, G. A.: Seismische Auswertung der Helgoländer Sprengung. Geolog. Rundsch. Bd. 35 (1948) S. 171.